周期表

(基底状態の中性原子の外殻電子配置)

原子およびイオンの電子配置を示す記号についてはすべての初歩的な原子物理学の教科書において述べられている。文字 $s, p, d, \ldots$ は $\hbar$ を単位とする軌道角モーメント $0, 1, 2, \ldots$ をもっている電子を示す。文字の左側の数字は軌道の主量子数を示す。右肩上の数字はその軌道の電子数を示す。

																		He[2] $1s^2$
H[1] $1s$																		
Li[3]	Be[4]											B[5]	C[6]	N[7]	O[8]	F[9]	Ne[10]	
$2s$	$2s^2$											$2s^2 2p$	$2s^2 2p^2$	$2s^2 2p^3$	$2s^2 2p^4$	$2s^2 2p^5$	$2s^2 2p^6$	
Na[11]	Mg[12]											Al[13]	Si[14]	P[15]	S[16]	Cl[17]	Ar[18]	
$3s$	$3s^2$											$3s^2 3p$	$3s^2 3p^2$	$3s^2 3p^3$	$3s^2 3p^4$	$3s^2 3p^5$	$3s^2 3p^6$	
K[19]	Ca[20]	Sc[21]	Ti[22]	V[23]	Cr[24]	Mn[25]	Fe[26]	Co[27]	Ni[28]	Cu[29]	Zn[30]	Ga[31]	Ge[32]	As[33]	Se[34]	Br[35]	Kr[36]	
		$3d$	$3d^2$	$3d^3$	$3d^5$	$3d^5$	$3d^6$	$3d^7$	$3d^8$	$3d^{10}$	$3d^{10}$							
$4s$	$4s^2$	$4s^2$	$4s^2$	$4s^2$	$4s$	$4s^2$	$4s^2$	$4s^2$	$4s^2$	$4s$	$4s^2$	$4s^2 4p$	$4s^2 4p^2$	$4s^2 4p^3$	$4s^2 4p^4$	$4s^2 4p^5$	$4s^2 4p^6$	
Rb[37]	Sr[38]	Y[39]	Zr[40]	Nb[41]	Mo[42]	Tc[43]	Ru[44]	Rh[45]	Pd[46]	Ag[47]	Cd[48]	In[49]	Sn[50]	Sb[51]	Te[52]	I[53]	Xe[54]	
		$4d$	$4d^2$	$4d^4$	$4d^5$	$4d^6$	$4d^7$	$4d^8$	$4d^{10}$	$4d^{10}$	$4d^{10}$							
$5s$	$5s^2$	$5s^2$	$5s^2$	$5s$	$5s$	$5s$	$5s$	$5s$	—	$5s$	$5s^2$	$5s^2 5p$	$5s^2 5p^2$	$5s^2 5p^3$	$5s^2 5p^4$	$5s^2 5p^5$	$5s^2 5p^6$	
Cs[55]	Ba[56]	La[57]	Hf[72]	Ta[73]	W[74]	Re[75]	Os[76]	Ir[77]	Pt[78]	Au[79]	Hg[80]	Tl[81]	Pb[82]	Bi[83]	Po[84]	At[85]	Rn[86]	
			$4f^{14}$															
		$5d$	$5d^2$	$5d^3$	$5d^4$	$5d^5$	$5d^6$	$5d^9$	$5d^9$	$5d^{10}$	$5d^{10}$							
$6s$	$6s^2$	$6s^2$	$6s^2$	$6s^2$	$6s^2$	$6s^2$	$6s^2$	—	—	$6s$	$6s$	$6s^2 6p$	$6s^2 6p^2$	$6s^2 6p^3$	$6s^2 6p^4$	$6s^2 6p^5$	$6s^2 6p^6$	
Fr[87]	Ra[88]	Ac[89]																
		$3d$																
$7s$	$7s^2$	$7s^2$																

Ce[58]	Pr[59]	Nd[60]	Pm[61]	Sm[62]	Eu[63]	Gd[64]	Tb[65]	Dy[66]	Ho[67]	Er[68]	Tm[69]	Yb[70]	Lu[71]
$4f^2$	$4f^3$	$4f^4$	$4f^5$	$4f^6$	$4f^7$	$4f^7$	$4f^8$	$4f^{10}$	$4f^{11}$	$4f^{12}$	$4f^{13}$	$4f^{14}$	$4f^{14}$
						$5d$	$5d$						$5d$
$6s^2$	$6s^2$	$6s^2$	$6s^2$	$6s^2$	$6s^2$	$6s^2$	$6s^2$	$6s^2$	$6s^2$	$6s^2$	$6s^2$	$6s^2$	$6s^2$

Th[90]	Pa[91]	U[92]	Np[93]	Pu[94]	Am[95]	Cm[96]	Bk[97]	Cf[98]	Es[99]	Fm[100]	Md[101]	No[102]	Lr[103]
—	$5f^2$	$5f^3$	$5f^5$	$5f^6$	$5f^7$	$5f^7$							
$6d^2$	$6d$	$6d$				$6d$							
$7s^2$	$7s^2$	$7s^2$	$7s^2$	$7s^2$	$7s^2$	$7s^2$							

Charles Kittel
キッテル 固体物理学入門

宇野良清　津屋昇　新関駒二郎　森田章　山下次郎　共訳

第8版

丸善出版

Introduction to Solid State Physics

Eighth Edition

INTRODUCTION TO SOLID STATE PHYSICS, 8/TH EDITION

by

Charles Kittel

Copyright © 1953, 1956, 1966, 1971, 1986, 1996, 2005 by John Wiley & Sons, Inc. All Rights Reserved.

No part of this publication may be photocopied, recorded or otherwise reproduced, stored in a retrieval system or transmitted in any form or by any electronic or mechanical means without the prior permission of the copyright owner and publisher.

Japanese translation arranged with John Wiley & Sons, Inc., in New York. Translation copyright © 2005 by Maruzen Co., Ltd., Tokyo.

序　文

　この本は物理学，化学，および工学の学部上級生と大学院初級生のための，固体状態/凝縮系の物理学の初等的教科書の第8版である．初版が出版されて以来の年月の間にこの分野は活発に発展を続け，いくつかの顕著な応用があった．版を改めるごとに，最も顕著な最近の発展を追加すると同時に，この半世紀の間になされた偉大な理論的発展に耐えて，学部上級生向きに書かれてきたこの本の水準を維持する努力がなされた．それゆえ，BCS超伝導は取り入れたが，グリーン関数を用いた理論は取り入れなかった．

　1953年の初版の当時，超伝導はまだ解明されていなかったし，金属フェルミ面は詳しく調べられはじめたばかりで，半導体のサイクロトロン共鳴はちょうど観測されたところだった．フェライトや永久磁石は理解されはじめたところであった．ほんの少数の物理学者がスピン波の実在性を信じていた．ナノ物理学はまだ40年も先のことであった．他の分野では，DNAの構造が決定され，地球の大陸移動が論証されていたところであった．それは，今日と同様，科学にとっての偉大な時期であった．私は，ISSP (Introduction to Solid State Physics) の次々に出た版で，新しい世代に当時と同じ興奮を経験させることを試みてきた．

　この第8版には，いろいろな簡明化と同時に，以下のようないくつかの第7版からの変更が含まれている．

- ナノ物理学に関する重要な章を新設し，この分野の活発な研究者であるコーネル大学のPaul L. McEuen教授が執筆した．ナノ物理学とは，1次元，2次元，ないしは3次元での微細な，すなわち，ナノメートル（10^{-9}m）スケールの寸法の物質の科学である．この分野は過去10年間に固体状態の科学に参加した最もおもしろくかつ活発な分野である．
- 本書でコンピューターの全世界的な普及により可能となった簡素化を利用した．Googleのような検索エンジン上でのキーワードを使った簡単なコンピューター検索が，多くの有用でより新しい参考文献を手早く与えてくれるこ

とを考慮して，参考図書目録や参考文献はほとんど削除した．Web 上でやれることの例として，http://www.physicsweb.org/bestof/cond-mat. を調べてみることを勧める．初期の，ないしは，伝統的な参考文献を省くことによって，固体状態の諸問題を最初に手掛けられた研究者に対する敬意を欠くような意図はまったくない．

・章の配列を変更した．超伝導と磁性の出番を早め，それによって興味のもてるような 1 学期コースを用意しやすくしたつもりである．

結晶学の記号は物理学における最近の使用例にならった．本文中の重要な式は，SI 単位系と CGS ガウス単位系とで表式が異なる場合は，両者を繰り返して示した．例外はそこで指示した 1 回の代入で CGS から SI に変換できる場合である．この本の両単位併記は便利で良いと受け止められている．諸表は慣用の単位を用いた．記号 e はプロトンの電荷を表し，正値である．記号 (18) はその章の式 18 を意味し，(3.18) は第 3 章の式 18 を意味する．ベクトルの頭に着けた記号 ^（カレット）は単位ベクトルを示す．

文字通りやさしい問題はほとんどない．大部分はその章の主題を進めるように工夫されている．わずかの例外は別として，問題は前の第 6 および 7 版と同じである．記号 QTS は C. Y. Fong による解答付きの Quantum Theory of Solids（邦訳；堂山昌男，キッテル固体の量子論）を，TP は H. Kroemer と共著の Thermal Physics（邦訳；山下次郎．福地充訳，キッテル熱物理学）を示す．

この版は Cornell 大学の Paul L. McEuen 教授とオーストラリアの Wollongong 大学の Roger Lewis 教授による内容全体の詳細な再吟味に負うところが大きい．2 人はこの本を大変読みやすく理解しやすくしてくれた．しかしこの教科書の以前の版との密接なつながりに関しては私が責任をもたなければならない．提言，批判，写真などの出所はこれまでの版の序文に載せてある．Wiley の担当出版責任者 Stuart Johnson，担当編集者 Suzanne Ingrao，私的助手 Barbara Bell には大変お世話になった．

思うに，すべての国で入門書的な固体論の教科書が必要とされており，この ISSP が，その呼称通りに，以下の各国語に翻訳されている：中国語(簡体字および繁体字)，チェコ語，フランス語，ドイツ語，ギリシャ語，ハンガリー語，イタリア語，日本語，韓国語，マレーシア語，ポーランド語，ルーマニア語，ロシア語，スペイン語．

訂正や提言を喜んでお受けしたい．kittel@berkeley.edu 宛のイーメイルで著者にお送りいただきたい．

教師用手引きは www.wiley.com/college/kittel からダウンロードで入手できる．

Charles Kittel

訳者のことば

　C. Kittel（キッテル）教授のIntroduction to Solid State Physics（ISSP）の初版は1953年に出版され，以来版を重ね，2005年に第8版が出版された．初版の出版以来今日までほぼ半世紀の歳月が経過している．その翻訳書「キッテル固体物理学入門」は第2版から始まっているが，最初の出版は1958年であった．第2版から第7版までの訳者は同じ4人であったが，今回の第8版の翻訳は同じ4人に新たに1人加わった5人で行われた．

　本書の性格は，キッテル流に書かれた固体物理学の初等的教科書であるという点では，初版以来第8版に至るまで，本質的には変わっていないということができる．ただ第8版では，最近その活発な進展が注目されているナノ物理学の章が新たに追加され，P. McEuen教授（Cornell大学）が執筆を担当している．第8版には第7版までとは異なったもう一つ大きな変更がある．それは参考図書目録と参考文献のほとんどを削除した点である．著者が序文に書かれているように，必要な文献はGoogleなどを用いたコンピューター検索で容易に最新のものが入手できるというのが，その理由である．しかし読者によっては若干不便と感ずる向きもあるかもしれない．

　この教科書には，結晶一般の形態的なことから始まって，金属，半導体や絶縁体の性質についても，アモルファスやナノ構造についても書いてある．決して金属とか，半導体とか，完全結晶の性質とかに偏っていない．これは本書の特徴の一つである．また，単純なモデルに基づく理論がどのようにして実験事実の理解へと導くように働くかということが豊富な例について述べられている．理論の根底には，電子のふるまいを支配する量子力学があり，多電子の性質を記述する統計力学が存在するのであるが，Kittel教授がこの教科書で用いている理論の水準はかなり初等的なものにとどめられている．ほとんどの場合，予備知識としてはシュレーディンガー方程式の初等的な取扱いだけを知っていれば十分である．初等的な水準の基礎理論と適切な物理的モデルとを組み合わせれば，固体物理学の

広範な現象を，少なくとも定性的に，統一的に説明できることを示している点で，この教科書は教育的に優れたものであるといえよう．ただ，超伝導，二次元ホール効果，およびナノ構造はやや例外である．そこでは理論的考察で波動関数に関する若干程度の高い取扱いが要求される箇所がある．ともあれ，Kittel教授が，この本が固体物理学の初等的教科書として成功していると自負されているのはもっともと思われる．

　この版の訳書の刊行にあたっては，丸善出版事業部の方々，特に佐久間弘子氏には，大変お世話になった．心から御礼申し上げたい．

2005年9月

訳者一同

著者紹介

　チャールズ・キッテル (Charles Kittel) 教授は M. I. T. とケンブリッジ大学のキャヴェンディシュ研究所で物理学の学部教育を受け，ヴィスコンシン大学から Ph. D を授与された．彼はバーディーン，ショックレイといっしょにベル研究所の固体物理グループで研究した後，1951 年に固体物理学理論グループを発足させるべくバークレイに移った．彼の研究は大部分磁性と半導体の分野であった．磁性分野では強磁性および反強磁性共鳴の理論と単一強磁性磁区の理論を発展させ，マグノンのブロッホ理論を拡張した．半導体物理学分野では，最初のサイクロトロン共鳴とプラズマ共鳴の実験に参画し，また不純物状態の理論と電子-ホール液滴の結果を拡張した．

　彼は 3 回の Guggenheim 奨学金と固体物理学に対する Oliver Buckley 賞を授与され，また，教育への貢献に対してアメリカ物理学教員協会の Oersted メダルを授与された．彼は全米科学アカデミー (National Academy of Science) およびアメリカ科学技術アカデミー (American Academy of Arts and Science) の会員である．

目 次

1 結晶構造 …………………………………………………………… 1

原子の周期的配列 ……………………………………………………… 1
　　格子並進ベクトル　単位構造と結晶構造　基本単位格子

空間格子の基本型 ……………………………………………………… 6
　　2次元格子の型　3次元格子の型

結晶面の指数 …………………………………………………………… 13

簡単な結晶構造 ………………………………………………………… 15
　　塩化ナトリウム構造　塩化セシウム構造　六方最密構造（hcp）
　　ダイヤモンド構造　立方硫化亜鉛構造

原子構造の直接像 ……………………………………………………… 21

理想的でない結晶構造 ………………………………………………… 22
　　積層不整と構造多形

結晶構造データ集 ……………………………………………………… 23

まとめ …………………………………………………………………… 23

問　　題 ………………………………………………………………… 23

2 波の回折と逆格子 ……………………………………………… 27

結晶による波の回折 …………………………………………………… 27
　　ブラッグの法則

散乱波の振幅 …………………………………………………………… 30
　　フーリエ解析　逆格子ベクトル　回折の条件　ラウエ方程式

ブリルアン・ゾーン …………………………………………………… 37
　　単純立方 (sc) 格子の逆格子　体心立方 (bcc) 格子の逆格子
　　面心立方 (fcc) 格子の逆格子

単位構造のフーリエ解析 ……………………………………………… 44
　　体心立方 (bcc) 格子の構造因子　面心立方 (fcc) 格子の構造因子

原子構造因子
　まとめ……………………………………………………………………49
　問　題……………………………………………………………………50

3　結晶結合と弾性定数……………………………………………………52

希ガス結晶…………………………………………………………………52
　ファン・デル・ワールス–ロンドン相互作用　　斥力相互作用
　平衡格子定数　　凝集エネルギー
イオン結晶…………………………………………………………………65
　静電（マーデルング）エネルギー　　マーデルング定数の計算
共有結合結晶………………………………………………………………71
金属結晶……………………………………………………………………75
水素結合をもつ結晶………………………………………………………76
原子半径……………………………………………………………………77
　イオン半径
弾性ひずみの解析…………………………………………………………79
　膨張　　応力成分
弾性コンプライアンスとスティフネス定数……………………………83
　弾性エネルギー密度　　立方結晶の弾性スティフネス定数　　体積弾
　性率と圧縮率
立方結晶の弾性波…………………………………………………………87
　[100]方向の弾性波　　[110]方向の弾性波
まとめ………………………………………………………………………92
問　題………………………………………………………………………93

4　フォノンI：結晶の振動…………………………………………………97

単原子結晶の振動…………………………………………………………97
　第1ブリルアン・ゾーン　　群速度　　長波長の極限　　実験的に力定
　数を決定すること
基本格子が2個の原子を含む格子………………………………………103
弾性波の量子化……………………………………………………………108

フォノンの運動量 ……………………………………………………109
　　　フォノンによる非弾性散乱 ……………………………………………110
　　　ま と め ………………………………………………………………111
　　　問 　 題 ………………………………………………………………112

5　フォノンⅡ：熱的性質 …………………………………………………114

　　フォノン比熱 ……………………………………………………………114
　　　プランク分布　　規準モードの算定　　1次元格子における状態密度
　　　3次元格子における状態密度　　状態密度に対するデバイ・モデル
　　　デバイの T^3 法則　　状態密度に対するアインシュタイン・モデル
　　　$D(\omega)$ に対する一般式
　　結晶における非調和相互作用 ……………………………………………128
　　　熱膨張
　　熱 伝 導 率 ………………………………………………………………130
　　　フォノン気体の熱抵抗　　ウムクラップ過程　　格子の不完全性
　　問 　 題 …………………………………………………………………138

6　自由電子フェルミ気体 …………………………………………………140

　　1次元のエネルギー準位 …………………………………………………142
　　フェルミ-ディラックの分布関数に対する温度の効果…………………144
　　3次元の自由電子気体 ……………………………………………………145
　　電子気体の比熱 ……………………………………………………………150
　　　金属の比熱の実験値
　　電気伝導率とオームの法則 ………………………………………………157
　　　金属の電気抵抗の実験値　　ウムクラップ散乱
　　磁場内の運動 ………………………………………………………………163
　　　ホール効果
　　金属の熱伝導率 ……………………………………………………………167
　　　熱伝導率と電気伝導率との比
　　問 　 題 …………………………………………………………………168

xiv 目次

7 エネルギーバンド ……………………………………………………171

自由電子に近い電子モデル …………………………………………173
  エネルギーギャップの起因　エネルギーギャップの大きさ
ブロッホ関数 ……………………………………………………………177
クローニッヒ-ペニー・モデル…………………………………………178
周期的ポテンシャル内の電子の波動方程式 ………………………180
  ブロッホの定理の再説　電子の結晶運動量　基本方程式の解
  逆格子におけるクローニッヒ-ペニー・モデル　空格子近似
  ゾーンの境界付近の近似解
バンドの中の状態数 ……………………………………………………191
  金属と絶縁体
ま と め ……………………………………………………………………193
問　　題 ……………………………………………………………………194

8 半　導　体 ………………………………………………………………196

バンドギャップ …………………………………………………………199
運 動 方 程 式 ……………………………………………………………201
  $\hbar\dot{\mathbf{k}} = \mathbf{F}$ の物理的な導出　ホール　有効質量　有効質量の物理的
  解釈　半導体における有効質量　シリコンとゲルマニウム
固有領域のキャリヤー濃度 …………………………………………216
  固有伝導領域での移動度
不 純 物 伝 導 ……………………………………………………………222
  ドナーとアクセプターの熱的イオン化
熱 電 効 果 …………………………………………………………………228
半 金 属 ……………………………………………………………………230
超 格 子 ……………………………………………………………………231
  ブロッホ振動子　ツェナーのトンネル効果
ま と め ……………………………………………………………………232
問　　題 ……………………………………………………………………233

9 フェルミ面と金属 ……………………………………………… 235

還元ゾーン形式　周期的ゾーン形式

フェルミ面の構成 ……………………………………………… 240

自由電子に近い電子

電子軌道，ホール軌道，開いた軌道 ……………………………… 245

エネルギーバンドの計算 ………………………………………… 247

エネルギーバンドに対する強束縛の近似　ウィグナー-サイツの方法　擬ポテンシャル法

フェルミ面を研究する実験的方法 ……………………………… 259

磁場における軌道の量子化　ド・ハース-ファン・アルフェン効果

ま　と　め ………………………………………………………… 272

問　　題 …………………………………………………………… 272

10 超　伝　導 ……………………………………………………… 276

実　験　事　実 …………………………………………………… 276

超伝導の発生　磁場による超伝導の消失　マイスナー効果　比熱　エネルギーギャップ　マイクロ波および赤外領域の諸性質　同位体効果

理　論　的　考　察 ……………………………………………… 289

超伝導転移の熱力学　ロンドン方程式　コヒーレンスの長さ　超伝導のBCS理論　BCS基準状態　超伝導リングの中の磁束の量子化　永久電流の持続　第II種超伝導体　1粒子トンネル効果　ジョゼフソン超伝導トンネル効果

高温超伝導体 ……………………………………………………… 315

ま　と　め ………………………………………………………… 316

問　　題 …………………………………………………………… 317

参　考　文　献 …………………………………………………… 318

付録 A　反射線の温度変化 ……………………………………… [付1]

付録B　格子和の計算に関するエバルトの方法 ……………………………[付5]
　　　規則正しく並んだ双極子の格子和についてのエバルト-コーンフェルトの方法

付録C　弾性波の量子化：フォノン ………………………………………[付10]
　　　フォノン座標　　生成および消滅演算子

付録D　フェルミ-ディラックの分布関数 …………………………………[付15]

付録E　dk/dt 方程式の導出 ………………………………………………[付18]

付録F　ボルツマンの輸送方程式 …………………………………………[付20]
　　　粒子の拡散　　古典分布　　フェルミ-ディラックの分布　　電気伝導率

付録G　ベクトルポテンシャル，場の運動量，ゲージ変換 ……………[付26]
　　　ラグランジュ運動方程式　　ハミルトニアンの導出　　場の運動量
　　　ゲージ変換 ……………………………………………………………[付29]
　　　ロンドン方程式におけるゲージ

付録H　クーパー対 …………………………………………………………[付31]

付録I　ギンツブルク-ランダウ方程式 ……………………………………[付34]

付録J　電子とフォノンの衝突 ……………………………………………[付39]

索　　引 ………………………………………………………………………[索1]

《下巻目次》

11 反磁性と常磁性
12 強磁性と反強磁性
13 磁気共鳴
14 プラズモン,ポラリトン,ポーラロン
15 光学的過程と励起子
16 誘電体と強誘電体
17 表面および界面の物理学
18 ナノ構造
19 非晶質固体
20 点欠陥
21 転位
22 合金

主要表目次

1 章

   1 3次元での14の格子型 …………………………………………10
   2 立方格子の性質 ……………………………………………………11
   3 元素の結晶構造 ……………………………………………………24
   4 元素の密度と原子濃度 ……………………………………………25

3 章

   1 元素の凝集エネルギー ……………………………………………54
   2 絶対温度で表した融点 ……………………………………………55
   3 室温における元素の等温体積弾性率と圧縮率 …………………56
   4 希ガス結晶の諸性質 ………………………………………………57
   5 元素のイオン化エネルギー ………………………………………58
   6 負イオンの電子親和力 ……………………………………………67
   7 塩化ナトリウム構造をもつアルカリハライド結晶の諸性質 ……72
   8 2原子結晶の結合のイオン性度 …………………………………75
   9 原子半径とイオン半径 ……………………………………………78
  10 表9の標準イオン半径の使用方法 ………………………………79
  11 低温と室温とにおける立方結晶の断熱弾性スティフネス定数 …91
  12 室温または300 Kにおける立方結晶の断熱弾性スティフネス定数 ……92

5 章

   1 デバイ温度と熱伝導率 ……………………………………………125
   2 フォノンの平均自由行程の値 ……………………………………131

6 章

   1 金属の自由電子フェルミ面のパラメーターの室温における計算値 ……148

2　金属の電子比熱の定数 γ の実験値と自由電子モデルによる値 ………156
3　295 K における金属の電気伝導率と抵抗率 ……………………………………159
4　ホール定数の測定値と自由電子モデルによる計算値との比較…………166
5　ローレンツ数の実験値…………………………………………………………168

8　章

1　価電子バンドと伝導バンドの間のエネルギーギャップの値……………199
2　直接ギャップ半導体における電子とホールの有効質量……………………213
3　室温でのキャリヤーの移動度…………………………………………………221
4　半導体の静誘電率………………………………………………………………224
5　ゲルマニウムとシリコン中の5価の不純物によるドナーのイオン化エネルギー…………………………………………………………………………224
6　ゲルマニウムとシリコン中の3価の不純物によるアクセプターのイオン化エネルギー…………………………………………………………………226
7　半金属の電子とホールの濃度…………………………………………………231

10　章

1　元素の超伝導に関する定数……………………………………………………279
2　代表的な化合物の超伝導………………………………………………………280
3　$T=0$ での超伝導体のエネルギーギャップ ……………………………………287
4　超伝導体の同位体効果…………………………………………………………289
5　固有コヒーレンスの長さとロンドンの侵入の深さの絶対零度での計算値………………………………………………………………………………295

1 結晶構造

原子の周期的配列

　固体物理学の本格的な研究は，結晶によるX線回折の発見と，結晶と結晶内電子の性質に関する，一連の単純な計算が発表されたときに始まった．なぜ非晶質の固体よりも結晶性の固体を問題にするのだろうか．固体の重要な電子的性質は結晶において一番よく現れているからである．最も重要な半導体の物性は母体の結晶構造に依存している．特に電子の波が短い波長をもち，試料での原子の規則正しい周期配列から，劇的に影響を受けるからである．よく知られたガラスなどの非晶質物質は光の透過に関して重要な性質をもつ．光はその波長が電子の波長より長く，つぎつぎに並んだ原子と平均的に作用し，局所的な規則性からの影響を受けにくいからである．

　本書では結晶に関することから始める．結晶は一定の環境の下で，通常は溶液の中で，原子を付け加えていくことにより形成される．たぶん読者の見た最初の結晶は，高温高圧の水に溶解した珪酸塩溶液から，地質学的な緩慢な過程の下で成長した天然水晶であろう．結晶の形は，構造単位である同じ形のブロックが，絶え間なく付け加えられて形成されている．図1は結晶成長の過程を理想化した図であって約200年前に画かれたものである．ここでの構造単位の構成ブロックは，原子か原子団である．このように形成された結晶は同じ形のブロックの3次元的周期配列であって，偶然に構成物の中に含まれたり組み込まれたりした，不純物や不規則性は省かれている．

　結晶構造の周期性に関する最初の実験的証拠は，鉱物学者により発見された，結晶の外表面の方向を定義する指数には，整数しか現れないという法則である．この証拠は1912年の結晶によるX線回折の発見により支持された．それはLaueが周期的配列によるX線回折の理論を確立し，共同研究者が結晶によるX線回折の最初の実験結果を報告したときであった．この研究におけるX線の重要性

2　　1 結晶構造

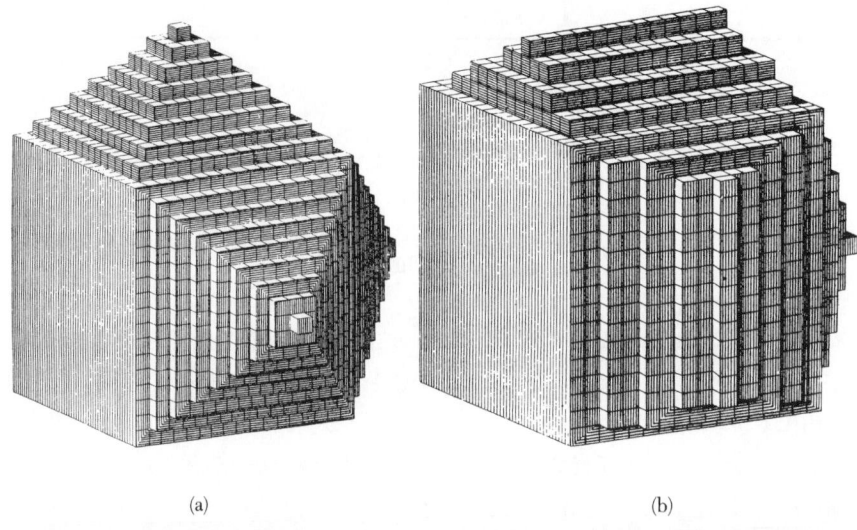

(a)　　　　　　　　　　　　　(b)

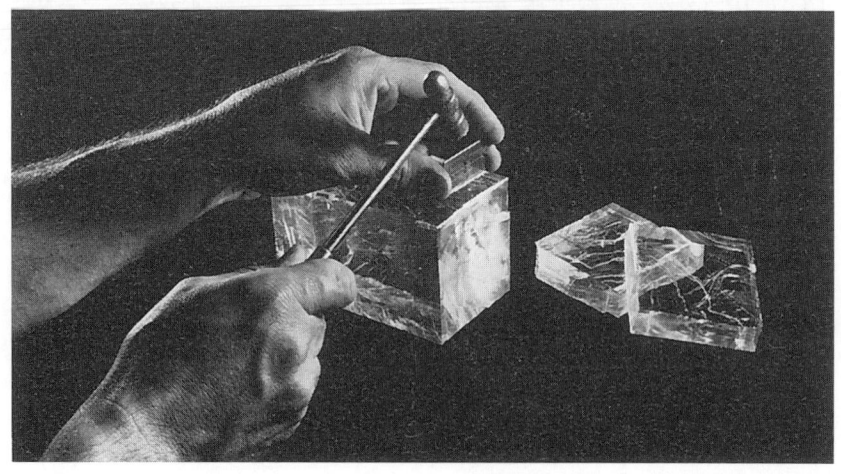

(c)

図1　結晶の外形とその構造単位ブロックの形との関係．(a) と (b) とにおいては単位ブロックは等しいが異なった結晶面が成長している．(c) 岩塩結晶のへき開．

は，X線が波動であり，しかもその波長が結晶構造の構成ブロックの長さと同じくらいであることであった．同様の解析は中性子回折でも，電子回折でも可能であるが，X線が一般的に用いられている．

この回折研究は，結晶が原子あるいは原子団の周期的配列でつくられていることを決定的に証明した．結晶の原子モデルが確立して初めて，物理学者はさらに考えを進めることができた．さらに量子理論の発展が固体物理学（solid state physics）の誕生に重要な役割を果たした．関連した研究は非晶質固体や量子流体（quantum fluid）にまで拡張されている．この拡大された分野は凝縮系物理学（condensed matter physics）として知られ，物理学の最も大きく，また最も盛んな分野の一つである．

格子並進ベクトル

理想的な結晶は，同じ構造の原子団を，限りなく繰り返し，規則正しく並べることにより形成される（図2）．この原子団を**単位構造**（basis）という．単位構造が配置される，数学的な1組の点を**格子**（lattice）という．3次元の格子は3個の並進ベクトル（translation vector） $\mathbf{a}_1$, $\mathbf{a}_2$, $\mathbf{a}_3$ によって定義される．これらは，結晶内の原子配列が点 $\mathbf{r}$ からながめたときと，これらのベクトルの整数倍だけ並進した，すべての点 $\mathbf{r}'$

$$\mathbf{r}' = \mathbf{r} + u_1\mathbf{a}_1 + u_2\mathbf{a}_2 + u_3\mathbf{a}_3 \tag{1}$$

からながめたときと，同じに見えるようなベクトルである．ここで u_1, u_2, u_3 は任意の整数である．すべての整数 u_1, u_2, u_3 を用いて，(1)によって定義された，1組の点 $\mathbf{r}'$ は格子を定義する．

もし原子配列が同じに見えるような任意の2点 $\mathbf{r}$ と $\mathbf{r}'$ とがどれも，適当な整数 u_i を選んだときに，常に (1) を満足するようにできるならば，格子は**基本的**（primitive）であるといわれる．このことは**基本並進ベクトル**（primitive translation vector）$\mathbf{a}_i$ を定義する．この結晶構造の構成ブロックになりうる，$\mathbf{a}_1 \cdot \mathbf{a}_2 \times \mathbf{a}_3$ よりも体積の小さい，単位格子は存在しない．結晶軸（crystal axis）を定義するのに，しばしば基本並進ベクトルが用いられる．この軸は基本的な平行6面体の隣り合った稜となっている．しかし，結晶構造の対称性と単純な関係があるような，基本結晶軸でない，結晶軸が用いられることも多い．

単位構造と結晶構造

ひとたび結晶構造が選定されると,その構造の**単位構造**が決定される.図2は各格子点に単位構造を配置していくことにより,結晶がつくられていく様子を示す.もちろんこれらの格子点は単に数学的な構造物である.考慮中の結晶の各単位構造はその組成・配列・方位について,それぞれまったく等しい.

単位構造における原子数は1個でもよく,2個以上でもよい.単位構造内の j 番目の原子の中心の位置は,配置されている格子点に関して

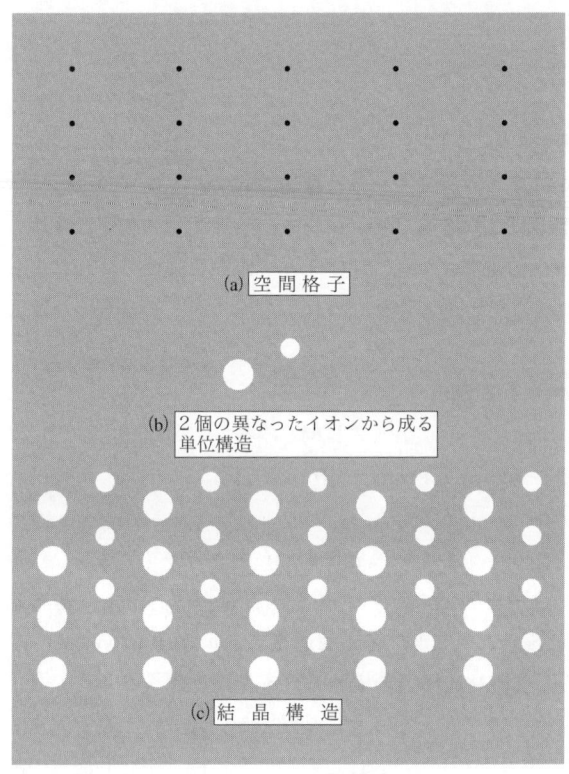

図2 結晶構造は単位構造(b)を空間格子(a)の各格子点に置くことにより形成される.(c)においては,単位構造を識別して,それによって空間格子を抽出することができる.単位構造が格子点に対しどこに置かれているかは問題ではない.

原子の周期的配列 5

$$\mathbf{r}_j = x_j\mathbf{a}_1 + y_j\mathbf{a}_2 + z_j\mathbf{a}_3 \tag{2}$$

となる．このとき，配置されている格子点を原点にするのが便利であるから，そのときは，$0 \leq x_j, \ y_j, \ z_j \leq 1$ となる．

基本単位格子

基本結晶軸（primitive axis）$\mathbf{a}_1, \ \mathbf{a}_2, \ \mathbf{a}_3$ で定義される平行 6 面体を**基本単位格**

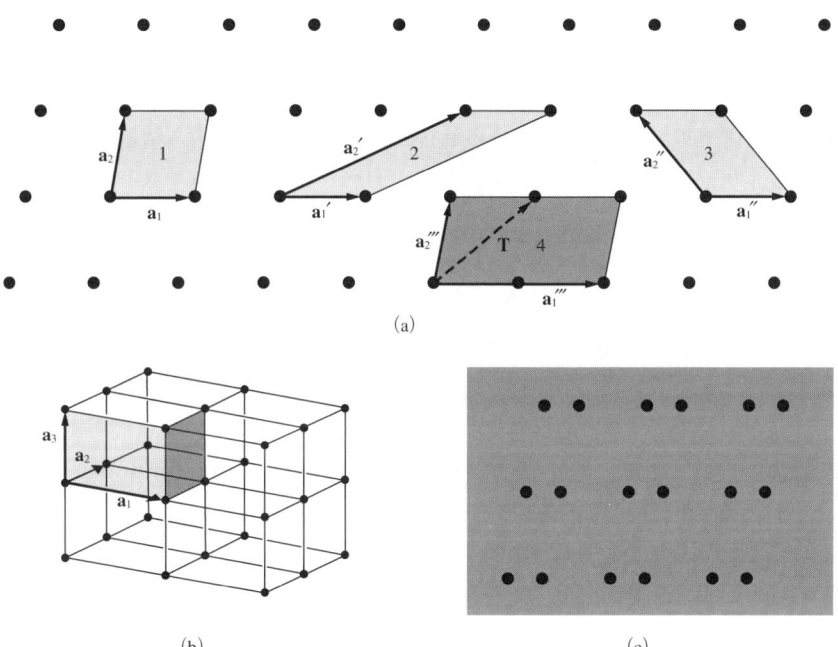

(a)

(b)   (c)

図 3a　2 次元における空間格子（space lattice）の格子点．ベクトル $\mathbf{a}_1, \ \mathbf{a}_2$ のすべての組は格子の並進ベクトルである．しかし $\mathbf{a}_1''', \mathbf{a}_2'''$ は基本並進ベクトルではない，なぜならば格子の並進操作 T を $\mathbf{a}_1'''$ と $\mathbf{a}_2'''$ の整数倍の結合ではつくれないからである．$\mathbf{a}_1, \ \mathbf{a}_2$ で示されている他の組は格子の基本並進ベクトルになりうる．平行四辺形 1, 2, 3 は面積が等しく，どれも基本単位格子と考えることができる．平行四辺形 4 は基本単位格子の 2 倍の面積をもっている．
図 3b　3 次元のある空間格子の基本単位格子．
図 3c　図中の点は同じ原子であるとする．1 組の格子点，基本単位格子のとり方，そのときの結晶軸，一つの格子点に所属する単位構造を図中に示せ．

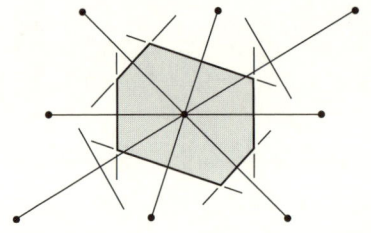

図4 基本単位格子は，次の手続きによっても選び出すことができる．(1) 与えられた格子点と隣り合うすべての格子点とを結ぶ線分を引く．(2) その線分の中点で線分に垂直な新しい直線あるいは平面を引く．この平面(直線)で囲まれた最小の体積(面積)が，ウィグナー–サイツ・セルである．図3の基本単位格子と同様，この基本単位格子により全空間を満たすことができる．

子[1]（primitive cell）という（図3b）．基本単位格子は単位格子[2]（unit cell）の一種である．（説明のための付随的な単位は余分なもので必要ではない．）単位格子は適当な結晶並進操作を繰り返すことによって全空間を満たすことができる．基本単位格子は体積最小の単位格子である．考慮中の格子に対し，その基本結晶軸と基本単位格子の選び方は多数存在する．しかし考慮中の結晶構造に対して，基本単位格子あるいは基本単位構造（primitive basis）内の原子数はどの場合も等しい（図3a）．

基本単位格子あたり，どの場合も1個の格子点がある．もし基本単位格子が平行6面体の8個の頂点に格子点をもつものであれば，各格子点は8個の単位格子に共有され，そのため単位格子内の格子点の総数は1個である．すなわち $8 \times \frac{1}{8} = 1$．結晶軸 $\mathbf{a}_1$, $\mathbf{a}_2$, $\mathbf{a}_3$ のつくる平行6面体の体積は，初等的なベクトル解析により

$$V_c = |\mathbf{a}_1 \cdot \mathbf{a}_2 \times \mathbf{a}_3| \tag{3}$$

となる．基本単位格子の格子点にある単位構造を**基本単位構造**（primitive basis）という．基本単位構造よりも少数の原子をもつ単位構造は存在しない．基本単位格子の他の選び方を図4に示す．これは物理学者が**ウィグナー–サイツ・セル**（Wigner-Seitz cell）とよんでいるものである．

空間格子の基本型

結晶格子は，格子並進操作 $\mathbf{T}$[3] によって，また他のいろいろな対称操作によって，自分自身に重ね合わすことができる．典型的な対称操作の一つは格子点を通

---

1) （訳者注）単純単位格子ともいう．
2) （訳者注）単位胞ともいわれる．
3) （訳者注）格子並進ベクトルを $\mathbf{a}_1$, $\mathbf{a}_2$, $\mathbf{a}_3$ とし，u_1, u_2, u_3 を任意の整数としたとき，格子並進操作 $\mathbf{T}$ は $\mathbf{T} = u_1\mathbf{a}_1 + u_2\mathbf{a}_2 + u_3\mathbf{a}_3$ で定義される．

る軸のまわりの回転操作である．格子には，2π，$2\pi/2$，$2\pi/3$，$2\pi/4$，$2\pi/6$ ラジアンの回転およびその整数倍の回転により，格子を自分自身に重ね合わすことのできるものを見いだすことができる．これらの回転軸をそれぞれ1回，2回，3回，4回，6回回転軸といい，記号1，2，3，4，6により示される．

われわれは，$2\pi/7$ ラジアンあるいは $2\pi/5$ ラジアンの回転のような，他の回転によって重ね合わすことのできる格子を見いだすことはできない．適当な形をした1個の分子は何回の回転対称でももつことができるが，無限に広がった周期的格子はもつことができない．われわれは，個々には5回回転対称軸をもつ分子から結晶をつくることができるが，その格子が5回回転対称軸をもつと考えてはならない．図5に，5回対称をもつ周期的格子をつくろうと試みると，何が起きるかを示す．すなわち，正5角形は，全空間を満たすように互いにつなぎ合わすことができず，要求される並進対称性と5回の点群対称性とを結合することはできない．

結晶点群（lattice point group）とは，ある格子点に関して操作を加えたとき，格子を自分自身に重ね合わすことのできる対称操作の集合である．可能な回転操作はすでに数えあげた通りである．格子点を通る平面に関する鏡映操作（mirror reflection）m もその一つである．反転操作（inversion operation）は π ラジアンの回転の次に回転軸に垂直な面に関する鏡映を行ったものであって，全体の効果は $\mathbf{r}$ を $-\mathbf{r}$ でおき換えたものである．立方体の対称軸と対称面とを図6に示す．

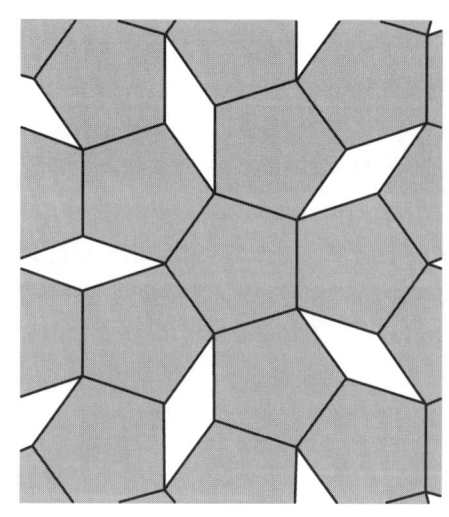

図5 5回対称軸は周期的格子には存在できない．その理由は，正5角形を続けて並べても平面の領域を満たすことができないからである．しかし，2個の異なったデザインの"タイル"，すなわち正多角形で平面の領域を満たすことができる．

8 　1　結　晶　構　造

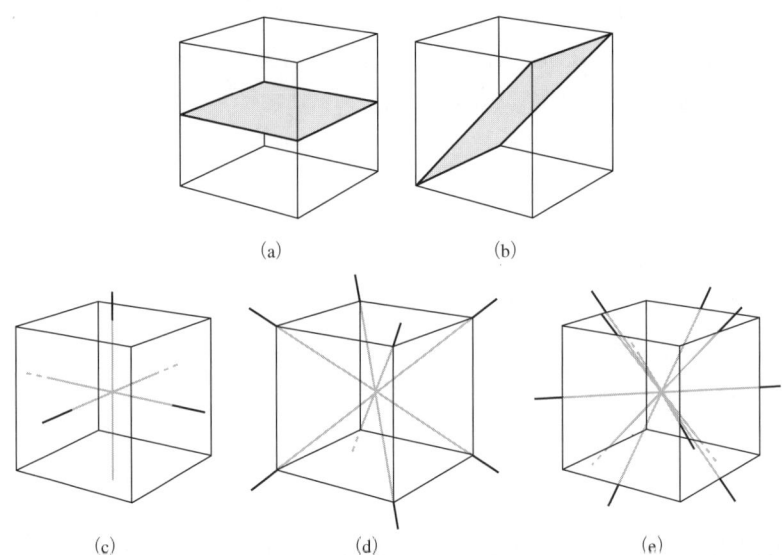

図6 (a) 立方体の面に平行な対称面. (b) 立方体の対角線方向の対称面. (c) 立方体の3本の4回対称軸. (d) 立方体の4本の3回対称軸. (e) 立方体の6本の2回対称軸.

2次元格子の型

図3aに描かれた格子は任意のa_1, a_2をもっている.このような一般的な格子は**斜交格子**(oblique lattice)として知られていて,どの格子点についても,πおよび2πラジアンの回転に対してのみ不変である.しかし斜交格子の中の特殊な格子では,$2\pi/3, 2\pi/4, 2\pi/6$ラジアンの回転あるいは鏡映操作の下で不変でありうる.これらの新しい操作の中の1個あるいは複数個の操作の下で不変であるような格子をつくりたいならば,a_1とa_2とに制限を課さなければならない.4種の異なった制限があって,おのおのが**特殊格子型**(special lattice type)とよぶものを与える.このようにして2次元では,図7に示すように,斜交格子と4個の特殊格子と計5個の格子型が存在する.**ブラベ格子**(Bravais lattice)とは一つの明確な格子型を表すときに共通に用いられる用語であり,例えば,2次元には5個のブラベ格子があるという.

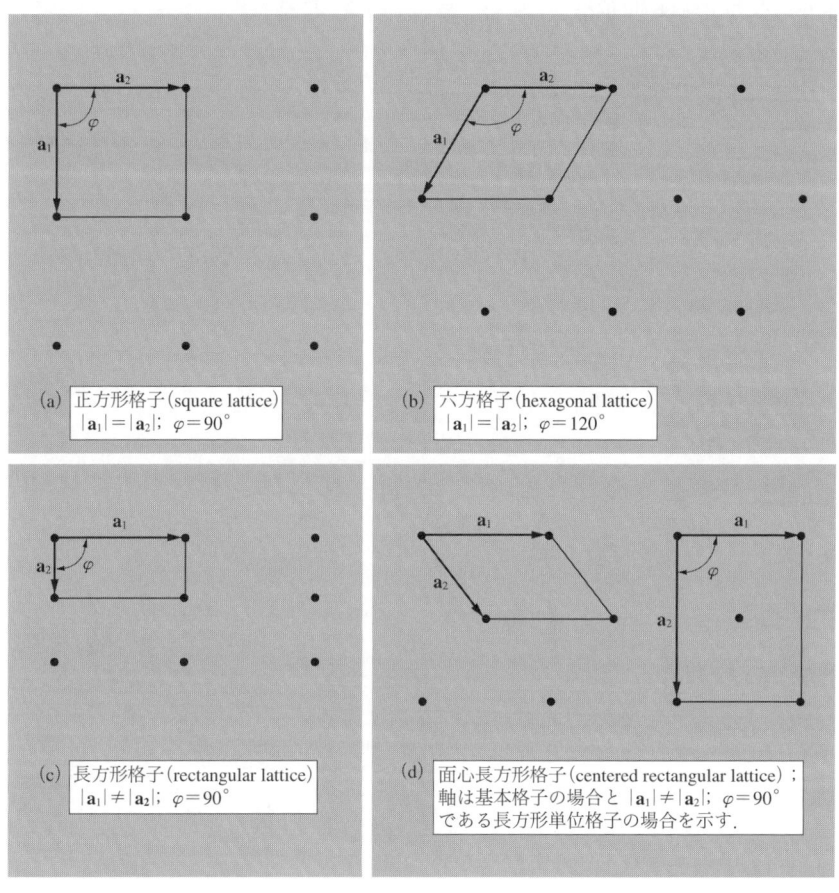

図7 2次元における4個の特殊格子

3次元格子の型

3次元の点群対称性をもつために表1に示す14個の異なった格子型が必要となる。一般型の格子は三斜晶系格子であり、13個の特殊型の格子がある。これらは便宜上7種の型の単位格子によって分類された結晶系、すなわち三斜晶系、単斜晶系、斜方晶系[*]、正方晶系、立方晶系、菱面体晶系、六方晶系に類別される。結

---

[*] （訳者注）結晶軸は直交しているので直方晶系とよばれることがある。

晶系の分類方法は，単位格子を定める結晶軸の間の関係を用いて，表1の中に示されている．

図8の単位格子は通常用いられる単位格子であり，そのうち単純立方格子だけが基本単位格子である．しばしば，非基本格子の方が，基本格子よりも点群対称

表1 3次元での14の格子型[*]

結晶系	格子の数	通常の単位格子の軸と軸角とに関する制限
三斜晶系	1	$a_1 \neq a_2 \neq a_3$ $\alpha \neq \beta \neq \gamma$
単斜晶系	2	$a_1 \neq a_2 \neq a_3$ $\alpha = \gamma = 90° \neq \beta$
斜方晶系	4	$a_1 \neq a_2 \neq a_3$ $\alpha = \beta = \gamma = 90°$
正方晶系	2	$a_1 = a_2 \neq a_3$ $\alpha = \beta = \gamma = 90°$
立方晶系	3	$a_1 = a_2 = a_3$ $\alpha = \beta = \gamma = 90°$
菱面体晶系	1	$a_1 = a_2 = a_3$ $\alpha = \beta = \gamma < 120°, \neq 90°$
六方晶系	1	$a_1 = a_2 \neq a_3$ $\alpha = \beta = 90°$ $\gamma = 120°$

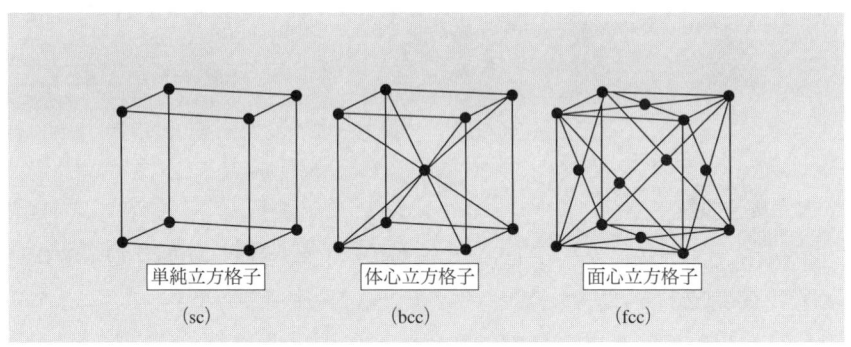

図8 立方空間格子．図の単位格子は通常用いられる単位格子である．

[*] （訳者注）$a_i = |\mathbf{a}_i|$，α は $\mathbf{a}_2$ と $\mathbf{a}_3$ とのなす角，β は $\mathbf{a}_3$ と $\mathbf{a}_1$ とのなす角，γ は $\mathbf{a}_1$ と $\mathbf{a}_2$ とのなす角である．$a_1, a_2, a_3, \alpha, \beta, \gamma$ を格子定数という．

操作との関係を明らかに示すからである.

立方晶系には3種の格子,すなわち,単純立方格子(sc),体心立方格子(bcc),面心立方格子(fcc)がある.3種の立方格子の特徴を表2に要約する.

bcc格子の基本単位格子を図9に示し,基本並進ベクトルを図10に示す.fcc格子の基本並進ベクトルを図11に示す.定義に従って,基本単位格子は1個の格子点しかもたないが,通常のbcc単位格子は2個の格子点をもち,fcc単位格子は4個の格子点をもっている.

単位格子内の点の位置は,原子の座標 x, y, z により,(2)で与えられる.このとき,各座標は,単位格子の一つの角を原点とし,各結晶軸の方向に,軸長 a_1,

表2 立方格子の性質

	単純立方	体心立方	面心立方
通常の単位格子の体積	a^3	a^3	a^3
単位格子あたりの格子点数	1	2	4
基本単位格子の体積	a^3	$\frac{1}{2}a^3$	$\frac{1}{4}a^3$
単位体積あたりの格子点数	$1/a^3$	$2/a^3$	$4/a^3$
最隣接格子点数	6	8	12
最隣接格子間距離	a	$3^{1/2}a/2 = 0.866\,a$	$a/2^{1/2} = 0.707\,a$
第2隣接格子点数	12	6	6
第2隣接格子点距離	$2^{1/2}a$	a	a
充塡率[a]	$\frac{1}{6}\pi$	$\frac{1}{8}\pi\sqrt{3}$	$\frac{1}{6}\pi\sqrt{2}$
	$=0.524$	$=0.680$	$=0.740$

a) 充塡率は,剛体球によって占有できる最大体積の単位格子体積に対する割合である.

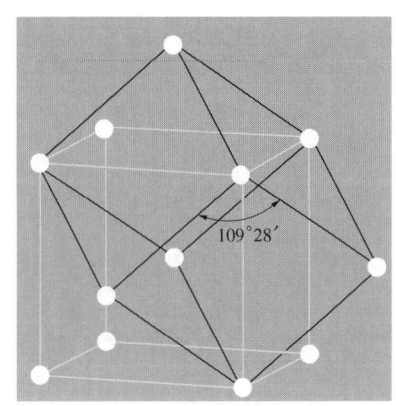

図9 体心立方格子の基本単位格子を示す.この単位格子は $\frac{1}{2}\sqrt{3}\,a$ の長さの稜をもち,稜の間の角が109°28′をなす斜方6面体(菱面体)である.

a_2, a_3 の何倍か (<1) という大きさで表される.このようにして,単位格子の体心の位置座標は,$\frac{1}{2}\frac{1}{2}\frac{1}{2}$ であり,面心には $\frac{1}{2}\frac{1}{2}0$, $0\frac{1}{2}\frac{1}{2}$, $\frac{1}{2}0\frac{1}{2}$ が含まれている.六方晶系では,基本単位格子は,辺のなす角が 120° の菱形を底面とする直角柱である.図 12 に六角柱と菱形柱との関係を示す.

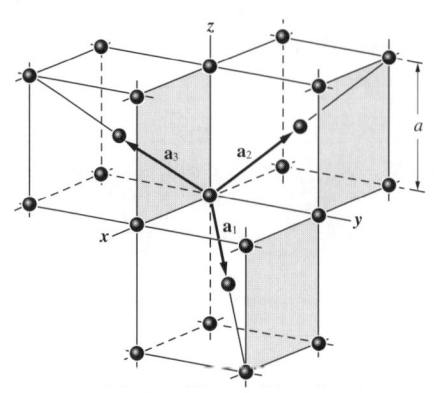

図 10 体心立方格子の基本並進ベクトル.このベクトルは原点の格子点と体心の格子点とを結ぶ.斜方 6 面体をつくると基本単位格子が得られる.立方体の稜の長さを a とすると,基本並進ベクトルは
$$\mathbf{a}_1 = \tfrac{1}{2}a(\hat{\mathbf{x}}+\hat{\mathbf{y}}-\hat{\mathbf{z}}); \quad \mathbf{a}_2 = \tfrac{1}{2}a(-\hat{\mathbf{x}}+\hat{\mathbf{y}}+\hat{\mathbf{z}})$$
$$\mathbf{a}_3 = \tfrac{1}{2}a(\hat{\mathbf{x}}-\hat{\mathbf{y}}+\hat{\mathbf{z}})$$
である.ここに $\hat{\mathbf{x}}$, $\hat{\mathbf{y}}$, $\hat{\mathbf{z}}$ は直交軸方向の単位ベクトルである.

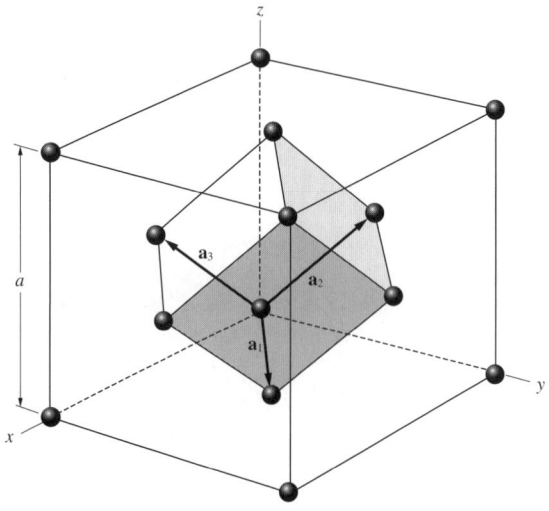

図 11 面心立方格子の斜方 6 面体をなす基本単位格子.基本並進ベクトル $\mathbf{a}_1$, $\mathbf{a}_2$, $\mathbf{a}_3$ は原点にある格子点と面心にある格子点とを結ぶ.図からわかるように,基本並進ベクトルは
$$\mathbf{a}_1 = \tfrac{1}{2}a(\hat{\mathbf{x}}+\hat{\mathbf{y}}); \quad \mathbf{a}_2 = \tfrac{1}{2}a(\hat{\mathbf{y}}+\hat{\mathbf{z}}); \quad \mathbf{a}_3 = \tfrac{1}{2}a(\hat{\mathbf{z}}+\hat{\mathbf{x}})$$
である.結晶軸のなす角は 60° である.

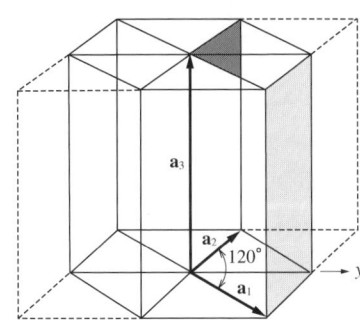

図 12 六方晶系での基本単位格子（太線）と六方対称の角柱との関係．$a_1 = a_2 \neq a_3$ である．

結晶面の指数

結晶面の位置と方向とは，その面上の一直線上にない 3 点によって決定される．もし各点が異なった結晶軸上にあるならば，それらの点の座標を格子定数 a_1, a_2, a_3 を単位として与えることにより，結晶面を決定することができる．しかし，結晶構造解析には次に示す規則（図 13）により決定された指数 (index) によって面の方向を表す方が便利である．

- 面が結晶軸を切りとる長さを，格子定数 a_1, a_2, a_3 を単位として表す．この結晶軸は基本格子のものでも非基本格子のものでもよい．

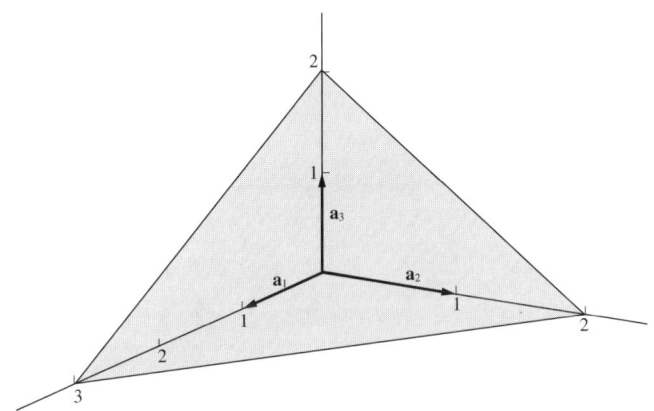

図 13 この面は a_1, a_2, a_3 軸とそれぞれ $3a_1, 2a_2, 2a_3$ で交わる．この数の逆数は $\frac{1}{3}, \frac{1}{2}, \frac{1}{2}$ である．これと同じ比をもつ最小の整数は 2, 3, 3 であるから，この面の指数は (233) である．

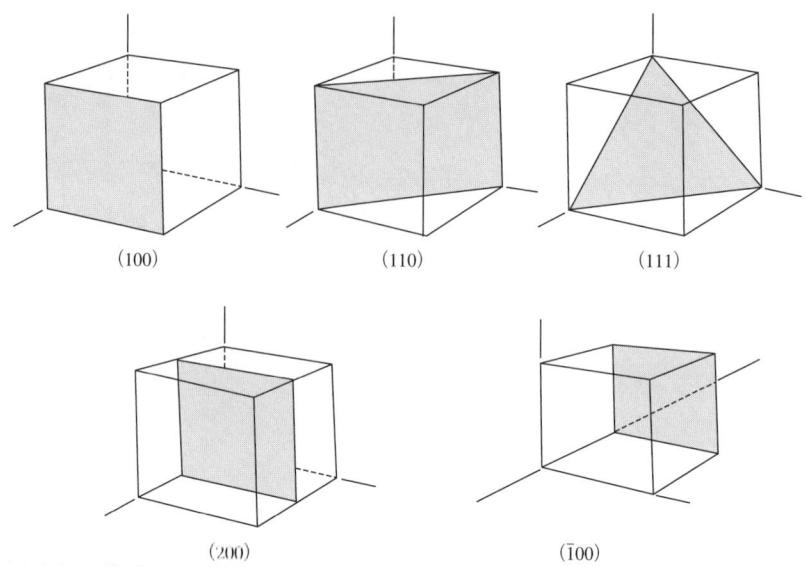

図 14 立方結晶のいくつかの重要な面の指数．面 (200) は (100) と ($\bar{1}$00) とに平行である．

- 長さを表す数の逆数を求め，同じ比をなす3個の整数に，通常は最小の整数に簡約する．その結果を括弧でくくって (hkl) とし，これをその結晶面の面指数という．

結晶軸の面による切片が 4, 1, 2 である面について，逆数は，$\frac{1}{4}$, 1, $\frac{1}{2}$ であり，同じ比をなす3個の最小の整数の組は (142) である．切片が無限大のときは，対応する指数は 0 である．立方結晶のいくつかの重要な結晶面の指数を図14に示す．指数 (hkl) は一つの面を表しても，1組の平行な面を表してもよい．もしある面が結晶軸と原点に関し負の側で交わるとき，その指数は負となり，指数の上に負号をつけて ($h\bar{k}l$) のように表す．立方結晶の立方体の面は (100), (010), (001), ($\bar{1}$00), (0$\bar{1}$0), (00$\bar{1}$) である．対称性により等価の面は指数に { } をつけて表す．立方体の面は {100} である．われわれが (200) 面というときは，(100) 面に平行で $\mathbf{a}_1$ 軸を $\frac{1}{2}a$ のところで切る面という意味である．

結晶の中の方向を表す指数 $[uvw]$ は，その方向をもつベクトルの結晶軸方向の成分と同じ比をなす，最小の整数の組である．$\mathbf{a}_1$ 軸は $[100]$ 方向にあり，$-\mathbf{a}_2$ 軸は $[0\bar{1}0]$ 方向にある．立方結晶では方向 $[hkl]$ は同じ指数をもつ面 (hkl) に

垂直である．しかしこのことは他の結晶系では一般的には成立しない．

簡単な結晶構造

多くの分野で取り上げられている簡単な結晶構造，すなわち塩化ナトリウム構造，塩化セシウム構造，六方最密構造，ダイヤモンド構造，立方硫化亜鉛構造（せん亜鉛鉱構造）について述べる．

塩化ナトリウム構造

塩化ナトリウム（NaCl）構造[*]を図15と図16とに示す．格子は面心立方（fcc）格子であり，単位構造は立方体の単位格子の体対角線の半分の距離だけ離れた1個の Na^+ イオンと1個の Cl^- イオンとから成り立っている．各立方体の単位格子に NaCl の4分子があって，イオンの位置は，

| Cl: | 000; | $\frac{1}{2}\frac{1}{2}0$; | $\frac{1}{2}0\frac{1}{2}$; | $0\frac{1}{2}\frac{1}{2}$ |
| Na: | $\frac{1}{2}\frac{1}{2}\frac{1}{2}$; | $00\frac{1}{2}$; | $0\frac{1}{2}0$; | $\frac{1}{2}00$ |

である．各原子（イオン）は最隣接原子として異種の6原子をもっている．NaCl 構造をもつ代表的な結晶の中には，次の表に示す結晶が含まれている．立方体の稜の長さ a をオングストローム単位で表す．$1\text{Å} \equiv 10^{-8}\text{cm} \equiv 10^{-10}\text{m} \equiv 0.1\text{nm}$ で

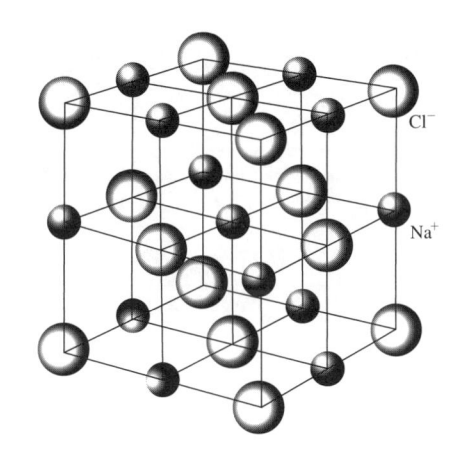

図15 単純立方格子の各格子点に Na^+ イオンと Cl^- イオンとを交互に並べて塩化ナトリウム構造をつくり上げることができる．結晶中で各イオンは異符号の電荷をもった6個の最隣接イオンに取り囲まれている．空間格子は fcc 格子であり，単位構造は 000 にある Cl^- イオンと $\frac{1}{2}\frac{1}{2}\frac{1}{2}$ にある Na^+ イオンからできている．図は通常の単位格子1個を示している．この図のイオンの径は，空間配置をわかりやすくするため，単位格子の大きさにくらべて縮小されている．

---

[*]（訳者注）岩塩構造（食塩構造）ともいわれる．

図16 塩化ナトリウムの結晶模型．ナトリウムイオンは，塩素イオンより小さい．（A. N. Holden と P. Singer の好意による．）

図17 硫化鉛（PbS）の天然結晶．塩化ナトリウム構造をもつ．（B. Burleson 撮影．）

ある．図17にミズリー州ジョプリン（Joplin）で産出した硫化鉛（PbS）の結晶の写真を示す．ジョプリンの試料は美しい立方体の形をしている．

結　晶	a	結　晶	a
LiH	4.08 Å	AgBr	5.77 Å
MgO	4.20	PbS	5.92
MnO	4.43	KCl	6.29
NaCl	5.63	KBr	6.59

塩化セシウム構造

塩化セシウム構造を図18に示す．基本単位格子あたり1分子をもち，単純立方(sc)格子の角000と体心位置 $\frac{1}{2}\frac{1}{2}\frac{1}{2}$ とに原子がある．各原子は異種原子のつくる立方体の中央に存在すると考えることができるので，最隣接原子の数すなわち配位数は8である．

結　晶	a	結　晶	a
BeCu	2.70 Å	LiHg	3.29 Å
AlNi	2.88	NH$_4$Cl	3.87
CuZn(β-真鍮)	2.94	TlBr	3.97
CuPd	2.99	CsCl	4.11
AgMg	3.28	TlI	4.20

六方最密構造（hcp）

等しい球を充填率を最大にするように規則正しく配列する方法は無数にある（図19）．そのうち一つは面心立方（fcc）構造であり，もう一つは六方最密（hcp）構造である（図20）．球によって占められる全体積の割合は両構造とも0.74である．規則的であろうとなかろうと，これ以上充填率の高い構造はない．

図18　塩化セシウム構造．空間格子は単純立方(sc)格子であって，単位構造は000にある1個のCs$^+$イオンと $\frac{1}{2}\frac{1}{2}\frac{1}{2}$ にある1個のCl$^-$イオンからできている．

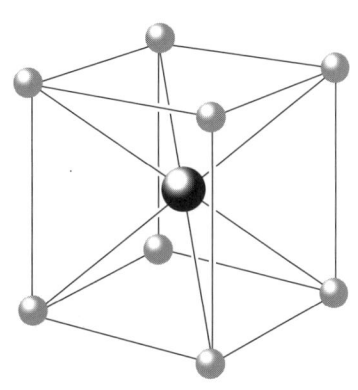

18   1 結 晶 構 造

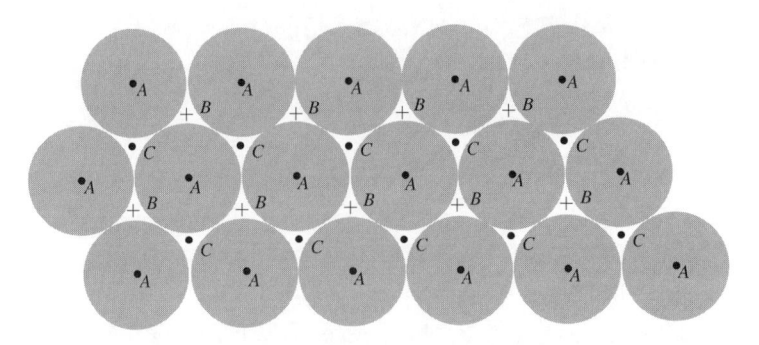

図 19 球の最密層を示す．球の中心を A とする．この層の上に紙面に平行に，球の中心を B 点の上に置いて，第2の同じ球の最密層をつくることができる．第3層としては二つのつくり方がある．第3層は A の上方かあるいは C の上方に置くことができる．もし A の上方に置くならば，順序は $ABABAB$ …となり六方最密構造となる．もし第3層を C の上方に置くならば，順序は $ABCABCABC$ …となり面心立方構造となる．

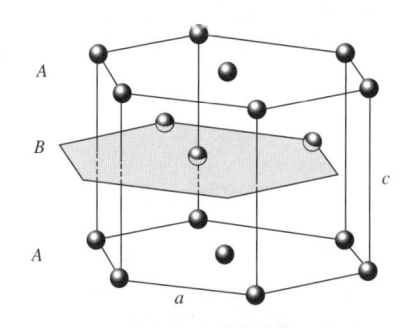

図 20 六方最密構造．この構造における原子の位置は空間格子をつくらない．その空間格子は六方基本格子であって，各格子点に2個の同じ原子からなる単位構造が所属している．格子定数 a と c とを示す．a は底面にあり，c は図12の $\mathbf{a}_3$ 軸の長さをもつ．

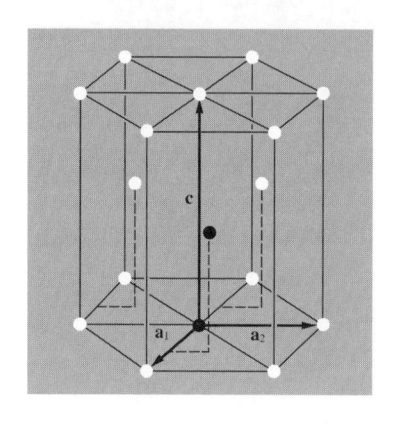

図 21 基本単位格子においては $a_1 = a_2$ であって，互いに120°の角をなす．c 軸(すなわち $\mathbf{a}_3$)は $\mathbf{a}_1$ と $\mathbf{a}_2$ との決定する面に垂直である．理想的な hcp 構造においては $c = 1.633 a$ である．一つの単位構造に属する2原子を黒丸で図示する．単位構造の1個の原子は原点000にある．他の原子は $\frac{2}{3} \frac{1}{3} \frac{1}{2}$ にあるが，これは，$\mathbf{r} = \frac{2}{3}\mathbf{a}_1 + \frac{1}{3}\mathbf{a}_2 + \frac{1}{2}\mathbf{a}_3$ にあることになる．

簡単な結晶構造 19

各球が同一平面上の6個の球と接触するように配置して，一つの最密層 A をつくる．この層は hcp 構造の底面にも fcc 構造の (111) 面にもなりうる．第2の同様の層 B は，図19-21に示すように，B 層の各球を底面層の3個の球に接触するように配置して，上にのせることができる．第3層 C は二つの方法でのせることができる．もし第3層の球を，B 層が占拠していない第1層の孔の上に置くならば，fcc 構造が得られる．第3層の球を，第1層の球の真上に置くと，hcp 構造が得られる．

結晶	c/a	結晶	c/a	結晶	c/a
He	1.633	Zn	1.861	Zr	1.594
Be	1.581	Cd	1.886	Gd	1.592
Mg	1.623	Co	1.622	Lu	1.586
Ti	1.586	Y	1.570		

最隣接原子の数は，hcp 構造でも fcc 構造でも 12 である．もし結合エネルギー（あるいは自由エネルギー）が1原子あたりの最隣接原子数だけで定まるならば，fcc 構造と hcp 構造との間に結合エネルギーの差異はないであろう．

ダイヤモンド構造

ダイヤモンド構造は半導体のシリコンやゲルマニウムの結晶構造であって，数

図 22 立方体の底面に投影されたダイヤモンド構造の単位格子内の原子位置．分数は立方体の稜を単位とした，底面からの高さを示す．0 と $\frac{1}{2}$ との点は fcc 格子上にある．$\frac{1}{4}$ と $\frac{3}{4}$ とにある点も体対角線沿いにその $\frac{1}{4}$ だけずれた同様の格子上にある．fcc 格子をとると，単位構造は 000 と $\frac{1}{4}\frac{1}{4}\frac{1}{4}$ とにある2個の同じ原子からできている．

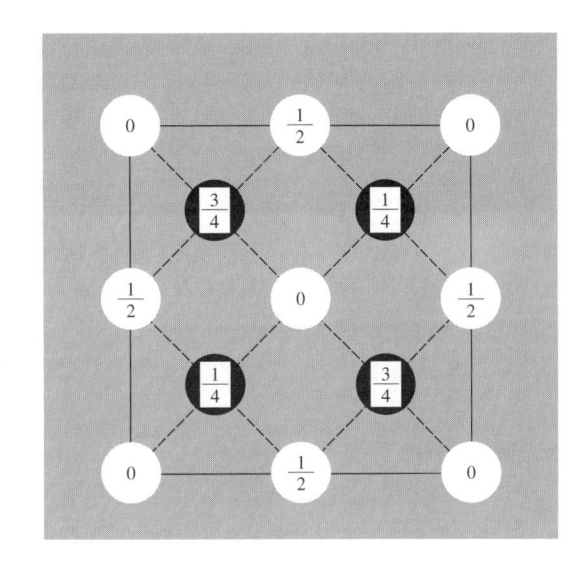

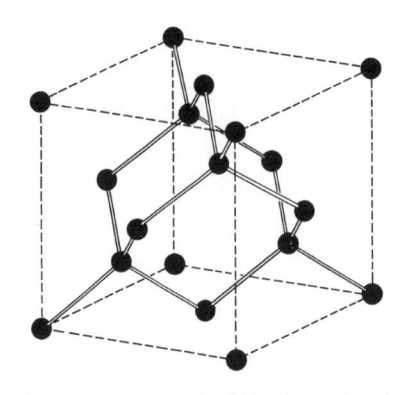

図23 ダイヤモンドの結晶構造．正4面体をなす化学結合を示す．

図24 立方硫化亜鉛の結晶構造．

種の重要な2元化合物半導体の構造とも関連がある．ダイヤモンドの空間格子は面心立方(fcc)格子である．ダイヤモンド構造の基本単位構造は，図22に示すように，fcc格子の各格子点を原点として，000と $\frac{1}{4}\frac{1}{4}\frac{1}{4}$ の位置にある2個の同じ原子からできている．fcc格子の通常用いられる，立方体の単位格子は4個の格子点をもっているので，ダイヤモンド構造の立方体の単位格子は $2\times 4=8$ 個の原子をもっている．ダイヤモンドの基本単位格子を，単位構造が1個の原子だけをもつように選ぶ方法はない．

ダイヤモンド構造の特徴である正4面体結合を図23に示す．各原子は4個の最隣接原子と12個の第2隣接原子をもっている．ダイヤモンド構造は他の構造に比べて隙間が多い．すなわち剛体球を置いて満たすことのできる体積の割合は最大で0.34にしかすぎず，fcc構造あるいはhcp構造のような最密構造の充填率の46%である．ダイヤモンド構造は，元素の周期表の第4列にある原子の，方向性をもつ共有結合による構造の1例である．炭素，シリコン，ゲルマニウム，スズは，それぞれ，格子定数が $a=3.567, 5.430, 5.658, 6.49 \text{Å}$ であるダイヤモンド構造の結晶となる．ここで a は通常用いられる立方体の単位格子の稜の長さである．

立方硫化亜鉛構造

ダイヤモンド構造は，体対角線方向にその $\frac{1}{4}$ だけずれている2個のfcc格子からできていると考えることができる．立方硫化亜鉛(せん亜鉛鉱)構造は，図24

に示すように，一方の fcc 格子に Zn 原子を置き，他方の fcc 格子に S 原子を置いたときにできあがる．通常用いられる単位格子は立方体である．Zn 原子の座標は 000, $0\frac{1}{2}\frac{1}{2}$, $\frac{1}{2}0\frac{1}{2}$, $\frac{1}{2}\frac{1}{2}0$ であり，S 原子の座標は $\frac{1}{4}\frac{1}{4}\frac{1}{4}$, $\frac{1}{4}\frac{3}{4}\frac{3}{4}$, $\frac{3}{4}\frac{1}{4}\frac{3}{4}$, $\frac{3}{4}\frac{3}{4}\frac{1}{4}$ である．格子は fcc 格子である．通常用いられる単位格子には 4 個の ZnS 分子がある．各原子のまわりには，等距離のところに 4 個の異種原子があり，原子を中心においた正 4 面体の頂点のところにある．

ダイヤモンド構造では，最隣接原子間を結ぶ線分の中点で反転中心の対称操作が可能である．反転操作は $\mathbf{r}$ にある原子を $-\mathbf{r}$ に移す．立方硫化亜鉛構造は反転対称をもっていない．立方硫化亜鉛構造をもつ結晶の例を次の表に示す．

結晶	a	結晶	a
SiC	4.35 Å	ZnSe	5.65 Å
ZnS	5.41	GaAs	5.65
AlP	5.45	AlAs	5.66
GaP	5.45	InSb	6.46

いくつかの格子定数の値の近い対の間，特に (Al, Ga)P と (Al, Ga)As では，半導体のヘテロ接合をつくることができる (19 章参照)．

原子構造の直接像

結晶構造の直接像は透過電子顕微鏡によってつくられてきた．たぶん最も美し

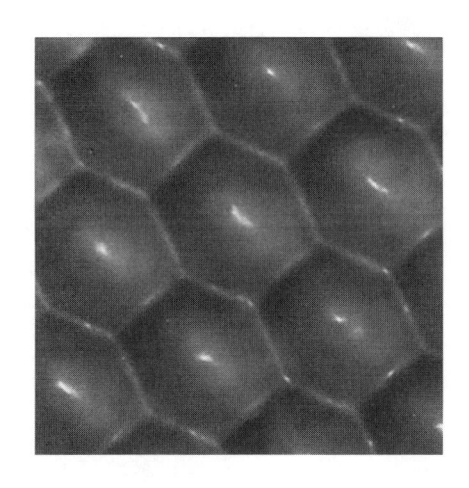

図 25 絶対温度 4K における fcc 型白金結晶の (111) 表面での，原子の走査トンネル顕微鏡像．最隣接原子間隔は 2.78 Å である．(IBM 研究部 D. M. Eigler の好意による写真．)

い像は現在走査トンネル顕微鏡によってつくられている。走査トンネル顕微鏡 (STM：19章参照) では, 量子トンネル効果が, 鋭く尖った金属探針の結晶表面からの高さで, 大きく変わることを活用している。図25の像はこの方法でつくられた。走査トンネル顕微鏡を用いて, 結晶基板上に原子を1個ずつ集めて, ナノメートル構造の組織をもった層をつくる方法が開発された.

理想的でない結晶構造

古典的結晶学者のいう理想結晶とは, 空間に同一の単位 (構造) が周期的に繰り返されてつくられたものである。しかし理想結晶が絶対零度において, 同一の原子の集合体の最低エネルギーの状態であるという, 一般的な証明は与えられていない。有限の温度では, このことは正しいとは思えない。ここでは, 例をいくつか示そう.

積層不整と構造多形

fcc構造とhcp構造は原子の最密充填層からできている。両構造は最密層の積層順序が違っており, fcc構造は $ABCABC$……の順であり, hcp構造は $ABAB$……の順である。最密充填層の積層順序が不規則な構造のあることが知られている。この構造は**積層不整** (random stacking) といわれ, 2次元方向は結晶化しており, 第3次元方向では非晶質あるいはガラス状であると考えられている.

構造多形 (polytypism) は積層軸方向に長い反復単位をもつ長周期構造をもつ。最もよく知られている例は硫化亜鉛 (ZnS) である。ZnSでは150種以上の構造多形が確認されていて, その最も長い周期は360層にも及ぶ。他の例は炭化シリコン (SiC) であって, 45種以上の最密層の積層周期をもっている。393Rとして知られているSiCの多形構造は $a=3.079$ Å, $c=989.6$ Å の基本単位格子をもっている。SiCについて見いだされた最長の基本単位格子は594層の周期をもっている。単結晶の中で一定の積層周期が何回も繰り返されている。このような長い結晶構造周期をもたらす機構は, そのような長距離間に働く力ではなくて, 結晶の成長核にある転位に現れるらせん階段の存在に起因している (20章参照).

結晶構造データ集[*]

表3に元素のよく現れる結晶構造とその結晶格子を示す．原子濃度と密度は表4に示す．多くの元素は数種の結晶構造をもち，温度や圧力の変化に応じて一つの構造から他の構造に転移する．同じ温度と圧力とにおいて，一方の方がやや安定ではあるが，二つの構造が共存することがある．

まとめ

- 格子とは，格子並進操作 $\mathbf{T} = u_1 \mathbf{a}_1 + u_2 \mathbf{a}_2 + u_3 \mathbf{a}_3$ によって繰り返された点の配列である．ここに u_1, u_2, u_3 は整数であり，$\mathbf{a}_1$, $\mathbf{a}_2$, $\mathbf{a}_3$ は結晶軸を表す．
- 結晶を構成するには，各格子点に，s 個の原子が位置 $\mathbf{r}_j = x_j \mathbf{a}_1 + y_j \mathbf{a}_2 + z_j \mathbf{a}_3$ ($j=1,2,3,\cdots,s$) にあるような，単位構造を配置する．ここで，x_j, y_j, z_j は 0 と 1 との間の値をもつように選ばれる．
- 結晶が格子並進操作 $\mathbf{T}$ とその各格子点にある単位構造とからできあがっていて，体積 $|\mathbf{a}_1 \cdot \mathbf{a}_2 \times \mathbf{a}_3|$ が最小の単位格子であるときは，結晶軸 $\mathbf{a}_1$, $\mathbf{a}_2$, $\mathbf{a}_3$ は基本結晶軸である．

問題

1. **正4面体構造の角** ダイヤモンドの正4面体結合の間の角は，図10に示すように，立方体の体対角線の間の角に等しい．角の大きさを求めるのに，ベクトル解析の基礎事項を用いよ．
2. **面指数** 指数 (100) と (001) とをもつ面を考えよ．格子は fcc 格子であり，指数は通常用いられる立方体の単位格子に関するものである．図11の基本結晶軸に関して

---

[*]（訳者注）最近の結晶構造データ集としては，米国の NIST (National Institute of Standard and Technology) と JCPDS (Joint Committee of Powder Diffraction Standards) とから共同で刊行されている *Crystal Data Determinative Tables* がよく用いられている．これは無機物と有機物とに分類され，毎年新しいデータの追加と更新が行われ，カード・磁気テープ・CD-ROM・冊子体などの形で刊行されている．有機化合物などには"ケンブリッジ結晶データベース"が Crystallographic Data Centre, Cambrige, England から刊行され，大阪大学蛋白質研究所の結晶解析研究センターがこのデータベースの日本における中心機関となっている．物質同定などに使われる粉末 X 線回折データには，JCPDS-PDF (Powder Diffraction File) というデータベースが JCPDS から検索プログラムとともに刊行されている．

表 3 元素の結晶構造。室温か絶対温度で示された温度における最も一般的な構造のデータが示されている。無機結晶構造データベース (ICSD) がインターネット上に発表されている。

a 格子定数 (Å)
c 格子定数 (Å)

H¹ 4K hcp 3.75 6.12																	He⁴ 2K hcp 3.57 5.83
Li 78K bcc 3.491	Be hcp 2.27 3.59											B rhomb.	C diamond 3.567	N 20K cubic 5.66 (N₂)	O complex (O₂)	F complex	Ne 4K fcc 4.46
Na 5K bcc 4.225	Mg hcp 3.21 5.21											Al fcc 4.05	Si diamond 5.430	P complex	S complex	Cl complex (Cl₂)	Ar 4K fcc 5.31
K 5K bcc 5.225	Ca fcc 5.58	Sc hcp 3.31 5.27	Ti hcp 2.95 4.68	V bcc 3.03	Cr bcc 2.88	Mn cubic complex	Fe bcc 2.87	Co hcp 2.51 4.07	Ni fcc 3.52	Cu fcc 3.61	Zn hcp 2.66 4.95	Ga complex 4.05	Ge diamond 5.658	As rhomb.	Se hex. chains	Br complex (Br₂)	Kr 4K fcc 5.64
Rb 5K bcc 5.585	Sr fcc 6.08	Y hcp 3.65 5.73	Zr hcp 3.23 5.15	Nb bcc 3.30	Mo bcc 3.15	Tc hcp 2.74 4.40	Ru hcp 2.71 4.28	Rh fcc 3.80	Pd fcc 3.89	Ag fcc 4.09	Cd hcp 2.98 5.62	In tetr. 3.25 4.95	Sn (α) diamond 6.49	Sb rhomb.	Te hex. chains	I complex (I₂)	Xe 4K fcc 6.13
Cs 5K bcc 6.045	Ba bcc 5.02	La hex. 3.77 ABAC	Hf hcp 3.19 5.05	Ta bcc 3.30	W bcc 3.16	Re hcp 2.76 4.46	Os hcp 2.74 4.32	Ir fcc 3.84	Pt fcc 3.92	Au fcc 4.08	Hg rhomb.	Tl hcp 3.46 5.52	Pb fcc 4.95	Bi rhomb.	Po sc 3.34	At —	Rn —
Fr —	Ra —	Ac fcc 5.31															

| Ce
fcc
5.16 | Pr
hex.
3.67
ABAC | Nd
hex.
3.66 | Pm
— | Sm
complex | Eu
bcc
4.58 | Gd
hcp
3.63
5.78 | Tb
hcp
3.60
5.70 | Dy
hcp
3.59
5.65 | Ho
hcp
3.58
5.62 | Er
hcp
3.56
5.59 | Tm
hcp
3.54
5.56 | Yb
fcc
5.48 | Lu
hcp
3.50
5.55 |
| Th
fcc
5.08 | Pa
tetr.
3.92
3.24 | U
complex | Np
complex | Pu
complex | Am
hex.
3.64
ABAC | Cm
— | Bk
— | Cf
— | Es
— | Fm
— | Md
— | No
— | Lr
— |

表 4 元素の密度と原子濃度，室温か絶対温度で示された温度において大気圧下でのデータを示す．(表 3 の結晶構造に関するもの．)

	密度 g cm⁻³ (10³ kg m⁻³)
	濃度 10²² cm⁻³ (10²⁸ m⁻³)
	最隣接原子間距離 Å (10⁻¹⁰ m)

H 4K																	He 2K
0.088																	0.205
																	(at 37 atm)

Li 78K	Be											B	C	N 20K	O	F	Ne 4K
0.542	1.82											2.47	3.516	1.03			1.51
4.700	12.1											13.0	17.6				4.36
3.023	2.22											1.54					3.16

Na 5K	Mg											Al	Si	P	S	Cl 93K	Ar 4K
1.013	1.74											2.70	2.33			2.03	1.77
2.652	4.30											6.02	5.00				2.66
3.659	3.20											2.86	2.35				3.76

K	Ca	Sc	Ti	V	Cr	Mn	Fe	Co	Ni	Cu	Zn	Ga	Ge	As	Se	Br 123K	Kr 4K
0.910	1.53	2.99	4.51	6.09	7.19	7.47	7.78	8.9	8.91	8.93	7.13	5.91	5.32	5.77	4.81	4.05	3.09
1.402	2.30	4.27	5.66	7.22	8.33	8.18	8.50	8.97	9.14	8.45	6.55	5.10	4.42	4.65	3.67	2.36	2.17
4.525	3.95	3.25	2.89	2.62	2.50	2.24	2.48	2.50	2.49	2.56	2.66	2.44	2.45	3.16	2.32		4.00

Rb 5K	Sr	Y	Zr	Nb	Mo	Tc	Ru	Rh	Pd	Ag	Cd	In	Sn	Sb	Te	I	Xe 4K
1.629	2.58	4.48	6.51	8.58	10.22	11.50	12.36	12.42	12.00	10.50	8.65	7.29	5.76	6.69	6.25	4.95	3.78
1.148	1.78	3.02	4.29	5.56	6.42	7.04	7.36	7.26	6.80	5.85	4.64	3.83	2.91	3.31	2.94	2.36	1.64
4.837	4.30	3.55	3.17	2.86	2.72	2.71	2.65	2.69	2.75	2.89	2.98	3.25	2.81	2.91	2.86	3.54	4.34

Cs 5K	Ba	La	Hf	Ta	W	Re	Os	Ir	Pt	Au	Hg 227	Tl	Pb	Bi	Po	At	Rn
1.997	3.59	6.17	13.20	16.66	19.25	21.03	22.58	22.55	21.47	19.28	14.26	11.87	11.34	9.80	9.31		
0.905	1.60	2.70	4.52	5.55	6.30	6.80	7.14	7.06	6.62	5.90	4.26	3.50	3.30	2.82	2.67		
5.235	4.35	3.73	3.13	2.86	2.74	2.74	2.68	2.71	2.77	2.88	3.01	3.46	3.50	3.07	3.34		

Fr	Ra	Ac															
		10.07															
		2.66															
		3.76															

Ce	Pr	Nd	Pm	Sm	Eu	Gd	Tb	Dy	Ho	Er	Tm	Yb	Lu
6.77	6.78	7.00	—	7.54	5.25	7.89	8.27	8.53	8.80	9.04	9.32	6.97	9.84
2.91	2.92	2.93		3.03	2.04	3.02	3.22	3.17	3.22	3.26	3.32	3.02	3.39
3.65	3.63	3.66		3.59	3.96	3.58	3.52	3.51	3.49	3.47	3.54	3.88	3.43

Th	Pa	U	Np	Pu	Am	Cm	Bk	Cf	Es	Fm	Md	No	Lr
11.72	15.37	19.05	20.45	19.81	11.87	—	—	—	—	—	—	—	—
3.04	4.01	4.80	5.20	4.26	2.96								
3.60	3.21	2.75	2.62	3.1	3.61								

は，これらの面の指数はどうなるか？

3. hcp 構造 理想的な hcp 構造に対する c/a 比は $(\frac{8}{3})^{1/2}=1.633$ であることを示せ．もし c/a がこの値よりかなり大きいならば，結晶構造は，最密充塡原子面が，隙間をあけて積み上げられてできていると考えることができる．

2 波の回折と逆格子

結晶による波の回折

ブラッグの法則

　われわれは結晶の構造を，フォトン，中性子，電子の回折により研究する（図1）．回折 (diffraction) は結晶構造と波長とで定まる．電磁波の波長が $5\,000\,\text{Å}$ のように光学領域にあるときは結晶内の個々の原子によって弾性的に散乱された波が重ね合わされて通常の光の屈折が起こる．しかし波長が格子定数と同程度かまたは小さいときは，入射方向とまったく違った方向に回折線が現れる．

　W. L. Bragg は結晶による回折線に対し簡単な説明を与えた．Bragg の説明は簡単ではあるが，正しい結果を与えることができるので，信用できるものである．

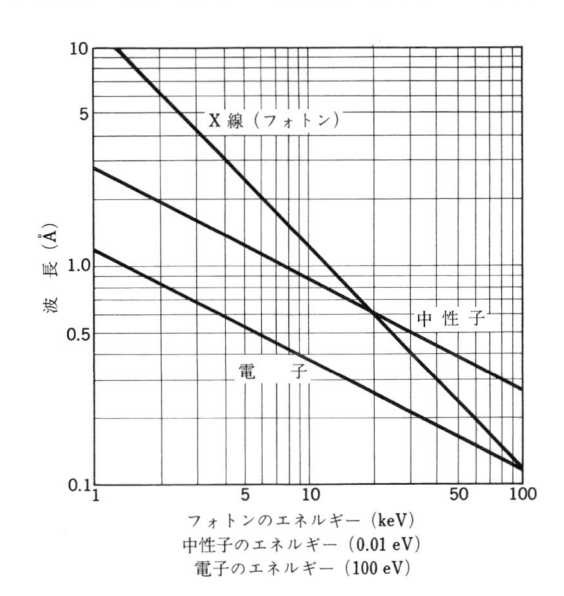

図 1　フォトン，中性子，電子に関する波長と粒子のエネルギーとの関係．

フォトンのエネルギー (keV)
中性子のエネルギー (0.01 eV)
電子のエネルギー (100 eV)

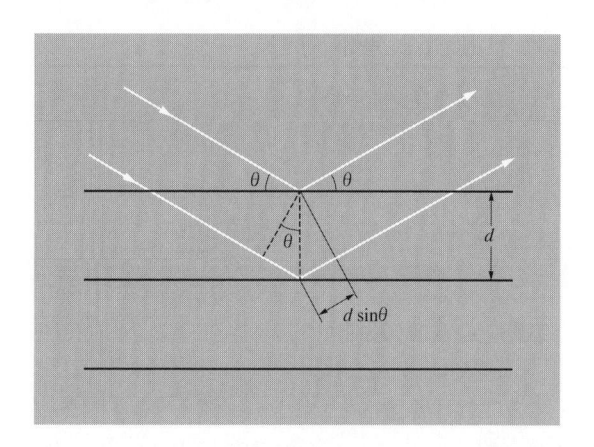

図 2 ブラッグの式 $2d\sin\theta = n\lambda$ の導出．ここに d は平行な原子面の面間隔．$2\pi n$ は，引き続いた面からの反射波間の位相差である．反射面は試料の外形上の表面とは関係がない．

入射波が結晶内の平行な原子面により鏡のように反射され，各原子面は，非常に薄く銀めっきした鏡と同じように，入射波のごく一部しか反射しないと仮定する．鏡面反射では入射角は反射角に等しい．図2に示すように，平行な面からの反射が強め合うように干渉するときにのみ回折波が現れる．ここでは X 線のエネルギーが反射のときに変化しない，弾性散乱を考えている．

互いに間隔 d を保って並んでいる1組の平行な格子面を考えよう．波は紙面に沿って入射する．隣り合った面から反射された波の行路差は $2d\sin\theta$ である．この θ は面から測った角である．引き続いた面から反射された波は，行路差が波長 λ の整数 (n) 倍になるとき，干渉して強め合う．それゆえ

$$2d\sin\theta = n\lambda \tag{1}$$

である．これが**ブラッグの法則** (Bragg law) である．この法則は波長 λ が $\lambda \leq 2d$ のときにのみ成立する．

各面からの反射は鏡面反射であると仮定されているが，θ の特殊な値についてのみ，互いに平行で周期的に並んだ面全体からの反射は同位相で加え合わされて，強い反射（回折）線を生ずる．もし各面が全反射を起こすならば，平行な面の組の第1面のみが入射線を受けるので，あらゆる波長の波が反射されるはずである．しかし各面はその面の入射線の 10^{-3} から 10^{-5} を反射するだけである．それゆ

結晶による波の回折 **29**

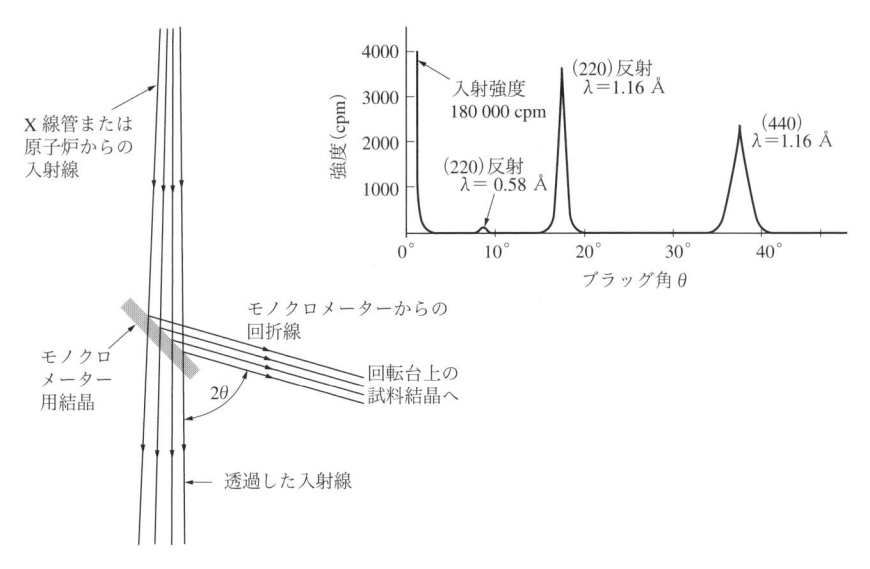

図3 ブラッグ反射により，広いスペクトルをもつ入射線から狭いスペクトルをもつX線あるいは中性子線を選び出すモノクロメーターの概念図．図の上部にフッ化カルシウム結晶モノクロメーターからの1.16Åの中性子線の波長の純度に関する分析結果（2番目の結晶の反射により得られたもの）を示す．(G. Bacon による．)

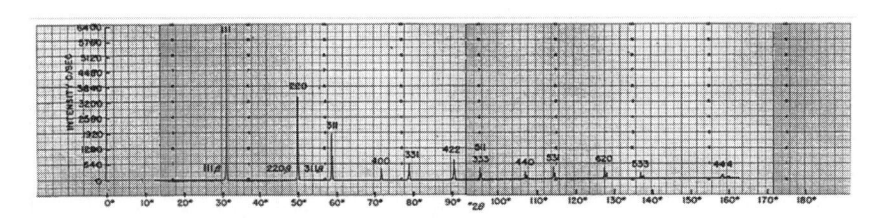

図4 シリコンの粉末のX線回折計による記録．計数管で測定した回折線の記録．(W. Parrish の好意による．)

え完全結晶においてブラッグ反射を生ずるのには 10^3 から 10^5 枚の原子面が関与している．1枚の原子面だけによる反射については，表面物理に関する17章において取り扱う．

ブラッグの法則は空間格子の周期性の結果である．この法則は各格子点にある単位構造の原子構成には関係がないことに注意しておく．しかし，単位構造の組成は与えられたある1組の平行平面群からのいろいろな次数（(1) の n）の反射の

相対強度を決定していることを後で学ぶ．単結晶によるブラッグ反射の実験結果*
を図3に，粉末試料による結果を図4に示す．

散乱波の振幅

回折を起こす条件 (1) を求めるブラッグの方法は，空間格子点による散乱波が干渉して強め合うための条件を簡潔に表している．格子点にある，原子の配列した単位構造からの散乱強度を求めるとき，各単位格子内に分布している電子からの散乱強度を求めることとなり，もっと詳しい解析を行わなければならない．

フーリエ解析

1章において，結晶は $\mathbf{T} = u_1\mathbf{a}_1 + u_2\mathbf{a}_2 + u_3\mathbf{a}_3$ の形のどんな並進操作を行っても不変であることを学んだ．ここに u_1, u_2, u_3 は整数であり，$\mathbf{a}_1, \mathbf{a}_2, \mathbf{a}_3$ は結晶軸である．電荷密度，電子数密度，磁気モーメント密度のような，結晶の局所的に定まる物理的性質はどれも，操作 $\mathbf{T}$ に対して不変である．ここでわれわれにとって最も重要なことは，電子密度 $n(\mathbf{r})$ が $\mathbf{r}$ の周期関数であって，三つの結晶軸方向にそれぞれ周期 $\mathbf{a}_1, \mathbf{a}_2, \mathbf{a}_3$ をもっていることである．それゆえ

$$n(\mathbf{r} + \mathbf{T}) = n(\mathbf{r}) \tag{2}$$

となる．そのような周期性はフーリエ解析の理想的な対象となる．結晶の最も重要な諸性質は電子密度のフーリエ成分に直接結びついている．

まず1次元の x 方向に周期 a をもつ関数 $n(x)$ を考えよう．$n(x)$ を正弦と余弦とのフーリエ級数に展開すると，

$$n(x) = n_0 + \sum_{p>0}[C_p\cos(2\pi px/a) + S_p\sin(2\pi px/a)] \tag{3}$$

となる．ここで p は正の整数，C_p, S_p は実数でありフーリエ係数といわれる．引数中の因子 $2\pi/a$ は $n(x)$ が周期 a をもつことを保証する．すなわち

$$n(x+a) = n_0 + \Sigma[C_p\cos(2\pi px/a + 2\pi p) + S_p\sin(2\pi px/a + 2\pi p)]$$
$$= n_0 + \Sigma[C_p\cos(2\pi px/a) + S_p\sin(2\pi px/a)] = n(x) \tag{4}$$

となる．

今後 $2\pi p/a$ を結晶の逆格子空間すなわちフーリエ空間における点ということ

---

*) （訳者注）図3は，通常の単結晶による回転結晶回折を示してはいない．図の説明にあるように，結晶モノクロメーターからのビームのスペクトル解析のための回折パターンである．

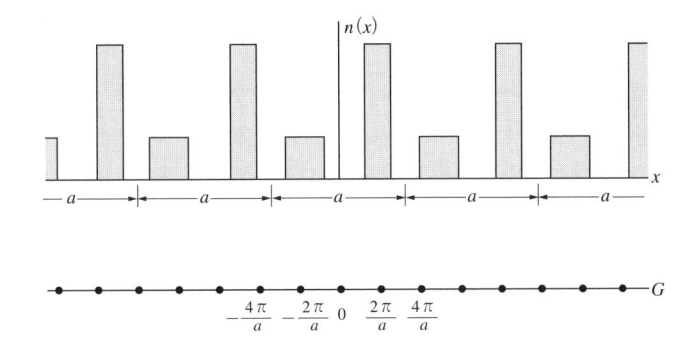

図 5 周期aをもつ周期関数$n(x)$,およびそのフーリエ変換である$n(x) = \sum n_p \exp(i2\pi px/a)$に現れる項$2\pi p/a$.

にする.1次元ではこれらの点は直線上にある.逆格子点(reciprocal lattice point)はフーリエ級数(4)あるいは(5)の中で許される項を示す.図5に示すように,結晶の周期性と矛盾しなければ,その項は許される.逆格子空間の他の点に対応する項は周期関数のフーリエ展開において許されない.

級数(4)を短い形

$$n(x) = \sum_p n_p \exp(i2\pi px/a) \tag{5}$$

に書くと便利である.ここに和は正,負,0のすべての整数pについて行う.この式ではn_pは複素数である.$n(x)$が実関数であるためには

$$n_{-p}^* = n_p \tag{6}$$

でなければならない.そうであればp番目の項と$-p$番目の項の和が実数となる.n_{-p}^*のアスタリスク(*)はn_{-p}の共役複素数であることを表す.

$\varphi = 2\pi px/a$とすると,(5)のp項と$-p$項との和は,(6)が満足されるならば,実数となる.すなわち,この和は

$$\begin{aligned}&n_p(\cos\varphi + i\sin\varphi) + n_{-p}(\cos\varphi - i\sin\varphi)\\&= (n_p + n_{-p})\cos\varphi + i(n_p - n_{-p})\sin\varphi\end{aligned} \tag{7}$$

となり,結局(6)が成立するならば,実関数

$$2\,\mathrm{Re}\{n_p\}\cos\varphi - 2\,\mathrm{Im}\{n_p\}\sin\varphi \tag{8}$$

に等しくなる.ここに$\mathrm{Re}\{n_p\}$と$\mathrm{Im}\{n_p\}$とは実数であってn_pの実部と虚部とを表す.このようにして,電子密度$n(x)$は,希望通り実関数となる.

フーリエ解析を，3次元の周期関数 $n(\mathbf{r})$ の解析に拡張することは困難ではない．このとき，結晶に変化を与えないすべての格子並進操作 $\mathbf{T}$ に対して，

$$n(\mathbf{r}) = \sum_{\mathbf{G}} n_{\mathbf{G}} \exp(i\mathbf{G}\cdot\mathbf{r}) \tag{9}$$

を，不変にしておくような1組のベクトル $\mathbf{G}$ を見いださなければならない．以下にフーリエ係数 $n_{\mathbf{G}}$ の組がX線の弾性散乱波の振幅を決定することが示される．

フーリエ級数の逆変換　フーリエ級数 (5) のフーリエ係数 n_p が

$$n_p = a^{-1}\int_0^a dx\, n(x) \exp(-i2\pi px/a) \tag{10}$$

で与えられることを示そう．(5) を (10) に代入して

$$n_p = a^{-1}\sum_{p'} n_{p'} \int_0^a dx \exp[i2\pi(p'-p)x/a] \tag{11}$$

が得られる．もし $p'\neq p$ ならば，積分の値は

$$\frac{a}{i2\pi(p'-p)}\left[e^{i2\pi(p'-p)} - 1\right] = 0$$

となる．なぜなら $p'-p$ は整数であり，$\exp[i2\pi\times(\text{整数})]=1$ だからである．$p'=p$ の項については，被積分関数は $\exp(i0)=1$ であり，積分の値は a であって，$n_p = a^{-1}n_p a = n_p$，すなわち両辺が等しくなって，(10) は恒等式となる．

(10) と同様にして，(9) の逆変換は

$$n_{\mathbf{G}} = V_c^{-1}\int_{\text{cell}} dV\, n(\mathbf{r}) \exp(-i\mathbf{G}\cdot\mathbf{r}) \tag{12}$$

となる．ここで V_c は結晶の単位格子の体積である．

逆格子ベクトル

電子密度のフーリエ解析をさらに進めるためには，(9) のようなフーリエ和 $\sum n_{\mathbf{G}}\exp(i\mathbf{G}\cdot\mathbf{r})$ の中のベクトル $\mathbf{G}$ を見つけなければならない．これを行うのに強力な，やや抽象的な方法がある．この方法は，固体物理学の多くの分野で理論の基礎となっており，そこではフーリエ解析は一つの基調となっている．

逆格子 (reciprocal lattice) の軸ベクトル $\mathbf{b}_1$, $\mathbf{b}_2$, $\mathbf{b}_3$ を次のようにつくる：

$$\mathbf{b}_1 = 2\pi\frac{\mathbf{a}_2\times\mathbf{a}_3}{\mathbf{a}_1\cdot\mathbf{a}_2\times\mathbf{a}_3},\quad \mathbf{b}_2 = 2\pi\frac{\mathbf{a}_3\times\mathbf{a}_1}{\mathbf{a}_1\cdot\mathbf{a}_2\times\mathbf{a}_3},\quad \mathbf{b}_3 = 2\pi\frac{\mathbf{a}_1\times\mathbf{a}_2}{\mathbf{a}_1\cdot\mathbf{a}_2\times\mathbf{a}_3}. \tag{13}$$

因子 2π を結晶学者は使わないが，固体物理学では使う方が便利である．

もし $\mathbf{a}_1$, $\mathbf{a}_2$, $\mathbf{a}_3$ が結晶格子の基本並進ベクトルならば，$\mathbf{b}_1$, $\mathbf{b}_2$, $\mathbf{b}_3$ は逆格子

(reciprocal lattice) の基本並進ベクトルである．(13) で定義された各ベクトルは，結晶格子の二つの軸ベクトルと直交する．それゆえ，$\mathbf{b}_1$, $\mathbf{b}_2$, $\mathbf{b}_3$ は

$$\mathbf{b}_i \cdot \mathbf{a}_j = 2\pi \delta_{ij} \tag{14}$$

という性質をもっている．ここで $i=j$ ならば $\delta_{ij}=1$, $i \neq j$ ならば $\delta_{ij}=0$ である．

逆格子点の位置は1組のベクトル

$$\mathbf{G} = v_1 \mathbf{b}_1 + v_2 \mathbf{b}_2 + v_3 \mathbf{b}_3 \tag{15}$$

で与えられる．ここで v_1, v_2, v_3 は整数である．この形のベクトル $\mathbf{G}$ は**逆格子ベクトル** (reciprocal lattice vector) である．

フーリエ級数 (9) におけるベクトル $\mathbf{G}$ は，ちょうど逆格子ベクトル (15) である．なぜならば，そのとき電子密度を表すフーリエ級数は，結晶の並進操作 $\mathbf{T} = u_1 \mathbf{a}_1 + u_2 \mathbf{a}_2 + u_3 \mathbf{a}_3$ のいずれに対しても不変であるという特性をもっているからである．(9) から

$$n(\mathbf{r} + \mathbf{T}) = \sum_G n_G \exp(i\mathbf{G} \cdot \mathbf{r}) \exp(i\mathbf{G} \cdot \mathbf{T}) \tag{16}$$

となるが，

$$\begin{aligned}\exp(i\mathbf{G} \cdot \mathbf{T}) &= \exp[i(v_1 \mathbf{b}_1 + v_2 \mathbf{b}_2 + v_3 \mathbf{b}_3) \cdot (u_1 \mathbf{a}_1 + u_2 \mathbf{a}_2 + u_3 \mathbf{a}_3)] \\ &= \exp[i 2\pi (v_1 u_1 + v_2 u_2 + v_3 u_3)]\end{aligned} \tag{17}$$

であるから $\exp(i\mathbf{G} \cdot \mathbf{T})=1$ である．指数関係の引数は，$v_1 u_1 + v_2 u_2 + v_3 u_3$ が整数の積の和からなる整数であるから，$2\pi i \times$(整数) の形をもっている．それゆえ，(9) から求める不変性，$n(\mathbf{r}+\mathbf{T}) = n(\mathbf{r}) = \sum n_G \exp(i\mathbf{G} \cdot \mathbf{r})$ が得られる．

すべての結晶構造はそれぞれ二つの格子，すなわち結晶格子と逆格子とをもっている．結晶の回折パターンは，後に示すように，その結晶の逆格子の地図である．顕微鏡像は，もし十分な解像度をもっているならば，現実の空間における結晶構造の地図である．二つ格子の間の関係は (13) の定義によって定まっている．それゆえ，試料台上の結晶を回転させると，実格子（direct lattice）（結晶格子）と逆格子とをともに回転させることになる．

実格子内のベクトルは［長さ］の次元をもつが，逆格子内のベクトルは［1/(長さ)］の次元をもつ．逆格子はその結晶に関係するフーリエ空間の格子である．フーリエ空間の格子という意味は後に説明する．波動ベクトルはいつもフーリエ空間のベクトルであるから，フーリエ空間の各点は一つの波を表しているという意味をもっているが，結晶構造に関係するベクトル $\mathbf{G}$ の組で定義されたもろもろの点は特別の意味をもっている．

回 折 の 条 件

定 理 逆格子ベクトル G の組が可能な X 線の反射を決定する．

図 6 に見られるように，互いに r だけ離れている体積素片からの，散乱波間の位相差による因子は $\exp[i(\mathbf{k}-\mathbf{k}')\cdot\mathbf{r}]$ であることがわかる．入射波と散乱波の波動ベクトルは $\mathbf{k}$, $\mathbf{k}'$ である．体積素片からの散乱波の振幅は，その位置の電子密度 $n(\mathbf{r})$ に比例すると仮定する．$\mathbf{k}'$ 方向への散乱波の合成振幅は，$n(\mathbf{r})dV$ と位相因子 $\exp[i(\mathbf{k}-\mathbf{k}')\cdot\mathbf{r}]$ との積の結晶全体にわたる積分値に比例する．

言い換えれば，散乱された電磁波の電場ベクトルあるいは磁場ベクトルの振幅は，**散乱振幅** (scattering amplitude) とよばれる量 F を定義する次の積分に比例する．すなわち

$$F = \int dV\, n(\mathbf{r}) \exp[i(\mathbf{k}-\mathbf{k}')\cdot\mathbf{r}] = \int dV\, n(\mathbf{r}) \exp(-i\Delta\mathbf{k}\cdot\mathbf{r}) \tag{18}$$

である．ここで $\mathbf{k}-\mathbf{k}'=-\Delta\mathbf{k}$，すなわち

$$\mathbf{k} + \Delta\mathbf{k} = \mathbf{k}' \tag{19}$$

である．$\Delta\mathbf{k}$ は波動ベクトルの変化を表し，**散乱ベクトル** (scattering vector)（図 7）とよばれる．$\mathbf{k}$ に $\Delta\mathbf{k}$ を加えると散乱波の波動ベクトル $\mathbf{k}'$ が得られる．

散乱振幅 F を得るために $n(\mathbf{r})$ のフーリエ展開 (9) を (18) に代入して

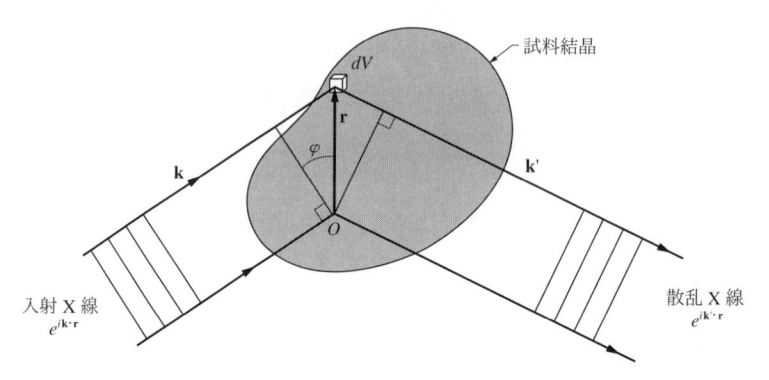

図 6 点 O と点 $\mathbf{r}$ における入射波 $\mathbf{k}$ の行路差は $r\sin\varphi$ であり，位相角の差は $(2\pi r \sin\varphi)/\lambda$ であって $\mathbf{k}\cdot\mathbf{r}$ に等しい．回折波については位相角の差は $-\mathbf{k}'\cdot\mathbf{r}$ である．位相角の差の合計は $(\mathbf{k}-\mathbf{k}')\cdot\mathbf{r}$ であって，$\mathbf{r}$ にある dV による散乱波は，原点 O にある体積素片による散乱波に対して位相因子 $\exp[i(\mathbf{k}-\mathbf{k}')\cdot\mathbf{r}]$ をもつ．

図 7 $\mathbf{k}+\Delta\mathbf{k}=\mathbf{k}'$ を満足する散乱ベクトル $\Delta\mathbf{k}$ の定義. 弾性散乱においては，波動ベクトルの大きさは $k'=k$ を満足する．さらに，周期的な格子によるブラッグ散乱においては，許される $\Delta\mathbf{k}$ はどれもある逆格子ベクトル $\mathbf{G}$ に等しくなければならない．

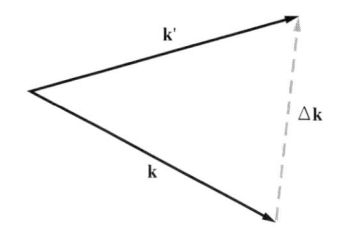

$$F = \sum_{\mathbf{G}} \int dV \, n_\mathbf{G} \exp[i(\mathbf{G}-\Delta\mathbf{k})\cdot\mathbf{r}] \tag{20}$$

となる．散乱ベクトル $\Delta\mathbf{k}$ がある特定の逆格子ベクトルに等しいとき，すなわち

$$\Delta\mathbf{k} = \mathbf{G} \tag{21}$$

が成立するとき，指数関数の引数は 0 となり $F=Vn_\mathbf{G}$ となる．$\Delta\mathbf{k}$ がどの逆格子ベクトルともはっきりと異なるとき，F が無視できるくらい小さくなることを示すのは簡単な練習問題である（問題 4）．

弾性散乱において，フォトンのエネルギー $\hbar\omega$ は保存されるから，散乱線の周波数 $\omega'=ck'$ は入射線の周波数に等しい．それゆえ k と k' の大きさは等しく，$k'^2=k^2$ である．この結果は電子と中性子の弾性散乱にも成立する．(21)から $\Delta\mathbf{k}=\mathbf{G}$ すなわち $\mathbf{k}+\mathbf{G}=\mathbf{k}'$ となり，回折条件は $(\mathbf{k}+\mathbf{G})^2=k^2$，すなわち

$$2\mathbf{k}\cdot\mathbf{G} + G^2 = 0 \tag{22}$$

となる．

これが周期的な格子における波の弾性散乱の理論の基本的な結果である．もし $\mathbf{G}$ が逆格子ベクトルであれば，$-\mathbf{G}$ も逆格子ベクトルであるから，この置換をすると (22) を

$$2\mathbf{k}\cdot\mathbf{G} = G^2 \tag{23}$$

とも書くことができる．この式は回折の条件としてしばしば用いられる．

(23)はブラッグの法則(1)のもう一つの表し方である．問題 1 の結果から，$\mathbf{G}=h\mathbf{b}_1+k\mathbf{b}_2+l\mathbf{b}_3$ の方向に垂直な格子面の面間隔 $d(hkl)$ は $d(hkl)=2\pi/|\mathbf{G}|$ となる．それゆえ $2\mathbf{k}\cdot\mathbf{G}=G^2$ の結果は

$$2(2\pi/\lambda)\sin\theta = 2\pi/d(hkl)$$

すなわち $2d(hkl)\sin\theta=\lambda$ とも書くことができる．ここで θ は入射線と結晶面と

の間の角である.

　G を定義する整数 hkl は現実の結晶面の指数と等しい必要はない.G を定義する整数は公約数 n をもっていてよいが,1 章で定義した面指数では公約数 n は簡約されているからである.このようにしてブラッグの結果

$$2d \sin \theta = n\lambda \tag{24}$$

が得られる.ここに d は指数 h/n, k/n, l/n をもつ隣り合った互いに平行な結晶面の面間隔である.

ラウエ方程式

　回折理論の結果である (21),すなわち $\Delta \mathbf{k} = \mathbf{G}$ をラウエ方程式 (Laue equation) とよばれている方程式を与えるように,もう一つの形で表す.この式は幾何学的に表現されるので有用である.$\mathbf{a}_1$, $\mathbf{a}_2$, $\mathbf{a}_3$ と $\Delta\mathbf{k}$, $\mathbf{G}$ とのスカラー積を求めると,そ

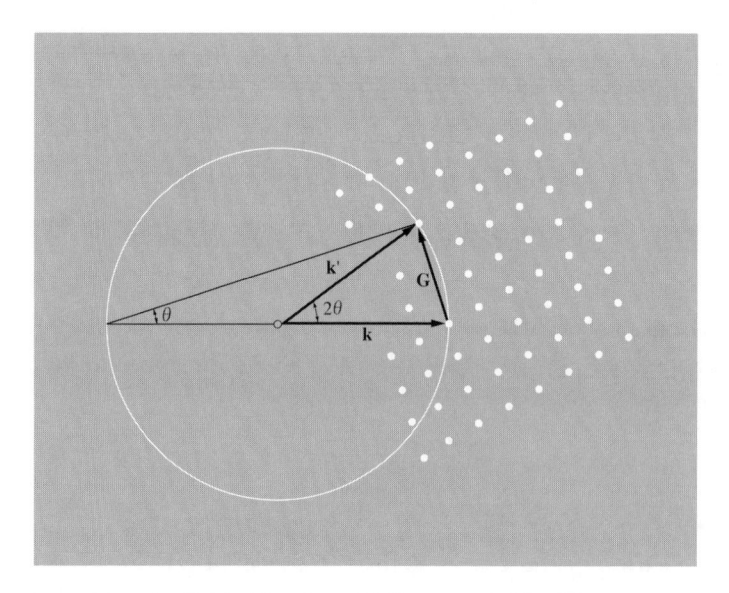

図 8　右側の点は結晶の逆格子点を示す.ベクトル $\mathbf{k}$ を入射 X 線方向に引き,先にどれかの逆格子点がくるように始点 (origin) を選ぶ.$\mathbf{k}$ の始点のまわりに半径 $k = 2\pi/\lambda$ の球を描く.もしこの球が逆格子の他の点を通るならば回折線が生ずる.描かれた球は $\mathbf{k}$ の先の点と逆格子ベクトル $\mathbf{G}$ で結ばれている点を通っている.すなわち回折 X 線は $\mathbf{k}' = \mathbf{k} + \mathbf{G}$ の方向に生ずる.角度 θ は図 2 のブラッグ角である.この作図は P. P. Ewald により提案されたものである.

れぞれ，(14) と (15) とから

$$\mathbf{a}_1 \cdot \Delta \mathbf{k} = 2\pi v_1, \quad \mathbf{a}_2 \cdot \Delta \mathbf{k} = 2\pi v_2, \quad \mathbf{a}_3 \cdot \Delta \mathbf{k} = 2\pi v_3 \tag{25}$$

が得られる．これらの式は幾何学的な簡単な意味をもっている．第1式 $\mathbf{a}_1 \cdot \Delta \mathbf{k} = 2\pi v_1$ から，$\Delta \mathbf{k}$ が $\mathbf{a}_1$ を軸とするある円錐面上にあることがわかる．第2式から $\Delta \mathbf{k}$ は $\mathbf{a}_2$ を軸とする円錐面上にもあることがわかる．第3式は $\Delta \mathbf{k}$ が $\mathbf{a}_3$ を軸とする円錐面上にもあることを要求している．このように一つの反射について $\Delta \mathbf{k}$ は3個の方程式すべてを満足しなければならない．すなわち3個の円錐面の共通の交線上になければならない．これは厳しい条件であって，系統的に波長や結晶の方向を走査したり，探したりしてはじめて満たすことができるものであり，さもなければまったくの偶然にしか満足させられないものである．

みごとなエバルトの作図 (Ewald construction) を図8に示す．この図は，3次元において，回折条件を満足するために必要な出来事の性質を眼に見えるように示してくれる．

ブリルアン・ゾーン

固体物理学において最も広く用いられている回折条件の表現は Brillouin によって与えられた．これは電子のエネルギーバンド理論や，他の種類の素励起過程の説明に用いられている．**ブリルアン・ゾーン** (Brillouin zone) は逆格子におけるウィグナー–サイツ・セルとして定義される．(実格子のウィグナー–サイツ・セルは1章の図4に示した．) ブリルアン・ゾーンは，(23) の回折条件 $2\mathbf{k} \cdot \mathbf{G} = G^2$ に明快な幾何学的説明を与えている．(23) の両辺を4で除すと

$$\mathbf{k} \cdot \left(\frac{1}{2}\mathbf{G}\right) = \left(\frac{1}{2}G\right)^2 \tag{26}$$

が得られる．

われわれはいま逆格子空間，すなわち $\mathbf{k}$ と $\mathbf{G}$ との空間で考えている．原点から一つの逆格子点に達するベクトル $\mathbf{G}$ をとる．ベクトル $\mathbf{G}$ の中点を通り，ベクトルに垂直な平面を描く．この平面はブリルアン・ゾーンの境界の一部を形成している (図9a)．その結晶に入射している X 線は，波動ベクトル $\mathbf{k}$ が (26) で要求されている大きさと方向とをもつならば回折される．回折線は，(19) と $\Delta \mathbf{k} = -\mathbf{G}$ とからわかるように $\mathbf{k} - \mathbf{G}$ の方向に進む．このように，ブリルアンの作図は結晶によ

ってブラッグ反射されうるすべての波動ベクトル **k** を示している.

　逆格子ベクトルを垂直二等分している面の組は，一般に，結晶内の波動の伝播の理論において重要である．なぜならば，原点から引いたその波動ベクトルの先がこれらの面のどれか一つの上にある波は回折条件を満足するからである．これらの面は，正方形格子 (square lattice) について図9bに示したように，結晶のフーリエ空間を小部分に分割する．図の中央の正方形は逆格子の基本単位格子である．またそれは逆格子のウィグナー-サイツ・セルである．

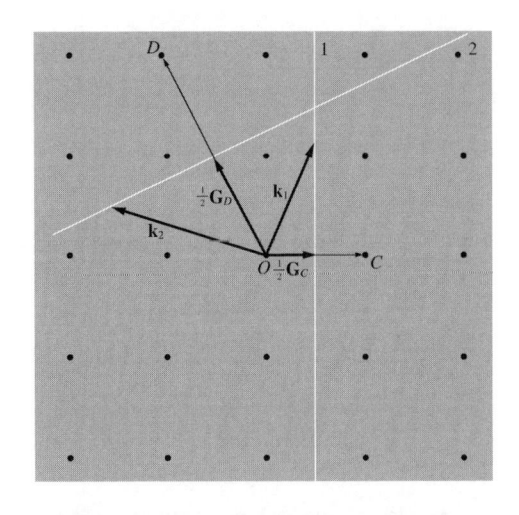

図 9a 逆格子の原点である点 O の近くの逆格子点. 逆格子ベクトル $\mathbf{G}_C$ は OC を結び，$\mathbf{G}_D$ は OD を結ぶ. ベクトル $\mathbf{G}_C$ と $\mathbf{G}_D$ とをそれぞれ垂直二等分する2平面1,2を描く．$\mathbf{k}_1$ のような，原点から平面1に達するベクトルはどれも，回折条件 $\mathbf{k}_1 \cdot (\frac{1}{2}\mathbf{G}_C) = (\frac{1}{2}\mathbf{G}_C)^2$ を満足する. $\mathbf{k}_2$ のような，原点から平面2に達するベクトルはどれも，回折条件 $\mathbf{k}_2 \cdot (\frac{1}{2}\mathbf{G}_D) = (\frac{1}{2}\mathbf{G}_D)^2$ を満足する．

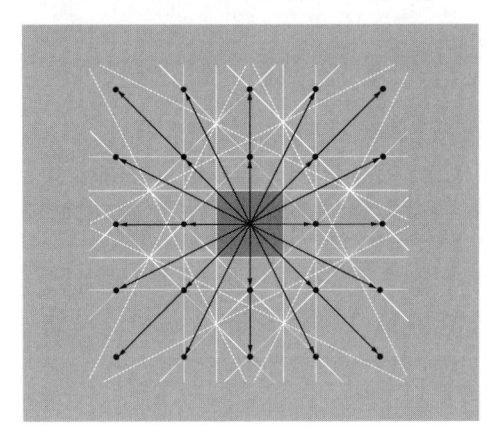

図 9b 細い黒線で示した逆格子ベクトルをもつ正方形逆格子 (square reciprocal lattice). 白線は逆格子ベクトルの垂直二等分線である．中央の正方形は，原点のまわりで，白線だけで囲まれた最小の図形である．正方形は逆格子のウィグナー-サイツ・セルである．それは第1ブリュアン・ゾーンといわれる．

逆格子の中央の単位格子は固体の理論において特に重要であり，第1ブリルアン・ゾーンとよばれる．第1ブリルアン・ゾーンは，原点から引いた逆格子ベクトルを垂直二等分する平面で全体が囲まれた，最小の空間である．その例を図10と図11に示す．

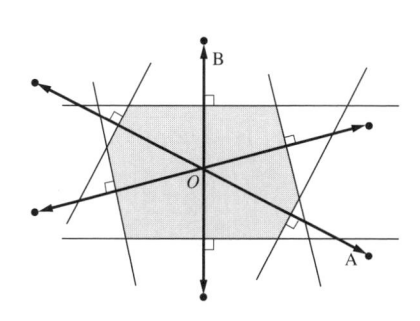

図10 2次元斜交格子(oblique lattice)に対する第1ブリルアン・ゾーンの作図．まず第1に，Oから近くの逆格子点へ一連のベクトルを描く．第2にそのベクトルの中点を通ってベクトルを垂直二等分する線を描く．その線に囲まれた最小の領域が第1ブリルアン・ゾーンである．

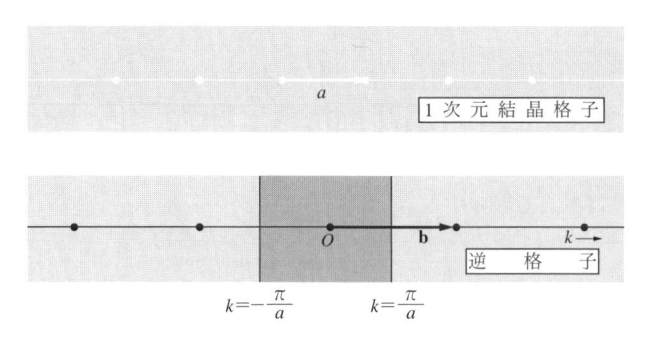

図11 1次元の結晶格子と逆格子．逆格子の基本ベクトルは**b**であって，長さは$2\pi/a$である．原点から引いた最短逆格子ベクトルは**b**と$-$**b**である．これらのベクトルの垂直二等分線は第1ブリルアン・ゾーンの境界をなしている．この境界は$k=\pm\pi/a$にある．

単純立方(sc)格子の逆格子

sc格子の基本並進ベクトルは，

$$\mathbf{a}_1 = a\hat{\mathbf{x}}, \quad \mathbf{a}_2 = a\hat{\mathbf{y}}, \quad \mathbf{a}_3 = a\hat{\mathbf{z}} \tag{27a}$$

ととることができる．ここに$\hat{\mathbf{x}}$, $\hat{\mathbf{y}}$, $\hat{\mathbf{z}}$は単位長さの，互いに直交しているベクトルである．単位格子の体積は$\mathbf{a}_1 \cdot (\mathbf{a}_2 \times \mathbf{a}_3) = a^3$である．逆格子の基本並進ベクトルは標準の式(13)から

$$\mathbf{b}_1 = (2\pi/a)\hat{\mathbf{x}}, \quad \mathbf{b}_2 = (2\pi/a)\hat{\mathbf{y}}, \quad \mathbf{b}_3 = (2\pi/a)\hat{\mathbf{z}} \tag{27b}$$

であることがわかる．このように逆格子自身もsc格子であって，格子定数は$2\pi/a$である．

第1ブリルアン・ゾーンの境界は6個の逆格子ベクトル$\pm \mathbf{b}_1$, $\pm \mathbf{b}_2$, $\pm \mathbf{b}_3$の中点を通り，それぞれに垂直な面で

$$\pm\frac{1}{2}\mathbf{b}_1 = \pm(\pi/a)\hat{\mathbf{x}}, \quad \pm\frac{1}{2}\mathbf{b}_2 = \pm(\pi/a)\hat{\mathbf{y}}, \quad \pm\frac{1}{2}\mathbf{b}_3 = \pm(\pi/a)\hat{\mathbf{z}} \tag{28}$$

である．6枚の面は稜の長さが$2\pi/a$，体積が$(2\pi/a)^3$の立方体を囲む．この立方体はsc結晶格子の第1ブリルアン・ゾーンである．

体心立方(bcc)格子の逆格子

図12に示されているbcc格子の基本並進ベクトルは

$$\mathbf{a}_1 = \frac{1}{2}a(-\hat{\mathbf{x}} + \hat{\mathbf{y}} + \hat{\mathbf{z}}), \quad \mathbf{a}_2 = \frac{1}{2}a(\hat{\mathbf{x}} - \hat{\mathbf{y}} + \hat{\mathbf{z}}), \quad \mathbf{a}_3 = \frac{1}{2}a(\hat{\mathbf{x}} + \hat{\mathbf{y}} - \hat{\mathbf{z}}) \tag{29}$$

である．ここにaは通常用いられる立方体単位格子の稜の長さであり，$\hat{\mathbf{x}}$, $\hat{\mathbf{y}}$, $\hat{\mathbf{z}}$は立方体の稜に平行で互いに直交している単位ベクトルである．基本単位格子の体積は次式で得られる．

$$V = |\mathbf{a}_1 \cdot \mathbf{a}_2 \times \mathbf{a}_3| = \frac{1}{2}a^3 \tag{30}$$

逆格子の基本並進ベクトルは(13)で定義されている．(29)を用いて

$$\mathbf{b}_1 = (2\pi/a)(\hat{\mathbf{y}} + \hat{\mathbf{z}}), \quad \mathbf{b}_2 = (2\pi/a)(\hat{\mathbf{x}} + \hat{\mathbf{z}}), \quad \mathbf{b}_3 = (2\pi/a)(\hat{\mathbf{x}} + \hat{\mathbf{y}}) \tag{31}$$

となる．図14と比較すると，これらはちょうどfcc格子の基本並進ベクトルになっていることがわかる．このように，fcc格子はbcc格子の逆格子である．

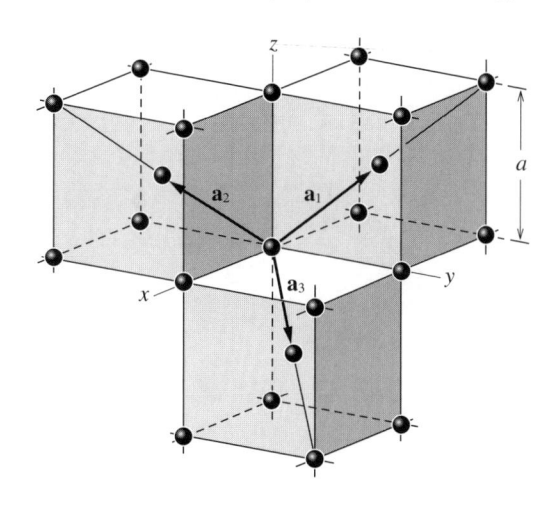

図 12 体心立方格子の基本並進ベクトル．

整数 v_1, v_2, v_3 に対して，逆格子ベクトルの一般形は

$$\mathbf{G} = v_1\mathbf{b}_1 + v_2\mathbf{b}_2 + v_3\mathbf{b}_3 \tag{32}$$
$$= (2\pi/a)[(v_2 + v_3)\hat{\mathbf{x}} + (v_1 + v_3)\hat{\mathbf{y}} + (v_1 + v_2)\hat{\mathbf{z}}]$$

となる．最短の $\mathbf{G}$ は次の 12 個のベクトルであって，符号の選択はすべて独立である．すなわち，

$$(2\pi/a)(\pm\hat{\mathbf{y}} \pm \hat{\mathbf{z}}), \quad (2\pi/a)(\pm\hat{\mathbf{x}} \pm \hat{\mathbf{z}}), \quad (2\pi/a)(\pm\hat{\mathbf{x}} \pm \hat{\mathbf{y}}) \tag{33}$$

である．

逆格子の一つの基本単位格子は (31) で定義される $\mathbf{b}_1, \mathbf{b}_2, \mathbf{b}_3$ によってつくられる平行 6 面体である．逆格子のこの基本単位格子の体積は，$|\mathbf{b}_1 \cdot \mathbf{b}_2 \times \mathbf{b}_3| = 2(2\pi/a)^3$ である．平行 6 面体は逆格子点を 1 個含んでいる．なぜならば 8 個の角の点はそれぞれ 8 個の平行 6 面体で共有されているからである．各平行 6 面体は 8 個の角の点にそれぞれ 1/8 個分の格子点をもっている（図 12 参照）．

もう一つの基本単位格子は，第 1 ブリルアン・ゾーンとして逆格子の中央のウィグナー–サイツ・セルである．この単位格子はおのおの 1 個の格子点を単位格子の中央に含む．bcc 格子に対するこの第 1 ゾーンは (33) の 12 のベクトルの中点を通りそれに垂直な平面に囲まれ，図 13 に示されるように規則正しい 12 面体，すなわち斜方 12 面体である．

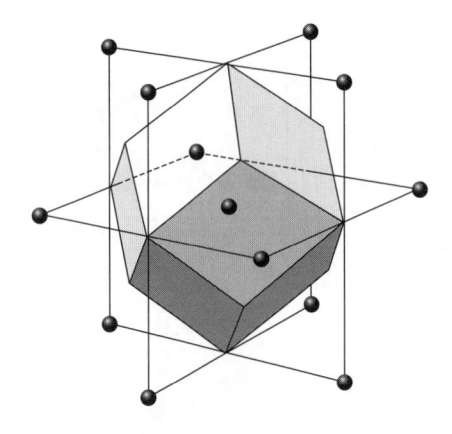

図 13 体心立方格子の第 1 ブリルアン・ゾーン．図は正（斜方）12 面体を示す．

面心立方 (fcc) 格子の逆格子

図 14 に示される fcc 格子の基本並進ベクトルは

$$\mathbf{a}_1 = \frac{1}{2}a(\hat{\mathbf{y}} + \hat{\mathbf{z}}), \quad \mathbf{a}_2 = \frac{1}{2}a(\hat{\mathbf{x}} + \hat{\mathbf{z}}), \quad \mathbf{a}_3 = \frac{1}{2}a(\hat{\mathbf{x}} + \hat{\mathbf{y}}) \tag{34}$$

である．基本単位格子の体積は

$$V = |\mathbf{a}_1 \cdot \mathbf{a}_2 \times \mathbf{a}_3| = \frac{1}{4}a^3 \tag{35}$$

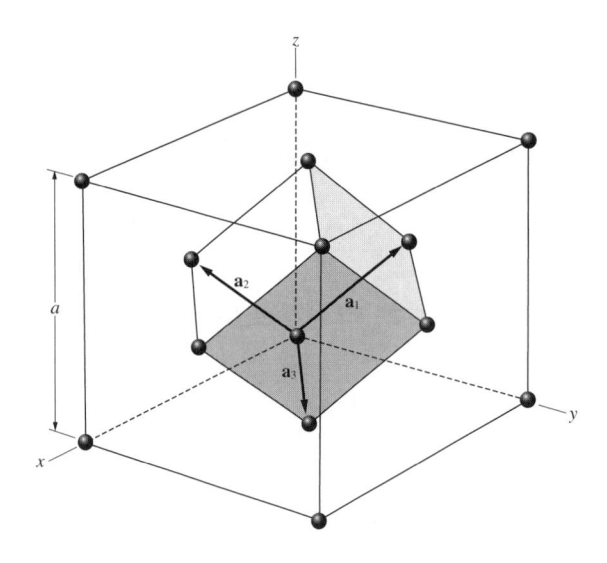

図 14 面心立方格子の基本並進ベクトル．

である．fcc 格子の逆格子の基本並進ベクトルは

$$\mathbf{b}_1 = (2\pi/a)(-\hat{\mathbf{x}} + \hat{\mathbf{y}} + \hat{\mathbf{z}}), \quad \mathbf{b}_2 = (2\pi/a)(\hat{\mathbf{x}} - \hat{\mathbf{y}} + \hat{\mathbf{z}}),$$
$$\mathbf{b}_3 = (2\pi/a)(\hat{\mathbf{x}} + \hat{\mathbf{y}} - \hat{\mathbf{z}}) \tag{36}$$

となる．これらは bcc 格子の基本並進ベクトルであるから，bcc 格子は fcc 格子の逆格子である．逆格子の基本単位格子の体積は $4(2\pi/a)^3$ である．

最短の $\mathbf{G}$ は 8 個のベクトル

$$(2\pi/a)(\pm\hat{\mathbf{x}} \pm \hat{\mathbf{y}} \pm \hat{\mathbf{z}}) \tag{37}$$

である．逆格子の中央の単位格子の境界は，これらのベクトルとその中点で垂直に交わる 8 枚の面で大部分が決定される．しかしこのようにしてつくられた 8 面体の隅は他の 6 個の逆格子ベクトル

$$(2\pi/a)(\pm 2\hat{\mathbf{x}}), \quad (2\pi/a)(\pm 2\hat{\mathbf{y}}), \quad (2\pi/a)(\pm 2\hat{\mathbf{z}}) \tag{38}$$

を垂直二等分する面で断ち切られる．$(2\pi/a)(2\hat{\mathbf{x}})$ は $\mathbf{b}_2 + \mathbf{b}_3$ に等しいので逆格子ベクトルであることは注目すべきである．第 1 ブリルアン・ゾーンは原点を中心とする最小体積のものであって，図 15 で示される截頭形の 8 面体である．6 枚の面は稜の長さ $4\pi/a$，体積 $(4\pi/a)^3$ の立方体の表面である．

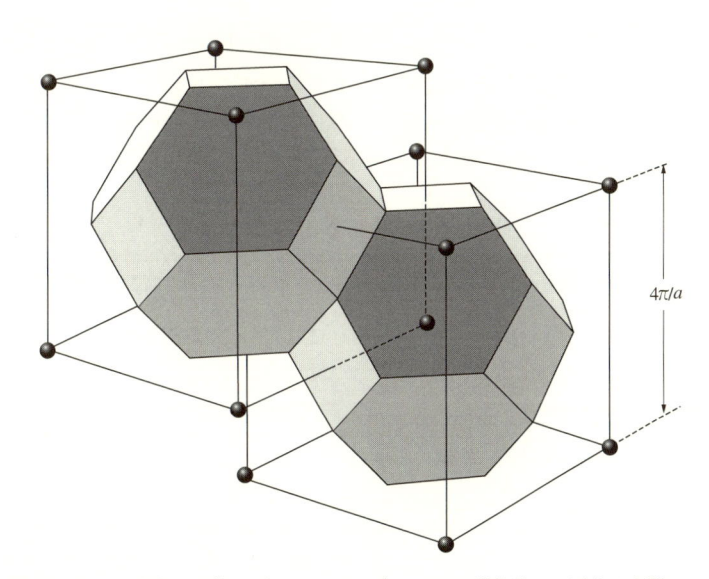

図 15　面心立方格子の第 1 ブリルアン・ゾーン．この単位格子は逆格子空間のものであって，逆格子は体心立方格子である．

単位構造のフーリエ解析

(21) の回折の条件 $\Delta \mathbf{k} = \mathbf{G}$ が満足されるとき,散乱振幅 (18) は N 個の単位格子 (cell) をもつ結晶については

$$F_\mathbf{G} = N \int_{cell} dV\, n(\mathbf{r}) \exp(-i\mathbf{G}\cdot\mathbf{r}) = NS_\mathbf{G} \tag{39}$$

となる.量 $S_\mathbf{G}$ は**構造因子** (structure factor) といわれ,単位格子の一つの角を $\mathbf{r}=0$ としたときの,単位格子全体にわたる積分で定義される*).

単位格子の j 番目の原子に属する電子密度関数 n_j の重ね合せとして電子密度 $n(\mathbf{r})$ を書くことはしばしば有用である.$\mathbf{r}_j$ を原子の中心までのベクトルとすると,関数 $n_j(\mathbf{r}-\mathbf{r}_j)$ は $\mathbf{r}$ における電子密度に対する j 番目の原子の寄与を定義する.単位格子内のすべての原子による,$\mathbf{r}$ における電子密度は単位格子内の s 個の原子にわたる和

$$n(\mathbf{r}) = \sum_{j=1}^{s} n_j(\mathbf{r}-\mathbf{r}_j) \tag{40}$$

である.各原子にどれだけの電荷(電子)密度が所属しているかを決めることはいつも可能とは限らないから,$n(\mathbf{r})$ を分解する方法は一義的ではない.しかしこの困難は重要ではない.

(39) で定義される構造因子は単位格子内の s 個の原子全体にわたる積分として書くことができる.すなわち

$$\begin{aligned} S_\mathbf{G} &= \sum_j \int dV\, n_j(\mathbf{r}-\mathbf{r}_j)\exp(-i\mathbf{G}\cdot\mathbf{r}) \\ &= \sum_j \exp(-i\mathbf{G}\cdot\mathbf{r}_j)\int dV\, n_j(\boldsymbol{\rho})\exp(-i\mathbf{G}\cdot\boldsymbol{\rho}) \end{aligned} \tag{41}$$

となる.ここに $\boldsymbol{\rho} \equiv \mathbf{r}-\mathbf{r}_j$ である.ここで**原子構造因子** (atomic form factor) を

---

*) (訳者注) (39) から (42) にかけての議論は若干不正確である.(18) の $n(\mathbf{r})$ を格子並進ベクトル $\mathbf{R}_n$ にある単位構造による電子密度 $n_0(\mathbf{r}-\mathbf{R}_n)$ の和に分解できるとすると,(39) の代りに

$$F_\mathbf{G} = N\int dV\, n_0(\mathbf{r})\exp(-i\mathbf{G}\cdot\mathbf{r}) = NS_\mathbf{G} \tag{39'}$$

を導くことができる.ここで積分は全空間にわたり,$n_0(\mathbf{r})$ は原点に位置した単位構造による電子密度 (40) と同じもの

$$n_0(\mathbf{r}) = \sum_{j=1}^{s} n_j(\mathbf{r}-\mathbf{r}_j) \tag{40'}$$

である.(40') を (39') に代入して (41) が導かれる.このときの積分は全空間にわたっている.

単位構造のフーリエ解析　**45**

$$f_j = \int dV\, n_j(\boldsymbol{\rho}) \exp(-i\mathbf{G}\cdot\boldsymbol{\rho}) \tag{42}$$

と定義する．積分は全空間にわたって行う．$n_j(\boldsymbol{\rho})$ が原子の性質を示しているならば，f_j も原子の性質を示す．

(41) と (42) とを結びつけて，次の形の単位構造の構造因子が得られる．すなわち

$$S_\mathbf{G} = \sum_j f_j \exp(-i\mathbf{G}\cdot\mathbf{r}_j) \tag{43}$$

となる．この結果の通常用いられる形は j 番目の原子について 1 章の(2)のように

$$\mathbf{r}_j = x_j\mathbf{a}_1 + y_j\mathbf{a}_2 + z_j\mathbf{a}_3 \tag{44}$$

と書いて得られる．このとき，v_1, v_2, v_3 で名づけられる反射に対して，

$$\begin{aligned}\mathbf{G}\cdot\mathbf{r}_j &= (v_1\mathbf{b}_1 + v_2\mathbf{b}_2 + v_3\mathbf{b}_3)\cdot(x_j\mathbf{a}_1 + y_j\mathbf{a}_2 + z_j\mathbf{a}_3)\\ &= 2\pi(v_1 x_j + v_2 y_j + v_3 z_j)\end{aligned} \tag{45}$$

となるから，(43) は

$$S_\mathbf{G}(v_1 v_2 v_3) = \sum_j f_j \exp[-i2\pi(v_1 x_j + v_2 y_j + v_3 z_j)] \tag{46}$$

となる．構造因子 S は実数である必要はない．なぜなら散乱強度は S^*S として含むからである．ただし S^* は S の共役複素数であって，S^*S は実数となる．

体心立方 (bcc) 格子の構造因子

通常の立方単位格子をとったときの bcc 格子の単位構造[*]は，同じ原子が $x_1 = y_1 = z_1 = 0$ と $x_2 = y_2 = z_2 = \frac{1}{2}$ とにあるものである．それゆえ (46) は

$$S(v_1 v_2 v_3) = f\{1 + \exp[-i\pi(v_1 + v_2 + v_3)]\} \tag{47}$$

となる．この f は原子の構造因子（原子散乱因子）である．S の値は，指数関数が -1 の値をもつとき，すなわち引数が $-i\pi \times$ (奇数) であるときはいつも，ゼロとなる．それゆえ

$$v_1 + v_2 + v_3 = \text{奇数のとき},\ S = 0$$
$$v_1 + v_2 + v_3 = \text{偶数のとき},\ S = 2f$$

---

[*]（訳者注）立方単位格子をとったときの bcc 格子は 1 章の表 2 が示すように，単位格子内に 2 個の格子点をもっている．1 章の議論では 1 格子点に 1 個の単位構造を配置しているが，ここでの単位構造は単位格子に配置される全原子からできていて，2 格子点分に相当する．それゆえ，1 章で考えた単位構造とは異なり，並進対称性以外の結晶のもつ対称性をもっていて，構造因子に点群対称による規則性が現れる．次の「fcc 格子の構造因子」についても同様である．

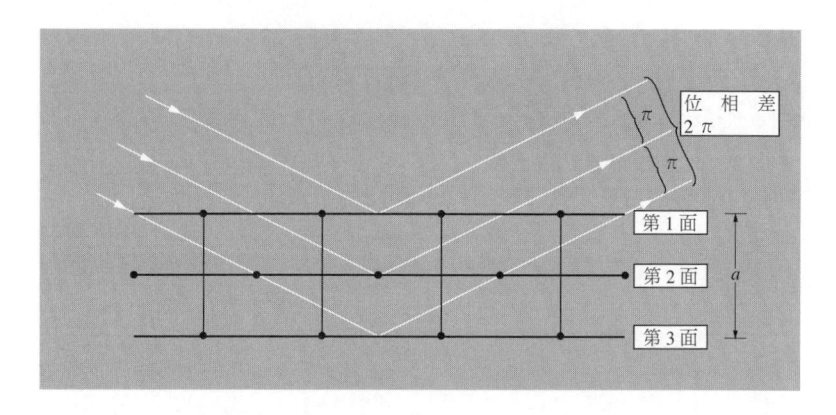

図 16 体心立方格子において (100) 反射が現れないことの説明．引き続いた面からの反射の位相差は π であるから，隣り合った面からの反射波の振幅は $1+e^{-i\pi}=1-1=0$ となる．

となる．

　金属ナトリウムは bcc 構造をもっている．回折線には (100)，(300)，(111)，(221) のような線はないが，(200)，(110)，(222) の線は現れる．ここで指数 $(v_1v_2v_3)$ は立方単位格子に関するものである．(100) 反射が現れないことの物理的解釈はどうであろうか？　立方単位格子を取り囲む面からの反射の位相が 2π だけ違っているときに，通常 (100) 反射が現れる．bcc 格子では，図 16 に第 2 面と記されている，間に入り込んだ面があり，その面は他の面と同じ散乱能 (scattering power) をもっている．ちょうど中央に入り込んでいるので，第 1 面に対し位相が π だけ遅れた反射を生じ，そのため第 1 面からの反射を打ち消してしまう．bcc 格子において (100) 反射の相殺が生じるのは，これらの面の組成が等しいからである．同様の打消し合いが hcp 構造で起こることも容易にわかる．

面心立方 (fcc) 格子の構造因子

　立方単位格子をとったときの fcc 格子の単位構造は，同じ原子が，000，$0\frac{1}{2}\frac{1}{2}$，$\frac{1}{2}0\frac{1}{2}$，$\frac{1}{2}\frac{1}{2}0$ にあるものである．それゆえ (46) は

$$S(v_1v_2v_3) = f\{1 + \exp[-i\pi(v_2+v_3)] + \exp[-i\pi(v_1+v_3)] + \exp[-i\pi(v_1+v_2)]\} \tag{48}$$

となる．もしすべての指数が偶数であれば，$S=4f$ である．すべての指数が奇数

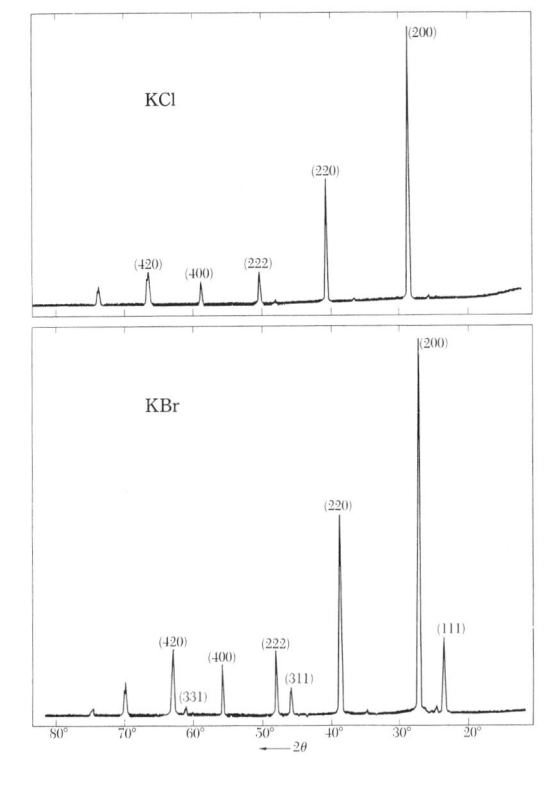

図 17 KCl 粉末試料と KBr 粉末試料による X 線回折の比較. KCl では, K^+ と Cl^- との電子数が等しい. 散乱振幅 $f(K^+)$ と $f(Cl^-)$ とがほとんど厳密に等しいので, X 線にとって, 結晶はあたかも格子定数 $a/2$ の単原子 sc 格子であるように見える. 反射面の指数は, 格子定数 a の立方格子を基礎にすると, 偶数のみが現れる. KBr では, Br^- イオンの構造因子は K^+ イオンのものと大きく違っているので, fcc 格子の全部の反射が現れる. (Robert van Nordstrand の好意による.)

のときも同様となる. しかし, もし指数の中の一つだけが偶数であれば, 2 個の指数関数の引数が $-i\pi$ の奇数倍となり, S は 0 となる. もし指数の中の一つだけが奇数であれば, 同じことがいえて, S はまた 0 となる. このように, fcc 格子では, 指数が一部偶数, 一部奇数のときは反射は生じない.

この点は図 17 にみごとに図示されている. KCl も KBr も fcc 格子をもっている. しかし, KCl の $n(\mathbf{r})$ は K^+ イオンと Cl^- イオンとが同数の電子をもつために sc 格子と同様のものとなる.

原子構造因子[*]

結晶構造因子を表す (46) の中に, 量 f_j がある. これは単位格子内の j 番目の

---

[*] (訳者注) X 線回折に関しては通常**原子散乱因子** (atomic scattering factor) とよばれる.

原子の散乱能の尺度となるものである．f_j の値は原子内電子の数と分布とにより変わり，また X 線の波長と回折角とでも変わる．散乱因子の古典的な計算について述べよう．

1 個の原子からの散乱波を求めるには，原子内での干渉効果を計算しなければならない．(42) において，構造因子

$$f_j = \int dV \, n_j(\mathbf{r}) \exp(-i\mathbf{G}\cdot\mathbf{r}) \tag{49}$$

を定義したが，積分は 1 個の原子に属する電子密度全体にわたって行う．$\mathbf{r}$ が $\mathbf{G}$ となす角を α とすると，$\mathbf{G}\cdot\mathbf{r} = Gr\cos\alpha$ である．電子分布が原点のまわりで球対称であれば，$d(\cos\alpha)$ に関して -1 と 1 との間で積分して，

$$f_j \equiv 2\pi \int dr \, r^2 d(\cos\alpha) \, n_j(r) \exp(-iGr\cos\alpha)$$
$$= 2\pi \int dr \, r^2 n_j(r) \cdot \frac{e^{iGr} - e^{-iGr}}{iGr}$$

となる．このようにして構造因子は

$$f_j = 4\pi \int dr \, n_j(r) \, r^2 \frac{\sin Gr}{Gr} \tag{50}$$

で与えられる．

もしも全電子電荷と等量の電子電荷が $r=0$ に集中しているならば，積分において $Gr=0$ のみが寄与する．この極限においては $(\sin Gr)/Gr = 1$ であって，

$$f_j = 4\pi \int dr \, n_j(r) \, r^2 = Z, \tag{51}$$

すなわち f_j は全電子数に等しくなる．それゆえ f は原子の中の，現実の電子分布により散乱された波の振幅と，ある点に局在している 1 個の電子による散乱波の振幅との比である．入射線方向においては，$G=0$ となり f はこのときも Z となる．

X 線回折からわかる固体の中の全体的な電子分布は，適当な自由原子の電子分布の和にかなりよく似ている．しかしこれは最外殻の電子すなわち価電子が固体を形成するときに少しも分布し直さないということを意味するのではない．これは X 線の反射強度が自由原子の構造因子によってよく表され，電子のわずかな分布の変化に敏感ではないというだけである．

まとめ

- ブラッグの反射条件のいろいろな表現：
$$2d\sin\theta = n\lambda, \quad \Delta \mathbf{k} = \mathbf{G}, \quad 2\mathbf{k}\cdot\mathbf{G} = G^2.$$

- ラウエの条件：
$$\mathbf{a}_1\cdot\Delta\mathbf{k} = 2\pi v_1, \quad \mathbf{a}_2\cdot\Delta\mathbf{k} = 2\pi v_2, \quad \mathbf{a}_3\cdot\Delta\mathbf{k} = 2\pi v_3.$$

- 逆格子の基本並進ベクトル：
$$\mathbf{b}_1 = 2\pi\frac{\mathbf{a}_2\times\mathbf{a}_3}{\mathbf{a}_1\cdot\mathbf{a}_2\times\mathbf{a}_3}, \quad \mathbf{b}_2 = 2\pi\frac{\mathbf{a}_3\times\mathbf{a}_1}{\mathbf{a}_1\cdot\mathbf{a}_2\times\mathbf{a}_3}, \quad \mathbf{b}_3 = 2\pi\frac{\mathbf{a}_1\times\mathbf{a}_2}{\mathbf{a}_1\cdot\mathbf{a}_2\times\mathbf{a}_3}.$$
ここで $\mathbf{a}_1, \mathbf{a}_2, \mathbf{a}_3$ は結晶格子の基本並進ベクトルである．

- 逆格子ベクトルは，v_1, v_2, v_3 を整数あるいは 0 として
$$\mathbf{G} = v_1\mathbf{b}_1 + v_2\mathbf{b}_2 + v_3\mathbf{b}_3$$
の形をもつ．

- $\mathbf{k}' = \mathbf{k} + \Delta\mathbf{k} = \mathbf{k} + \mathbf{G}$ の方向の散乱振幅は幾何学的構造因子（geometrical structure factor）すなわち
$$S_\mathbf{G} \equiv \sum f_j\exp(-i\mathbf{r}_j\cdot\mathbf{G}) = \sum f_j\exp[-i2\pi(x_j v_1 + y_j v_2 + z_j v_3)]$$
に比例する．ここで j は単位構造の s 個の原子に関する番号であり，f_j は単位構造の j 番目の原子の原子構造因子 (49) である．右辺の式は，$\mathbf{G} = v_1\mathbf{b}_1 + v_2\mathbf{b}_2 + v_3\mathbf{b}_3$ が成立している $(v_1 v_2 v_3)$ 反射に対するものである．

- 格子の並進操作 $\mathbf{T}$ のもとで不変となる関数はどれも，次の形のフーリエ級数に展開できる．すなわち
$$n(\mathbf{r}) = \sum_\mathbf{G} n_\mathbf{G}\exp(i\mathbf{G}\cdot\mathbf{r})$$
となる．

- 第1ブリルアン・ゾーンは逆格子のウィグナー—サイツ・セルである．原点からブリルアン・ゾーンの表面に達する波動ベクトル $\mathbf{k}$ をもつ波だけが結晶によって回折される．

結晶格子	第1ブリルアン・ゾーン
単純立方	立方体
体心立方	斜方12面体（図13）
面心立方	截頭形8面体（図15）

問　題

1. 面間隔　結晶格子の hkl 面を考える．

（a）逆格子ベクトル $\mathbf{G} = h\mathbf{b}_1 + k\mathbf{b}_2 + l\mathbf{b}_3$ はこの面に垂直であることを証明せよ．

（b）格子の平行な2枚の隣り合った面の間の距離が $d(hkl) = 2\pi/|\mathbf{G}|$ で与えられることを証明せよ．

（c）sc 格子では，$d^2 = a^2/(h^2 + k^2 + l^2)$ であることを示せ．

2. 六方空間格子　六方空間格子の基本並進ベクトルは次のようにとることができる．

$$\mathbf{a}_1 = (3^{1/2}a/2)\hat{\mathbf{x}} + (a/2)\hat{\mathbf{y}}, \quad \mathbf{a}_2 = -(3^{1/2}a/2)\hat{\mathbf{x}} + (a/2)\hat{\mathbf{y}}, \quad \mathbf{a}_3 = c\hat{\mathbf{z}}.$$

（a）基本単位格子の体積が $(3^{1/2}/2)a^2c$ であることを証明せよ．

（b）逆格子の基本並進ベクトルは

$$\mathbf{b}_1 = (2\pi/3^{1/2}a)\hat{\mathbf{x}} + (2\pi/a)\hat{\mathbf{y}}, \quad \mathbf{b}_2 = -(2\pi/3^{1/2}a)\hat{\mathbf{x}} + (2\pi/a)\hat{\mathbf{y}}, \quad \mathbf{b}_3 = (2\pi/c)\hat{\mathbf{z}}$$

であるから，この格子はそれ自身が逆格子であるが軸の回転を伴っていることを証明せよ．

（c）六方空間格子の第1ブリルアン・ゾーンの略図を描いて説明せよ．

3. ブリルアン・ゾーンの体積　第1ブリルアン・ゾーンの体積が $(2\pi)^3/V_c$ であることを示せ．ここに V_c は結晶の基本単位格子の体積である．**ヒント**：ブリルアン・ゾーンの体積はフーリエ空間の基本平行6面体の体積に等しい．ベクトルに関する等式 $(\mathbf{c} \times \mathbf{a}) \times (\mathbf{a} \times \mathbf{b}) = (\mathbf{c} \cdot \mathbf{a} \times \mathbf{b})\mathbf{a}$ を思い出せ．

4. 回折線の幅　1次元結晶において，m を整数としたとき，各格子点 $\boldsymbol{\rho}_m = m\mathbf{a}$ に点状の等しい散乱中心が並んでいると仮定する．(20) と比較して，全散乱波振幅は $F = \sum \exp(-im\mathbf{a} \cdot \Delta\mathbf{k})$ に比例する．M 個の格子点に関する和は，級数

$$\sum_{m=0}^{M-1} x^m = \frac{1-x^M}{1-x}$$

を用いて

$$F = \frac{1 - \exp[-iM(\mathbf{a} \cdot \Delta\mathbf{k})]}{1 - \exp[-i(\mathbf{a} \cdot \Delta\mathbf{k})]}$$

となる．

（a）散乱強度は $|F|^2$ に比例している．

$$|F|^2 = F^*F = \frac{\sin^2 \frac{1}{2}M(\mathbf{a} \cdot \Delta\mathbf{k})}{\sin^2 \frac{1}{2}(\mathbf{a} \cdot \Delta\mathbf{k})}$$

であることを示せ．

（b）h を整数として，$\mathbf{a} \cdot \Delta\mathbf{k} = 2\pi h$ のときに回折極大の生ずることが知られている．

$\Delta \mathbf{k}$ を少し変えて，$\mathbf{a} \cdot \Delta \mathbf{k} = 2\pi h + \varepsilon$ の ε を $\sin \frac{1}{2} M(\mathbf{a} \cdot \Delta \mathbf{k})$ の最初の零点の位置を与えるように定める．$\varepsilon = 2\pi/M$ であって，回折の極大の幅が $1/M$ に比例し，M が巨視的な大きさをもつと極大の幅が非常に狭いことを証明せよ．3次元結晶についても同じ結果が得られる．

5. **ダイヤモンドの構造因子** ダイヤモンドの結晶構造は1章に説明されている．もし単位格子を通常の立方体にとるならば，単位構造は8個の原子からできている．（a）この単位構造の構造因子 S を求めよ．（b）S の零点を求め，かつダイヤモンド構造の許された反射の指数は，全指数が偶数であって $v_1 + v_2 + v_3 = 4n$（n は任意整数）か，全指数が奇数の場合であることを証明せよ（図18）．（**注意**: v_1, v_2, v_3 は h, k, l と書くことができ，しばしばこの記法が用いられる．）

6. **水素原子の原子構造因子** 基準状態の水素原子において，電子密度は $n(r) = (\pi a_0^3)^{-1} \exp(-2r/a_0)$ である．ここに a_0 はボーア半径である．構造因子は $f_G = 16/(4 + G^2 a_0^2)^2$ であることを示せ．

7. **2原子の並んだ線** 原子が $ABAB \cdots\cdots AB$ と並んだ線を考えよ．A-B 結合の長さは $\frac{1}{2}a$ である．原子 A, B の構造因子をそれぞれ f_A, f_B とする．入射X線は原子の並んだ線に垂直である．（a）干渉の条件は $n\lambda = a \cos \theta$ であることを証明せよ．この θ は回折線と原子の並んだ線との間の角である．（b）回折線の強度は，n が奇数のときは，$|f_A - f_B|^2$ に比例し，n が偶数のときは，$|f_A + f_B|^2$ に比例することを証明せよ．（c）もし $f_A = f_B$ であれば何が起こるかを説明せよ．

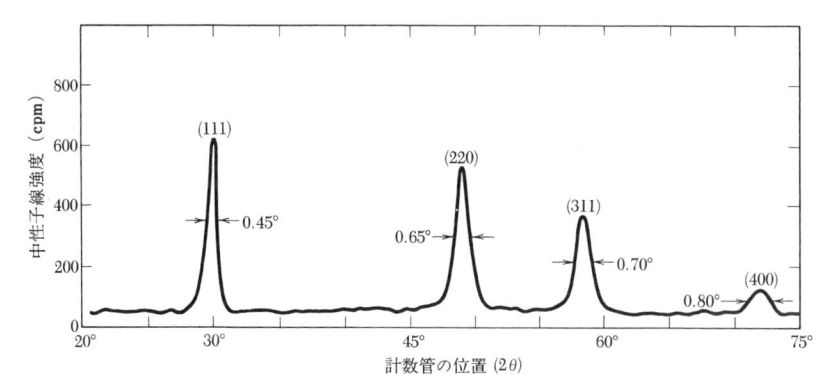

図 18 粉末ダイヤモンドの中性子回折図形．（G. Baconによる．）

3 結晶結合と弾性定数

　この章では，何が結晶を崩れないように保っているのかという問題を取り扱う．電子の負電荷と核の正電荷の間の静電引力が，もっぱら固体を凝集させる役割を担っている．磁気的な力は凝集には弱い効果しかもたないし，また重力（万有引力）は無視できる．交換エネルギー，ファン・デル・ワールス力，および共有結合などの専門用語は，それぞれ特徴的な状態を分類してくれる．凝縮物質の種々の形態間に認められる差異は，最終的には最外殻電子とイオン殻の分布の差によって生ずる（図1）．

　結晶の凝集エネルギーは，その構成原子を分離して，同じ電子配置をもった，無限に離れた，静止状態の自由な中性原子とするために，結晶に加えなければならないエネルギーと定義される．格子エネルギーという言葉はイオン結晶について述べるときに用いられ，その構成イオンを分離して，無限に離れた静止状態の自由イオンとするために，結晶に加えなければならないエネルギーと定義される．

　結晶状態の元素の凝集エネルギーの値を表1に与えておく．周期表の縦列間の凝集エネルギーの大きな変化に注目されたい．希ガス結晶は結合が弱く，C，Si，Ge，……の列の元素の数% 以下の凝集エネルギーである．アルカリ金属結晶は中程度の凝集エネルギーをもつ．遷移金属元素（中ごろの列）は非常に強く結合している．融点（表2）と体積弾性率（表3）は，ほぼ凝集エネルギーのように変化している．

希 ガ ス 結 晶

　希ガス原子は最も簡単な結晶をつくる．その電子分布は自由原子のものに非常に近い．絶対零度での諸性質を表4にまとめておく．この結晶は透明な絶縁体で，結合は弱く，融点は低い．希ガス原子は非常に大きなイオン化エネルギーをもつ（表5参照）．原子の最外殻は完全に満たされていて，自由原子の電荷分布は球対称

希ガス結晶　53

アルゴン結晶
(ファン・デル・ワールス結合)
(a)

塩化ナトリウム
(イオン結合)
(b)

ナトリウム
(金属結合)
(c)

ダイヤモンド
(共有結合)
(d)

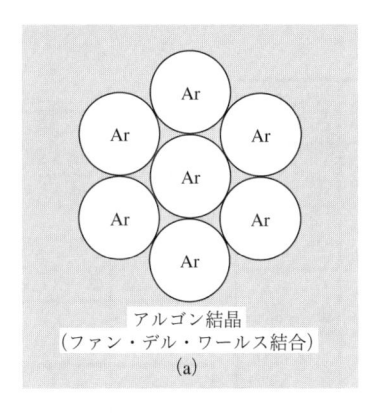

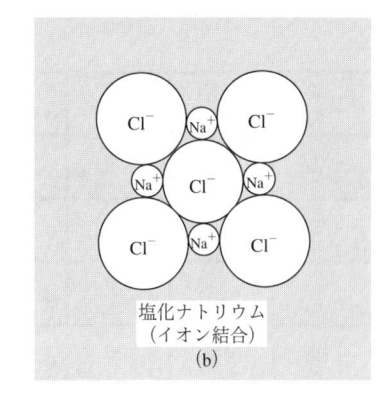

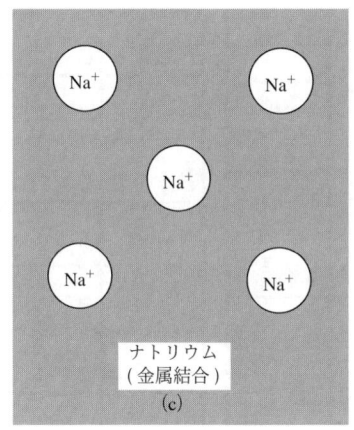

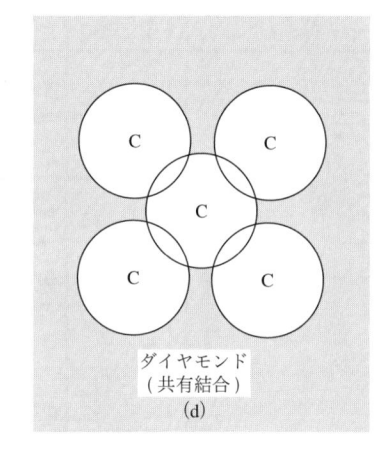

図 1 結晶状態の結合の基本的な型．(a) 閉殻構造をもった中性原子が電荷分布のゆらぎに基づくファン・デル・ワールス力で互いに結合している．(b) 電子がアルカリ原子からハロゲン原子に移り，その結果できたイオンが正負のイオン間のクーロン引力で互いに結合している．(c) 価電子がそれぞれのアルカリ原子から離れ，いっしょになって電子の海をつくり，その中に正イオンが散らばっている．(d) 中性原子が互いの電子分布の重なり合った部分を通して結合しあっている．

表 1 元素の凝集エネルギー．0 K，1 気圧の固体を基底状態にあるばらばらの中性原子にするのに要するエネルギー．データは Leo Brewer 教授による．

単位: kJ/mol / eV/atom / kcal/mol

Li	Be																										B	C	N	O	F	Ne
158.	320.																										561	711.	474.	251.	81.0	1.92
1.63	3.32																										5.81	7.37	4.92	2.60	0.84	0.020
37.7	76.5																										134	170.	113.4	60.03	19.37	0.46

Na	Mg																Al	Si	P	S	Cl	Ar
107.	145.																327.	446.	331.	275.	135.	7.74
1.113	1.51																3.39	4.63	3.43	2.85	1.40	0.080
25.67	34.7																78.1	106.7	79.16	65.75	32.2	1.85

K	Ca	Sc	Ti	V	Cr	Mn	Fe	Co	Ni	Cu	Zn	Ga	Ge	As	Se	Br	Kr
90.1	178	376	468.	512.	395.	282.	413.	424.	428.	336.	130.	271.	372.	285.3	237	118.	11.2
0.934	1.84	3.90	4.85	5.31	4.10	2.92	4.28	4.39	4.44	3.49	1.35	2.81	3.85	2.96	2.46	1.22	0.116
21.54	42.5	89.9	111.8	122.4	94.5	67.4	98.7	101.3	102.4	80.4	31.04	64.8	88.8	68.2	56.7	28.18	2.68

Rb	Sr	Y	Zr	Nb	Mo	Tc	Ru	Rh	Pd	Ag	Cd	In	Sn	Sb	Te	I	Xe
82.2	166.	422.	603.	730.	658	661.	650.	554.	376.	284.	112.	243.	303.	265.	211	107.	15.9
0.852	1.72	4.37	6.25	7.75	6.82	6.85	6.74	5.75	3.89	2.95	1.16	2.52	3.14	2.75	2.19	1.11	0.16
19.64	39.7	100.8	144.2	174.5	157.2	158.	155.4	132.5	89.8	68.0	26.73	58.1	72.4	63.4	50.34	25.62	3.80

Cs	Ba	La	Hf	Ta	W	Re	Os	Ir	Pt	Au	Hg	Tl	Pb	Bi	Po	At	Rn
77.6	183.	431.	621.	782.	859.	775.	788.	670.	564.	368.	65.	182.	196.	210.	144.		19.5
0.804	1.90	4.47	6.44	8.10	8.90	8.03	8.17	6.94	5.84	3.81	0.67	1.88	2.03	2.18	1.50		0.202
18.54	43.7	103.1	148.4	186.9	205.2	185.2	188.4	160.1	134.7	87.96	15.5	43.4	46.78	50.2	34.5		4.66

Fr	Ra	Ac
	160.	410.
	1.66	4.25
	38.2	98.

Ce	Pr	Nd	Pm	Sm	Eu	Gd	Tb	Dy	Ho	Er	Tm	Yb	Lu
417.	357.	328.		206.	179.	400.	391.	294.	302.	317.	233.	154.	428.
4.32	3.70	3.40		2.14	1.86	4.14	4.05	3.04	3.14	3.29	2.42	1.60	4.43
99.7	85.3	78.5		49.3	42.8	95.5	93.4	70.2	72.3	75.8	55.8	37.1	102.2

Th	Pa	U	Np	Pu	Am	Cm	Bk	Cf	Es	Fm	Md	No	Lr
598.		536.	456	347.	264.	385							
6.20		5.55	4.73	3.60	2.73	3.99							
142.9		128.	109.	83.0	63.	92.1							

表 2　絶対温度で表した融点．(R. H. Lamoreaux による．)

Li 453.7	Be 1562											B 2365	C	N 63.15	O 54.36	F 53.48	Ne 24.56
Na 371.0	Mg 922											Al 933.5	Si 1687	P w317 r 863	S 388.4	Cl 172.2	Ar 83.81
K 336.3	Ca 1113	Sc 1814	Ti 1946	V 2202	Cr 2133	Mn 1520	Fe 1811	Co 1770	Ni 1728	Cu 1358	Zn 692.7	Ga 302.9	Ge 1211	As 1089	Se 494	Br 265.9	Kr 115.8
Rb 312.6	Sr 1042	Y 1801	Zr 2128	Nb 2750	Mo 2895	Tc 2477	Ru 2527	Rh 2236	Pd 1827	Ag 1235	Cd 594.3	In 429.8	Sn 505.1	Sb 903.9	Te 722.7	I 386.7	Xe 161.4
Cs 301.6	Ba 1002	La 1194	Hf 2504	Ta 3293	W 3695	Re 3459	Os 3306	Ir 2720	Pt 2045	Au 1338	Hg 234.3	Tl 577	Pb 600.7	Bi 544.6	Po 527	At	Rn
Fr	Ra 973	Ac 1324															

Ce 1072	Pr 1205	Nd 1290	Pm	Sm 1346	Eu 1091	Gd 1587	Tb 1632	Dy 1684	Ho 1745	Er 1797	Tm 1820	Yb 1098	Lu 1938
Th 2031	Pa 1848	U 1406	Np 910	Pu 913	Am 1449	Cm 1613	Bk 1562	Cf	Es	Fm	Md	No	Lw

表 3 室温における元素の等温体積弾性率と圧縮率

K. Gschneidner, Jr., *Solid state physics* **16**, 275–426 (1964) による。いくつかのデータは、F. Birch, *Handbook of physical constants*, Geological Society of America Memoir **97**, 107–173 (1966) から採録された。( ) の中の数値は推定値である。( ) の中の文字を参照されたい。[ ] の中の文字は結晶形を示す。[a] = 77 K；[b] = 273 K；[c] = 1 K；[d] = 4 K；[e] = 81 K。

体積弾性率（単位，10^{12} dyn/cm^3 すなわち 10^{11} N/m^2）
圧縮率（単位，10^{-12} cm^2/dyn すなわち 10^{-11} m^2/N）

H [d] 0.002 500																	He [d] 0.00 1168
Li 0.116 8.62	Be 1.003 0.997											B 1.78 0.562	C [d] 4.43 0.226	N [a] 0.012 80	O	F	Ne [d] 0.010 100
Na 0.068 14.7	Mg 0.354 2.82											Al 0.722 1.385	Si 0.988 1.012	P (b) 0.304 3.29	S (r) 0.178 5.62	Cl	Ar [a] 0.016 93.8
K 0.032 31.	Ca 0.152 6.58	Sc 0.435 2.30	Ti 1.051 0.951	V 1.619 0.618	Cr 1.901 0.526	Mn 0.596 1.68	Fe 1.683 0.594	Co 1.914 0.522	Ni 1.86 0.538	Cu 1.37 0.73	Zn 0.598 1.67	Ga [b] 0.569 1.76	Ge 0.772 1.29	As 0.394 2.54	Se 0.091 11.0	Br	Kr [a] 0.018 56
Rb 0.031 32.	Sr 0.116 8.62	Y 0.366 2.73	Zr 0.833 1.20	Nb 1.702 0.587	Mo 2.725 0.366	Tc (2.97) (0.34)	Ru 3.208 0.311	Rh 2.704 0.369	Pd 1.808 0.553	Ag 1.007 0.993	Cd 0.467 2.14	In 0.411 2.43	Sn (g) 1.11 0.901	Sb 0.383 2.61	Te 0.230 4.35	I	Xe
Cs 0.020 50.	Ba 0.103 9.97	La 0.243 4.12	Hf 1.09 0.92	Ta 2.00 0.50	W 3.232 0.309	Re 3.72 0.269	Os (4.18) (0.24)	Ir 3.55 0.282	Pt 2.783 0.359	Au 1.732 0.577	Hg [c] 0.382 2.60	Tl 0.359 2.79	Pb 0.430 2.33	Bi 0.315 3.17	Po (0.26) (3.8)	At	Rn
Fr (0.020) (50.)	Ra (0.132) (7.6)	Ac (0.25) (4.)															

Ce (r) 0.239 4.18	Pr 0.306 3.27	Nd 0.327 3.06	Pm (0.35) (2.85)	Sm 0.294 3.40	Eu 0.147 6.80	Gd 0.383 2.61	Tb 0.399 2.51	Dy 0.384 2.60	Ho 0.397 2.52	Er 0.411 2.43	Tm 0.397 2.52	Yb 0.133 7.52	Lu 0.411 2.43
Th 0.543 1.84	Pa (0.76) (1.3)	U 0.987 1.01	Np (0.68) (1.5)	Pu 0.54 1.9	Am	Cm	Bk	Cf	Es	Fm	Md	No	Lr

表 4 希ガス結晶の諸性質. (0 K, 0 気圧への外挿値)

	最隣接原子間距離 (Å)	凝集エネルギーの実験値		融点 (K)	自由原子のイオン化ポテンシャル (eV)	レナードジョーンズ・ポテンシャルの定数 [(10) 式による]	
		kJ/mol	eV/atom			ϵ 10^{-16}erg	σ Å
He	(気圧ゼロで液体状態)				24.58	14	2.56
Ne	3.13	1.88	0.02	24.56	21.56	50	2.74
Ar	3.76	7.74	0.080	83.81	15.76	167	3.40
Kr	4.01	11.2	0.116	115.8	14.00	225	3.65
Xe	4.35	16.0	0.17	161.4	12.13	320	3.98

である.結晶状態では,希ガス原子はできるかぎり密につまる[1].結晶構造(図 2)は,He^3 と He^4 を除いて,すべて最密立方 (fcc) 構造である.

希ガス結晶を保持している力は何か? 結晶状態の電子分布は自由原子の電子分布からそれほどひずんではいない.なぜならば,自由原子の電子分布をひずませるのにエネルギーはわずかで,結晶での原子 1 個あたりの凝集エネルギーは原子のイオン化エネルギーのわずか 1% もしくはそれ以下である.このひずみの部分がファン・デル・ワールス相互作用を与える.

ファン・デル・ワールス-ロンドン相互作用

原子半径にくらべて大きな距離 R だけ離れた二つの同じ希ガス原子を考える.この二つの中性原子の間にどんな相互作用が存在するか.原子の電荷分布が剛体的ならば,原子間の相互作用はゼロである.なぜなら球対称分布した電子電荷の静電ポテンシャルは,中性原子の外側では,核の電荷の静電ポテンシャルによって打ち消される.それゆえ,希ガス原子は凝集力を示さず,凝縮もできないことになる.しかし,原子は互いに双極子モーメントを誘起し,この誘起されたモーメントが原子間の引力相互作用を引き起こす.

一つのモデルとして,距離 R だけ離れた二つの同等な 1 次元調和振動子 1 と 2

---

[1] 原子の零点運動(絶対零度での運動エネルギー)は,He^3 と He^4 で重要な役割をする量子効果である.He^3 と He^4 は 0 気圧では絶対零度でも固体にならない.0 K での He 原子の平衡位置からの平均のゆらぎは最隣接間距離の 30〜40% 程度である.原子が重くなるほど,零点効果の重要性が減少する.零点運動を無視すると,固体 He のモル体積は 9 cm³ mol⁻¹ と計算される.この値と比較されるべき実測値は液体 He^4 および He^3 のそれぞれに対して,27.5 および 36.8 cm³/mol である.

表 5 元素のイオン化エネルギー．最初の2個の電子を取り去るに要する全エネルギーは第1および第2イオン化ポテンシャルの和で与えられる．(National Bureau of Standards Circular 467 より．)

→ 電子1個を取り去るに要するエネルギー (eV)
→ 電子2個を取り去るに要するエネルギー (eV)

H 13.595																	He 24.58 78.98
Li 5.39 81.01	Be 9.32 27.53											B 8.30 33.45	C 11.26 35.64	N 14.54 44.14	O 13.61 48.76	F 17.42 52.40	Ne 21.56 62.63
Na 5.14 52.43	Mg 7.64 22.67											Al 5.98 24.80	Si 8.15 24.49	P 10.55 30.20	S 10.36 34.0	Cl 13.01 36.81	Ar 15.76 43.38
K 4.34 36.15	Ca 6.11 17.98	Sc 6.56 19.45	Ti 6.83 20.46	V 6.74 21.39	Cr 6.76 23.25	Mn 7.43 23.07	Fe 7.90 24.08	Co 7.86 24.91	Ni 7.63 25.78	Cu 7.72 27.93	Zn 9.39 27.35	Ga 6.00 26.51	Ge 7.88 23.81	As 9.81 30.0	Se 9.75 31.2	Br 11.84 33.4	Kr 14.00 38.56
Rb 4.18 31.7	Sr 5.69 16.72	Y 6.5 18.9	Zr 6.95 20.98	Nb 6.77 21.22	Mo 7.18 23.25	Tc 7.28 22.54	Ru 7.36 24.12	Rh 7.46 25.53	Pd 8.33 27.75	Ag 7.57 29.05	Cd 8.99 25.89	In 5.78 24.64	Sn 7.34 21.97	Sb 8.64 25.1	Te 9.01 27.6	I 10.45 29.54	Xe 12.13 33.3
Cs 3.89 29.0	Ba 5.21 15.21	La 5.61 17.04	Hf 7. 22.	Ta 7.88 24.1	W 7.98 25.7	Re 7.87 24.5	Os 8.7 26.	Ir 9.	Pt 8.96 27.52	Au 9.22 29.7	Hg 10.43 29.18	Tl 6.11 26.53	Pb 7.41 22.44	Bi 7.29 23.97	Po 8.43	At	Rn 10.74
Fr 5.28 15.42	Ra 5.28 15.42	Ac 6.9 19.0															

Ce 6.91	Pr 5.76	Nd 6.31	Pm	Sm 5.6	Eu 5.67	Gd 6.16	Tb 6.74	Dy 6.82	Ho	Er	Tm	Yb 6.2	Lu 5.0
Th	Pa	U 4.	Np	Pu	Am	Cm	Bk	Cf	Es	Fm	Md	No	Lr

図 2 希ガス Ne, Ar, Kr および Xe の結晶の最密立方 (fcc) 結晶構造．立方単位格子の格子定数は 4K でそれぞれ 4.46, 5.31, 5.64 および 6.13 Å である．

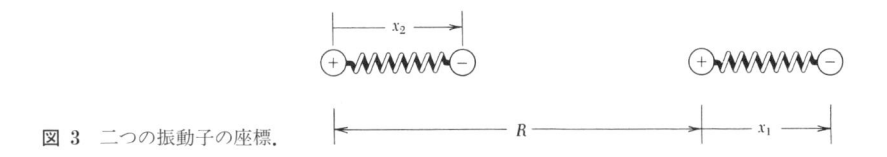

図 3 二つの振動子の座標．

とを考える．図3のように，各振動子はそれぞれに x_1 と x_2 だけ離れた $\pm e$ の電荷をもっている．粒子は x 軸に沿って振動する．p_1 と p_2 が運動量を表すとする．C を力の定数とする．すると，非摂動系のハミルトニアンは

$$\mathcal{H}_0 = \frac{1}{2m}p_1^2 + \frac{1}{2}Cx_1^2 + \frac{1}{2m}p_2^2 + \frac{1}{2}Cx_2^2 \tag{1}$$

である．おのおのの独立の振動子は，原子の最も強い光学吸収線の周波数 ω_0 をもつと仮定する．それゆえ $C=m\omega_0^2$ である．

$\mathcal{H}_1$ を二つの振動子のクーロン相互作用エネルギーとする．幾何学的配置は図に示されている．R は核間の座標である．したがって，

(CGS) $$\mathcal{H}_1 = \frac{e^2}{R} + \frac{e^2}{R+x_1-x_2} - \frac{e^2}{R+x_1} - \frac{e^2}{R-x_2} \tag{2}$$

となる．$|x_1|, |x_2| \ll R$ の近似で，(2) を展開して，最低次で，

$$\mathcal{H}_1 \cong -\frac{2e^2 x_1 x_2}{R^3} \tag{3}$$

を得る．

$\mathcal{H}_1$ に対する (3) の近似を用いたときの全ハミルトニアンは規準座標変換

$$x_s \equiv \frac{1}{\sqrt{2}}(x_1+x_2), \quad x_a \equiv \frac{1}{\sqrt{2}}(x_1-x_2) \tag{4}$$

あるいは，x_1 と x_2 について解いた

$$x_1 = \frac{1}{\sqrt{2}}(x_s+x_a), \quad x_2 = \frac{1}{\sqrt{2}}(x_s-x_a) \tag{5}$$

を用いて対角化される．添字 s と a は運動の対称および反対称モードを示す．さらにこの二つのモードに関係した運動量 p_s, p_a を導入する：

$$p_1 \equiv \frac{1}{\sqrt{2}}(p_s+p_a), \quad p_2 \equiv \frac{1}{\sqrt{2}}(p_s-p_a). \tag{6}$$

(5) と (6) の変換をした全ハミルトニアン $\mathcal{H}_0 + \mathcal{H}_1$ は

$$\mathcal{H} = \left[\frac{1}{2m}p_s^2 + \frac{1}{2}\left(C - \frac{2e^2}{R^3}\right)x_s^2\right] + \left[\frac{1}{2m}p_a^2 + \frac{1}{2}\left(C + \frac{2e^2}{R^3}\right)x_a^2\right] \tag{7}$$

となる．(7) を見れば，結合された振動子の二つの周波数は次のようになることがわかる：

$$\omega = \left[\left(C \pm \frac{2e^2}{R^3}\right)\bigg/m\right]^{1/2} = \omega_0\left[1 \pm \frac{1}{2}\left(\frac{2e^2}{CR^3}\right) - \frac{1}{8}\left(\frac{2e^2}{CR^3}\right)^2 + \cdots\right]. \tag{8}$$

ここで $\omega_0 = (C/m)^{1/2}$ である．(8) では平方根を展開している．

系の零点エネルギーは $\frac{1}{2}\hbar(\omega_s + \omega_a)$ である．相互作用のために，この和は相互作用のないときの値，$2 \cdot \frac{1}{2}\hbar\omega_0$ より

$$\Delta U = \frac{1}{2}\hbar(\Delta\omega_s + \Delta\omega_a) = -\hbar\omega_0 \cdot \frac{1}{8}\left(\frac{2e^2}{CR^3}\right)^2 = -\frac{A}{R^6} \tag{9}$$

だけ低くなっている．これは二つの振動子の距離の -6 乗で変化する引力相互作用である．

これはファン・デル・ワールス相互作用（van der Waals interaction）とよば

れる．また，ロンドン(London)相互作用，あるいは誘起双極子-双極子間相互作用としても知られている．これは希ガス結晶，さらには多くの有機分子結晶での主要な引力相互作用である．この相互作用は，$\hbar \to 0$ とすると $\Delta U \to 0$ であるから，その意味で量子力学的効果である．このように系の零点エネルギーは(3)の双極子-双極子相互作用により低くなっている．ファン・デル・ワールス相互作用は，その存在には二つの原子間の電荷密度の重なりを何ら必要としない．

(9)の定数 A の近似値は，同じ原子に対し $\hbar\omega_0 \alpha^2$ で与えられる．ここで $\hbar\omega_0$ は最も強い光学吸収のエネルギーであり，α は15章に述べる電子分極率である．

斥力相互作用

二つの原子を互いに近づけると，それらの電荷分布は次第に重なるので(図4)，系の静電エネルギーが変化する．十分接近したところでは重なりのエネルギーは斥力であり，その大部分は**パウリの排他原理**（Pauli exclusion principle）の結果である．この原理を初等的に表現すると，二つの電子の量子数をすべて等しくすることはできないということである．二つの原子の電荷分布が重なると，A 原子の電子によってすでに占められている A 原子の準位が部分的に B 原子の電子によって占められる，あるいはその逆の傾向が現れる．

パウリの原理は多重占有を許さないので，閉殻構造の原子の荷電分布は電子を部分的に原子の空いた高いエネルギー準位に上げることによってのみ重なり合うことができる．したがって，電子の重なりは系の全エネルギーを増加させ，相互作用に斥力の寄与をする．完全な重なりが起きている極端な例を図5に示す．

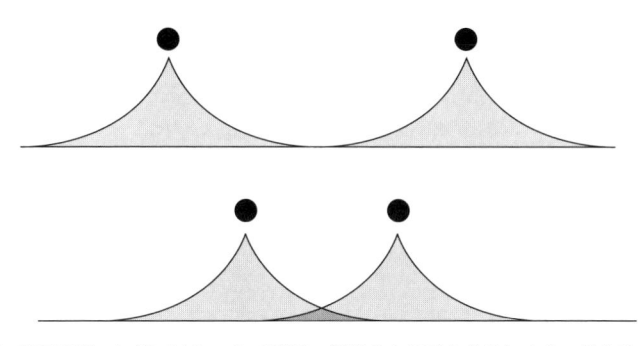

図4 原子が互いに近づくにつれて電子の電荷分布が重なりはじめる．黒丸は核を示す．

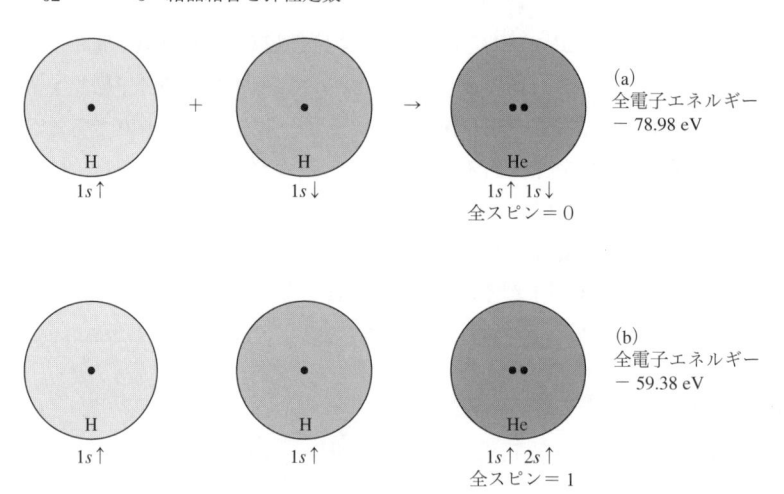

図5 斥力のエネルギーに対するパウリの原理の効果．極端な例として，二つの水素原子を陽子がほとんど接触するまで互いに近づけた場合を考える．電子系だけのエネルギーは，電子を2個もったヘリウム原子についての観測から得られる．(a)では電子は互いに反平行スピンをもつので，パウリの原理はなんらの効果ももたらさない．電子は$-78.98\,\mathrm{eV}$で束縛される．(b)ではスピンは平行である．パウリの原理は1個の電子を水素の$1s\uparrow$軌道からヘリウムの$2s\uparrow$軌道に押し上げる．こんどは電子は(a)の場合より$19.60\,\mathrm{eV}$だけ少ない$-59.38\,\mathrm{eV}$で束縛されている．それだけパウリの原理が斥力を増加させたことになる．二つの陽子のクーロン斥力を除外したが，これは(a)と(b)とで同じである．

斥力相互作用[2]を第1原理から求めるような試みはここではしない．正の定数BをもったB/R^{12}の形の経験的斥力ポテンシャルを(9)の形の長距離引力といっしょに使うことによって，希ガスについての実験データによく合わせることができる．定数AとBは気相についての独立の実験から決められる経験的パラメーターである．使われるデータはビリアル係数と粘性である．ふつうは距離Rだけ離れた二つの原子の全ポテンシャルエネルギーを

$$U(R) = 4\epsilon\left[\left(\frac{\sigma}{R}\right)^{12} - \left(\frac{\sigma}{R}\right)^{6}\right] \tag{10}$$

で表す．ここでεとσは新しいパラメーターで，$4\varepsilon\sigma^6=A$，$4\varepsilon\sigma^{12}=B$である．ポテンシャル(10)はレナードジョーンズ(E. Lennard-Jones)のポテンシャル(図

---

[2] 重なりのエネルギーは当然，各原子のまわりの電荷の動径方向の分布に依存する．その数学的な計算は電荷分布がわかっていたとしても常に複雑である．

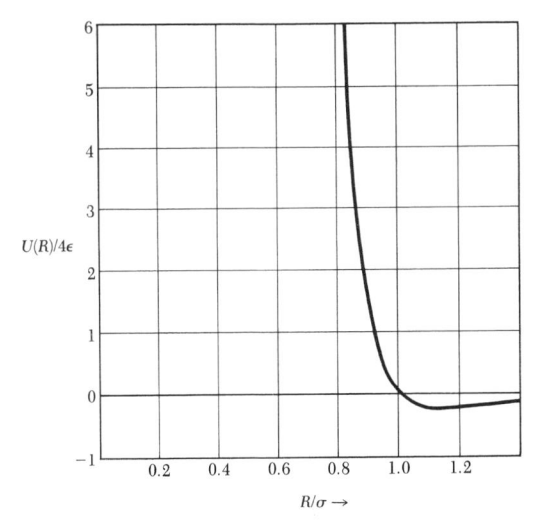

図 6 二つの希ガス原子間の相互作用を表すレナードジョーンズ・ポテンシャルの形. 極小は $R/\sigma=2^{1/6}\cong 1.12$ のところにある. 極小の内側では曲線がいかに鋭く立ち上がっているか, また外側ではいかに平らであるかに注目されたい. 極小点での U の値は $-\epsilon$, $R=\sigma$ のところで $U=0$ である.

6) として知られている. 二つの原子の間の力は $-dU/dR$ で与えられる. 表4に示す ϵ と σ の値は気相の値から決定できるので, 固相の性質についての計算には勝手に変えうるパラメーターは何ら含んでいない.

斥力相互作用に対する別の経験式, 特に指数関数形 $\lambda\exp(-R/\rho)$ が広く使われている. ここで ρ は相互作用の及ぶ範囲の目安を与える. この形は逆べき法則の形と同じくらい解析的取扱いが容易である.

平衡格子定数

希ガス原子の運動エネルギーを無視するならば, 希ガス結晶の凝集エネルギーは結晶内のすべての原子対についてのレナードジョーンズ・ポテンシャル (10) の和によって与えられる. もしも結晶内に N 個の原子があるとすると, 全ポテンシャルエネルギーは

$$U_{\rm tot}=\frac{1}{2}N(4\epsilon)\Bigl[\sum_j{}'\Bigl(\frac{\sigma}{p_{ij}R}\Bigr)^{12}-\sum_j{}'\Bigl(\frac{\sigma}{p_{ij}R}\Bigr)^6\Bigr] \qquad (11)$$

となる. ここに $p_{ij}R$ は基準にした i 原子と他の j 原子の間の距離を, 最隣接間距

離 R を用いて表したものである．N といっしょの因子 $\frac{1}{2}$ は各原子対を 2 度数えるのを補正するためである．(11) の和は計算されていて fcc 構造のときは

$$\sum_j{}' p_{ij}^{-12} = 12.13188, \quad \sum_j{}' p_{ij}^{-6} = 14.45392 \tag{12}$$

である．fcc 構造は 12 個の最隣接格子点をもっている．したがって，級数は早く収束し，その値は 12 からあまり違わないことがわかる．希ガス結晶の相互作用エネルギーの大部分の寄与は最隣接原子からくる．hcp 構造についての，上記の和の値は 12.13229 と 14.45489 である．

(11) の U_{tot} を結晶の全エネルギーとすると，平衡値 R_0 は U_{tot} が最隣接間距離 R の変化に対して極小であるという条件で与えられる：

$$\frac{dU_{\text{tot}}}{dR} = 0 = -2N\epsilon\left[(12)(12.13)\frac{\sigma^{12}}{R^{13}} - (6)(14.45)\frac{\sigma^6}{R^7}\right]. \tag{13}$$

したがって，fcc 構造のすべての元素に共通に

$$R_0/\sigma = 1.09 \tag{14}$$

である．独立に決められた表 4 の σ の値を用いて，R_0/σ の観測値は

	Ne	Ar	Kr	Xe
R_0/σ	1.14	1.11	1.10	1.09

となり，(14) との一致はすばらしい．希ガスに対して予言された普遍的な値 1.09 からの軽い原子に対する R_0/σ のわずかな偏差は零点エネルギーの量子効果で説明できる．こうして，気相についての測定結果から結晶の格子定数を予言できたことになる．

凝集エネルギー

絶対零度，0 気圧での希ガス結晶の凝集エネルギーは (12) と (14) を (11) に代入して得られる：

$$U_{\text{tot}}(R) = 2N\epsilon\left[(12.13)\left(\frac{\sigma}{R}\right)^{12} - (14.45)\left(\frac{\sigma}{R}\right)^6\right]. \tag{15}$$

$R = R_0$ では，すべての希ガスに対して同じになり

$$U_{\text{tot}}(R_0) = -(2.15)(4N\epsilon) \tag{16}$$

となる．これは原子が静止しているときの凝集エネルギーの計算値である．量子力学的補正は結合を弱めることとなり，Ne, Ar, Kr および Xe に対して，それぞれ (16) の計算値を 28, 10, 6 および 4% だけ減少させる．

原子が重いほど，量子補正は小さい．原子を固定された境界の中に閉じ込めた簡単なモデルを考えると量子補正の起源を理解することができる．粒子が量子波長として，境界で定まる長さ λ をもつとすると，粒子の運動量と波長とを結びつけるド・ブロイの関係 $p=h/\lambda$ から，粒子は運動エネルギー $p^2/2M=(h/\lambda)^2/2M$ をもつ．このモデルではエネルギーに対する量子力学的零点補正は質量に逆比例する．最終的な凝集エネルギーの計算値は表4の実験値と1～7%の範囲内で一致する．

量子論的な運動エネルギーの一つの結果は，同位体 Ne^{20} の結晶が Ne^{22} の結晶よりも大きな格子定数をもつことが観測されているということである．膨張によって運動エネルギーは減少するのであるから，軽い同位体のほうが大きな量子論的な運動エネルギーをもち，それが格子を膨張させている．2.5Kから絶対零度に外挿された格子定数の測定値は Ne^{20} が 4.4644 Å，Ne^{22} が 4.4559 Å である．

イオン結晶

イオン結晶は正負のイオンからつくられている．**イオン結合** (ionic bond) は異符号のイオン間の静電相互作用から生ずる．イオン結晶によく見られる二つの結晶構造，塩化ナトリウム構造と塩化セシウム構造とが1章に示されている．

簡単なイオン結晶のすべてのイオンの電子構造は希ガス原子のような閉殻構造に相当している．フッ化リチウムでは，中性原子の電子配置は，この本の表紙の見返し頁の周期表 (periodic table) に従って，Li：$1s^2 2s$，F：$1s^2 2s^2 2p^5$ である．1価イオンの電子配置は Li^+：$1s^2$，F^-：$1s^2 2s^2 2p^6$ であって，それぞれヘリウムとネオンの配置と同じである．希ガス原子は閉殻構造をもち，その電荷分布は球対称である．イオン結晶内の各イオンの電荷分布は，隣接原子と接触している部分ではある程度ゆがんでいるが，近似的に球対称と考えられる．この描像は電子分布のX線による研究で確かめられている（図7）．

ざっとした計算は，静電相互作用がイオン結晶の結合エネルギーの大部分であると考えても誤りでないことを示す．塩化ナトリウムの結晶で，正イオンと一番近い負イオンの間の距離は 2.81×10^{-8} cm であり，この二つのイオン間のポテンシャルエネルギーのうちのクーロン引力の部分は 5.1eV である．この値が互いに遠く離れている Na^+ と Cl^- イオンを基準にした NaCl 結晶の格子エネルギーの

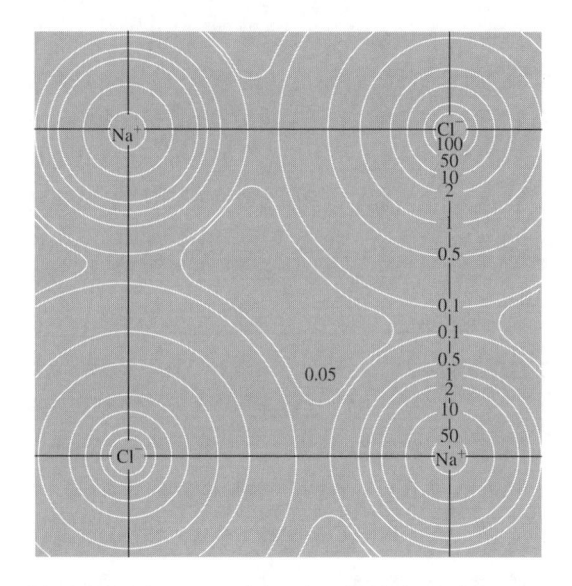

図 7 塩化ナトリウムの基底面内の電子密度分布 (G. Schoknecht の X 線による研究から). 等高線上の数値は相対的な電子密度を表す.

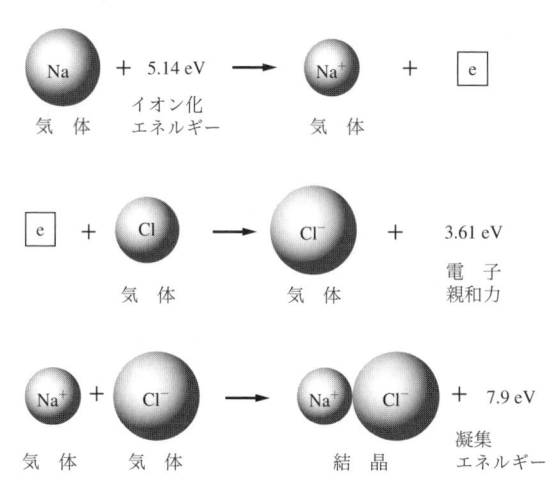

図 8 塩化ナトリウムの結晶の1分子あたりのエネルギーは (7.9−5.1+3.6)=6.4eV だけ, 離れ離れの中性原子のエネルギーより低い. 分離したイオンを基準にした凝集エネルギーは分子あたり 7.9eV である. 図に示した数値はいずれも実験値である. イオン化エネルギーの値は表5に, 電子親和力の値は表6にある.

表6 負イオンの電子親和力．電子親和力は安定な負イオンに対しては正である．
(H. Hotop and W. C. Lineberger, J. Phys. Chem. Ref. Data **4**, 539 (1975).)

原子	電子親和エネルギー (eV)	原子	電子親和エネルギー (eV)
H	0.7542	Si	1.39
Li	0.62	P	0.74
C	1.27	S	2.08
O	1.46	Cl	3.61
F	3.40	Br	3.36
Na	0.55	I	3.06
Al	0.46	K	0.50

値，すなわち図8に示された1分子あたりの実験値7.9eVと比較される．次に，格子エネルギーをもっと詳しく計算してみよう．

静電（マーデルング）エネルギー

電荷$\pm q$をもったイオン間の長距離相互作用は静電相互作用$\pm q^2/r$であり，これは異符号のイオン間では引力，同符号電荷のイオン間では斥力である．イオンはどのような結晶構造においても，近距離においてイオン心間に働く斥力とつり合って，最も強い引力相互作用を与えるように配列する．希ガスの電子構造をもつイオン間の斥力は希ガス原子間の斥力に似ている．イオン結晶での引力の相互作用の中でファン・デル・ワールス力の部分は凝集エネルギーの1〜2%程度の比較的小さな寄与しか与えない．イオン結晶の結合エネルギーのおもな寄与は静電的なもので，**マーデルング・エネルギー**（Madelung energy）とよばれる．

U_{ij}をイオンiとjの間の相互作用エネルギーとすると，一つのイオンiの関係するすべての相互作用に関する和U_iを次のように定義できる．

$$U_i = {\sum_j}' U_{ij} \tag{17}$$

ここで和は$i=j$を除いたすべてのイオンについて行う．U_{ij}がλとρを経験的なパラメーターとした，$\lambda \exp(-r/\rho)$の形の中心力の斥力のポテンシャルとクーロン・ポテンシャル$\pm q^2/r$との和で書けるとする．すると

(CGS) $$U_{ij} = \lambda \exp(-r_{ij}/\rho) \pm q^2/r_{ij} \tag{18}$$

ここで+符号は同種の電荷に対して，－符号は異種の電荷に対してとる．SI単位系では，クーロン相互作用は$\pm q^2/4\pi\varepsilon_0 r$である．この節ではクーロン相互作用

を $\pm q^2/r$ とする CGS 単位系を採用する.

斥力の項は, 各イオンが隣接イオンの電子分布と重なるのに抵抗する作用を表している. 力の強さを表す λ と力の及ぶ範囲を表す ρ とを格子定数と圧縮率の測定値から決定される定数とみなす. ここで, われわれは経験的な斥力のポテンシャルとして希ガスに対して使用した R^{-12} の形よりもむしろ指数関数型を使用した. このように変えたのは, 指数関数型の方が斥力相互作用をよく表すからである. イオンの場合には, λ と ρ を独立に決定できるような気相のデータはない. ρ は斥力相互作用の到達範囲の目安であることに注意する. $r=\rho$ のとき斥力相互作用は $r=0$ のときの値の e^{-1} に減少する.

NaCl 構造では U_i の値は, 考えているイオン i が正イオンであるか負イオンであるかに関係しない. (17)の和は, はやく収束するように並べ変えることができる. それゆえ, その値は考えているイオンが結晶の表面近くにないかぎり, 結晶内の位置には関係しない. 表面の影響を無視して, N 個の分子すなわち $2N$ 個のイオンからなる結晶の全格子エネルギーを $U_{tot}=NU_i$ と書く. ここで $2N$ ではなくて N が現れたのは, 全格子エネルギーを求めるのに, 相互作用の対を 1 回ずつだけ, すなわち, 各結合を 1 回ずつだけ数えるようにしなければならないことによる. 全格子エネルギーは, 結晶を互いに無限に離れたイオンに引き離すのに要するエネルギーと定義される.

ここでも結晶の最隣接イオン間距離 R を用いて, $r_{ij}\equiv p_{ij}R$ なる量 p_{ij} を導入するのが便利である. 斥力としては最隣接イオン間相互作用だけを考慮することにすると

$$(\text{CGS}) \quad U_{ij} = \begin{cases} \lambda\exp(-R/\rho) - \dfrac{q^2}{R} & (\text{最隣接}) \\ \pm\dfrac{1}{p_{ij}}\dfrac{q^2}{R} & (\text{それ以外}) \end{cases} \tag{19}$$

であるから

$$(\text{CGS}) \quad U_{tot} = NU_i = N\left(z\lambda e^{-R/\rho} - \dfrac{\alpha q^2}{R}\right) \tag{20}$$

となる. ここで, z は最隣接イオンの数であり,

$$\boxed{\alpha \equiv \sum_j{}' \dfrac{(\pm)}{p_{ij}} \equiv \text{マーデルング定数}} \tag{21}$$

である．この和は最隣接イオンからの寄与を当然含んでいる．その値はzである．符号（±）については（25）のすぐ前で論ずる．マーデルング定数の値はイオン結晶の理論の中で中心的な重要性をもつ．その計算方法については次に議論する．

平衡距離のところでは $dU_{\rm tot}/dR=0$ であるから

(CGS) $$N\frac{dU_i}{dR} = -\frac{Nz\lambda}{\rho}\exp(-R/\rho) + \frac{Naq^2}{R^2} = 0 \tag{22}$$

すなわち

(CGS) $$R_0^2 \exp(-R_0/\rho) = \rho aq^2/z\lambda \tag{23}$$

となる．この式は，斥力のパラメーター ρ，λ がわかっていれば，平衡距離 R_0 を決めてくれる．SI単位系では q^2 を $q^2/4\pi\varepsilon_0$ とすればよい．

平衡距離 R_0 での，$2N$ 個のイオンからなる結晶の全格子エネルギーは，(20)と(23)を用いて

(CGS) $$U_{\rm tot} = -\frac{Naq^2}{R_0}\left(1 - \frac{\rho}{R_0}\right) \tag{24}$$

のように書ける．$-Naq^2/R_0$ の項がマーデルング・エネルギーである．後で，ρ が $0.1R_0$ の程度であり，したがって斥力が非常な短距離力であることがわかる．

マーデルング定数の計算

クーロン・エネルギーの定数 a の最初の計算は Madelung が行った．格子和の計算の有力な一般的方法が Ewald によって発展されたが，その方法は付録Bで述べる．今はコンピューターが計算に使われている．

マーデルング定数 a の定義は，(21) によって

$$a = \sum_j{}' \frac{(\pm)}{p_{ij}}$$

である．(20) が安定な結晶を表すためには，a は正でなければならない．基準としているイオンが負の電荷をもっているならば，正イオンには正符号，負イオンには負符号を用いる．

もう一つの等価な定義としては

$$\frac{a}{R} = \sum_j{}' \frac{(\pm)}{r_j} \tag{25}$$

がある．ここで r_j は基準としているイオンから j 番目のイオンまでの距離で，R は最隣接イオン間距離である．a の値は，それが最隣接イオン間距離 R で定義さ

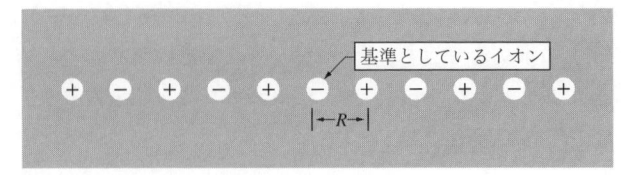

図9 互いの距離 R で，交互に変わった符号で並んだイオンの列．

れるか，格子定数 a で定義されるか，あるいは，他の適当な長さに対して定義されるかに従ってそれぞれ与えられる．

例として，図9に示すような，正負のイオンが交互に無限に並んだ線状の系のマーデルング定数の値を計算する．基準のイオンを負イオンに選び，R を隣り合ったイオン間の距離とする．すると

$$\frac{\alpha}{R} = 2\left[\frac{1}{R} - \frac{1}{2R} + \frac{1}{3R} - \frac{1}{4R} + \cdots\right]$$

すなわち

$$\alpha = 2\left[1 - \frac{1}{2} + \frac{1}{3} - \frac{1}{4} + \cdots\right]$$

となる．因子2は等距離 r_j のところに，左右に一つずつ二つのイオンがあるために起こる．この級数の和を展開

$$\ln(1+x) = x - \frac{x^2}{2} + \frac{x^3}{3} - \frac{x^4}{4} + \cdots$$

を用いて求める．結局，1次元の鎖に対してはマーデルング定数は $\alpha = 2\ln 2$ である．

3次元では級数は大きな困難を示す．行きあたりばったりのやり方で次々に項を書き下すことはできない．さらに重大なことには，級数の次々の項を正負の項からの寄与が互いにほぼ打ち消すように並べ変えないと，級数は収束しない．

最隣接イオン間距離を基準にしたときの，1価イオンのつくる結晶の典型的な α の値を下に示す．

構造	α
塩化ナトリウム形（NaCl）	1.747565
塩化セシウム形（CsCl）	1.762675
立方硫化亜鉛形（立方-ZnS）	1.6381

KCl結晶のマーデルングと斥力の格子エネルギーへの寄与を図10に示す．塩

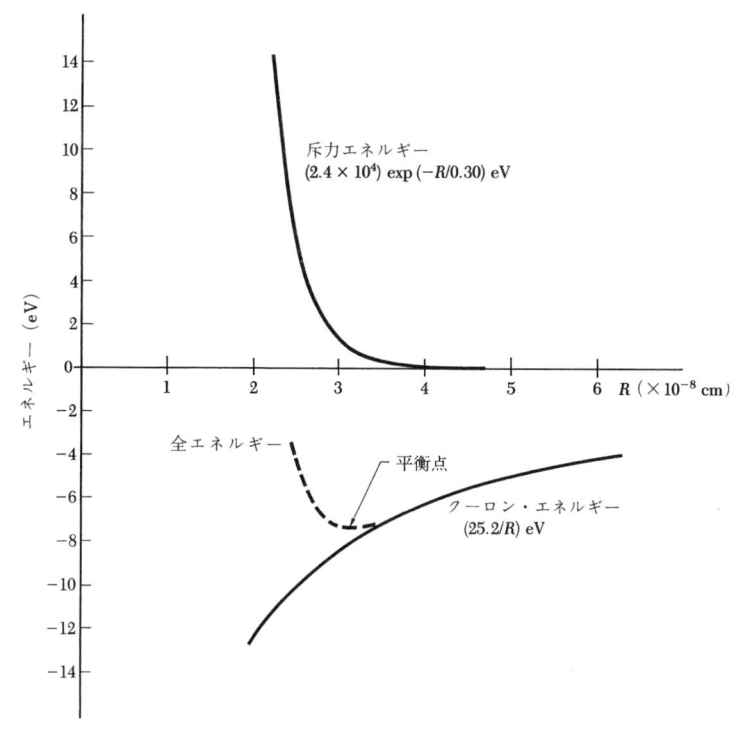

図 10 KCl結晶の分子あたりのエネルギー．マーデルングと斥力のそれぞれの寄与を示す．

化ナトリウム構造をもったアルカリハライド結晶の諸性質を表7に与える．格子エネルギーの計算値は測定値と非常によく一致する．

共有結合結晶

共有結合 (covalent bond) とは化学，特に有機化学でいう古典的な電子対もしくは等極性結合 (homopolar bond) とよばれるものである．これは強い結合である．ダイヤモンド内の二つの炭素原子間の結合は離れ離れの二つの中性原子を基準とすると，イオン結晶における結合の強さと同程度である．

共有結合は，この結合にあずかるそれぞれの原子からの電子，都合2個の電子から形成される．この結合の電子は，この結合で結ばれる原子間の領域に部分的に

表7 塩化ナトリウム構造をもつアルカリハライド結晶の諸性質。値はすべて(括弧の中のものを除いて)室温,大気圧のときの値で,R_0 と U の絶対零度からの変化に対する補正はしていない。[ ]の中の値は絶対零度,0 気圧のときのもので,L. Brewer から個人的に提供されたものである。

	最近接距離 R_0 (Å)	体積弾性率 B ($\times 10^{11}$ dyn/cm² すなわち, $\times 10^{10}$ N/m²)	斥力エネルギーのパラメーター $z\lambda$ ($\times 10^{-8}$ erg)	斥力の到達距離 ρ (Å)	自由イオンを基準にした凝縮エネルギー (kcal/mol) 実験値	計算値
LiF	2.014	6.71	0.296	0.291	242.3[246.8]	242.2
LiCl	2.570	2.98	0.490	0.330	198.9[201.8]	192.9
LiBr	2.751	2.38	0.591	0.340	189.8	181.0
LiI	3.000	(1.71)	0.599	0.366	177.7	166.1
NaF	2.317	4.65	0.641	0.290	214.4[217.9]	215.2
NaCl	2.820	2.40	1.05	0.321	182.6[185.3]	178.6
NaBr	2.989	1.99	1.33	0.328	173.6[174.3]	169.2
NaI	3.237	1.51	1.58	0.345	163.2[162.3]	156.6
KF	2.674	3.05	1.31	0.298	189.8[194.5]	189.1
KCl	3.147	1.74	2.05	0.326	165.8[169.5]	161.6
KBr	3.298	1.48	2.30	0.336	158.5[159.3]	154.5
KI	3.533	1.17	2.85	0.348	149.9[151.1]	144.5
RbF	2.815	2.62	1.78	0.301	181.4	180.4
RbCl	3.291	1.56	3.19	0.323	159.3	155.4
RbBr	3.445	1.30	3.03	0.338	152.6	148.3
RbI	3.671	1.06	3.99	0.348	144.9	139.6

データは, M. P. Tosi, Solid state physics **16**, 1 (1964) のいろいろな表からのものである。

集まるという傾向がある．この結合の二つの電子のスピンは逆向きである．

共有結合は強い方向性をもっている(図11)．それゆえ，炭素，シリコン，ゲルマニウムは，各原子が4個の最隣接原子と正4面体をつくる角度で結合したダイヤモンド構造をもつ．しかもこの配置は，最密構造の0.74にくらべて，0.34という低い空間充填率を与えている．正4面体結合は4個の最隣接原子しか許さないが，最密構造では12個である．炭素とシリコンの結合の類似性をあまり強調しすぎてはいけない．炭素は生物学を生んでいるが，シリコンは地質学と半導体工学を生んでいる．

共有結合は，ふつうは，2個の電子からつくられ，それらは結合に関与する各原子から1個ずつきている．結合を形成する電子は，結合で結ばれている二つの原子の中間の領域に局在しようとする傾向がある．結合に関与する二つの電子のスピンは反平行である．

水素分子（H_2）の結合は共有結合の単純な例である．この場合の最も強い結合(図12)は二つの電子のスピンが反平行の場合に生ずる．結合は相対的なスピンの向きに依存する．それはスピンの間に強い磁気双極子力があるためではなくて，パウリの原理がスピンの向きに応じて電荷の分布を変えるためである．このスピ

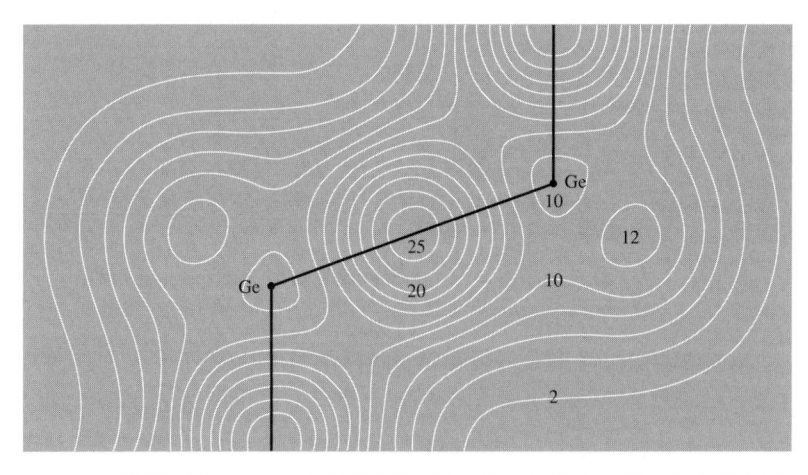

図 11 ゲルマニウムでの価電子密度の計算値．等高線上の数値は，原子あたり4個の価電子をもつときの基本単位格子あたりの電子密度を表す（基本単位格子あたり8電子となる）．共有結合に期待されるように，Ge-Ge結合の中央の電子密度の大きいことに注意せよ．（J. R. ChelikowskyとM. L. Cohenによる．）

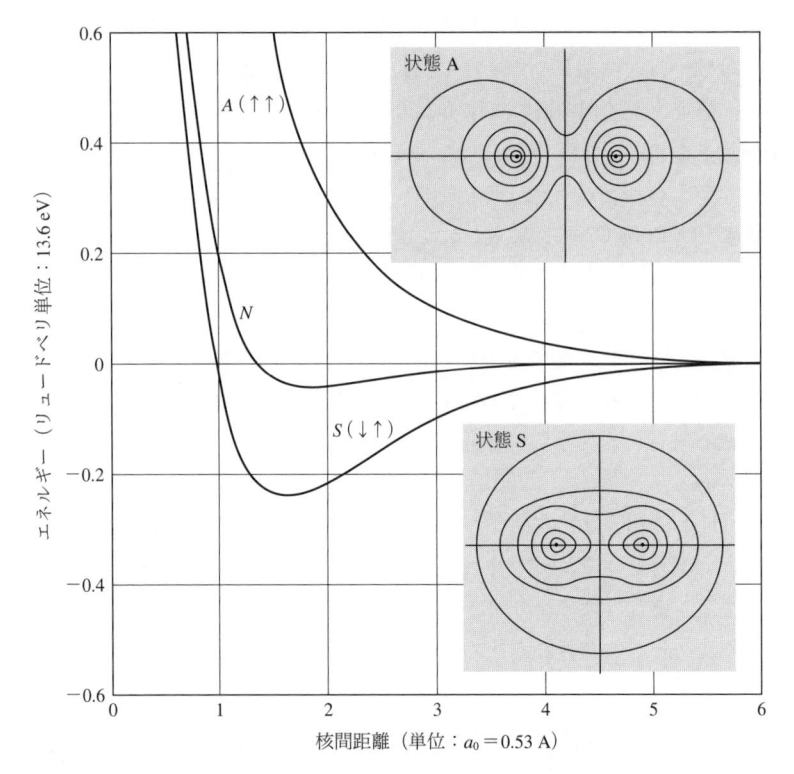

図 12 遠く離れた中性原子を基準とした水素分子(H_2)のエネルギー. 負のエネルギーが結合していることを表す. 曲線 N は自由原子の電荷分布を用いて古典的に計算したものに対応する. 曲線 A はパウリの原理を考慮したときの平行電子スピンに対する結果であり, 曲線 S (安定状態) は反平行スピンに対するものである. 電荷密度は状態 A と S のそれぞれに対して等高線で示してある.

ンに依存するクーロン・エネルギーを**交換相互作用** (exchange interaction) とよぶ.

　パウリの原理は閉殻構造の原子間に強い斥力相互作用を与える. 電子殻が閉殻でない場合には電子を高いエネルギー状態に励起することなしに電子の重なりを起こさせることができ, したがって, 結合距離を短くすることができる. Cl_2 の結合の長さ (2Å) と固体アルゴンの原子間距離 (3.76Å) を, また表 1 に示された両者の凝集エネルギーの値を比較してみよ. Cl_2 と Ar_2 の差は, Cl 原子が $3p$ 殻に 5 個の電子をもつのに, Ar 原子が 6 個の電子をもつ閉殻である点にある. それゆ

表8 2原子結晶の結合のイオン性度

結晶	イオン性度	結晶	イオン性度
Si	0.00		
SiC	0.18	GaAs	0.31
Ge	0.00	GaSb	0.26
ZnO	0.62	AgCl	0.86
ZnS	0.62	AgBr	0.85
ZnSe	0.63	AgI	0.77
ZnTe	0.61	MgO	0.84
CdO	0.79	MgS	0.79
CdS	0.69	MgSe	0.79
CdSe	0.70		
CdTe	0.67	LiF	0.92
		NaCl	0.94
InP	0.42	RbF	0.96
InAs	0.36		
InSb	0.32		

J. C. Phillips, *Bonds and bands in semiconductors* による.

え，斥力の相互作用は Ar の場合のほうが Cl の場合よりも強い．

C, Si, Ge の原子は閉殻構造に対して4個の電子が不足しているので，これらの元素の原子は電荷の重なりに伴った引力の相互作用をもちうる．炭素の電子配置は $1s^2 2s^2 2p^2$ である．炭素原子が正4面体的な共有結合をつくるためには，まず $1s^2 2s 2p^3$ の電子配置に移ることが必要である．基準状態からこの電子状態に移行するには 4eV を必要とするが，これ以上のエネルギーが結合を形成することにより回収される．

イオン結晶と共有結晶との両極端の間には結晶の連続的な領域がある．与えられた結合がどの程度までイオン的か，あるいは共有結合的かを評価することが重要な場合が多い．誘電性結晶中の結合のイオン性度または共有結合性度についての半経験的な理論が J. C. Phillips によって展開され，かなりの成功を収めている．彼の結論の一部を表8に与える．

金 属 結 晶

金属は高い電気伝導率という特徴をもち，金属内では大きな数の，通常原子あ

たり1個ないし2個の電子が自由に動く．この自由に動きうる電子を伝導電子とよぶ．原子の価電子が金属の伝導電子になる．

金属には，イオン心と伝導電子との相互作用がいつも結合エネルギーの大きな部分をなすものがあるが，金属結合の特徴は，金属中の価電子のエネルギーが自由原子のときにくらべて低下していることにある．

アルカリ金属結晶の結合エネルギーはアルカリハライドの結合よりもかなり小さい．伝導電子のつくる結合はあまり強くない．アルカリ金属の原子間距離は比較的大きいが，これは原子間距離が大きいほうが伝導電子の運動エネルギーが低くなるためである．このことが結合の弱い原因となる．金属は比較的原子密度の高い構造，すなわち hcp, fcc, bcc あるいはこれらと密接に関係した構造に結晶し，ダイヤモンドのような隙間の多い構造はとらない傾向がある．

遷移金属では，内殻電子による付加的な結合が存在する．遷移金属や，周期表でそれらにすぐ続いている金属は大きな d 殻をもっており，高い結合エネルギーをもつという特徴がある．

水素結合をもつ結晶

中性の水素は1個しか電子をもっていないから，他の1個の原子との間にのみ共有結合をつくるはずである．ところが，ある条件の下では，1個の水素原子はかなり強い力で2個の原子に引きつけられ，それらの間に**水素結合**（hydrogen bond）を形成する．この結合のエネルギーは 0.1eV の程度である．水素結合は特に F, O, N などの電気陰性度の最も大きい原子との間にのみ形成されていて，性格的には多分にイオン結合的であると信じられている．水素結合が極端にイオン結合的である形では，水素原子は分子内の他の原子に電子を与えてしまい，裸の陽子が水素結合をつくる．陽子に隣り合った原子どうしは互いに非常に接近するので，2個より多いと互いに邪魔になってしまう．それゆえ，水素結合は2個の原子だけを結びつける（図13）．

水素結合は H_2O 分子間の重要な相互作用で，電気双極子モーメント間の静電的な引力と共に，水や氷の注目すべき物理的性質に関与している．水素結合はある種の強誘電体結晶や DNA で重要である．

図 13 フッ化水素イオン HF_2^- は水素結合によって安定化されている．図は陽子が電子をはぎ取られているように示されている点で，水素結合の極端なモデルになっている．

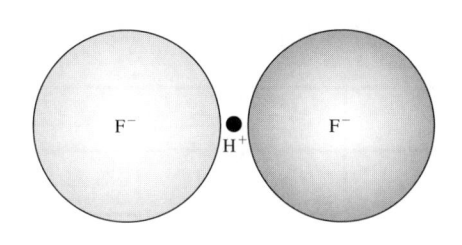

原 子 半 径

　結晶内の原子間距離は X 線回折の方法で非常に正確に，しばしば 10^5 分の 1 の程度の精度で測定することができる．原子またはイオン間の測定された距離を，原子 A にはこれだけ，原子 B にはこれだけというように割り当てることができるであろうか？　結晶の性質や組成に関係なく，原子やイオンの半径に明確な意味をもたせることができるであろうか？

　厳密にいうと，答えは否である．原子のまわりの電荷分布は剛体球的な境界をもたない．それにもかかわらず，原子半径の概念は原子間距離を予想するときに役に立つことが多い．まだ合成されていない相の存在とその予想される格子定数の大きさが，原子半径の加法的性質から予想を立てることができる．そのうえ成分原子の電子配置についても，格子定数の実測値を予想値とくらべることによって推論を下すことができる．

　格子定数の大きさを予想するのに，いろいろな種類の結合について，互いに矛盾しない 1 組の半径を定めておくことは役に立つ（表 9）．すなわち，希ガス原子と同じ閉殻構造をもつイオンが，配位数 6 をもつイオン結晶をつくるときの組がその一つであり，他の一つは，正 4 面体配位構造をつくるときのイオンに対する組である．また別の一つは配位数 12 の金属（最密構造）をつくるときの組である．

　結晶 NaF 内での原子間隔に対して，表 9 に与えられている値の中の，正イオン Na^+ と負イオン F^- の半径から $0.97\text{Å}+1.36\text{Å}=2.33\text{Å}$ が予想される．この値は実測値 2.32Å と比較される．この一致は Na と F について，中性原子の電子配位を仮定したときよりはるかに良い．中性原子のときは結晶内での原子間距離として 2.58Å を与えるからである．後者の値は $\frac{1}{2}\times$（金属 Na 中での最隣接原子間距離＋気体 F_2 における原子間距離）によって与えられる．

表 9 原子半径とイオン半径．これらの値は近似的なものである．
単位は 1 Å = 10^{-10} m．原典は W. B. Pearson, *Crystal chemistry and physics of metals and alloys*, Wiley, 1972.

→ 希ガス（閉殻）構造にあるイオンの標準半径
→ 正4面体共有結合にあるときの原子半径
→ 配位数12の金属でのイオン半径

H 2.08																	He
Li 0.68 / 1.56	Be 0.35 / 1.06 / 1.13											B 0.23 / 0.88 / 0.98	C 0.15 / 0.77 / 0.92	N 1.71 / 0.70	O 1.40 / 0.66	F 1.36 / 0.64	Ne 1.58
Na 0.97 / 1.91	Mg 0.65 / 1.40 / 1.60											Al 0.50 / 1.26 / 1.43	Si 0.41 / 1.17 / 1.32	P 2.12 / 1.10	S 1.84 / 1.04	Cl 1.81 / 0.99	Ar 1.88
K 1.33	Ca 0.99	Sc 0.81	Ti 0.68	V 1.35	Cr 1.28	Mn 1.26	Fe 1.27	Co 1.25	Ni 1.25	Cu 1.35 / 1.28	Zn 0.74 / 1.31 / 1.39	Ga 0.62 / 1.26 / 1.41	Ge 0.53 / 1.22 / 1.37	As 2.22 / 1.18 / 1.39	Se 1.98 / 1.14	Br 1.95 / 1.11	Kr 2.00
Rb 1.48 / 2.38	Sr 1.13 / 1.98	Y 0.93 / 1.64	Zr 0.80 / 1.46	Nb 0.67 / 1.47	Mo 1.40	Tc 1.36	Ru 1.34	Rh 1.35	Pd 1.38	Ag 1.26 / 1.52	Cd 0.97 / 1.48 / 1.57	In 0.81 / 1.44 / 1.66	Sn 0.71 / 1.40 / 1.55	Sb 2.45 / 1.36 / 1.59	Te 2.21 / 1.32	I 2.16 / 1.28	Xe 2.17
Cs 1.67 / 2.55	Ba 1.35 / 2.15	La 1.15 / 1.80	Hf 1.58 / 1.60	Ta 1.47	W 1.41	Re 1.38	Os 1.35	Ir 1.36	Pt 1.39	Au 1.37 / 1.44	Hg 1.10 / 1.48 / 1.57	Tl 0.95 / 1.45 / 1.72	Pb 0.84 / 1.75	Bi 1.70	Po 1.76	At	Rn
Fr 1.75 / 2.73	Ra 1.37 / 2.24	Ac 1.11 / 1.88															

Ce 1.01 / 1.71+- / 1.82	Pr 1.83	Nd 1.82	Pm 1.81	Sm 1.80	Eu 2.04+- / 1.82³⁺	Gd 1.80	Tb 1.78	Dy 1.77	Ho 1.77	Er 1.76	Tm 1.757	Yb 1.94+- / 1.74³⁺	Lu
Th 0.99 / 1.80	Pa 0.90 / 1.63	U 0.83	Np 1.56	Pu 1.58- / 1.64	Am 1.81	Cm	Bk	Cf	Es	Fm	Md	No	Lr

ダイヤモンド内の炭素原子間距離は 1.54Å である．この半分は 0.77Å である．同じ結晶構造のシリコンでは原子間距離の半分は 1.17Å である．SiC においては各原子は別種の 4 個の原子に囲まれている．上記の C と Si の半径を合わせると，C–Si 結合の長さとして 1.94Å が期待されるが，これは実測値の 1.89Å とかなりよく一致する．これは原子半径の表を用いた場合に得られる一致の程度（数%）を示してくれる．

イオン半径

表 9 に希ガス電子配置をもった 6 配位のイオン結晶のイオン半径を加えた．イオン半径は表 10 といっしょにして使用する．室温での格子定数の測定値が 4.004Å である $BaTiO_3$（16 章の図 10）を考えてみよう．各 Ba^{++} イオンは 12 個の最隣接 O^{--} イオンをもっているので，配位数は 12 であり，表 10 の補正 Δ_{12} が適用される．構造が Ba–O の接触で決定されると考えるならば，$D_{12}=1.35+1.40+0.19=2.94\text{Å}$，すなわち $a=4.16\text{Å}$ である．もしも Ti–O の接触が構造を決定しているのであれば，$D_6=0.68+1.40=2.08$，すなわち $a=4.16\text{Å}$ を得る．実際の格子定数はこれらの評価よりいくぶん小さい．このことはたぶん結合が純粋にイオン的ではなくて，部分的に共有結合的であることを暗示するものであろう．

表 10 表 9 の標準イオン半径の使用方法．イオン結晶におけるイオン間距離 D は $D_N=R_C+R_A+\Delta_N$ で表される．ここで N は正イオン配位数，R_C と R_A は正イオンと負イオンの標準的なイオン半径，Δ_N は配位数による補正項，これらの数値は室温に対するものである．（Zachariasen による．）

N	$\Delta_N(\text{Å})$	N	$\Delta_N(\text{Å})$	N	$\Delta_N(\text{Å})$
1	-0.50	5	-0.05	9	$+0.11$
2	-0.31	6	0	10	$+0.14$
3	-0.19	7	$+0.04$	11	$+0.17$
4	-0.11	8	$+0.08$	12	$+0.19$

弾性ひずみの解析

結晶を原子が周期的に並んだものとしてではなくて，一様な連続体と考えたときの，その弾性を考える．連続体近似は通常，波長 λ が 10^{-6}cm より長い弾性波に

ついて成立する．この波長は 10^{11} または 10^{12} Hz 以下の振動数に対応する．

下記の叙述の中には，どうしても記号に複数個の添字をつけねばならないので複雑に見えるものがある．しかし基礎となる物理的な考え方は単純であって，フックの法則とニュートンの運動の第 2 法則を使うだけである．**フックの法則** (Hooke's law) とは，弾性体においてひずみが直接に応力に比例しているということである．この法則はひずみの小さいときにのみ適用できる．ひずみが非常に大きくてフックの法則が成立しなくなってしまったときは，**非線形領域**に入ったという．

ひずみは後に定義する部分 e_{xx}, e_{yy}, e_{zz}, e_{xy}, e_{yz}, e_{zx} によって表される．ここでは無限小のひずみのみを取り扱う．また等温変形（温度一定）と断熱変形（エントロピー一定）とを記号の上で区別しない．等温弾性定数と断熱弾性定数との間のわずかの差は室温以下では重要でないことが多い．

図 14 に示すように，ひずんでいない結晶に固着した単位長さの互いに直交する 3 個のベクトル $\hat{\mathbf{x}}$, $\hat{\mathbf{y}}$, $\hat{\mathbf{z}}$ を考える．小さな一様の変形が起こった後では，この 3 軸は方向も長さも共に変化する．一様な変形の場合，結晶の各単位格子は同じように変形する．このとき新しい軸，$\hat{\mathbf{x}}'$, $\hat{\mathbf{y}}'$, $\hat{\mathbf{z}}'$ は変形前の軸によって，次のように書ける：

$$\begin{aligned} \mathbf{x}' &= (1+\epsilon_{xx})\hat{\mathbf{x}} + \epsilon_{xy}\hat{\mathbf{y}} + \epsilon_{xz}\hat{\mathbf{z}}, \\ \mathbf{y}' &= \epsilon_{yx}\hat{\mathbf{x}} + (1+\epsilon_{yy})\hat{\mathbf{y}} + \epsilon_{yz}\hat{\mathbf{z}}, \end{aligned} \quad (26)$$

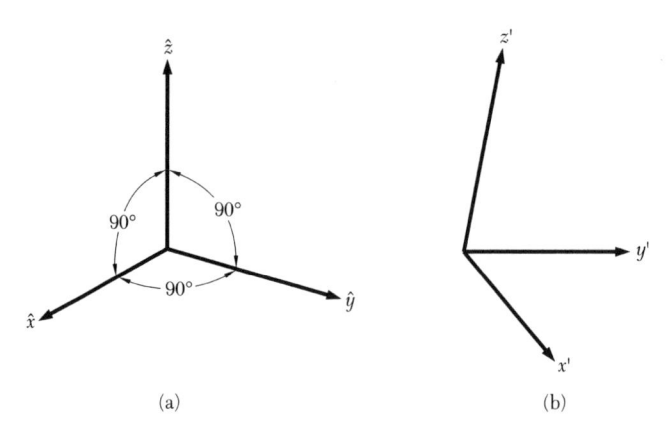

図 14 ひずみの状態を表すための座標軸．ひずみのない状態での直交する単位長さの軸 (a) は，ひずみのある状態での軸 (b) に変形される．

弾性ひずみの解析   81

$$\mathbf{z}' = \epsilon_{zx}\hat{\mathbf{x}} + \epsilon_{zy}\hat{\mathbf{y}} + (1+\epsilon_{zz})\hat{\mathbf{z}}.$$

係数 $\epsilon_{\alpha\beta}$ は変形を定義する．これらは次元のない量であって，ひずみが小さければ，1 よりずっと小さい値をもつ．元の軸は単位長さであるが，新しい軸は単位長さである必要はない．たとえば

$$\mathbf{x}' \cdot \mathbf{x}' = 1 + 2\epsilon_{xx} + \epsilon_{xx}^2 + \epsilon_{xy}^2 + \epsilon_{xz}^2$$

であるから，$x' \cong 1+\epsilon_{xx}+\cdots$ となる．$\hat{\mathbf{x}}, \hat{\mathbf{y}}, \hat{\mathbf{z}}$ 軸の長さの変化する割合は第1近似においてそれぞれ $\epsilon_{xx}, \epsilon_{yy}, \epsilon_{zz}$ である．

変形 (26) がはじめ $\mathbf{r}=x\hat{\mathbf{x}}+y\hat{\mathbf{y}}+z\hat{\mathbf{z}}$ にあった原子にどのような影響を与えるであろうか．原点はどれか他の原子におく．もし変形が一様であれば，変形後に点は $\mathbf{r}'=x\mathbf{x}'+y\mathbf{y}'+z\mathbf{z}'$ の位置にくる．$\hat{\mathbf{x}}$ 軸が $\mathbf{r}=x\hat{\mathbf{x}}$ とすれば，$\mathbf{r}'=x\mathbf{x}'$ となることは，$\mathbf{x}'$ の定義から当然である．変形による**変位 R** は次式で定義される．

$$\mathbf{R} \equiv \mathbf{r}' - \mathbf{r} = x(\mathbf{x}'-\hat{\mathbf{x}}) + y(\mathbf{y}'-\hat{\mathbf{y}}) + z(\mathbf{z}'-\hat{\mathbf{z}}) \tag{27}$$

また，(26) から

$$\mathbf{R}(\mathbf{r}) \equiv (x\epsilon_{xx}+y\epsilon_{yx}+z\epsilon_{zx})\hat{\mathbf{x}} + (x\epsilon_{xy}+y\epsilon_{yy}+z\epsilon_{zy})\hat{\mathbf{y}}$$
$$+ (x\epsilon_{xz}+y\epsilon_{yz}+z\epsilon_{zz})\hat{\mathbf{z}} \tag{28}$$

となる．これは変位の成分 u, v, w を導入して，次のようなより一般的な形に書くこともできる：

$$\boxed{\mathbf{R}(\mathbf{r}) = u(\mathbf{r})\hat{\mathbf{x}} + v(\mathbf{r})\hat{\mathbf{y}} + w(\mathbf{r})\hat{\mathbf{z}}.} \tag{29}$$

もし変形が一様でなければ，u, v, w を局所ひずみと関係づけなければならない．$\mathbf{r}$ の原点を，考えている領域の近くにとると，$\mathbf{R}$ のテイラー展開を行うことにより，(28) と (29) とから，$\mathbf{R}(0)=0$ を用いて

$$x\epsilon_{xx} \cong x\frac{\partial u}{\partial x}, \qquad y\epsilon_{yx} \cong y\frac{\partial u}{\partial y} \tag{30}$$

などが得られる．

通常，係数には $\epsilon_{\alpha\beta}$ よりも $e_{\alpha\beta}$ が用いられる．**ひずみの成分** e_{xx}, e_{yy}, e_{zz} は (30) を用いて

$$\boxed{e_{xx} \equiv \epsilon_{xx} = \frac{\partial u}{\partial x}, \quad e_{yy} \equiv \epsilon_{yy} = \frac{\partial v}{\partial y}, \quad e_{zz} \equiv \epsilon_{zz} = \frac{\partial w}{\partial z}} \tag{31}$$

で定義される．他のひずみ成分 e_{xy}, e_{yz}, e_{zx} は，軸の間の角の変化により定義される．それゆえ (26) により次のように定義してよいであろう．

$$
\begin{aligned}
e_{xy} &\equiv \mathbf{x}' \cdot \mathbf{y}' \cong \epsilon_{yx} + \epsilon_{xy} = \frac{\partial u}{\partial y} + \frac{\partial v}{\partial x} \\
e_{yz} &\equiv \mathbf{y}' \cdot \mathbf{z}' \cong \epsilon_{zy} + \epsilon_{yz} = \frac{\partial v}{\partial z} + \frac{\partial w}{\partial y} \\
e_{zx} &\equiv \mathbf{z}' \cdot \mathbf{x}' \cong \epsilon_{zx} + \epsilon_{xz} = \frac{\partial u}{\partial z} + \frac{\partial w}{\partial x}
\end{aligned}
\tag{32}
$$

ϵ^2 の桁の量を無視すれば，記号 $\cong$ を $=$ でおき換えてよい．6個の成分 $e_{\alpha\beta}(=e_{\beta\alpha})$ はひずみを完全に定義する．

膨　　張

変形に伴う体積増加の割合を膨張という．静水圧を受けたときの膨張は負である．稜が $\hat{\mathbf{x}}$, $\hat{\mathbf{y}}$, $\hat{\mathbf{z}}$ からできている立方単位格子の変形後の体積は

$$V' = \mathbf{x}' \cdot \mathbf{y}' \times \mathbf{z}' \tag{33}$$

となる．これは稜が $\mathbf{x}'$, $\mathbf{y}'$, $\mathbf{z}'$ である平行6面体の体積を与えるよく知られた式である．(26) から

$$
\mathbf{x}' \cdot \mathbf{y}' \times \mathbf{z}' = \begin{vmatrix} 1 + \epsilon_{xx} & \epsilon_{xy} & \epsilon_{xz} \\ \epsilon_{yx} & 1 + \epsilon_{yy} & \epsilon_{yz} \\ \epsilon_{zx} & \epsilon_{zy} & 1 + \epsilon_{zz} \end{vmatrix} \cong 1 + e_{xx} + e_{yy} + e_{zz} \tag{34}
$$

となる．2個のひずみ成分の積は無視されている．膨張 δ はそのとき次式で与えられる：

$$\delta \equiv \frac{V' - V}{V} \cong e_{xx} + e_{yy} + e_{zz}. \tag{35}$$

応 力 成 分

固体の単位面積に働く力は応力と定義されている．応力は9個の成分，X_x, X_y, X_z, Y_x, Y_y, Y_z, Z_x, Z_y, Z_z をもっている．大文字は力の方向を示し，添字は力の加えられている面の法線方向を示す．図15において，応力成分 X_x は，法線が x 方向にある面の単位面積に対して x 方向に働く力を表す．また応力成分 X_y は，法線が y 方向にある面の単位面積に対して x 方向に働く力を表す．独立した応力成分の数は（図16に示すように），単位立方体に，角加速度がなくて，全体としての回転力がないという条件を適用すると9個から6個に減少する．上の条件から

弾性コンプライアンスとスティフネス定数　　83

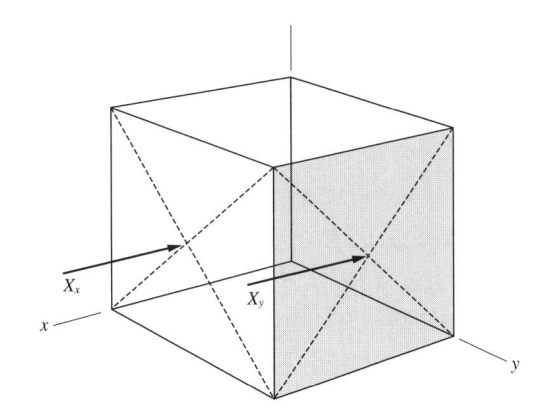

図 15 応力成分 X_x は法線が x 方向にある面の単位面積に働く x 方向の力である．X_y は法線が y 方向にある面の単位面積に働く x 方向の力である．

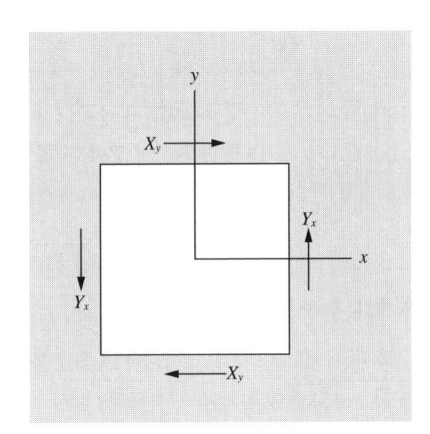

図 16 立体が平衡状態にあるときは $Y_x = X_y$ となることを示す．x 方向の力の和は 0 である．y 方向の力の和も 0 であり，それゆえ合力は 0 となる．また $Y_x = X_y$ であれば原点に働く合成偶力も 0 となる．

$$Y_z = Z_y, \quad Z_x = X_z, \quad X_y = Y_x \tag{36}$$

となる．6個の独立な応力成分は $X_x, Y_y, Z_z, Y_z, Z_x, X_y$ とすることができる．

応力成分は単位面積あたりの力，すなわち単位体積あたりのエネルギーの次元をもつ．ひずみ成分は長さの比であって無次元である．

弾性コンプライアンスとスティフネス定数

フックの法則によると，十分小さい変形に対してはひずみは直接応力に比例する．それゆえひずみ成分は応力成分の1次関数である：

$$e_{xx} = S_{11}X_x + S_{12}Y_y + S_{13}Z_z + S_{14}Y_z + S_{15}Z_x + S_{16}X_y,$$

$$e_{yy} = S_{21}X_x + S_{22}Y_y + S_{23}Z_z + S_{24}Y_z + S_{25}Z_x + S_{26}X_y,$$
$$e_{zz} = S_{31}X_x + S_{32}Y_y + S_{33}Z_z + S_{34}Y_z + S_{35}Z_x + S_{36}X_y, \quad (37)$$
$$e_{yz} = S_{41}X_x + S_{42}Y_y + S_{43}Z_z + S_{44}Y_z + S_{45}Z_x + S_{46}X_y,$$
$$e_{zx} = S_{51}X_x + S_{52}Y_y + S_{53}Z_z + S_{54}Y_z + S_{55}Z_x + S_{56}X_y,$$
$$e_{xy} = S_{61}X_x + S_{62}Y_y + S_{63}Z_z + S_{64}Y_z + S_{65}Z_x + S_{66}X_y.$$

逆に応力成分はひずみ成分の1次関数である：

$$X_x = C_{11}e_{xx} + C_{12}e_{yy} + C_{13}e_{zz} + C_{14}e_{yz} + C_{15}e_{zx} + C_{16}e_{xy},$$
$$Y_y = C_{21}e_{xx} + C_{22}e_{yy} + C_{23}e_{zz} + C_{24}e_{yz} + C_{25}e_{zx} + C_{26}e_{xy},$$
$$Z_z = C_{31}e_{xx} + C_{32}e_{yy} + C_{33}e_{zz} + C_{34}e_{yz} + C_{35}e_{zx} + C_{36}e_{xy}, \quad (38)$$
$$Y_z = C_{41}e_{xx} + C_{42}e_{yy} + C_{43}e_{zz} + C_{44}e_{yz} + C_{45}e_{zx} + C_{46}e_{xy},$$
$$Z_x = C_{51}e_{xx} + C_{52}e_{yy} + C_{53}e_{zz} + C_{54}e_{yz} + C_{55}e_{zx} + C_{56}e_{xy},$$
$$X_y = C_{61}e_{xx} + C_{62}e_{yy} + C_{63}e_{zz} + C_{64}e_{yz} + C_{65}e_{zx} + C_{66}e_{xy}.$$

量 S_{11}, S_{12}, …, は**弾性コンプライアンス定数**あるいは弾性定数とよばれ, 量 C_{11}, C_{12}, …, は**弾性スティフネス定数**あるいは弾性率とよばれている. S は [面積]/[力] すなわち [体積]/[エネルギー] の次元をもつ, C は [力]/[面積] すなわち [エネルギー]/[体積] の次元をもつ.

弾性エネルギー密度

(37) と (38) とにある36個の定数は, いくつかの考察によって数を減らすことができる. 弾性エネルギー密度 U は, フックの法則が成立するという近似の下では, ひずみの2次式で表される(伸びたばねのエネルギーを表す式を思い出せ). それゆえ

$$U = \frac{1}{2}\sum_{\lambda=1}^{6}\sum_{\mu=1}^{6}\tilde{C}_{\lambda\mu}e_\lambda e_\mu \quad (39)$$

と書いてよい. 上式の1から6までの添字は次のように定義される：

$$1 \equiv xx, \quad 2 \equiv yy, \quad 3 \equiv zz, \quad 4 \equiv yz, \quad 5 \equiv zx, \quad 6 \equiv xy. \quad (40)$$

下記の (42) からわかるように, $\tilde{C}$ は (38) の C と関係がある.

応力成分は, U のひずみ成分に関する微分係数から求められる. この結果は位置エネルギーの定義から得られる. 単位立方体の一つの面に加えられた応力 X_x を考えると, 向かい側の面は動かないように保持されているとして,

$$X_x = \frac{\partial U}{\partial e_{xx}} \equiv \frac{\partial U}{\partial e_1} = \tilde{C}_{11} e_1 + \frac{1}{2} \sum_{\beta=2}^{6} (\tilde{C}_{1\beta} + \tilde{C}_{\beta 1}) e_\beta \tag{41}$$

となる．上式から応力とひずみとの関係には $\frac{1}{2}(\tilde{C}_{\alpha\beta}+\tilde{C}_{\beta\alpha})$ の結合形のみが現れることがわかる．それゆえ弾性スティフネス定数は対称であって

$$C_{\alpha\beta} = \frac{1}{2}(\tilde{C}_{\alpha\beta} + \tilde{C}_{\beta\alpha}) = C_{\beta\alpha} \tag{42}$$

となる．そのため 36 個の弾性スティフネス定数は 21 個に減少する．

立方結晶の弾性スティフネス定数

もし結晶が対称要素をもっていると，独立な弾性スティフネス定数（弾性率）の数はさらに減少する．立方結晶においてはわずかに 3 個の独立したスティフネス定数しかないことを示す．

立方結晶の弾性エネルギー密度は次式で与えられ，他の 2 次の項はないことについて述べる．

$$U = \frac{1}{2} C_{11}(e_{xx}^2 + e_{yy}^2 + e_{zz}^2) + \frac{1}{2} C_{44}(e_{yz}^2 + e_{zx}^2 + e_{xy}^2)$$
$$+ C_{12}(e_{yy}e_{zz} + e_{zz}e_{xx} + e_{xx}e_{yy}) \tag{43}$$

であって

$$(e_{xx}e_{xy} + \cdots), \quad (e_{yz}e_{zx} + \cdots), \quad (e_{xx}e_{yz} + \cdots) \tag{44}$$

の項は現れない．

立方構造をもつために必要な最低の対称性は，4 個の 3 回回転軸が存在することである．その軸は [111] およびそれと等価な方向にある（図 17）．これらの 4 個の軸のまわりで $2\pi/3$ の回転をするとそれぞれの回転軸に対応して，次の方式で x, y, z 軸を互いに交換するという効果を生む．

$$\begin{array}{l} x \to y \to z \to x, \quad -x \to z \to y \to -x, \\ x \to z \to -y \to x, \quad -x \to -y \to z \to -x. \end{array} \tag{45}$$

たとえば，これらの中の第 1 番目の交換の下では

$$e_{xx}^2 + e_{yy}^2 + e_{zz}^2 \to e_{yy}^2 + e_{zz}^2 + e_{xx}^2$$

となり，(43) の括弧の中の他の項についても同様となる．それゆえ (43) は上述の操作を受けても不変である．しかし (44) に示される各項は，1 個以上の添字が奇数回現れている．それゆえ (45) で表される回転の中には，項の符号を変えるものがあることがわかる．なぜならば，例えば $e_{xy}=-e_{x(-y)}$ となるからである．

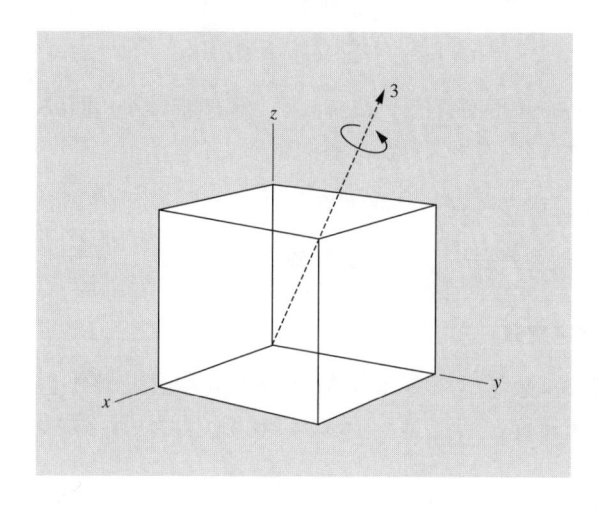

図 17 3と印をつけた軸のまわりの角 $2\pi/3$ の回転により $x \to y$, $y \to z$, $z \to x$ と変わる.

このように (44) の項は要求される操作の下で不変でない.

(43) の中の数係数が正しいことを証明することが残る. (43) により

$$\partial U/\partial e_{xx} = X_x = C_{11}e_{xx} + C_{12}(e_{yy} + e_{zz}) \tag{46}$$

が得られる. 現れる $C_{11}e_{xx}$ は (38) の項と一致する. 他の項を比較すると

$$C_{12} = C_{13}, \quad C_{14} = C_{15} = C_{16} = 0 \tag{47}$$

であることがわかる. さらに (43) より

$$\partial U/\partial e_{xy} = X_y = C_{44}e_{xy} \tag{48}$$

が得られ, (38) と比較することにより, 次の結果が得られる.

$$C_{61} = C_{62} = C_{63} = C_{64} = C_{65} = 0, \quad C_{66} = C_{44} \tag{49}$$

このように (43) より, 立方結晶の弾性スティフネス定数の配列は減少して次のマトリックスで表されることがわかる.

	e_{xx}	e_{yy}	e_{zz}	e_{yz}	e_{zx}	e_{xy}
X_x	C_{11}	C_{12}	C_{12}	0	0	0
Y_y	C_{12}	C_{11}	C_{12}	0	0	0
Z_z	C_{12}	C_{12}	C_{11}	0	0	0
Y_z	0	0	0	C_{44}	0	0
Z_x	0	0	0	0	C_{44}	0
X_y	0	0	0	0	0	C_{44}

(50)

立方結晶では，スティフネス定数とコンプライアンス定数との間には次の関係がある：
$$C_{14} = 1/S_{44}, \quad C_{11} - C_{12} = (S_{11} - S_{12})^{-1},$$
$$C_{11} + 2C_{12} = (S_{11} + 2S_{12})^{-1}. \tag{51}$$
この関係は (50) の逆マトリックスを計算すると得られる．

体積弾性率と圧縮率

物体の一様膨張 $e_{xx} = e_{yy} = e_{zz} = \frac{1}{3}\delta$ を考えよう．このような変形に対して，(43) で表される立方結晶の弾性エネルギー密度は
$$U = \frac{1}{6}(C_{11} + 2C_{12})\delta^2 \tag{52}$$
となる．**体積弾性率** B を定義の $-Vdp/dV$ に等価である
$$U = \frac{1}{2}B\delta^2 \tag{53}$$
で定義すると，立方結晶については
$$B = \frac{1}{3}(C_{11} + 2C_{12}) \tag{54}$$
となる．**圧縮率** K は $K = 1/B$ で定義されている．B と K の値を表3に示す．

立方結晶の弾性波

図18と図19に示すように，結晶内の体積要素に働く力を考えると，x 方向の運動方程式は次のようになる：
$$\rho\frac{\partial^2 u}{\partial t^2} = \frac{\partial X_x}{\partial x} + \frac{\partial X_y}{\partial y} + \frac{\partial X_z}{\partial z}. \tag{55}$$
この ρ は密度であり，u は x 方向の変位である．y, z 方向にも同様の式が成立する．立方結晶については，(38) と (50) とから，立方体の稜を x, y, z 方向にとると
$$\rho\frac{\partial^2 u}{\partial t^2} = C_{11}\frac{\partial e_{xx}}{\partial x} + C_{12}\left(\frac{\partial e_{yy}}{\partial x} + \frac{\partial e_{zz}}{\partial x}\right) + C_{44}\left(\frac{\partial e_{xy}}{\partial y} + \frac{\partial e_{zx}}{\partial z}\right) \tag{56}$$
となる．ひずみ成分を定義する (31)，(32) を用いて

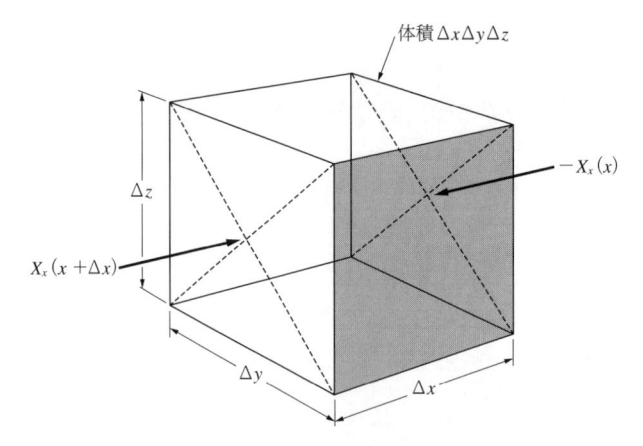

88   3 結晶結合と弾性定数

図18 x にある面に応力 $-X_x(x)$ を受け，$x+\Delta x$ にあるそれと平行な面に応力 $X_x(x+\Delta x) \fallingdotseq X_x(x)+(\partial X_x/\partial x)\Delta x$ を受けている体積 $\Delta x \Delta y \Delta z$ の立方体を考える．立方体に働く正味の力は，$[(\partial X_x/\partial x)\Delta x]\Delta y \Delta z$ である．x 方向に働く他の力は，図示されていない応力 X_y，X_z の立方体の両側での違いから生ずる．それゆえ，立方体に働く正味の力の x 成分は

$$F_x = \left(\frac{\partial X_x}{\partial x} + \frac{\partial X_y}{\partial y} + \frac{\partial X_z}{\partial z}\right)\Delta x \Delta y \Delta z$$

である．力は立方体の質量と x 方向の加速度との積に等しい．質量は $\rho \Delta x \Delta y \Delta z$ であり，加速度は $\partial^2 u/\partial t^2$ である．

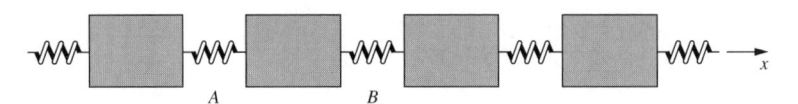

図19 ばね A と B とが等しい長さに伸びていたとすると，これらの間のブロックは正味の力を受けない．このことは，固体内の一様な応力 X_x は体積素片に対し正味の力を与えないという事実を示す．もし B にあるばねが A にあるばねより長く伸びたとすると，それらの間のブロックは力 $X_x(B) - X_x(A)$ によって加速される．

$$\rho \frac{\partial^2 u}{\partial t^2} = C_{11}\frac{\partial^2 u}{\partial x^2} + C_{44}\left(\frac{\partial^2 u}{\partial y^2} + \frac{\partial^2 u}{\partial z^2}\right) + (C_{12} + C_{44})\left(\frac{\partial^2 v}{\partial x \partial y} + \frac{\partial^2 w}{\partial x \partial z}\right)$$

(57 a)

が得られる．この u，v，w は (29) で定義される変位 **R** の成分である．

$\partial^2 v/\partial t^2$ および $\partial^2 w/\partial t^2$ に対する運動方程式は対称性を考えて (57 a) からただちに次のように得られる：

$$\rho\frac{\partial^2 v}{\partial t^2} = C_{11}\frac{\partial^2 v}{\partial y^2} + C_{44}\left(\frac{\partial^2 v}{\partial x^2} + \frac{\partial^2 v}{\partial z^2}\right) + (C_{12} + C_{44})\left(\frac{\partial^2 u}{\partial x \partial y} + \frac{\partial^2 w}{\partial y \partial z}\right),$$
(57 b)

$$\rho\frac{\partial^2 w}{\partial t^2} = C_{11}\frac{\partial^2 w}{\partial z^2} + C_{44}\left(\frac{\partial^2 w}{\partial x^2} + \frac{\partial^2 w}{\partial y^2}\right) + (C_{12} + C_{44})\left(\frac{\partial^2 u}{\partial x \partial z} + \frac{\partial^2 v}{\partial y \partial z}\right).$$
(57 c)

さて，これらの方程式の特殊解の中の簡単なものを求めよう．

[100] 方向の弾性波

(57 a) の一つの解は，縦波
$$u = u_0 \exp[i(Kx - \omega t)] \tag{58}$$
によって与えられる．この u は粒子の変位の x 成分である．波動ベクトルと粒子の運動は共に立方体の x 軸の稜の方向を向いている．この式において，$K = 2\pi/\lambda$ は波動ベクトルであり，$\omega = 2\pi\nu$ は角振動数である．(58) を (57 a) に代入すると
$$\omega^2 \rho = C_{11} K^2 \tag{59}$$
となる．それゆえ [100] 方向の縦波の速度 ω/K は
$$v_s = \nu\lambda = \omega/K = (C_{11}/\rho)^{1/2} \tag{60}$$
である．

波動ベクトルが立方体の x 軸の稜の方向にあり，粒子の変位 v が y 方向にある横波，すなわちせん断波 (shear wave)
$$v = v_0 \exp[i(Kx - \omega t)] \tag{61}$$
を考えよう．(57 b) に代入すると，この波の分散関係
$$\omega^2 \rho = C_{44} K^2 \tag{62}$$
が得られる．それゆえ [100] 方向に進む横波の速度 ω/K は
$$v_s = (C_{44}/\rho)^{1/2} \tag{63}$$
となる．粒子の変位が z 方向にあるときも，等しい速度が得られる．こうして，[100] 方向の **K** に対応する 2 個の独立したせん断波は等しい速度をもつ．このことは，結晶内の一般の方向の **K** については成立しない．

[110] 方向の弾性波

立方結晶の面対角線方向を進む波は特別に興味深い．その理由は，3 個の弾性定

[100] 方向の波
$L : C_{11}$
$T : C_{44}$

[110] 方向の波
$L : \frac{1}{2}(C_{11} + C_{12} + 2C_{44})$
$T_1 : C_{44}$
$T_2 : \frac{1}{2}(C_{11} - C_{12})$

[111] 方向の波
$L : \frac{1}{3}(C_{11} + 2C_{12} + 4C_{44})$
$T : \frac{1}{3}(C_{11} - C_{12} + C_{44})$

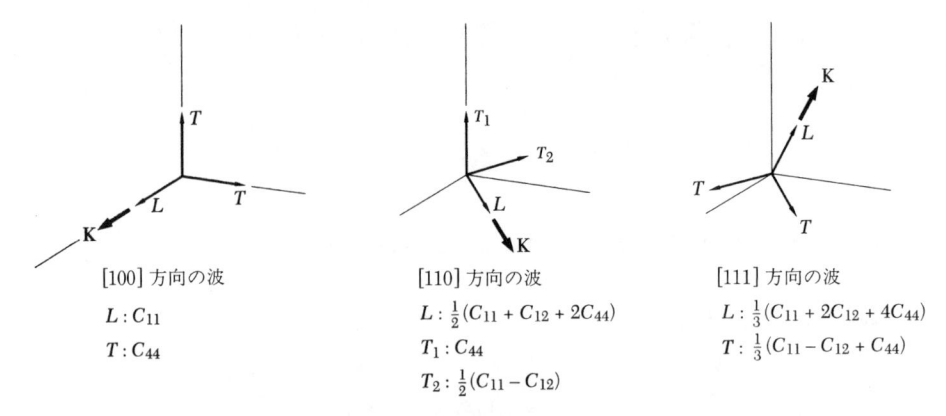

図 20 立方体結晶の主要な伝播方向に進む弾性波の3個のモードに対する有効弾性係数．[100] と [111] 方向に進む2個の横波モードは縮退している．

数が，この方向での3個の伝播速度から簡単に得られるからである．

粒子の変位 w が z 方向にあって xy 面内を伝播するせん断波

$$w = w_0 \exp[i(K_x x + K_y y - \omega t)] \tag{64}$$

を考えよう．これを (57c) に代入すると，面内の伝播方向に関係なく

$$\omega^2 \rho = C_{44}(K_x^2 + K_y^2) = C_{44} K^2 \tag{65}$$

となる．

粒子の変位が xy 面内にあって xy 面内を伝播する他の波を考えよう．いま

$$u = u_0 \exp[i(K_x x + K_y y - \omega t)], \quad v = v_0 \exp[i(K_x x + K_y y - \omega t)] \tag{66}$$

と仮定すると，(57a), (57b) から

$$\begin{aligned}\omega^2 \rho u &= (C_{11} K_x^2 + C_{44} K_y^2) u + (C_{12} + C_{44}) K_x K_y v, \\ \omega^2 \rho v &= (C_{11} K_y^2 + C_{44} K_x^2) v + (C_{12} + C_{44}) K_x K_y u\end{aligned} \tag{67}$$

となる．この1対の方程式は [110] 方向の波については $K_x = K_y = K/\sqrt{2}$ となるので非常に簡単な解をもつ．解が得られるための条件は，(67) の u と v の係数でできた行列式が 0 となることである．それゆえ

$$\begin{vmatrix} -\omega^2 \rho + \frac{1}{2}(C_{11} + C_{44})K^2 & \frac{1}{2}(C_{12} + C_{44})K^2 \\ \frac{1}{2}(C_{12} + C_{44})K^2 & -\omega^2 \rho + \frac{1}{2}(C_{11} + C_{44})K^2 \end{vmatrix} = 0 \tag{68}$$

となる．この式は次の根

表 11 低温と室温とにおける，立方結晶の断熱弾性スティフネス定数．0 K での値は 4 K までの測定を外挿して得られたものである．この表は Charles S. Smith 教授の協力によりまとめられた．

結 晶	スティフネス定数 [$\times 10^{12}$ dyn/cm^2]			温度 [K]	密度 [g/cm^3]
	C_{11}	C_{12}	C_{44}		
W	5.326	2.049	1.631	0	19.317
	5.233	2.045	1.607	300	—
Ta	2.663	1.582	0.874	0	16.696
	2.609	1.574	0.818	300	—
Cu	1.762	1.249	0.818	0	9.018
	1.684	1.214	0.754	300	—
Ag	1.315	0.973	0.511	0	10.635
	1.240	0.937	0.461	300	—
Au	2.016	1.697	0.454	0	19.488
	1.923	1.631	0.420	300	—
Al	1.143	0.619	0.316	0	2.733
	1.068	0.607	0.282	300	—
K	0.0416	0.0341	0.0286	4	
	0.0370	0.0314	0.0188	295	
Pb	0.555	0.454	0.194	0	11.599
	0.495	0.423	0.149	300	—
Ni	2.612	1.508	1.317	0	8.968
	2.508	1.500	1.235	300	—
Pd	2.341	1.761	0.712	0	12.132
	2.271	1.761	0.717	300	—

$$\omega^2 \rho = \tfrac{1}{2}(C_{11} + C_{12} + 2C_{44})K^2, \quad \omega^2 \rho = \tfrac{1}{2}(C_{11} - C_{12})K^2 \tag{69}$$

をもつ．

第 1 の根は縦波を表し，第 2 の根はせん断波（横波）を表す．粒子の変位の方向はどのようにして求めることができるであろうか．第 1 の根を (67) の上の式に代入すると

$$\tfrac{1}{2}(C_{11} + C_{12} + 2C_{44})K^2 u = \tfrac{1}{2}(C_{11} + C_{44})K^2 u + \tfrac{1}{2}(C_{12} + C_{44})K^2 v \tag{70}$$

となるから，変位の成分は $u=v$ を満足する．それゆえ粒子の変位は [110] 方向にあって **K** ベクトルに平行である（図 20）．(69) の第 2 の根を (67) の上の式に

表 12 室温または 300 K における立方結晶の断熱弾性スティフネス定数

結　晶	スティフネス定数 [$\times 10^{12} \mathrm{dyn/cm^2}$]		
	C_{11}	C_{12}	C_{44}
ダイヤモンド	10.76	1.25	5.76
Na	0.073	0.062	0.042
Li	0.135	0.114	0.088
Ge	1.285	0.483	0.680
Si	1.66	0.639	0.796
GaSb	0.885	0.404	0.433
InSb	0.672	0.367	0.302
MgO	2.86	0.87	1.48
NaCl	0.487	0.124	0.126

代入すると

$$\frac{1}{2}(C_{11} - C_{12})K^2 u = \frac{1}{2}(C_{11} + C_{44})K^2 u + \frac{1}{2}(C_{12} + C_{44})K^2 v \qquad (71)$$

となり，$u = -v$ となる．それゆえ粒子の変位は $[1\bar{1}0]$ 方向にあって **K** ベクトルに垂直である．

　低温と室温とにおける，立方結晶の断熱弾性スティフネス定数を選び出して表 11 に示す．温度が上昇すると弾性定数は減少するという一般的傾向に注意されたい．室温だけの測定値をさらに表 12 に示す．

　大きさと方向とが決まった一つの波動ベクトル **K** に対して結晶内の波動の 3 個の基準振動が存在する．一般には，この基準振動のかたより（粒子の変位の方向）は **K** に正確に平行または垂直であるとは限らない．立方結晶の，特別の伝播方向 [100]，[111]，[110] においては，その **K** に対応する 3 個の基準振動の中の 2 個では，粒子の運動は **K** の方向に対して正確に横向きであり，第 3 の振動では，粒子の運動は正確に縦（**K** に平行）である．この特殊な方向に対しては，解析が一般の方向の場合よりもはるかに簡単である．

ま　と　め

- 希ガス原子の結晶はファン・デル・ワールス相互作用（誘起双極子–双極子

- 原子間の斥力の相互作用は一般に，重なり合った電荷分布の間の静電的な斥力と，平行スピンをもって重なり合う電子を高いエネルギーの軌道に押し上げる働きをするパウリの原理とから生ずる．
- イオン結晶は異符号電荷のイオン間の静電引力で結合している．電荷 $\pm q$ の $2N$ 個のイオンからなる構造の静電エネルギーは

  (CGS) $$U = -N\alpha\frac{q^2}{R} = -N\sum\frac{(\pm)q^2}{r_{ij}}$$

  となる．ここで α はマーデルング定数，R は最近接イオン間距離である．
- 金属は金属内の価電子の運動エネルギーが自由原子の場合に比較して低下するということによって結合している．
- 共有結合は反平行電子スピンの電荷分布の重なりによって生ずるという特徴がある．斥力へのパウリの原理の寄与は反平行スピンに対しては減少するので，大きな重なりが可能になる．重なり合った電子はそれらが属しているイオン心を静電的な引力で結びつける．

問題

1. 量子固体 量子固体では，おもな斥力エネルギーは原子の零点エネルギーである．結晶 He^4 の粗い 1 次元モデルとして，各原子が長さ L の線分の中に閉じ込められているものを考える．基準状態では，各線分の中の波動関数の波長を自由粒子の半波長に等しくとる．粒子あたりの零点運動エネルギーを求めよ．

2. bcc および fcc 構造ネオンの凝集エネルギー レナード-ジョーンズ・ポテンシャルを用いて，bcc 構造と fcc 構造のネオンの凝集エネルギーの比を計算せよ（答 0.958）．bcc 構造に対する格子和は

$$\sum_{j}{}' p_{ij}^{-12} = 9.11418, \qquad \sum_{j}{}' p_{ij}^{-6} = 12.2533$$

である．

3. 水素分子固体 H_2 に対しては，気体の測定から，レナード-ジョーンズ・パラメーターは $\varepsilon = 50 \times 10^{-16}$ erg, $\sigma = 2.96$ Å であることが知られている．H_2 の凝集エネルギーを kJ/mol の単位で求めよ．計算は fcc 構造について行うこと．各 H_2 分子は球として取り扱ってよい．凝集エネルギーの測定値は 0.751 kJ/mol で計算値よりかなり小さい．したがって，量子補正がたいへん重要である．

4. R^+R^- 型のイオン結晶の可能性 同種の原子もしくは分子 R の正負のイオンの

クーロン引力を結合力としている結晶を考える．これはある種の有機分子では起きていると信じられているが，**R** が単原子のときは見いだされていない．表5と表6のデータを用いて，Na がそのような形で NaCl 構造の結晶をつくったとき，それの安定性を通常の金属ナトリウムを基準として評価せよ．原子間距離は金属ナトリウムでの実測値に等しいとしてエネルギーを計算し，Na の電子親和力としては $0.78\,\mathrm{eV}$ を用いよ．

5．1次元イオン結晶　最近接間の斥力のポテンシャルエネルギー A/R^n をもち，交互に $\pm q$ の電荷をもった $2N$ 個の線状に並んだイオンを考えよ．

（a）平衡距離では

(CGS)
$$U(R_0) = -\frac{2Nq^2\ln 2}{R_0}\left(1 - \frac{1}{n}\right)$$

となることを示せ．

（b）結晶を圧縮して，$R_0 \to R_0(1-\delta)$ にしたとする．単位長さの結晶を圧縮するためになされる仕事のおもな項は $\frac{1}{2}C\delta^2$ であることを示せ．ここで

(CGS)
$$C = \frac{(n-1)q^2\ln 2}{R_0}$$

である．

SI 単位系での結果を得るには，q^2 を $q^2/4\pi\varepsilon_0$ でおき換えればよい．

注意：この結果が $U(R_0)$ の表式から得られると考えてはいけない．$U(R)$ に対する完全な式を用いなければならない．

6．立方 ZnS 構造　表7の λ，ρ と本文中に与えられているマーデルング定数とを用いて，1章で述べた立方 ZnS 構造の KCl の凝集エネルギーを計算せよ．その結果を NaCl 構造の KCl に対する計算値と比較せよ．

7．2価イオン結晶　酸化バリウムは NaCl 構造である．互いに離れた中性原子を基準として仮想的な結晶 $\mathrm{Ba^+O^-}$ と $\mathrm{Ba^{++}O^{--}}$ の分子あたりの凝集エネルギーを評価せよ．最近接核間距離の実測値は $R_0=2.76\,\mathrm{\AA}$ である．Ba の第1および第2イオン化ポテンシャルは $5.19\,\mathrm{eV}$ と $9.96\,\mathrm{eV}$ である．酸素の中性原子につけ加わる第1および第2電子の電子親和度はそれぞれ 1.5 および $-9.0\,\mathrm{eV}$ である．中性の酸素原子の第1電子親和度は反応 $\mathrm{O}+e \to \mathrm{O}^-$ で解放されるエネルギーである．第2電子親和度は反応 $\mathrm{O}^-+e \to \mathrm{O}^{--}$ で解放されるエネルギーである．どちらの価電状態が起こると予想するか？ R_0 はどちらでも同じと仮定し，斥力のエネルギーは無視せよ．

8．ヤング率とポアソン比　立方結晶が [100] 方向に張力を受けているとする．図21に定義されているヤング率とポアソン比とを弾性スティフネス定数で表す式を求めよ．

9．縦波の速度　立方結晶の [111] 方向の縦波の速度は $v_x = \left[\frac{1}{3}(C_{11}+2C_{12}+4C_{44})/\rho\right]^{1/2}$ で表されることを証明せよ．**ヒント**：この波においては $u=v=w$ である．また，

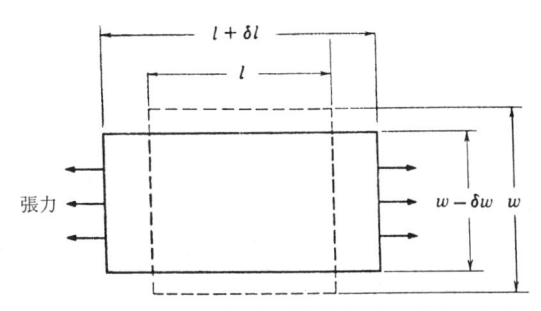

図 21 ヤング率は，試料の側面を自由にして長さの方向に張力を加えたときの（応力）/（ひずみ）により定義されている．ポアソン比はこの図の状態における $(\delta w/w)/(\delta l/l)$ により定義されている．

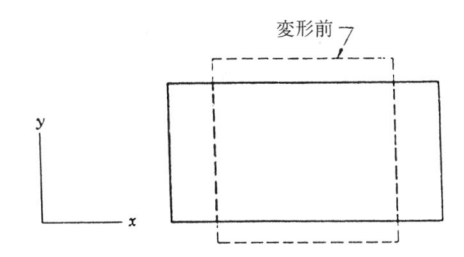

図 22 この変形は2個のせん断 $e_{xx}=-e_{yy}$ の合成されたものである．

$$u = u_0 e^{iK(x+y+z)/\sqrt{3}} e^{-i\omega t}$$

として (57a) を用いよ．

10. 横波の速度　　立方結晶の [111] 方向の横波の速度は $v_s = [\frac{1}{3}(C_{11}-C_{12}+C_{44})/\rho]^{1/2}$ で表されることを証明せよ．**ヒント**：問題9参照．

11. 有効せん断定数 (effective shear constant)　　図22に示すように，$e_{xx}=-e_{yy}=\frac{1}{2}e$ とおき，他のひずみ成分は全部0とおくことにより，立方結晶でのせん断定数 $\frac{1}{2}(C_{11}-C_{12})$ が定義されることを示せ．**ヒント**：エネルギー密度の式(43)を考えよ．$U=\frac{1}{2}C'e^2$ となる C' を求めよ．

12. 行列式による解法　　要素がすべて1である R 次の正方行列の根は R と0であり，R は1回，0は $(R-1)$ 回現れる．もし要素がすべて p であれば，根は Rp と0とである．

（a）もし対角線要素が q であり，他の要素はすべて p であるとき，1個の根は $(R-1)p+q$ であり，$(R-1)$ 個の根は $q-p$ であることを示せ．

（b）立方結晶の [111] 方向に伝わる波に対する弾性方程式 (57) から，ω^2 を K の

関数として表す行列式は次式となることを示せ：

$$\begin{vmatrix} q-\omega^2\rho & p & p \\ p & q-\omega^2\rho & p \\ p & p & q-\omega^2\rho \end{vmatrix}=0,$$

ここで $q=\frac{1}{3}K^2(C_{11}+2C_{44})$ であり $p=\frac{1}{3}K^2(C_{12}+C_{44})$ である．この式は，3個の変位の成分 u, v, w に対する3個の線形同次の代数方程式が解をもつ条件を示す．(a)に示した結果を用い ω^2 の三つの根を求めよ．また問題9と10の結果と照合せよ．

13. 伝播方向が任意の場合

（a） 変位

$$\mathbf{R}(\mathbf{r})=[u_0\hat{\mathbf{x}}+v_0\hat{\mathbf{y}}+w_0\hat{\mathbf{z}}]\exp[i(\mathbf{K}\cdot\mathbf{r}-\omega t)]$$

を(57)に代入し，この変位が立方結晶の弾性波の解となるための条件を示す行列式を求めよ．

（b） 行列式の根の和は，対角線要素 a_{ii} の和に等しい．(a)より立方結晶内を任意の方向に伝播する三つの弾性波の速度の2乗の和は，$(C_{11}+2C_{44})/\rho$ に等しいことを示せ．$v_s{}^2=\omega^2/K^2$ であることを思い出せ．

14. 安定条件 基本単位格子に1個の原子を含む立方結晶が小さい一様な変形を受けても安定であるための条件は，(43)で表されるエネルギー密度がひずみ成分のあらゆる結合に対し正となることである．このときに，弾性スティフネス定数にはどのような制限が課せられるか(数学的にいえば，問題は実数の対称2次形式が正で有限であるための条件を見いだすことである．解は代数に関する本に示されている．また Korn and Korn, *Mathematical handbook*, McGraw-Hill, 1961, Sec. 13.5-6 を参照されたい)．(答 $C_{44}>0, C_{11}>0, C_{11}^2-C_{12}^2>0, C_{11}+2C_{12}>0$．)

$C_{11}\cong C_{12}$ のときに起こる不安定性の例については，L. R. Testardi et al., Phys. Rev. Letters **15**, 250 (1965) を参照のこと．

4 フォノンⅠ:結晶の振動*⁾

単原子結晶の振動

 基本単位格子が1個の原子を含む結晶の弾性振動を考える．波動を記述する波動ベクトルと弾性定数とで弾性波の振動数を表したい．

 この数学解は立方結晶の [100]，[110]，[111] 伝播方向で最も簡単である．これらの方向は立方晶の一辺，面対角線および体対角線の方向である．波動がこれらの一つの方向に伝播するときは，原子面は全体として波動ベクトルに平行か垂直に同位相で運動する．これは，原子面 s の平衡点からの変位を表す一つの座標 u_s で記述することができる．したがって，問題は1次元である．おのおのの波動ベクトルについて，それぞれ3個のモードがあり，それらの1個は(図2)縦分極で，2個は(図3)横分極のものである．

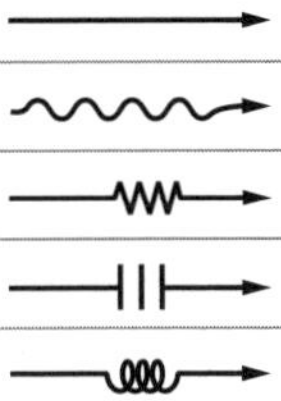

	名 称	場
→	電 子	—
～～→	フォトン	電磁波
—w→	フォノン	弾性波
—‖‖→	プラズモン	電子の集団的波動
—◯◯◯→	マグノン	磁化の波動
—	ポーラロン	電子＋弾性的変形
—	励起子	分極波

図1 固体における重要な基本的諸励起．

---

*) 5章ではフォノンの熱的性質を述べる．

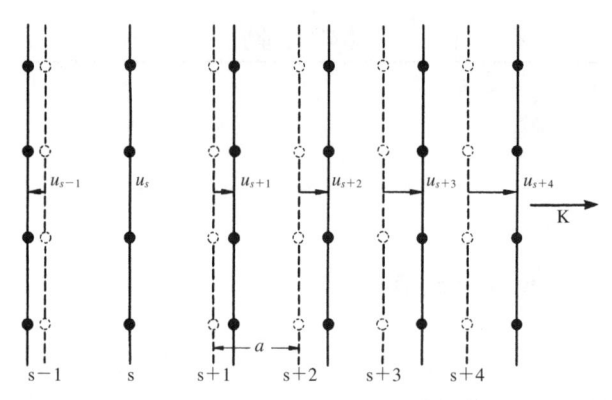

図2 破線は平衡状態の原子面,実線は縦波に対して変位した原子面.座標 u は原子面の変位を表す.

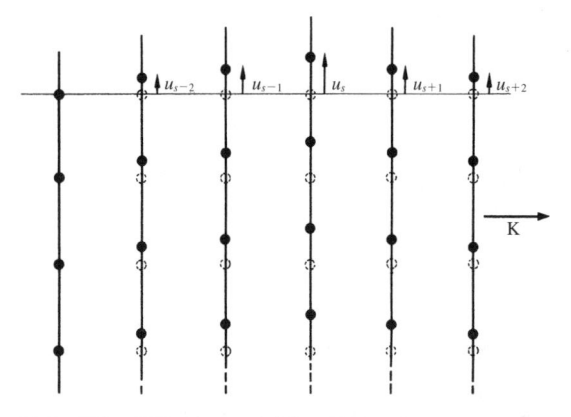

図3 横波の通過のさいの変位した原子の面.

ここでわれわれは力に対する結晶の弾性的応答を線形と仮定する.このことは,弾性エネルギーが結晶内の2点間の相対的変位の2次関数であるとすることに等価である.エネルギーのうち1次の項は平衡状態では消失する.これは3章図6の極小に見られる.3次ないしさらに高次の項は弾性的ひずみが十分小さい場合は無視できる.

さて,s 番目の原子面に,$s+p$ 番目の原子面の変位が引き起こす力がそれらの変位の差 $u_{s+p} - u_s$ に比例すると仮定する.簡単のため,隣接相互作用だけを考えると $p = \pm 1$ である.s 番目の原子面に作用する全体の力は面 $s \pm 1$ からくるから

単原子結晶の振動　99

$$F_s = C(u_{s+1} - u_s) + C(u_{s-1} - u_s) \tag{1}$$

となる．この表式は変位に対し線形で，フックの法則の形をとっている．

　定数 C は隣接格子面間の力定数であり，縦波と横波では異なっている．今後 C を面上の1原子に対するものと考えるのが便利である．すると，F_s は s 面上の1原子に対する力となる．

　s 番目の面内の原子の運動方程式は

$$M\frac{d^2u_s}{dt^2} = C(u_{s+1} + u_{s-1} - 2u_s) \tag{2}$$

で，M は原子の質量である．ここですべての変位が $\exp(-i\omega t)$ という時間変化をもつ解を求めよう．$d^2u_s/dt^2 = -\omega^2 u_s$ であるから，(2) は次のようになる：

$$-M\omega^2 u_s = C(u_{s+1} + u_{s-1} - 2u_s). \tag{3}$$

　この式は，変位 u に対する差分方程式で，進行波

$$u_{s\pm 1} = u \exp(isKa) \exp(\pm iKa) \tag{4}$$

の形の解をもつ．ここに a は面の間隔であり，K は波動ベクトルである．a として用いる値は，K の方向で違ってくる．

　(4) を用い (3) は

$$-\omega^2 M u \exp(isKa) = Cu\{\exp[i(s+1)Ka] + \exp[i(s-1)Ka] - 2\exp(isKa)\} \tag{5}$$

となる．両辺から $u\exp(isKa)$ を落とせば，

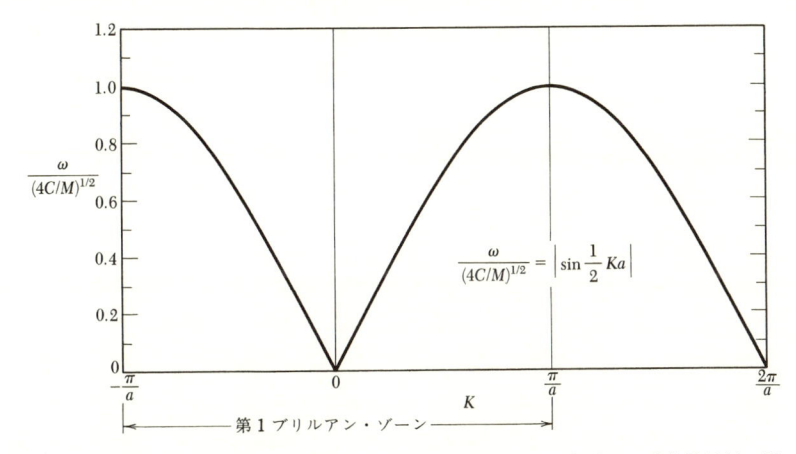

図4　K に対する ω の関係．$K \ll 1/a$ または $\lambda \gg a$ の領域は，連続体近似に対応し，この領域では，ω は K に直接比例する．

4 フォノンI：結晶の振動

$$\omega^2 M = -C[\exp(iKa) + \exp(-iKa) - 2] \tag{6}$$

となり，等式 $2\cos Ka = \exp(iKa) + \exp(-iKa)$ を用いれば，**分散関係** $\omega(K)$ が得られる：

$$\omega^2 = (2C/M)(1 - \cos Ka). \tag{7}$$

第1ブリルアン領域の境界は $K = \pm\pi/a$ にある．(7)より ω 対 K の傾斜が領域の境界で0となることがわかる．$K = \pm\pi/a$ で

$$d\omega^2/dK = (2Ca/M)\sin Ka = 0 \tag{8}$$

となる．$\sin Ka = \sin(\pm\pi) = 0$ であるからである．この領域境界上のフォノン波動ベクトルの特別な重要性は，以下の (12) で示す．

(7) は三角関数恒等式を用い

$$\omega^2 = (4C/M)\sin^2\frac{1}{2}Ka, \quad \omega = (4C/M)^{1/2}\left|\sin\frac{1}{2}Ka\right| \tag{9}$$

と書ける．ω 対 K の関係を図4に示した．

第1ブリルアン・ゾーン

K のどの範囲が弾性波に関して物理的に重要なのであろうか？ 第1ブリルアン・ゾーン内の K のみが重要である．(4)より，隣り合う原子面の変位の比は

$$\frac{u_{s+1}}{u_s} = \frac{u\exp[i(s+1)Ka]}{u\exp(isKa)} = \exp(iKa) \tag{10}$$

で与えられる．Ka の値の $-\pi$ から π までの領域はこの指数関数のすべての独立な値を網羅している．

独立な K の値の範囲として

$$-\pi < Ka \leq \pi, \quad \text{or} \quad -\frac{\pi}{a} < K \leq \frac{\pi}{a}$$

を指定することができる．この K の値の範囲が，2章で定義したように，線形格子の第1ブリルアン・ゾーンである．このゾーンの両極限の K の値は $K_{\max} = \pm\pi/a$ である．第1ブリルアン・ゾーン（図5）の外側の K の値は両限界 $\pm\pi/a$ の間の値に対応する格子運動を単に再現するだけである．

これらの限界の外の K は $2\pi/a$ の整数倍だけ差し引いてこの限界内の波動ベクトルにすることができる．つまり，第1ゾーンの外部の K を考えても，n を整

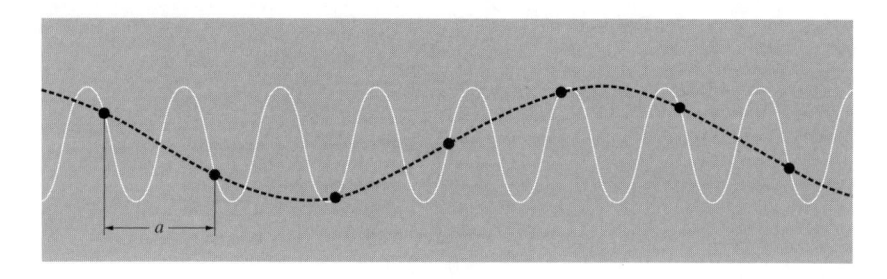

図5 白線は破線で表される以上のものを意味しない. $2a$ 以上の波長だけで運動を記述することができる.

数として $K' \equiv K - 2\pi n/a$ で定義される第1ゾーン内の K' で取り扱うことができる. こうすると変位の比 (10) は, $\exp(i2\pi n) = 1$ であるので

$$u_{s+1}/u_s = \exp(iKa) \equiv \exp(i2\pi n)\exp[i(Ka-2\pi n)] \equiv \exp(iK'a) \quad (11)$$

となる. このように, 変位は常に第1ゾーン内の K の値で記述することができる. ここで $2\pi n/a$ が逆格子ベクトルであることに注意しよう. これは $2\pi/a$ が逆格子であるからである. K から適当な逆格子ベクトルを差し引くことにより, これと等価でかつ第1ゾーン内にある波動ベクトルをいつでも得ることができる.

$K_{\max} = \pm \pi/a$ で示されるブリルアン・ゾーンの境界では $u_s = u\exp(isKa)$ は進行波とならず, 定在波となる. 境界上では $sK_{\max}a = \pm s\pi$, したがって

$$u_s = u\exp(\pm is\pi) = u(-1)^s. \quad (12)$$

これは定在波である. この場合, 次々の原子は互いに反対位相で運動する. すなわち, s が奇数であるのか偶数であるかに従って, $u_s = \pm 1$ となるからである. 波動は右にも左にも動くことはない.

この関係は X 線のブラッグ反射の場合とまったく同様である. ブラッグの条件が満たされる場合には, もはや進行波は結晶内を伝わることはできず, 次々の前あるいは後向きの反射によって定在波となる.

$K_{\max} = \pm \pi/a$ で示される特別な値は, ブラッグの条件 $2d\sin\theta = n\lambda$ を満たし, ここで $\theta = \frac{1}{2}\pi$, $d = a$, $K = 2\pi/\lambda$, $n = 1$ とすると, $\lambda = 2a$ を与える. X 線の場合には, n が1以外の整数をとることができるが, これは電磁波の振幅が原子と原子の間の空間で意味をもっているからである. しかし弾性波の場合には, 変位の振幅は, ただ原子それ自身の位置でしか意味がない.

群 速 度

波束の伝わる速度は群速度であり,
$$v_g = d\omega/dK$$
または
$$\mathbf{v}_g = \mathrm{grad}_\mathbf{K}\,\omega(\mathbf{K}) \tag{13}$$
のように,周波数の $\mathbf{K}$ に対する勾配で与えられる.これは媒質内をエネルギーが伝播する速度である.

特に (9) に示した分散式を用いると,群速度 (図6) は
$$v_g = (Ca^2/M)^{1/2}\cos\frac{1}{2}Ka \tag{14}$$
で示され,$K=\pi/a$ のゾーンの端でゼロとなる.ここで (12) のように波動は定在波となり,われわれの正味の伝播速度は定在波でゼロであるとの期待と一致している.

長波長の極限

$Ka \ll 1$ なら $\cos Ka \equiv 1-\frac{1}{2}(Ka)^2$ の展開を行い, (7) の分散関係は
$$\omega^2 = (C/M)K^2a^2 \tag{15}$$
となる.周波数が波動ベクトルと低周波では直接比例するという結果は,音速がこの極限では周波数によらないという主張と等価である.それゆえ,連続体の極

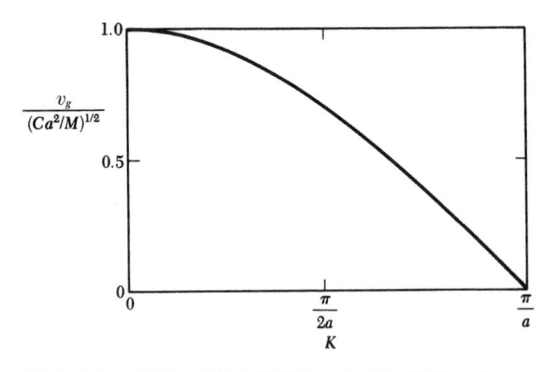

図 6 図 4 の模型に対する群速度 v_g と K の関係.ゾーンの境界では群速度は 0 である.

限 $Ka \ll 1$ では，連続体内の弾性波の理論と厳密に同じく，$v = \omega/K$ である．

実験的に力定数を決定すること

金属においては有効力は，伝導電子の海を通してイオンからイオンへと伝えられ，かなり長距離に働くものである．この力が20枚も離れた原子面の間にも働いていることが見いだされている．ω に対する分散関係を知ることにより，力の有効距離について論ずることができる．(7)の分散関係を，p を隣接原子面間の枚数として，一般化を行うことは容易で，結果は次のようになる：

$$\omega^2 = (2/M) \sum_{p>0} C_p (1 - \cos pKa). \tag{16a}$$

原子面間の力定数を解くには，r をある整数として両辺に $\cos rKa$ を乗じ，独立な K の範囲にわたって積分する：

$$M \int_{-\pi/a}^{\pi/a} dK \omega_K^2 \cos rKa = 2 \sum_{p>0} C_p \int_{-\pi/a}^{\pi/a} dK (1 - \cos pKa) \cos rKa$$
$$= -2\pi C_r/a. \tag{16b}$$

この積分は $p = r$ のときだけゼロでない．それゆえ，

$$C_p = -\frac{Ma}{2\pi} \int_{-\pi/a}^{\pi/a} dK \omega_K^2 \cos pKa \tag{17}$$

が単原子格子構造の pa だけ離れた原子面間に作用する力定数である．

基本単位構造が2個の原子を含む格子

基本単位構造に2個以上の原子が含まれる結晶においては，フォノンの分散関係は新しい性質を示す．以下にNaCl構造やダイヤモンド構造のように，基本単位構造に2個の原子が含まれる場合を考えよう．ある伝播方向の分極モードに対して K 対 ω の分散関係には二つの分枝があり，これらは音響的および光学的分枝として知られる．すなわち縦音響的LAおよび横音響的TAモードならびに，縦光学的LOおよび横光学的TOモードがある（図7）．

基本格子が p 個の原子からなるときは $3p$ 個のフォノンの分枝がある．3個の音響分枝と $3p-3$ 個の光学的分枝とである．それぞれ基本格子が2個の原子を含む，ゲルマニウム（図8a）とKBr（図8b）には6個の分枝があり，それらは一つのLAとLOおよび2個ずつのTAとTO分枝である．

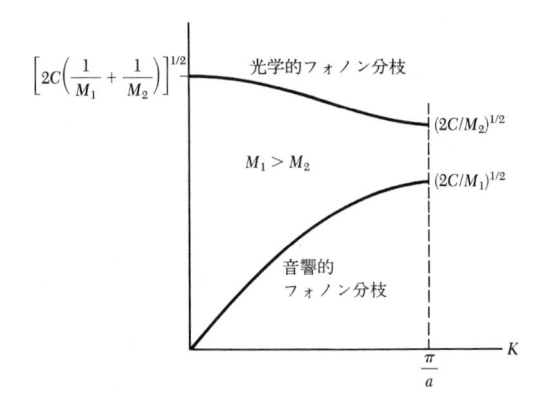

図7 1次元2原子格子に対する光学的ならびに音響的フォノンの分散関係。$K=0$ と $K=K_{max}=\pi/a$ の極限についての振動数を示している。格子定数は a。

分枝の数は原子の運動の自由度の数からきている。基本格子が N 個あり，それぞれが p 個の原子からなれば，pN 個の原子がある。各原子は x, y, z 方向に各一つずつ計3個の自由度があり，結晶として $3pN$ の自由度がある。おのおのの分枝に許される K の値は1個のブリルアン・ゾーン[1]につきちょうど N 個ある。したがって，LA と二つの TA 分枝には $3N$ 個のモードがあり，これは全自由度のうちの $3N$ を占める。残りの $(3p-3)N$ の自由度は光学分枝に収容されている。

ある立方結晶を考える。ここでは図9のように，質量 M_1 の原子は一つの組の原子面上にあり，質量 M_2 の原子は前者の面にはさまれた原子面上にあると考える。ここでは質量が違っているということが本質的はでなく，単位構造をつくる2原子が等価でない位置にあれば，力定数かあるいは質量かどちらかが異なっているであろう。a を考える格子面に垂直方向の周期間隔とする。ここで，単一原子面には，一つのイオン型だけを含むような対称方向に伝播する弾性波を考える。NaCl 型においては [111] とか，CsCl 型における [100] のような対称性のよい方向に進む波動だけを考えよう。こうすると，一つの原子面はただ1種類のイオンだけを含むことになる。

原子面は互いに最隣接の面とだけ相互作用し，すべての最隣接面対が等しい力定数をもつと仮定した場合の運動の方程式は次のようになる。図9を参照すれば，

---

1) 5章で体積 V の結晶モードへの周期的境界条件を応用して，フーリエ空間中の体積 $(2\pi)^3/V$ の中にただ一つの **K** 値が存在することを示す。ブリルアン・ゾーンの体積は，$(2\pi)^3/V_c$ である。ただし，V_c は結晶の基本単位格子の体積とする。このようにしてブリルアン・ゾーン中で許される **K** 値の数は V/V_c となり，これはちょうど結晶中の基本単位格子の数 N となる。

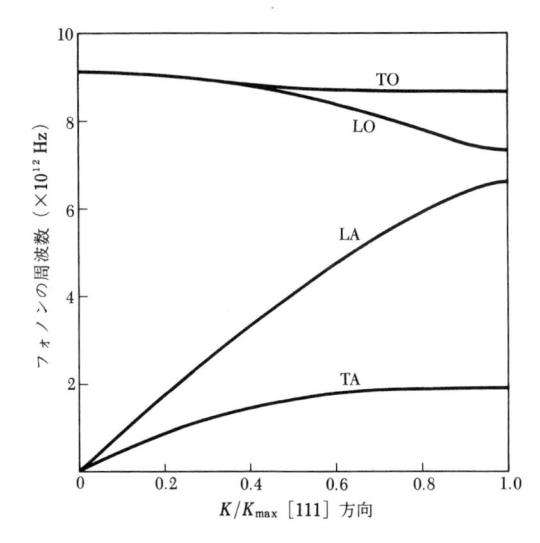

図 8a 80 K のゲルマニウムの [111] 方向のフォノンの分散関係. 2 本の TA 分枝は $K_{max} = (2\pi/a)(\frac{1}{2}\frac{1}{2}\frac{1}{2})$ であるゾーンの境界で水平となる. LO と TO 分枝は $K=0$ で一致し, このことは Ge の結晶対称性の結果である. これらの結果は G. Nilsson と G. Nelin の中性子の非弾性散乱の実験で得られた.

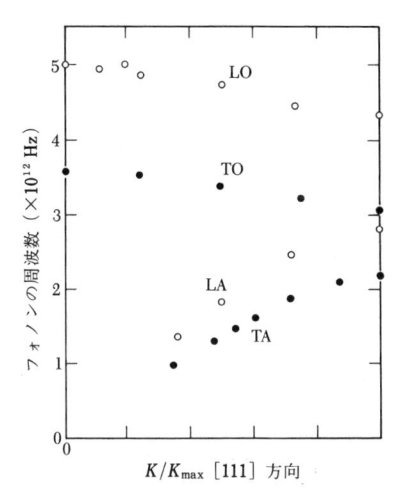

図 8b 90 K における KBr [111] 方向の分散関係. A. D. B. Wood, B. N. Brockhouse, R. A. Cowley および W. Cochran による. TO, LO 分枝の $K=0$ への外挿値は ω_T, ω_L とよばれる.

4 フォノンⅠ：結晶の振動

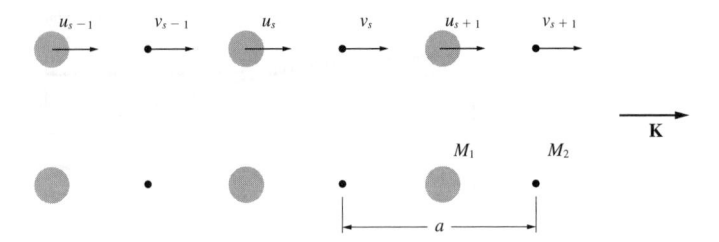

図9 質量 M_1 および M_2 の2原子結晶構造．M_1 と M_2 は隣接格子面間の力定数 C で結ばれている．M_1 の原子面の変位を $u_{s-1}, u_s, u_{s+1}, \cdots$ とし，M_2 の方を $v_{s-1}, v_s, v_{s+1}, \cdots$ とする．波動ベクトル K の方向の周期を a とする．図中には原子を変位前の位置に示してある．

$$M_1 \frac{d^2 u_s}{dt^2} = C(v_s + v_{s-1} - 2u_s),$$
$$M_2 \frac{d^2 v_s}{dt^2} = C(u_{s+1} + u_s - 2v_s). \tag{18}$$

われわれは，進行波形の解を求めることにするが，互い違いの原子面の振幅を u および v とする：

$$u_s = u \exp(isKa)\exp(-i\omega t), \quad v_s = v \exp(isKa)\exp(-i\omega t). \tag{19}$$

図9で定義した距離 a は最も近い同等な原子面間の距離であって，最隣接原子面間距離ではない．

(19) を (18) に代入し，

$$-\omega^2 M_1 u = Cv[1 + \exp(-iKa)] - 2Cu,$$
$$-\omega^2 M_2 v = Cu[\exp(iKa) + 1] - 2Cv \tag{20}$$

が得られ，この同次方程式は，未知数 u, v の係数に対する以下の行列式が0となるときのみ解が得られる：

$$\begin{vmatrix} 2C - M_1\omega^2 & -C[1+\exp(-iKa)] \\ -C[1+\exp(iKa)] & 2C - M_2\omega^2 \end{vmatrix} = 0, \tag{21}$$

または

$$M_1 M_2 \omega^4 - 2C(M_1 + M_2)\omega^2 + 2C^2(1 - \cos Ka) = 0. \tag{22}$$

この方程式は ω^2 に対して厳密に解くことができる．しかし $Ka \ll 1$ の極限と，$Ka = \pm\pi$ となるゾーンの境界を吟味するのはよりやさしい．Ka が小さいときは $\cos Ka \cong 1 - \frac{1}{2}K^2a^2 + \cdots$ であるので二つの根はそれぞれ

基本単位構造が2個の原子を含む格子　　**107**

$$\omega^2 \cong 2C\left(\frac{1}{M_1} + \frac{1}{M_2}\right) \quad \text{（光学的分枝）}, \tag{23}$$

$$\omega^2 \cong \frac{\frac{1}{2}C}{M_1 + M_2} K^2 a^2 \quad \text{（音響的分枝）} \tag{24}$$

となる．a は格子の繰返しの距離であり，第1ブリルアン・ゾーンは $-\pi/a \leq K \leq \pi/a$ で表される．$K_{max} = \pm\pi/a$ に対する根は

$$\omega^2 = 2C/M_1, \quad \omega^2 = 2C/M_2. \tag{25}$$

ω の K 依存性を $M_1 > M_2$ について図7に示した．

横音響的分枝 TA と横光学的分枝 TO に対する粒子の変位は図10に示すとおりである．$K=0$ の光学的分枝に対しては (23) を (20) に代入し

$$\frac{u}{v} = -\frac{M_2}{M_1} \tag{26}$$

となる．各原子は相互に振動するが，重心は固定されている．図10のように2種類の原子が互いに反対符号の電荷をもつならば，この形の運動は光波の電場によって励起できるので，この分枝は**光学的分枝**（optical branch）とよばれる．一般の K では比 u/v は複素数であることが (20) からわかる．K が小さいとき，振幅比に対するもう一つの解は $u=v$ で，これは $K=0$ とした (24) の極限から得られる．原子（とその重心）は，長波長の音の振動のように，いっしょに振動する．それで**音響的分枝**（acoustical branch）とよぶ．

ここで $(2C/M_1)^{1/2}$ と $(2C/M_2)^{1/2}$ の間の周波数に対しては波動状の解は存在し

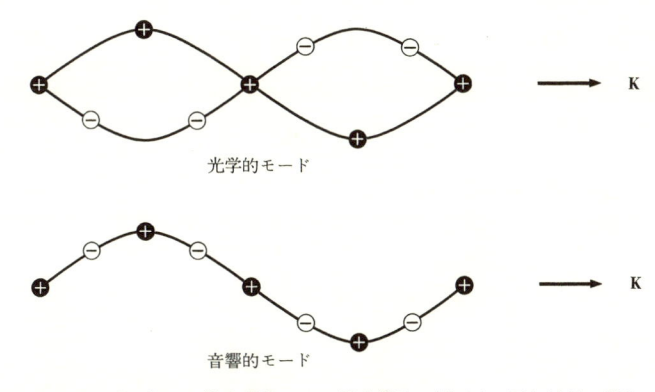

図 10　1次元2原子格子の横光学的および横音響波の様子を，同じ波長に対して，粒子の変位で示した図．

ない.このことは多原子格子の弾性波の特徴である.第1ブリルアン・ゾーンの境界 $K_{\max}=\pm\pi/a$ で周波数にギャップがある.

弾性波の量子化

格子振動のエネルギーは量子化されている.電磁波のフォトンとの類似から,エネルギー量子は**フォノン**とよばれる.結晶中の弾性波はフォノンからなる.角振動数 ω の弾性波モードのエネルギーは

$$\epsilon = \left(n+\frac{1}{2}\right)\hbar\omega \tag{27}$$

である.$\frac{1}{2}\hbar\omega$ の項はモードの零点エネルギーである.これはフォノンとフォトンの両者ともエネルギー固有値 $(n+\frac{1}{2})\hbar\omega$ をもった周波数 ω の量子的調和振動子と等価であることの帰結である.フォノンの量子理論は付録Cに展開されている.

フォノンの平均2乗振幅は,簡単に量子化できる.まず,振幅が

$$u = u_0 \cos Kx \cos\omega t$$

である定在波のモードを考えよう.u は結晶内の点 x のところでの体積要素の平衡位置からの変位である.

モードのエネルギーは,時間平均を行うと,どんな調和振動子とも同じように,半分はポテンシャルエネルギーであり,半分は運動エネルギーである.運動エネルギー密度は,ρ を質量密度とすると $\frac{1}{2}\rho(\partial u/\partial t)^2$ である.体積 V の結晶では,運動エネルギーの体積積分は $\frac{1}{4}\rho V\omega^2 u_0^2 \sin^2\omega t$ である.運動エネルギーの時間平均は,$\langle \sin^2\omega t\rangle=1/2$ なので,

$$\frac{1}{8}\rho V\omega^2 u_0^2 = \frac{1}{2}\left(n+\frac{1}{2}\right)\hbar\omega \tag{28}$$

となり,振幅の2乗は

$$u_0^2 = 4\left(n+\frac{1}{2}\right)\hbar/\rho V\omega \tag{29}$$

である.この式は与えられたモードにおいて変位とフォノンの占有数 n とを結びつける.

ω の符号はどうであるか? (2)のような運動方程式は ω^2 に対するもので,それが正であれば,ω は+または-の符号をとる.しかしフォノンのエネルギーは

正であるべきであるから，ω は正とするのが適当である．結晶構造が不安定ならば，ω^2 は負符号となり，ω は虚数となる．

フォノンの運動量

波動ベクトル K をもった1個のフォノンは，フォトン，中性子，電子などの粒子とあたかも運動量 $\hbar K$ をもっているかのように相互作用を行う．しかしフォノンは物理的運動量を運ばない．

格子上のフォノンが運動量を運ばない理由は，フォノン（$K=0$ でない）の座標が原子の相対座標だけを含むからである．たとえば，H_2 分子では，核間振動座標 $\mathbf{r}_1-\mathbf{r}_2$ は相対座標であって，線形運動量を運ばない．重心座標 $\frac{1}{2}(\mathbf{r}_1+\mathbf{r}_2)$ は $K=0$ の一様モードに対応し，線形運動量を運ぶことができる．

ほとんどの場合，フォノンはあたかもその運動量が $\hbar \mathbf{K}$ であるようにふるまう．われわれは，$\hbar \mathbf{K}$ を**結晶運動量**（crystal momentum）とよぶことがある．結晶においては量子状態の間の許容遷移に対して波動ベクトルの選択則が存在する．この選択則は $\mathbf{K}$ を含んでいる．2章で見たように，X線フォトンの結晶による弾性散乱が波動ベクトルの保存則

$$\mathbf{k}' = \mathbf{k} + \mathbf{G} \tag{30}$$

によって，支配されている．ここに $\mathbf{G}$ は逆格子ベクトルであり，また $\mathbf{k}$ は入射するフォトンの波動ベクトルで，$\mathbf{k}'$ は散乱されたフォトンの波動ベクトルである．反射過程において，結晶は全体として運動量 $-\hbar \mathbf{G}$ の反跳を受ける．しかし，この一様モードの運動量はあらわにはほとんど考慮されない．

(30)は，周期的格子の中では，相互作用をし合っている波動の全波動ベクトルは，ある逆格子ベクトル $\mathbf{G}$ が付加されることを含めて，保存されるという法則の例である．全系の本当の運動量はもちろん正確に保存される．

もしもフォトンの散乱が非弾性散乱の場合，波動ベクトル $\mathbf{K}$ のフォノンがそこでつくられるのであれば，波動ベクトル保存の法則は次式のようになる：

$$\mathbf{k}' + \mathbf{K} = \mathbf{k} + \mathbf{G}. \tag{31}$$

もしフォノン $\mathbf{K}$ が，この過程で吸収されるならば，上式の代りに

$$\mathbf{k}' = \mathbf{k} + \mathbf{K} + \mathbf{G} \tag{32}$$

が得られる．関係 (31) ならびに (32) は，(30) の自然な拡張である．

フォノンによる非弾性散乱

フォノンの分散関数 $\omega(\mathbf{K})$ は，最もしばしばフォノンの発生消滅を伴う中性子散乱で実験的に決定される．

中性子は，おもに原子核との相互作用を通じて結晶格子を感知している．結晶格子による中性子線の散乱の運動学は，波動ベクトル保存の一般法則

$$\mathbf{k} + \mathbf{G} = \mathbf{k}' \pm \mathbf{K} \tag{33}$$

と，エネルギーの保存の要請から決定される．ここに $\mathbf{K}$ はこの散乱過程で生成（+）または吸収（−）されるフォノンの波動ベクトルであり，$\mathbf{G}$ は任意の逆格子ベクトルである．フォノンに対しては，$\mathbf{K}$ が第1ブリルアン・ゾーンに入るように $\mathbf{G}$ を選ぶ．

M_n を中性子の質量とすれば，入射中性子の運動エネルギーは $p^2/2M_n$ である．運動量 $\mathbf{p}$ は $\hbar\mathbf{k}$ であり，ここに $\mathbf{k}$ は中性子の波動ベクトルであるから，$\hbar k^2/2M_n$ は，入射中性子の運動エネルギーである．散乱される中性子の波動ベクトルを $\mathbf{k}'$ とすれば，散乱中性子のエネルギーは $\hbar^2 k'^2/2M_n$ である．したがってエネルギー保存法則は

$$\frac{\hbar^2 k^2}{2M_n} = \frac{\hbar^2 k'^2}{2M_n} \pm \hbar\omega \tag{34}$$

であって，ここに $\hbar\omega$ は，この過程で生成（+）されたり，吸収（−）されたりす

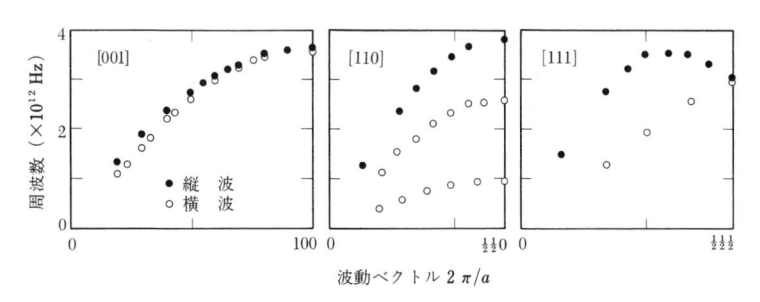

図11 ナトリウムの 90K における [001]，[110]，[111] 方向に進行するフォノンの分散曲線．中性子の非弾性散乱から Woods, Brockhouse, March と Bowers によって決定されたもの．

図 12 ブルックヘブンにある中性子3軸スペクトロメーター．(B. H. Grier の好意による．)

るフォノンのエネルギーである．

　分散関係を定めるには (33), (34) を用いるのであるが，このためには実験により，散乱された中性子のエネルギー獲得や損失を散乱方向 $\mathbf{k}-\mathbf{k}'$ の関数として定める必要がある．図8にゲルマニウムと KBr に対する結果を，図11にナトリウムに対する結果を示した．フォノンの研究に用いられるスペクトロメーターを図12に示した．

ま と め

- 格子振動の量子はフォノンである．角周波数が ω であれば，フォノンのエネルギーは $\hbar\omega$ である．
- フォトンや中性子の非弾性散乱のさい，波動ベクトルが $\mathbf{k}$ から $\mathbf{k}'$ に変わるとき，波動ベクトル $\mathbf{K}$ のフォノンが生成されるならば，この過程を支配する選

112　4　フォノンⅠ：結晶の振動

択則は，**G** を逆格子ベクトルとすると，

$$\mathbf{k} = \mathbf{k'} + \mathbf{K} + \mathbf{G}$$

となる．

- すべての格子波は，逆格子空間の第1ブリルアン・ゾーン内の波動ベクトルで指定できる．
- 基本単位構造中に p の原子が含まれるときは，フォノンの分散関係には3個の音響フォノンと $3p-3$ 個の光学フォノンがある．

問　題

1．1次元単原子格子　縦波

$$u_s = u\cos(\omega t - sKa)$$

が，原子質量 M，格子定数 a，最隣接相互作用定数 C の1次元単原子格子を伝播する場合を考える．

　（a）波動の全エネルギーが

$$E = \frac{1}{2}M\sum_s (du_s/dt)^2 + \frac{1}{2}C\sum_s (u_s - u_{s+1})^2$$

であることを示せ．ここで，s はすべての原子に対する和を示す．

　（b）u_s を上式に代入して，1原子あたりの全エネルギーの時間平均が

$$\frac{1}{4}M\omega^2 u^2 + \frac{1}{2}C(1-\cos Ka)u^2 = \frac{1}{2}M\omega^2 u^2$$

であることを示せ．ここに，最終段階で，この問題に対する分散関係 (9) を利用した．

2．連続体の波動方程式　長い波長に対して，波動方程式 (2) が弾性体の波動方程式

$$\frac{\partial^2 u}{\partial t^2} = v^2 \frac{\partial^2 u}{\partial x^2}$$

に帰着されることを示せ．ここに v は音速である．

3．二つの異種原子を含む基本格子　(18) から (26) までに取り扱った問題について，振幅の比 u/v を，$K_{\max}=\pi/a$ のところで，2種の分枝に対して求めよ．この K の値のところでは一つの格子は静止し，他方の格子は運動しているというように，二つの格子間に結合がないかのようにふるまうことを示せ．

4．コーン異常　面 s と $s+p$ の面間力定数 C_p が

$$C_p = A\frac{\sin pk_0 a}{pa}$$

で表されるとする．ここに A, k_0 は定数で，p はすべての整数とする．これは金属の場合に期待される関係である．これと (16a) とを用い，ω^2 と $\partial\omega^2/\partial K$ の表現式を求めよ．

$K=k_0$ で $\partial\omega^2/\partial k$ が無限大であることを示せ.よって ω^2 または ω 対 K は k_0 のところで接線が垂直となり,フォノンの分散関係 $\omega(K)$ には k_0 のところに角が現れる.

5. 2原子鎖格子 1次元の原子鎖で力定数が交互に C と $10C$ を繰り返すときの基準振動モードを考えよ.質量は同一とし,隣接原子との間の間隔を $a/2$ とせよ.$K=0$ と $K=\pi/a$ のときの $\omega(K)$ を求め,分散関係を目分量で描いてみよ.この問題は H_2 のような2原子分子の結晶を模したものである.

6. 金属中の原子振動 質量 M 電荷 e の点状イオンが一様な伝導電子の海に浸っているとする.イオンは規則配列した格子点にあるとき安定であると想像せよ.原子の一つが平衡位置から r だけずれたとすると,復元力は,平衡位置を中心とする半径 r の球内の電荷によるものが大部分である.イオン(あるいは伝導電子)の数密度を $3/4\pi R^3$ として R を定義する.(a) 一つのイオンが振動するときの周波数が $\omega=(e^2/MR^3)^{1/2}$ であることを示せ.(b) この周波数がナトリウムでいくらとなるかを大雑把に見積もれ.(c) (a), (b) と常識とから金属中の音速の大きさの程度を求めよ.

7*. フォノンのソフトモード 逆符号の電荷をもつ同じ質量のイオンが交互に並んだ1次元格子を考え,p 番目のイオンの電荷を $e_p=e(-1)^p$ とする.原子間ポテンシャルは次の二つの寄与の和からなる.(1)最隣接原子間にだけ作用する短距離力,その力定数を $C_{1R}=\gamma$ とする.(2)全イオン間のクーロン作用.

(a) クーロン相互作用の寄与による原子間力定数が $C_{pc}=2(-1)^p e^2/p^3 a^3$ となることを示せ.ここに a は平衡隣接原子間距離である.

(b) (16a) を用い,分散関係が
$$\omega^2/\omega_0^2 = \sin^2\frac{1}{2}Ka + \sigma\sum_{p=1}^{\infty}(-1)^p(1-\cos pKa)p^{-3}$$
であることを示せ.ここに,$\omega_0^2 \equiv 4\gamma/M$ および $\sigma=e^2/\gamma a^3$ である.

(c) $\sigma>0.475$ あるいは,ζ をリーマン (Riemann) のジータ関数としたとき,$\sigma>(4/7)\zeta(3)$ であれば,$Ka=\pi$ のゾーン境界で ω^2 が負(不安定モード)となることを示せ.さらに,$\sigma>(2\ln 2)^{-1}=0.721$ ならば,Ka が小さいときに音速が虚数となることを示せ.こうして $0.475<\sigma<0.721$ であれば,$(0,\pi)$ の間の Ka のある値で ω^2 は 0 に近づき,格子の不安定になる.いかなるイオンのその周囲との相互作用も他のイオンのその周囲との相互作用と同等であるので,フォノンスペクトルは,2原子格子のものとは同じではないことに注意せよ.

---

* この問題はやや難しい.

5　フォノンII：熱的性質

　フォノンガスの比熱を論じ，つづいて非調和格子相互作用のフォノンと結晶に対する効果を議論する．

フォノン比熱

　比熱は，ふつうは体積一定の場合の定積比熱を意味するが，これは実験で測定される定圧比熱[1]より基本的なものである．定積比熱は $C_V \equiv (\partial U/\partial T)_V$ により定義される．ここに U はエネルギー，T は温度である．

　固体の比熱に対するフォノンの寄与は，格子比熱とよばれ，C_{lat} と書かれる．温度 $\tau (\equiv k_B T)$ での結晶のフォノンの全エネルギーは，すべてのフォノンモードのエネルギーの総和で書かれる．ここでフォノンモードは波動ベクトル K と偏りの指標 p で表示される：

$$U_{lat} = \sum_K \sum_p U_{K,p} = \sum_K \sum_p \langle n_{K,p} \rangle \hbar \omega_{K,p}. \tag{1}$$

ここに，$\langle n_{K,p} \rangle$ は熱平衡状態における波動ベクトル K，偏り p のフォノンの占有数である．$\langle n_{K,p} \rangle$ は，プランク（Planck）の分布関数で与えられる．

$$\langle n \rangle = \frac{1}{\exp(\hbar\omega/\tau) - 1} \tag{2}$$

ここで $\langle \cdots \rangle$ は熱平衡状態での平均値である．$\langle n \rangle$ を図1に示す．

プランク分布

　熱平衡にある同じ調和振動子の組を考える．n 番目の励起量子状態と $(n+1)$ 番目の励起状態における振動子の数の比はボルツマン因子から

---

[1] 熱力学の関係式は $C_p - C_V = 9\alpha^2 BVT$ を与える．ここに α は線膨張係数であり，V は体積，B は体積弾性率である．C_p と C_V との差は C_p と比較すると，固体ではふつう小さく，多くの場合これを無視してよい．α，B が一定であるならば，$T \to 0$ で $C_p \to C_V$ となる．

フォノン比熱　　**115**

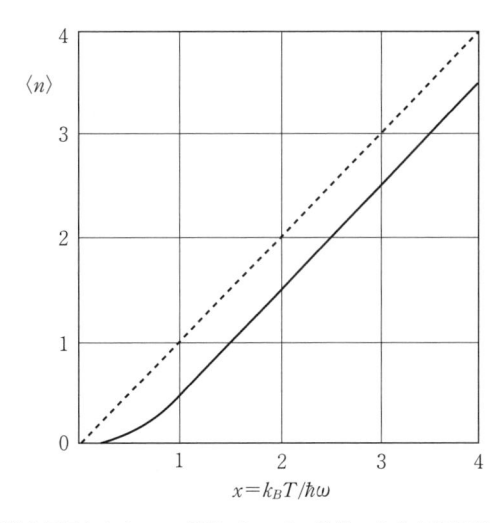

図 1 プランク分布関数を図示したもの．高温において，状態の占有率は温度に対して比例関係にある．関数 $\langle n \rangle + \frac{1}{2}$ は示していないが高温では破線の漸近線に近づく．

$$N_{n+1}/N_n = \exp(-\hbar\omega/\tau), \qquad \tau \equiv k_B T \tag{3}$$

であることがわかる．したがって，n 番目の量子状態にある振動子の全体に対する割合は次式のようになる．

$$\frac{N_n}{\sum\limits_{s=0}^{\infty} N_s} = \frac{\exp(-n\hbar\omega/\tau)}{\sum\limits_{s=0}^{\infty} \exp(-s\hbar\omega/\tau)} \tag{4}$$

励起した振動子の量子数の平均は次のようになる．

$$\langle n \rangle = \frac{\sum\limits_{s} s \exp(-s\hbar\omega/\tau)}{\sum\limits_{s} \exp(-s\hbar\omega/\tau)} \tag{5}$$

(5) の和は

$$\sum_s x^s = \frac{1}{1-x}, \quad \sum_s s x^s = x\frac{d}{dx}\sum_s x^s = \frac{x}{(1-x)^2} \tag{6}$$

で与えられ，ここに $x = \exp(-\hbar\omega/\tau)$ である．したがって，(5) はプランクの分布の形に書かれる．

$$\langle n \rangle = \frac{x}{1-x} = \frac{1}{\exp(\hbar\omega/\tau) - 1} \tag{7}$$

規準モード数の算定

周波数 $\omega_{K,p}$ の振動子の集合が熱平衡にあるときのエネルギーは, (1) と (2) より

$$U = \sum_K \sum_p \frac{\hbar \omega_{K,p}}{\exp(\hbar \omega_{K,p}/\tau) - 1} \tag{8}$$

となる. ふつう K の和は積分でおき換えるのが便利である. 結晶が周波数 ω と $\omega + d\omega$ の間に偏り p のモード数 $D_p(\omega)d\omega$ をもつとするとエネルギーは

$$U = \sum_p \int d\omega D_p(\omega) \frac{\hbar \omega}{\exp(\hbar \omega/\tau) - 1} \tag{9}$$

となる. 格子比熱は温度で微分することで得られる. $x = \hbar\omega/\tau = \hbar\omega/k_B T$ とすると, $\partial U/\partial T$ は

$$C_{lat} = k_B \sum_p \int d\omega D_p(\omega) \frac{x^2 \exp x}{(\exp x - 1)^2} \tag{10}$$

によって与えられる.

中心的な課題は単位周波数領域あたりのモード数 $D(\omega)$ を求めることである. この関数はモードの密度あるいはもっとしばしば状態密度とよばれる.

1次元格子における状態密度

L の長さをもち, a の間隔で $N+1$ 個の粒子からなる1次元の線 (図2) の振動に関する境界値問題を考えよう. 両端の粒子 $s=0$, および $s=N$ は固定されていると考える. おのおのの偏り p の規準振動モードは次の定常波の形をもっている:

$$u_s = u(0)\exp(-i\omega_{K,p}t)\sin sKa. \tag{11}$$

ここに u_s は s 番目の粒子の変位, $\omega_{K,p}$ は K と適当な分散関係で結ばれている.

図3のように, 波動ベクトル K は, 固定端条件で

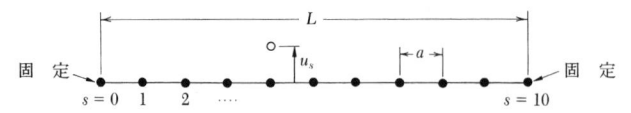

図2 $N+1$ 個の原子の弾性的1次元格子. 図は $N=10$ の場合で, 境界条件として両端の原子 $s=0$, $s=10$ は固定されている. 規準モードにおける粒子の変位の縦および横方向の形は $u_s \propto \sin sKa$ で表される. この形は, $s=0$ の原子のところでは自動的に 0 であり, 他端 $s=10$ のところで変位が 0 となるように K を選ぶ.

フォノン比熱　**117**

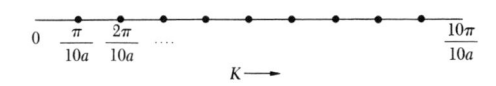

図3　$s=10$ に対する $\sin sKa=0$ という境界条件は，$K=\pi/10a, 2\pi/10a, \cdots,$ $9\pi/10a$ ととることによって満たされる．ここに $10a$ は，1次元格子の長さ L である．上図は K 空間での図である．黒丸は原子ではなく，K の許される値を表している．$N+1$ 個の粒子が1次元格子にある場合には，$N-1$ 個だけが動くことができるので，最も一般的な運動でも $N-1$ 個の K の値を用いて記述することができる．この K の値に対する量子化は，量子力学によるものではなく，古典的に，両端の原子が固定されているという条件から得られるものである．

$$K = \frac{\pi}{L}, \frac{2\pi}{L}, \frac{3\pi}{L}, \cdots, \frac{(N-1)\pi}{L} \tag{12}$$

の値に制限される．$K=\pi/L$ に対する解は

$$u_s \propto \sin(s\pi a/L) \tag{13}$$

であって，要求されるように，これは $s=0$ と $s=N$ で0となる．

$K=N\pi/L=\pi/a=K_{\max}$ に対する解は $u_s \propto \sin s\pi$ という形をもつ．それでどの原子も運動できない．なぜならば $\sin s\pi$ は各原子の位置で0となるからである．このように，(12)の K の値には $N-1$ 個の許される独立な値がある．この数は動くことのできる粒子の数と等しい．K の許される各値に対して定常波が対応する．この1次元格子には，各間隔 $\Delta K=\pi/L$ ごとに一つのモードが存在するから，$K \leq \pi/a$ の範囲の K に対して単位長さあたりのモードの数は L/π である．$K > \pi/a$ に対してモード数は0である．

各 K の値に対して3個の偏り p がある．1次元のとき2個は横波であり，1個は縦波である．3次元では結晶の特別な方向の波動ベクトルにだけ，偏りについてこの簡単な関係がある．

上述の方法と同じように有効な別の状態数の計算法がある．媒質は端をもたないが，解が大きな長さ L に対して周期的であることを要求する．そうすれば，$u(sa)=u(sa+L)$ が成立する．この**周期的境界条件**（periodic boundary condition）（図4ならびに図5）の方法は，大きな系に対して，問題の物理的な本質を少しも変えない．進行波の解 $u_s=u(0)\exp[i(sKa-\omega_K t)]$ に対して許される K 値は，

$$K = 0, \pm\frac{2\pi}{L}, \pm\frac{4\pi}{L}, \pm\frac{6\pi}{L}, \cdots, \frac{N\pi}{L} \tag{14}$$

118   5 フォノンII：熱的性質

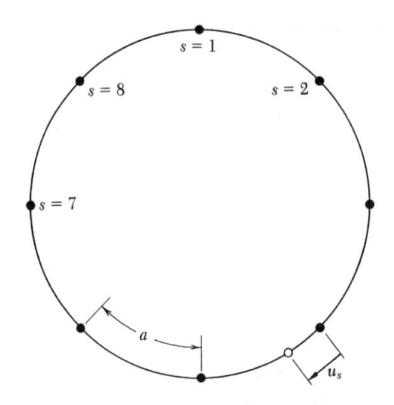

図4 N個の粒子が円環の上に拘束されているものを考える．各粒子は弾性的なばねで結ばれているので振動することができる．規準振動においてはs番目の原子の変位u_sは$\sin sKa$または$\cos sKa$の形をとる．これらは独立なモードである．円環の幾何学的な周期性により，境界条件はすべてのsに対して，$u_{N+s}=u_s$であり，したがってNKaは2πの整数倍でなければならない．$N=8$に対してKの許される値は0, $2\pi/8a$, $4\pi/8a$, $6\pi/8a$, および$8\pi/8a$である．$K=0$は正弦形のときは意味がない．つまり，$\sin s0a=0$であるから．値$8\pi/8a$は，ただ余弦式のときだけ意味をもつ．なぜならば，$\sin(s8\pi a/8a)=\sin s\pi=0$であるから．残りの3個の$K$の値は正弦および余弦の両方のモードに許され，全体として，8個のモードが，8個の粒子に対して得られる．こうして，周期的境界条件は1個の粒子あたり1個のモードを与え，正確に，両端を固定した境界条件図3と同じ状態数を与える．モードを複素表現で$\exp(isKa)$ととれば，8個の許されるモードは，式(14)のように$K=0$, $\pm 2\pi/Na$, $\pm 4\pi/Na$, $\pm 6\pi/Na$および$\pm 8\pi/Na$である．

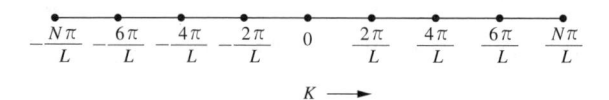

図5 許される波動ベクトルKの値を周期的境界条件に対して示したもので，長さLの$N=8$個の原子を周期的に含む1次元格子に対するもの．$K=0$の解は一様モードである．特殊点$\pm N\pi/L$は$\exp(i\pi s)$が$\exp(-i\pi s)$と同じであるから単一の解に対応する．したがって，それらには8個の許されるモードがあり，s番目の原子の変位は1, $\exp(\pm i\pi s/4)$, $\exp(\pm i\pi s/2)$, $\exp(\pm i3\pi s/4)$, $\exp(i\pi s)$に比例する．

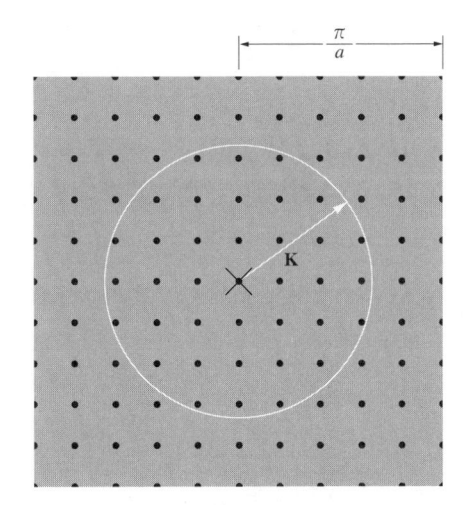

図6 フーリエ空間における格子定数 a の正方形格子におけるフォノン波動ベクトルの許される K の値. 周期的境界条件は $L=10a$ の縁をもつ正方形に適用. 一様モードは中心点に対応する(×で示す). 面積要素 $(2\pi/10a)^2 = (2\pi/L)^2$ あたりに K の値として許されるものが1個あるので, 円の面積 πK^2 中の許される点のならした数は $\pi K^2(L/2\pi)^2$ となる.

である.

この計算法は, 状態の数として, (12)に与えたものと同じ状態の数を与える(運動可能な原子1個に対して1個). しかしこの場合には K に正と負の値があり, 引き続く K の間の間隔は, $\Delta K = 2\pi/L$ である. 周期的境界条件に対しては K の単位の幅にあるモード数は $-\pi/a \leq K \leq \pi/a$ に対して $L/2\pi$ であり, この他では0である. 2次元格子の場合については図6にその様子を示す.

着目する偏りの波について, 単位の周波数範囲にあるモードの数 $D(\omega)$ を計算する必要がある. ω における $d\omega$ 範囲のモードの数 $D(\omega)d\omega$ は1次元の場合

$$D_1(\omega)d\omega = \frac{L}{\pi}\frac{dK}{d\omega}d\omega = \frac{L}{\pi}\cdot\frac{d\omega}{d\omega/dK} \tag{15}$$

によって与えられる. 群速度 $d\omega/dK$ は ω 対 K の分散関係から得ることができる. 分散関係 $\omega(K)$ が水平になるところ, すなわち群速度が0となるところはどこでも, $D_1(\omega)$ の特異点となる.

3次元格子における状態密度

一辺 L の立方体が N^3 個の基本単位格子を含む場合に, 周期的境界条件を適用すると, $\mathbf{K}$ は次の条件

$$\exp[i(K_x x + K_y y + K_z Z)] \equiv \exp\{i[K_x(x+L) + K_y(y+L) \\ + K_z(z+L)]\} \tag{16}$$

から決定される．したがって，

$$K_x, K_y, K_z = 0, \pm\frac{2\pi}{L}, \pm\frac{4\pi}{L}, \cdots, \frac{N\pi}{L}. \tag{17}$$

それゆえ，**K** 空間における体積 $(2\pi/L)^3$ について 1 個の **K** の許される値がある．すなわち各偏りおよび分枝について **K** 空間の単位体積あたり

$$\left(\frac{L}{2\pi}\right)^3 = \frac{V}{8\pi^3} \tag{18}$$

個の許される **K** の値がある．試料の体積は $V = L^3$ である．

波動ベクトルが K 以下のモードの総数は，(18) によれば，半径 K の球の体積の $(L/2\pi)^3$ 倍であるから，各偏りごとに

$$N = (L/2\pi)^3 (4\pi K^3/3) \tag{19}$$

で与えられる．状態密度は，各偏りごとに

$$D(\omega) = dN/d\omega = (VK^2/2\pi^2)(dK/d\omega) \tag{20}$$

となる．

状態密度に対するデバイ・モデル

デバイ近似では，古典的な連続弾性体のように，各偏りにおいて音速を一定と考える．分散関係は，v を一定の音速として以下のようになる：

$$\omega = vK. \tag{21}$$

状態密度 (20) は次の通りである：

$$D(\omega) = V\omega^2/2\pi^2 v^3. \tag{22}$$

試料に N 個の基本単位格子があるとすると，音響フォノンモードの総数は N 個である．切断周波数 ω_D は，(19) を用いて，

$$\omega_D{}^3 = 6\pi^2 v^3 N/V \tag{23}$$

で与えられ，この周波数に対応して波動ベクトル **K** の方にも切断波動ベクトルがあって

$$K_D = \omega_D/v = (6\pi^2 N/V)^{1/3} \tag{24}$$

である．デバイ・モデルでは，K_D 以上の波動ベクトルは許されない．$K \leq K_D$ の領域のモード数全体で単原子格子の自由度全部を含んでしまうわけである．

(9) の熱エネルギーは各偏りごとに

$$U = \int d\omega D(\omega) \langle n(\omega) \rangle \hbar \omega = \int_0^{\omega_D} d\omega \left(\frac{V\omega^2}{2\pi^2 v^3}\right)\left(\frac{\hbar\omega}{e^{\hbar\omega/\tau} - 1}\right) \tag{25}$$

で与えられる。簡単のために，フォノンの速度が振動の偏りの種類によらないと仮定するならば，因子3を掛けることによって

$$U = \frac{3V\hbar}{2\pi^2 v^3}\int_0^{\omega_D} d\omega \frac{\omega^3}{e^{\hbar\omega/\tau}-1} = \frac{3Vk_B^4 T^4}{2\pi^2 v^3 \hbar^3}\int_0^{x_D} dx \frac{x^3}{e^x-1} \qquad (26)$$

が得られる。ここに $x \equiv \hbar\omega/\tau \equiv \hbar\omega/k_B T$ であり

$$x_D \equiv \hbar\omega_D/k_B T \equiv \theta/T \qquad (27)$$

である。

これは，すでに(23)で定義した ω_D によって，**デバイ温度**(Debye temperature) θ を定義する。ここで θ を

$$\theta = \frac{\hbar v}{k_B}\cdot\left(\frac{6\pi^2 N}{V}\right)^{1/3} \qquad (28)$$

のように表せば，フォノンのエネルギーの総計として，

$$U = 9Nk_B T\left(\frac{T}{\theta}\right)^3 \int_0^{x_D} dx \frac{x^3}{e^x-1} \qquad (29)$$

が得られる。ここに N は試料に含まれる全原子の数であり，$x_D = \theta/T$ である。

比熱は(26)の真中の表式を温度について微分することで容易に得られる：

$$C_V = \frac{3V\hbar^2}{2\pi^2 v^3 k_B T^2}\int_0^{\omega_D} d\omega \frac{\omega^4 e^{\hbar\omega/\tau}}{(e^{\hbar\omega/\tau}-1)^2} = 9Nk_B\left(\frac{T}{\theta}\right)^3 \int_0^{x_D} dx \frac{x^4 e^x}{(e^x-1)^2}. \qquad (30)$$

デバイの比熱を図7に示す。$T \gg \theta$ では比熱は古典的な値 $3Nk_B$ に近づく。シリコ

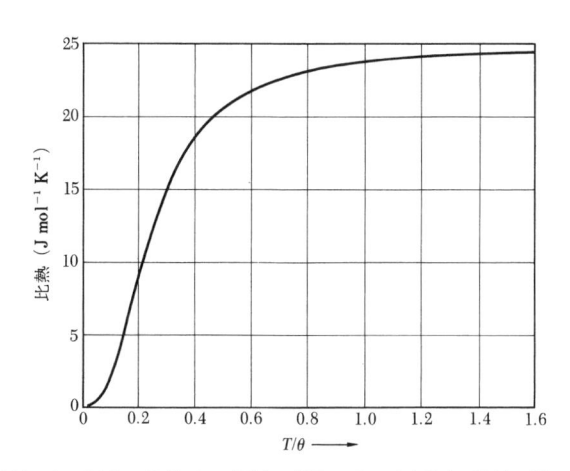

図7 デバイ近似による固体の比熱 C_V。縦軸の単位は $\mathrm{J\,mol^{-1}\,K^{-1}}$，横軸の単位はデバイ温度 θ で規格化された温度。T^3 法則の区域は 0.1θ 以下である。T/θ の高い値での漸近値は $24.943\,\mathrm{J\,mol^{-1}\,deg^{-1}}$ である。

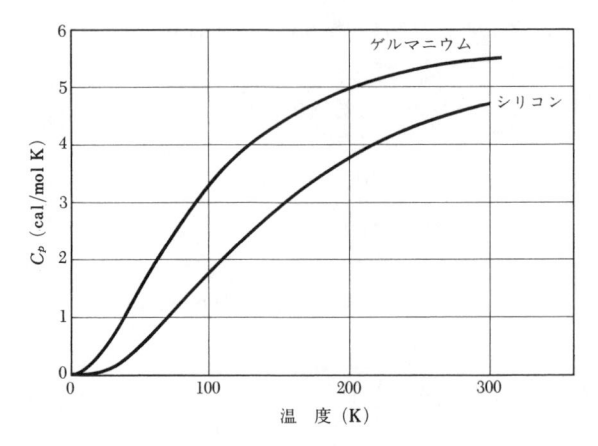

図 8 シリコンとゲルマニウムの比熱．低温で減少することに注目．cal/mol K のときの値を J/mol K の値とするには 4.186 倍すればよい．

ンとゲルマニウムについての測定値を図 8 に示す．

デバイの T^3 法則

極低温においては（29）は積分の上限を無限にのばす近似で

$$\int_0^\infty dx \frac{x^3}{e^x - 1} = \int_0^\infty dx\, x^3 \sum_{s=1}^\infty \exp(-sx) = 6 \sum_{s=1}^\infty \frac{1}{s^4} = \frac{\pi^4}{15} \tag{31}$$

のように得られる．ここで s^{-4} に関する和は数表にある値を用いている．したがって，$U \cong 3\pi^4 N k_B T^4 / 5\theta^3$ が，$T \ll \theta$ に対して得られ

$$C_V \cong \frac{12\pi^4}{5} N k_B \left(\frac{T}{\theta}\right)^3 \cong 234 N k_B \left(\frac{T}{\theta}\right)^3 \tag{32}$$

となる．これがデバイの T^3 近似である．アルゴンに対する実験値を図 9 に示す．

極低温においては，長波長の音響モードだけしか励起されないから，T^3 近似はきわめてよい近似である．このモードは巨視的な弾性定数を用いて連続弾性体として取り扱うときに得られるモードそのものである．短波長のモード（これにたいしてはこの近似がよくない）はエネルギーが高すぎるので，低温では励起されない．

T^3 の結果をきわめて簡単な考察から理解することができる（図 10）．低い温度 T においては，$\hbar\omega < k_B T$ の条件を満たす格子モードだけが十分に励起されている．図 1 によれば，エネルギーが $k_B T$ に近いモードの励起は近似的に古典的とい

フォノン比熱 123

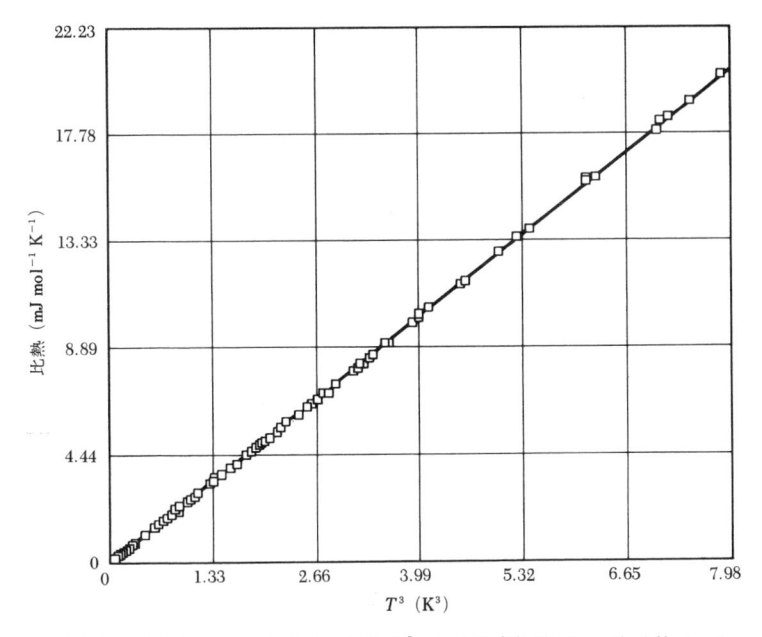

図9 固体アルゴンの低温の比熱対 T^3。この温度領域では，実験値は，$\theta = 92.0\mathrm{K}$ としたデバイの T^3 の法則ときわめてよく一致する．(L. Finegold と N. E. Phillips の好意による．)

える．

　K空間の許された体積のうち励起されたモードによって占有される割合は $(\omega_T/\omega_D)^3$ あるいは $(K_T/K_D)^3$ の程度である．ここに K_T は $\hbar v K_T = k_B T$ によって定義される熱波動ベクトルであり，K_D はデバイの切断波動ベクトルである．それゆえ，占有体積は K 空間の全体積に対して $(T/\theta)^3$ となる．したがって，励起されたモードの数は，$3N(T/\theta)^3$ の程度であり，各モードはエネルギー $k_B T$ をもつ．エネルギーは約 $3Nk_B T(T/\theta)^3$ となり，したがって比熱は約 $12Nk_B(T/\theta)^3$ となる．

　実際の結晶で T^3 の近似が成立するのはきわめて低温に限られ，十分によい T^3 の性質を得るには $T = \theta/50$ 以下の温度でなければならない．

　いくつかの物質の θ は，表1に掲げてある．例えばアルカリ金属においては，重い原子の方が θ の値は低い．これは密度が高くなるにつれて音速が下がるという理由による．

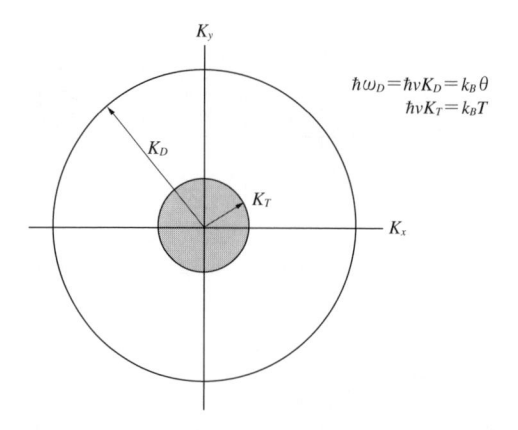

図 10 デバイの T^3 法則を定性的に説明するには，K_T 以下の波動ベクトルの全フォノンに古典的熱エネルギー k_BT を考え，K_T とデバイ切断波数 K_D との間のモードは全く励起されないとする．$3N$ 個の可能なモードのうち，励起されている率は $(K_T/K_D)^3=(T/\theta)^3$ である．すなわちこれは図の内・外球の体積の比である．エネルギーは $U\approx k_BT\cdot 3N(T/\theta)^3$ であるので，比熱は次のとおりとなる．

$$C_V=\partial U/\partial T\approx 12Nk_B(T/\theta)^3$$

状態密度に対するアインシュタイン・モデル

同一周波数 ω_0 をもつ1次元の N 個の振動子を考える．アインシュタインの状態密度は，$D(\omega)=N\delta(\omega-\omega_0)$ で，デルタ関数は ω_0 に中心を置いている．系の熱エネルギーは

$$U = N\langle n\rangle\hbar\omega = \frac{N\hbar\omega}{e^{\hbar\omega/\tau}-1} \tag{33}$$

である．ここで便宜上 ω_0 の代りに ω と書いた．振動子の比熱は

$$C_V = \left(\frac{\partial U}{\partial T}\right)_V = Nk_B\left(\frac{\hbar\omega}{\tau}\right)^2\frac{e^{\hbar\omega/\tau}}{(e^{\hbar\omega/\tau}-1)^2} \tag{34}$$

で与えられ，これを図11に示した．以上は，固体の比熱に関する N 個の同一の振動子の寄与に対する Einstein (1907) の結果である．3次元では，振動子あたり3個のモードがあるので N を $3N$ でおき換える．高温の極限で，C_V は $3Nk_B$ となる．これはデューロン-プティの値として知られるものである．

低温において，(34)は $C_V \propto \exp(-\hbar\omega/\tau)$ のように減少する．これに対して実験によるとフォノンの寄与は T^3 であることが知られており，これは上に述べた

表 1 デバイ温度と熱伝導率

θ の低温限界 (K)
300 K における熱伝導率 (W cm^{-1} K^{-1})

1	2	3	4	5	6	7	8	9	10	11	12	13	14	15	16	17	18
Li 344 / 0.85	Be 1440 / 2.00																
Na 158 / 1.41	Mg 400 / 1.56											B / 0.27	C 2230 / 1.29				
												Al 428 / 2.37	Si 645 / 1.48				
K 91 / 1.02	Ca 230	Sc 360. / 0.16	Ti 420 / 0.22	V 380 / 0.31	Cr 630 / 0.94	Mn 410 / 0.08	Fe 470 / 0.80	Co 445 / 1.00	Ni 450 / 0.91	Cu 343 / 4.01	Zn 327 / 1.16	Ga 320 / 0.41	Ge 374 / 0.60	As 282 / 0.50	Se 90 / 0.02	Br	Kr 72
Rb 56 / 0.58	Sr 147	Y 280 / 0.17	Zr 291 / 0.23	Nb 275 / 0.54	Mo 450 / 1.38	Tc / 0.51	Ru 600 / 1.17	Rh 480 / 1.50	Pd 274 / 0.72	Ag 225 / 4.29	Cd 209 / 0.97	In 108 / 0.82	Sn$_w$ 200 / 0.67	Sb 211 / 0.24	Te 153 / 0.02	I	Xe 64
Cs 38 / 0.36	Ba 110	Laβ 142 / 0.14	Hf 252 / 0.23	Ta 240 / 0.58	W 400 / 1.74	Re 430 / 0.48	Os 500 / 0.88	Ir 420 / 1.47	Pt 240 / 0.72	Au 165 / 3.17	Hg 71.9	Tl 78.5 / 0.46	Pb 105 / 0.35	Bi 119 / 0.08	Po	At	Rn
Fr	Ra	Ac															

ランタノイド:

Ce / 0.11	Pr / 0.12	Nd / 0.16	Pm	Sm / 0.13	Eu	Gd 200 / 0.11	Tb / 0.11	Dy 210 / 0.11	Ho / 0.16	Er / 0.14	Tm / 0.17	Yb 120 / 0.35	Lu 210 / 0.16

アクチノイド:

Th 163 / 0.54	Pa	U 207 / 0.28	Np / 0.06	Pu / 0.07	Am	Cm	Bk	Cf	Es	Fm	Md	No	Lr

フォノン比熱

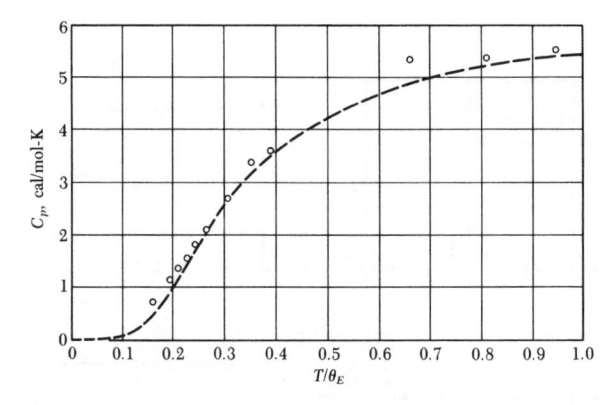

図 11 ダイヤモンドの比熱の実験値と，特性温度 $\theta_E = \hbar\omega/k_B = 1\,320\,\text{K}$ を用いた場合の初期量子論（アインシュタイン）モデルから計算される値との比較．J/mol K に変換するのには 4.186 倍せよ．

デバイ・モデルによって説明された．しかしアインシュタイン・モデルは，フォノンのスペクトルの光学フォノンの部分を近似するのによく用いられる．

$D(\omega)$ に対する一般式

フォノンの分散関係 $\omega(\mathbf{K})$ が知られている場合，単位周波数領域に対する状態の数 $D(\omega)$ の一般的な表現式を考えよう．フォノンの周波数が ω と $\omega+d\omega$ の間にある可能な $\mathbf{K}$ の数は

$$D(\omega)\,d\omega = \left(\frac{L}{2\pi}\right)^3 \int_{\text{shell}} d^3K \tag{35}$$

である．積分は，$\mathbf{K}$ 空間において，フォノンの周波数が一定の値 ω をとる表面と $\omega+d\omega$ の値をとる表面との間にはさまれた殻状 (shell) の体積にわたって行う．

ここで実際の問題はこの殻状の体積を計算することである．図 12 に示すように，K 空間のある一定の周波数 ω の面上の面積素片を dS_ω とする．ω と $\omega+d\omega$ の二つの周波数一定の面にはさまれた体積要素は，底面を dS_ω として，高さを $dK_\perp$ とした直柱であるから

$$\int_{\text{shell}} d^3K = \int dS_\omega dK_\perp \tag{36}$$

であり，$dK_\perp$ は ω 一定の面と $\omega+d\omega$ 一定の面との垂直距離（図 13）である．$dK_\perp$ の大きさはこの面上の場所が変われば異なった値をとる．

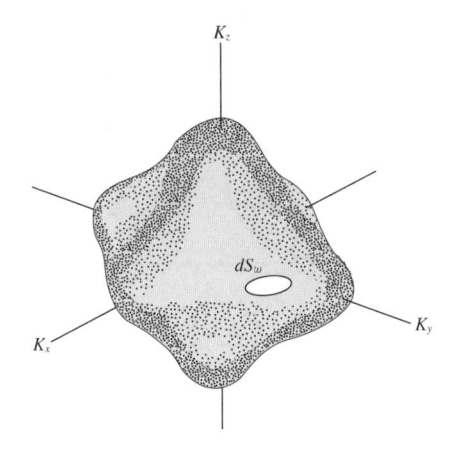

図 12 K空間の周波数一定の面上の面積要素 dS_ω. ω と $\omega+d\omega$ に対する周波数一定の二つの曲面にはさまれた体積は $\int dS_\omega d\omega/|\nabla_K \omega|$ である.

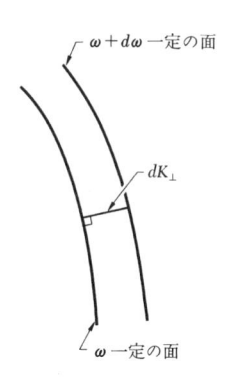

図 13 $dK_\perp$ は, K空間で, 周波数を一定とする二つの面の間の垂直距離, 周波数はそれぞれ ω と $\omega+d\omega$ である.

ω の勾配 $\nabla_K \omega$ も ω が一定の面に垂直である. 量

$$|\nabla_K \omega| dK_\perp = d\omega$$

は $dK_\perp$ で結ばれる二つの面間の周波数の差である. したがって体積要素は

$$dS_\omega dK_\perp = dS_\omega \frac{d\omega}{|\nabla_K \omega|} = dS_\omega \frac{d\omega}{v_g}$$

である. ただし $v_g = |\nabla_K \omega|$ はフォノンの群速度である. (35) は

$$D(\omega)\, d\omega = \left(\frac{L}{2\pi}\right)^3 \int \frac{dS_\omega}{v_g} d\omega$$

となる. ここで両辺を $d\omega$ で割り, $V = L^3$ という結晶の体積を用いると, 状態密度は以下のようになる.

$$D(\omega) = \frac{V}{(2\pi)^3} \int \frac{dS_\omega}{v_g} \tag{37}$$

積分は K空間で ω が一定の面上で行う. この結果は分散関係の1個の分枝に関するものである. この結果はまた電子のバンド理論にも用いることができる.

群速度が 0 となる点が $D(\omega)$ に及ぼす影響はきわめて興味深い. このような特異点は分布関数に特異点[ファン・ホーヴェ (Van Hove) の特異点として知られ

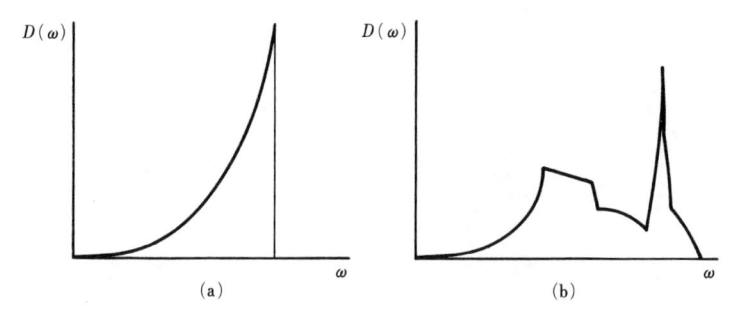

図 14 状態密度を振動数の関数として示す．(a) デバイ固体，(b) 実際の結晶．結晶のスペクトルは ω の小さいとき ω^2 で出発するが，特異点で不連続が起こる．

ている]を生じる（図14）．

結晶における非調和相互作用

これまで論じた格子振動の理論は位置エネルギーを原子間の変位についての2乗の項までしか考慮していない．これは調和振動の理論であって，この結論を列記すれば，

- 二つの格子波は作用し合わない．1個の波動は減衰しないし，時間が経過しても形が変わらない．
- 熱膨張がない．
- 等温と断熱との弾性定数は等しい．
- 弾性定数は圧力と温度に無関係である．
- 高い温度 $T > \theta$ で，比熱は一定になる．

現実の結晶においては，これらの結論のどれも厳密には満たされない．これらの食い違いは，原子間の変位に関する（2次よりも高い）非調和項を無視したからであろう．ここでは非調和項の効果の簡単な観点の若干を論ずる．

　非調和項の効果のみごとな現れは，二つのフォノンの相互作用の結果，周波数 $\omega_3 = \omega_1 + \omega_2$ をもつ第3番目のフォノンがつくられるという実験的事実である．3フォノン過程は格子ポテンシャルエネルギーの3次の項によって起こる．フォノンの相互作用の物理学は簡単に次のようにいえる．すなわち，一つのフォノンの存在は，ある周期的弾性ひずみを起こし，[非調和相互作用(anharmonic interaction)を通じて]空間的および時間的に結晶の弾性定数を変調する．そこで第2のフォノンは弾性定数が変調されたことを感じ，ちょうど，動いている3次元の回折格子からのような散乱を受け，第3のフォノンを生成する．

熱　膨　張

熱膨張は，古典的振動子について，温度 T における1対の原子間の平均距離に対するポテンシャルエネルギーの非調和項の効果を考慮することにより，理解することができる．0Kにおける平衡点からの原子の変位 x のところのポテンシャルエネルギーを

$$U(x) = cx^2 - gx^3 - fx^4 \tag{38}$$

のようにとる．ここに c, g, f は正とする．x^3 の項は，原子相互間の斥力の非対称性を表し，x^4 の項は振幅が大きいときに，振動がゆるやかでソフトになることを示している．$x=0$ における極小は最小ではないが，この式は小振動に対しては，原子間ポテンシャルをよく表す．

平均の変位は，ボルツマンの分布関数を用いて計算できる．これによれば確からしい x の値は，熱力学的な確率で重みづけられ，次のように計算することができる：

$$\langle x \rangle = \frac{\int_{-\infty}^{\infty} dx\, x \exp[-\beta U(x)]}{\int_{-\infty}^{\infty} dx \exp[-\beta U(x)]}.$$

ここに $\beta \equiv 1/k_B T$ である．非調和項のエネルギーが $k_B T$ よりも小さいような変位に対しては，積分を次のように展開することができる：

$$\int dx\, x \exp(-\beta U) \cong \int dx [\exp(-\beta cx^2)](x + \beta gx^4 + \beta fx^5)$$
$$= (3\pi^{1/2}/4)(g/c^{5/2})\beta^{-3/2},$$
$$\int dx \exp(-\beta U) \cong \int dx \exp(-\beta cx^2) = (\pi/\beta c)^{1/2}. \tag{39}$$

これより古典的な領域に対して熱膨張

$$\langle x \rangle = \frac{3g}{4c^2} k_B T \tag{40}$$

を得ることができる．(39)では cx^2 は指数関数の形に残しておいたが，$\exp(\beta gx^3 + \beta fx^4) \cong 1 + \beta gx^3 + \beta fx^4 + \cdots$ のように展開したことを注意しておく．

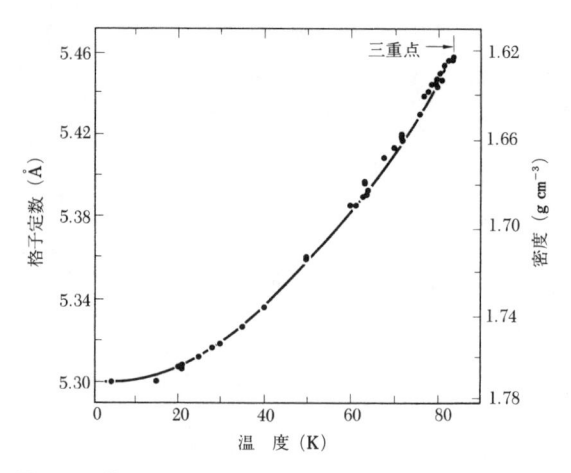

図15 固体アルゴンの格子定数の温度依存性.

固体アルゴンの格子定数の測定値を図15に示す．曲線の傾きが熱膨張係数に比例する．膨張係数は $T\to 0$ で 0 となる．このことは問題5から期待されるものである．熱膨張は最低次では $U(x)$ の中の対称項 fx^4 を含まず，ただ非対称項 gx^3 のみを含む．

熱 伝 導 率

固体の熱伝導率 K は，温度勾配 dT/dx をもった長い棒を流れる定常的な熱流に関して定義される:

$$j_U = -K\frac{dT}{dx}. \tag{41}$$

ここに j_U は，熱エネルギーの流束，すなわち単位面積を単位時間あたり通過するエネルギーである．

熱伝導率を定義したこの式は，熱エネルギーの輸送がランダム過程であることを表している．エネルギーは，単に試料の一方から入り，まっすぐな経路を通って他端に直接（弾道運動のように）出るものではなく，多くの衝突を受けながら試料を拡散していく．もし仮に，エネルギーが，直接試料を通り抜け，曲げられることなく伝播するとするならば，熱流の表式は温度勾配に依存するのではなく，試料の長さには関係なく，単に試料の両端における温度差 ΔT に関係することに

表 2 フォノンの平均自由行程の値.（$v=5\times10^5$ cm/s を音速の代表値として (44) を用いて計算した値. こうして得られた ℓ はウムクラップ過程による値.）

結晶	T(℃)	C(J cm^{-3}deg^{-1})	K(W cm^{-1}deg^{-1})	ℓ(Å)
石英[a]	0	2.00	0.13	40
	-190	0.55	0.50	540
NaCl	0	1.88	0.07	23
	-190	1.00	0.27	100

a 光軸と平行

なるであろう. 熱伝導の過程のランダムな性質のゆえに, 熱流に対する表式に温度の勾配とか, 後に見るように, 平均自由行程とかが含まれることになるのである.

気体運動論から, 熱伝導率の表式

$$K = \frac{1}{3}Cv\ell \tag{42}$$

を導き出そう. ここに, C は単位体積あたりの比熱であり, v は平均の粒子速度であり, ℓ は粒子の衝突の間における平均自由行程である. この結果は, 最初にDebye により絶縁性結晶の熱伝導率を記述するために用いられた. そのさいには C はフォノンの比熱であり, v はフォノンの速度, ℓ はフォノンの平均自由行程であった. いくつかの代表的な平均自由行程の値を表2に示す.

まず, (42)を導く初歩的な運動論について述べる. x 方向の粒子流は, $\frac{1}{2}n\langle|v_x|\rangle$ で与えられる. ここで n は分子の濃度である. 平衡状態においては等しい大きさの流れが互いに逆方向に存在する. $\langle\ \rangle$ は平均値を示す.

c を粒子の比熱とすれば, 粒子が局所的な温度 $T+\Delta T$ の領域から局所的な温度 T の領域へ進むとき, 粒子は $c\Delta T$ のエネルギーを放出する. 粒子の平均自由行程の両端における温度差 ΔT は

$$\Delta T = \frac{dT}{dx}\ell_x = \frac{dT}{dx}v_x\tau$$

で与えられる. ここに τ は衝突の間の平均時間である.

したがって, （両方向への粒子流による）エネルギーの正味の流れは

$$j_U = -n\langle v_x^2\rangle c\tau\frac{dT}{dx} = -\frac{1}{3}n\langle v^2\rangle c\tau\frac{dT}{dx} \tag{43}$$

で与えられる. フォノンに対して, v は一定であるから, (43) は

$$j_U = -\frac{1}{3} Cv\ell \frac{dT}{dx} \tag{44}$$

のように書くことができる．ここに $\ell \equiv v\tau$，$C \equiv nc$ である．したがって $K = \frac{1}{3}Cv\ell$ となる．

フォノン気体の熱抵抗

フォノンの平均自由行程 ℓ は主として次の二つの過程から定められる．その一つは幾何学的な散乱過程であり，他方は他のフォノンによる散乱である．もし原子間の力が純粋に調和的であるならば，異なったフォノン間に衝突を起こす機構はなく，したがって平均自由行程は，単に結晶の境界および格子の不完全さのみ

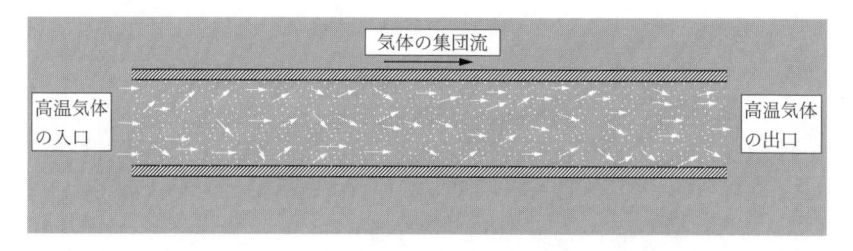

図 16a 摩擦のない壁をもった長い開管を流れる定常流の気体分子の流れ．気体分子間の弾性衝突過程は気体流の運動量とか，エネルギーを変えることができない．それは各衝突によっては衝突する粒子同士の重心とか，それらのエネルギーが不変であるからである．したがってエネルギーは左から右に向かって温度勾配によらず送られる．すなわち熱抵抗は 0 であり，熱伝導率は無限大である．

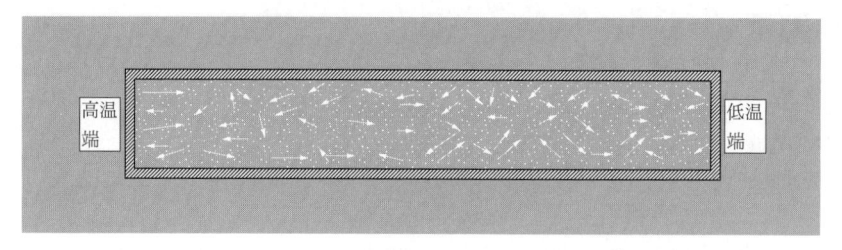

図 16b 気体の熱伝導のふつうの定義は質量の流れが存在しないような条件のもとでなされる．管は両端でふさがれ，分子の出入りは禁じられている．温度勾配があるときには，衝突する対の粒子の重心速度がそれらの平均より大きいものは右に向かおうとし，重心速度が平均より小さいものは左に向かおうとする．右の方で少し高いわずかの濃度勾配は高温の端から低温の端に向かってエネルギーの輸送を許しながら，質量の流れを 0 にすることができる．

から決定されるはずである．これらの効果が支配的な場合がある．

格子の非調和相互作用があれば，異なったフォノン間に相互作用があり，したがって平均自由行程の値はこれによって決定される．非調和系の正確な状態はもはや純粋なフォノンのようではない．

非調和相互作用の熱抵抗に対する効果の理論によれば，ℓ は高温では $1/T$ に比例し，これは多くの実験によく一致する．この温度依存性は，着目するフォノンと相互作用できるフォノンの数によって理解することができる．すなわち，高温では，励起されたフォノンの全数は，T に比例する．与えられたフォノンの衝突回数は，衝突可能なフォノンの数に比例するから $\ell \propto 1/T$ となる．

熱伝導を定義するためには，フォノン分布を局所的に熱平衡にもたらす機構が結晶中になければならない．このような機構がないならば，結晶の一端でフォノンが温度 T_2 の熱平衡にあり他端において T_1 の熱平衡にあるとはいえない．

平均自由行程を制限する過程があるというだけでは十分でなく，フォノンの局所的な平衡分布を成立させるような過程がなければならない．結晶の境界とか，静的な欠陥とのフォノンの衝突だけからでは熱平衡は成立しない．というのは，

図 16c 結晶において左端を電球で照らして，主にこの端から正味のフォノンが生成されるようにする．この端から正味のフォノンの流れは結晶の右端に向かってできる．もし，ただ N 過程（$\mathbf{K}_1 + \mathbf{K}_2 = \mathbf{K}_3$）が起こるだけならば衝突ではフォノン流の運動量は不変であり，あるフォノン流が結晶の長さにそって流れ続ける．右端にフォノンが到達したときに原理的には，それらのエネルギーの大部分を輻射にかえる，すなわちフォノンの吸込みをつくることができる．(a) と同様に熱抵抗は 0 である．

図 16d U 過程では各衝突のさい大きな全体としてのフォノン運動量の変化がある．最初の全体としてのフォノン流は右に移るにしたがって急激に減衰する．両端は源泉および吸込みとして働く．温度勾配があるときの全体としてのエネルギーの輸送は (b) に似たようにして起こる．

このような衝突ではフォノン自身のエネルギーは不変であるからである．すなわち，散乱されたフォノンの周波数 ω_2 は入射したフォノンの周波数 ω_1 と等しいからである．

3フォノン衝突

$$\mathbf{K}_1 + \mathbf{K}_2 = \mathbf{K}_3 \tag{45}$$

は，注目すべきことには，次のような微妙な理由から平衡状態をつくらない．フォノン気体の全運動量は，このような衝突では変化しないのである．温度 T におけるフォノンの平衡分布は結晶をある移動速度で移動することができるが，この移動速度は(45)に示すような3フォノン衝突によっては乱されない．このような衝突においてはフォノンの運動量

$$\mathbf{J} = \sum_{\mathbf{K}} n_{\mathbf{K}} \hbar \mathbf{K} \tag{46}$$

が保存される．これは衝突のさいの $\mathbf{J}$ の変化は，$\mathbf{K}_3 - \mathbf{K}_2 - \mathbf{K}_1 = 0$ であるからである．ここに $n_{\mathbf{K}}$ は波動ベクトル $\mathbf{K}$ をもったフォノンの数である．

$\mathbf{J} \neq 0$ である分布に対しては，(45)に示すような衝突は完全な熱平衡を達成させることができない．それは $\mathbf{J}$ を変化させないからである．$\mathbf{J} \neq 0$ で棒を低温側に流れていく熱いフォノンの分布から出発するならば，この分布は一定の $\mathbf{J}$ で棒を低温側に伝播していく．したがって熱抵抗は存在しない．図16に示したような問題は，摩擦のない壁をもったまっすぐな管の中を流れる気体の分子間の衝突の問題と同じである．

ウムクラップ過程

熱抵抗を起こす重要な3フォノン過程は $\mathbf{K}$ が保存される $\mathbf{K}_1 + \mathbf{K}_2 = \mathbf{K}_3$ という形ではなく

$$\mathbf{K}_1 + \mathbf{K}_2 = \mathbf{K}_3 + \mathbf{G} \tag{47}$$

のような形をもつものである．ここに $\mathbf{G}$ は，逆格子ベクトル（図17）である．Peierls によって見いだされたこれらの過程は**ウムクラップ過程**[*]（umklapp process）といわれる．結晶格子におけるすべての運動量の保存法則に $\mathbf{G}$ が登場しうることを思い起こそう．(46) と (47) の形式のすべての可能な過程でエネルギーは保存される．

---

[*]（訳者注）反転過程ともいわれる．

熱伝導率　135

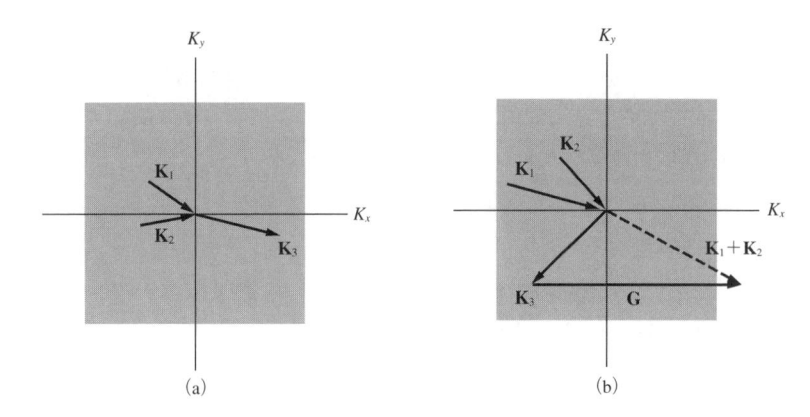

図17 2次元正方形格子についての (a) 正常 $K_1+K_2=K_3$，(b) ウムクラップ $K_1+K_2=K_3+G$ フォノン衝突過程．図の四角形はフォノンの K 空間の第1ブリルアン・ゾーンを示す．このゾーンは，フォノンの波動ベクトルの可能なすべての独立な値を含む．ゾーンの中心に向かって矢印をもつベクトル K は衝突過程において吸収されるフォノンを示し，中心から出る矢印は衝突によって生成されるフォノンを示す．(b) ではウムクラップ過程でフォノン流の x 成分は逆転されている．ここに示す逆格子ベクトル G は，長さ $2\pi/a$ をもつ．ここに a は結晶格子の格子定数である．G はまた，K_x 軸に平行である．N および U のすべての過程に対してエネルギーが保存されなければならないから，$\omega_1+\omega_2=\omega_3$ である．

　結晶における波動の相互作用の例においては，全波動ベクトルの変化は必ずしもゼロである必要はなく，逆格子ベクトルだけ異なっていてもよいことはすでに学んだ．周期的格子においては，そのような過程は常に可能である．フォノンでは特にこのことが強く主張される．すなわち，意味のあるフォノン K はいつも第1ブリルアン・ゾーンにあり，衝突によって生じた大きい K は，ある G と加え合わされて第1ゾーンにもち込まれなければならない．K_x の値が負である2個のフォノンの衝突が，ウムクラップ過程（$G\neq 0$）によって，正の K_x をもつフォノンを生成することができる．ウムクラップ過程は **U 過程** ともよばれる．

　$G=0$ の衝突は**正常過程**（normal process）または **N 過程** とよばれる．高温 $(T>\theta)$ では $k_BT>\hbar\omega_{\max}$ であるから，すべてのフォノンモードが励起されている．フォノンの衝突の相当な部分は，したがって U 過程であり，衝突において大きな運動量変化を伴う．このような領域ではわれわれは N 過程と U 過程に特別な差異を認めずに熱抵抗を評価することができ，前に述べた非線形効果の議論に

より，高温においては（格子の熱抵抗）$\propto T$ であることがわかる．

ウムクラップを起こすのに適当なフォノン $\mathbf{K}_1$ および $\mathbf{K}_2$ のエネルギーは，$\frac{1}{2}k_B\theta$ 程度である．その理由は，(47) の衝突を可能とするためにはフォノン1と2が $\frac{1}{2}G$ 程度の波動ベクトルをもたなければならないからである．もし両方のフォノンが低い K をもっているならば，したがってエネルギーが低いならば，これが衝突しても波動ベクトルが第1ゾーンの外のフォノンを生成する方法がないからである．ウムクラップ過程でも，正常過程の場合と同じように，エネルギーを保存しなければならない．低温では，必要な $\frac{1}{2}k_B\theta$ 程度の高いエネルギーをもつ適当なフォノンの数は，ボルツマン因子により，$\exp(-\theta/2T)$ 程度であることが期待される．この指数の形は，実験とよく一致する．結論として述べれば，(42) に現れるフォノンの平均自由行程は，2個のフォノンのウムクラップ衝突のさいの平均自由行程であって，すべてのフォノンの衝突に対するものではない．

格子の不完全性

幾何学的な効果も平均自由行程を制限するのに重要である．すなわち結晶の境界，元素に自然に含まれる同位元素の分布，化学的不純物，格子欠陥およびアモルファス構造による散乱を考えなければならない．

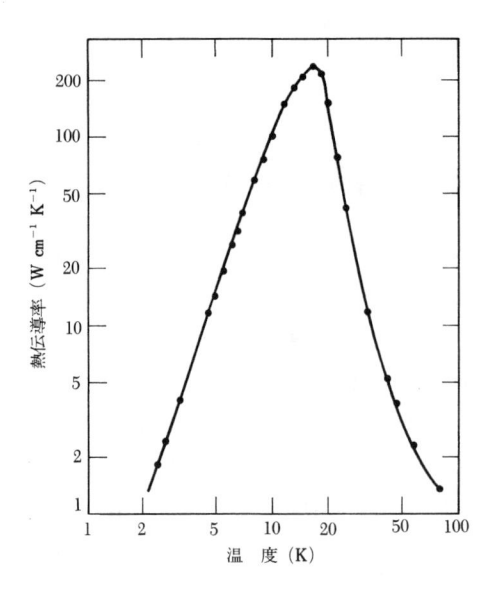

図 18 高純度フッ化ナトリウムの熱伝導率．(H. E. Jackson, C. T. Walker, T. F. McNelly による．)

低温で平均自由行程 ℓ が試料の幅と同じくらいになれば，ℓ の値は幅によって制限を受け，熱伝導率は試料の大きさの関数になる．この効果は最初に de Haas と Biermasz によって発見された．低温において純粋な結晶の熱伝導率が急激に減少するのは，この寸法効果（size effect）である．

低温では，ウムクラップの過程が熱伝導率を制限するのにはきかなくなり，図18に示すように，寸法効果が優越してくる．したがって，フォノンの平均自由行程は一定となり試料の直径 D の程度になることが期待される．したがって

$$K \approx CvD \tag{48}$$

となる．温度に依存する項は右辺の C だけであり，この比熱 C は低温では T^3 に従って変化する．それゆえ低温では熱伝導率は T^3 に従って変化することが期待される．寸法効果はフォノンの平均自由行程が試料の直径と同程度になったとき

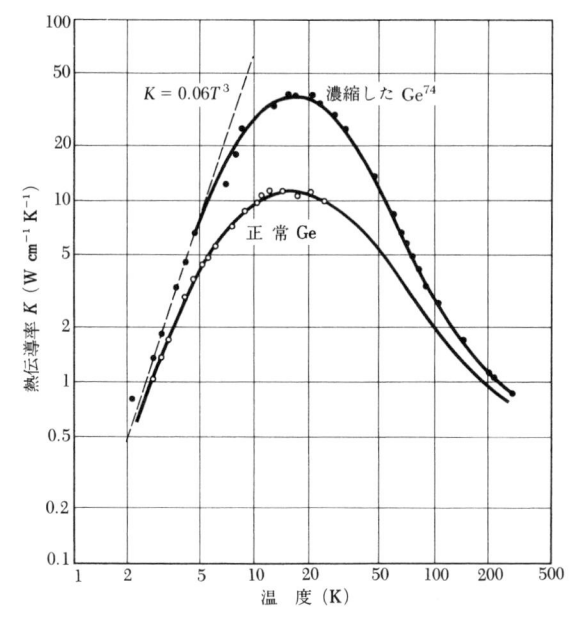

図 19 ゲルマニウムによる熱伝導率の同位体効果．熱伝導率の極大点でこの効果は3倍．濃縮試料は Ge^{74} を96%含み，自然のゲルマニウムは，20% Ge^{70}, 27% Ge^{72}, 8% Ge^{73}, 37% Ge^{74}, および 8% Ge^{76} を含む．5K以下では濃縮した試料は $K = 0.060\, T^3$ であり，これは境界散乱によって起こる熱抵抗に対するカシミール（Casimir）の理論とよく一致する．（T. H. Geballe and G. W. Hull による．）

にはいつでも起こる．

絶縁性結晶の熱伝導率は金属と同程度に高い．人工サファイア（Al_2O_3）は熱伝導率が最高の物質の一つで，30 K で約 200 W $cm^{-1}K^{-1}$ である．サファイアの熱伝導率の最高値は銅の最高値 100 W $cm^{-1}K^{-1}$ より大きい．しかし，金属ガリウムでは 1.8 K で熱伝導率は 845 W $cm^{-1}K^{-1}$ である．金属の熱伝導率に及ぼす電子の寄与は 6 章で述べる．

他の点では完全結晶でも，成分元素の同位体の分布がフォノンの散乱の重要な機構となることがしばしばある．同位体の乱雑な分布は，すでに弾性波のときに示したように，結晶の周期性を乱す．ある物質においては，同位体によるフォノンの散乱が，他のフォノンによる散乱と同程度の重要性をもってくる．ゲルマニウムに対する実験結果を図 19 に示す．同位体を含まないように純粋に精製したシリコンやダイヤモンドにおいて，熱伝導率の増大が観測されている．これはレーザー源の熱の吸収装置として重要である．

問　題

1. 状態密度の特異点　（a）4 章で導いた，隣接原子間相互作用をもった N 個の単原子 1 次元格子の分散関係を用いて，モードの密度が

$$D(\omega) = \frac{2N}{\pi} \cdot \frac{1}{(\omega_m^2 - \omega^2)^{1/2}}$$

であることを示せ．ここに ω_m は最大の周波数である．

（b）3 次元の K を考え，光学フォノン分枝が $K=0$ の付近で $\omega(K)=\omega_0-AK^2$ の形をしていると考えて，$\omega<\omega_0$ では $D(\omega)=(L/2\pi)^3(2\pi/A^{3/2})(\omega_0-\omega)^{1/2}$，また $\omega>\omega_0$ で $D(\omega)=0$ であることを示せ．ここではモードの密度は不連続である．

2. 結晶単位格子の熱膨張の 2 乗平均　（a）ナトリウムの基本単位格子の熱膨張 $\Delta V/V$ の 2 乗平均の値を 300 K について求めよ．体積弾性率は 7×10^{10} erg cm^{-3} とする．注意してよいことは，デバイ温度が 158 K であって 300 K より低いことである．したがって熱エネルギーは k_BT の程度である．（b）上の結果を用いて，格子定数の熱ゆらぎ $\Delta a/a$ の 2 乗平均の値を推定せよ．

3. 零点格子変位と格子ひずみ　（a）デバイ近似を用い，絶対零度における原子の平均 2 乗変位が，$\langle R^2 \rangle=3\hbar\omega_D^2/8\pi^2\rho v^3$ で表されることを示せ．ここで，v は音速である．4 章の (29) を独立な格子モードにわたって総和すれば $\langle R^2 \rangle=(\hbar/2\rho V)\sum\omega^{-1}$ を得る．振幅の 2 乗から変位の 2 乗へ移行するのに因子 $\frac{1}{2}$ を含ませる．

(b) $\sum \omega^{-1}$ と $\langle R^2 \rangle$ は 1 次元格子では発散するが，平均 2 乗ひずみの方は有限であることを示せ．$\langle (\partial R/\partial x)^2 \rangle = \frac{1}{2} \sum K^2 u_0^2$ を平均 2 乗ひずみと考えて，これが質量 M の原子 N 個の 1 次元格子では $\hbar \omega_D^2 L/4MN v^3$ であることを示せ．このとき縦モードだけを考える．R^2 の発散はいかなる物理的測定にとっても重要ではない．

4. **層状格子の比熱** （a） 層状に配置された原子からなる誘電性結晶を考える．層間が固く結合していれば，原子の運動は原子層の面内に制限される．低温においてフォノンの比熱がデバイ近似で T^2 に比例することを示せ．

(b) 反対に，多くの層状構造におけるように，層間の結合がきわめて弱いとすると，極低温でフォノンの比熱にいかなる式を期待するか？

5*. **グリュナイゼン定数** （a） 周波数 ω のフォノンモードの自由エネルギーが $k_B T \ln[2\sinh(\hbar\omega/2k_B T)]$ であることを示せ．この結果を得るには零点エネルギー $\frac{1}{2}\hbar\omega$ を含める必要がある．

(b) Δ を体積の変化率とすれば，結晶の自由エネルギーは

$$F(\Delta, T) = \frac{1}{2} B \Delta^2 + k_B T \sum \ln[2\sinh(\hbar\omega_K/2k_B T)]$$

と書くことができる．ここに B は体積弾性率である．ω_K の体積依存性を $\delta\omega/\omega = -\gamma\Delta$ とするとき，γ はグリュナイゼン定数という．γ がモード **K** によらなければ $B\Delta = \gamma \sum \frac{1}{2} \hbar\omega \coth(\hbar\omega/2k_B T)$ を満たす Δ で F が極小となることを示せ．また熱エネルギー密度を用いると $\Delta = \gamma U(T)/B$ となることを示せ．

(c) デバイ・モデルでは，$\gamma = -\partial \ln \theta/\partial \ln V$ となることを示せ．

注意：この理論は多くの近似を含む．たとえば，(a) の結果は ω が温度によって変化しないとしたときにのみ正しい．また γ はモードが異なれば大いに変わりうる．

---

*) これはやや難しい．

6　自由電子フェルミ気体

これほどの成果を与える理論には十分の正当性があるに違いない．
H. A. Lorentz

　われわれは，簡単な金属だけでなく，一般の金属の多くの物理的性質を自由電子モデル（free electron model）によって理解することができる．このモデルによると，金属を構成している原子の価電子（valence electron）は伝導電子（conduction electron）となり，金属の中を自由に動きまわる．自由電子モデルが最もよく成り立つ金属においてさえ，伝導電子の電荷分布はイオン殻（ion core）の強い静電ポテンシャルを反映している．自由電子モデルの有効性は伝導電子の運動の性質によって本質的に決定される性質に対して最も大きい．伝導電子と格子との相互作用の効果は次章において取り扱う．

　最も簡単な金属はアルカリ金属である．それはリチウム（Li），ナトリウム（Na），カリウム（K），ルビジウム（Rb）とセシウム（Cs）である．ナトリウム原子の価電子は $3s$ 状態にある．金属の中では，この電子は $3s$ 伝導バンドの伝導電子となる．

　N 個の原子からできあがった1価金属は N 個の伝導電子と N 個の正イオン殻をもつ．Na^+ イオン殻の10個の電子は自由イオンの $1s, 2s, 2p$ 状態を満たしている．殻内電子の空間分布は金属内でも自由イオンでも本質的に同じである．図1に示すように，イオン殻は Na 結晶の体積のおよそ15%を満たすにすぎない．自由 Na^+ イオンの半径は $0.98\,\text{Å}$ である．これに対して金属内最隣接原子間距離の半分は $1.83\,\text{Å}$ である．

　金属の性質を自由電子の運動によって説明することは量子力学の発見よりはるか以前に発展した．金属の古典電子論はいくつかの著しい成功をおさめた．電流と電場とを結びつけるオームの法則（Ohm's law）の形を導き出したこと，電気伝導率と熱伝導率との間の関係を導き出したことは特にみごとである．古典理論

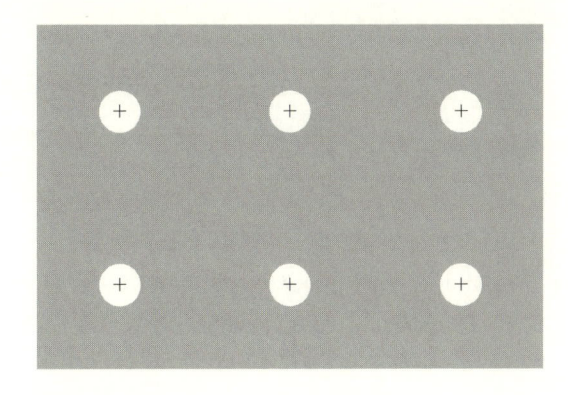

図1 ナトリウム金属結晶の形式的なモデル．原子の殻は Na^+ イオンである．それらは伝導電子の海の中に浸っている．伝導電子は自由原子の $3s$ 価電子から出たものである．原子殻は10個の電子を含み，その状態は $1s^2 2s^2 2p^6$ である．アルカリ金属においては原子殻が占めている容積は結晶の全体積のかなり小さい部分（約15%）にすぎないが，貴金属（Cu, Ag, Au）では原子殻は比較的大きくなり，お互いに接触するようになる．常温においての共通の結晶構造は，アルカリ金属は bcc，貴金属は fcc である．

は伝導電子の比熱と磁化率（magnetic susceptibility）の説明には失敗する．（これは自由電子モデルの失敗ではなく，古典的なマクスウェル分布関数の失敗である．）

古典的モデルにはさらに困難が存在した．多くの種類の実験から，金属の伝導電子は，他の伝導電子と衝突したり，原子の殻に衝突して曲げられたりせずに，原子間距離にくらべて長い距離を直進しながら自由に運動していることが知られている．試料が非常に純粋な場合には低温で平均自由行程は原子間距離の 10^8 倍（これは1cm以上である）になる．

固体のような密度の高い物質が伝導電子に対してどうしてこれほど透明なのであろうか？　われわれのこの疑問に対する答えは二つの部分からなる．(a) 伝導電子は周期的（periodic）格子の上に配列したイオン殻によっては散乱されない．これは，後の章で述べる数学による結果である．(b) 伝導電子は他の伝導電子によってまれに散乱されるだけである．この性質はパウリの排他原理の結果である．
自由電子フェルミ気体（free electron Fermi gas）とは，パウリの原理に従う自由電子気体を意味する．

1次元のエネルギー準位

量子理論とパウリの原理とを考慮して，1次元の自由電子気体を考察しよう．質量 m の電子が長さ L の線上に，その端にある無限大の障壁によって，束縛されているものとする（図2）．電子の波動関数 $\psi_n(x)$ はシュレーディンガー方程式 (Schrödinger equation) $\mathcal{H}\psi = \epsilon\psi$ の解である．ポテンシャルエネルギーを無視すると，$\mathcal{H} = p^2/2m$ である．ただし p は運動量である．量子論では p は演算子 $-i\hbar d/dx$ によって表現されるから

$$\mathcal{H}\psi_n = -\frac{\hbar^2}{2m}\frac{d^2\psi_n}{dx^2} = \epsilon_n\psi_n \tag{1}$$

である．ただし ϵ_n はその軌道にある電子のエネルギーである．

ここでは**軌道**（orbital）という言葉を1電子系に対する波動方程式の解を表示するために用いる．この言葉を用いれば，N 個の相互作用している電子系の波動方程式の厳密解で表される厳密な量子状態と近似的な量子状態とを区別することができる．近似的な状態は N 個の電子を N 個の異なる軌道に配置することによってつくられる．各軌道は1電子に対する波動方程式の解である．軌道モデルは，電子間に相互作用が存在しないときにのみ厳密である．

境界条件は $\psi_n(0) = 0$, $\psi_n(L) = 0$ であって，これは線の両端にあるポテンシャルの壁の高さが無限大であるために生じた．境界条件は，もしも波動関数が 0 と L との間で半波長の整数倍（n 倍）をもつ正弦波であれば，満足される：

$$\psi_n = A\sin\left(\frac{2\pi}{\lambda_n}x\right), \quad \frac{1}{2}n\lambda_n = L. \tag{2}$$

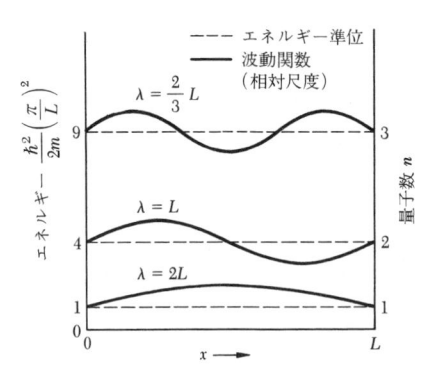

図2 長さ L の線上に束縛されている質量 m の自由電子の最初の三つのエネルギー準位と波動関数．エネルギー準位は，波動関数の半波長の数を与える量子数 n によって標示される．波長は波動関数の図のすぐ上に記してある．量子数 n の準位のエネルギー ϵ_n は $(h^2/2m)(n/2L)^2$ に等しい．

ただし A は定数である．(2) は (1) の解である．なぜならば

$$\frac{d\psi_n}{dx} = A\left(\frac{n\pi}{L}\right)\cos\left(\frac{n\pi}{L}x\right), \quad \frac{d^2\psi_n}{dx^2} = -A\left(\frac{n\pi}{L}\right)^2\sin\left(\frac{n\pi}{L}x\right).$$

それゆえにエネルギー固有値 ϵ_n は

$$\epsilon_n = \frac{\hbar^2}{2m}\left(\frac{n\pi}{L}\right)^2 \tag{3}$$

で与えられる．

N 個の電子を線上にのせたとしよう．**パウリの排他原理**(Pauli exclusion principle)によれば，"2個の電子がすべての量子数について同じ値をとることはできない"，すなわち各量子軌道状態はたかだか1個の電子によって占められうるだけである．この原理は原子，分子および固体内の電子に適用される．

1次元の固体においては伝導電子の軌道にある1電子の量子数は n と m_s である．n は任意の正の整数であり，磁気量子数 m_s はスピンの方向に従って $m_s = \pm\frac{1}{2}$ である．量子数 n によって指定される軌道の状態の各1対は，2個の電子をもつことができる．その1個は上向きスピンをもち，他の1個は下向きのスピンをもつ．

電子の数が6であるとすれば，系が基準状態にあるとき，電子によって満たされた軌道は次の表によって与えられる．

1個以上の軌道が同じエネルギー値をもつことがある．同じエネルギーをもつ軌道の数を**縮退度**(degeneracy)という．

n	m_s	電子の占有数	n	m_s	電子の占有数
1	↑	1	3	↑	1
1	↓	1	3	↓	1
2	↑	1	4	↑	0
2	↓	1	4	↓	0

エネルギー準位を底 ($n=1$) からつめ始めて，N 個の電子のすべてが準位に入るまで順々に高い準位を電子で満たしたとき，占められているうちで最高のエネルギー準位を n_F で表そう．N は偶数と仮定した方が便利であるが，そのときには条件 $2n_F = N$ から，占められている準位のうちの最高のエネルギー準位に対する n の値 n_F が決定される．

フェルミ・エネルギー(Fermi energy) ϵ_F は基準状態において N 個の電子によ

って占められた準位のうちで最高の準位のエネルギーである．(3) に $n=n_F$ を代入すれば1次元のフェルミ・エネルギーが得られる．

$$\epsilon_F = \frac{\hbar^2}{2m}\left(\frac{n_F\pi}{L}\right)^2 = \frac{\hbar^2}{2m}\left(\frac{N\pi}{2L}\right)^2 \tag{4}$$

フェルミ-ディラックの分布関数に対する温度の効果

基準状態は絶対零度における N 電子系の状態である．温度が上昇すると，何が起こるであろうか．これは初等的な統計力学における標準的な問題であって，解はフェルミ-ディラックの分布関数によって与えられる（付録DまたはTPの7章）．

電子気体の運動エネルギーは温度の上昇とともに増加する．絶対零度においては空であった準位のあるものは電子によって占められるようになり，絶対零度において占められていた準位のあるものは空になる（図3）．**フェルミ-ディラックの**

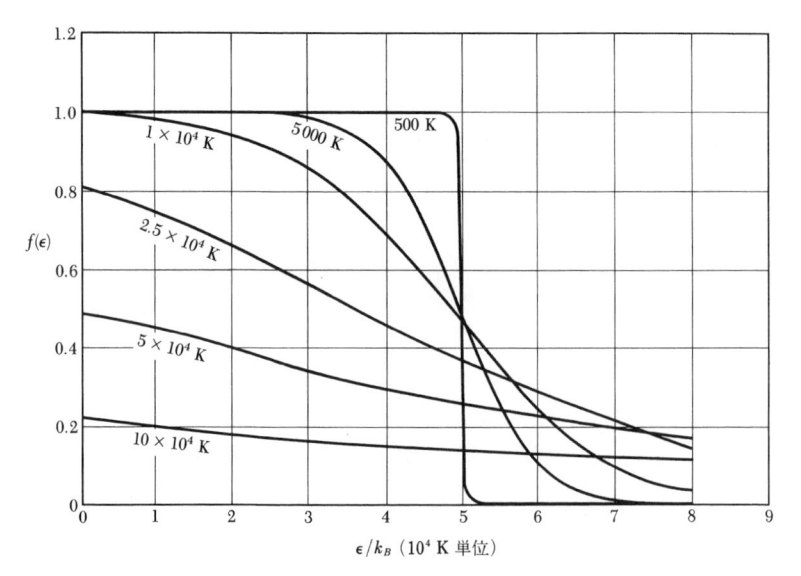

図3 いろいろな温度におけるフェルミ-ディラック分布関数 (5)．$T_F \equiv \epsilon_F/k_B = 50000$ K とする．この結果は3次元の気体に用いられる．粒子の総数は温度によらず一定としている．各温度における化学ポテンシャルは $f=0.5$ となるエネルギー値として図から読みとられる．

分布(Fermi-Dirac distribution)は，理想電子気体のエネルギー ϵ をもつ状態が，熱平衡において占められる確率を与える．これは次式で与えられる．

$$f(\epsilon) = \frac{1}{\exp[(\epsilon-\mu)/k_BT]+1}. \tag{5}$$

量 μ は温度の関数である．個々の問題に対して μ の値はその系の粒子の総数が正しく得られるように，すなわち N になるように選ばれるべきである．絶対零度においては $\mu = \epsilon_F$ である．というのは $T \to 0$ の極限においては関数 $f(\epsilon)$ は $\epsilon = \epsilon_F = \mu$ において不連続に 1（満たされた状態）から 0（空の状態）に変化するからである．どんな温度においても $f(\epsilon)$ は $\epsilon = \mu$ において $\frac{1}{2}$ に等しくなる．なぜならば，そのとき (5) の分母は 2 となるからである．

μ という量は**化学ポテンシャル**(chemical potential)とよばれる(TP の 5 章)．絶対零度においては化学ポテンシャルはフェルミ・エネルギーに等しい．フェルミ・エネルギーは絶対零度において電子によって占められている最高の軌道のエネルギーとして定義されている．

分布の高エネルギー部分の裾は $\epsilon - \mu \gg k_BT$ となるようなエネルギーの部分である．ここでは (5) の分母のうちで指数関数の項が 1 にくらべて非常に大きいから，$f(\epsilon)$ は近似的に，$f(\epsilon) \cong \exp[(\mu-\epsilon)/k_BT]$ である．この極限はボルツマン分布またはマクスウェル分布といわれる．

3次元の自由電子気体

3次元の自由粒子に対するシュレーディンガー方程式は

$$-\frac{\hbar^2}{2m}\left(\frac{\partial^2}{\partial x^2}+\frac{\partial^2}{\partial y^2}+\frac{\partial^2}{\partial z^2}\right)\psi_K(\mathbf{r}) = \epsilon_K\psi_K(\mathbf{r}) \tag{6}$$

である．電子が 1 辺 L の立方体の中に閉じ込められているとすれば，波動関数は定常波

$$\psi_n(\mathbf{r}) = A\sin(\pi n_x x/L)\sin(\pi n_y y/L)\sin(\pi n_z z/L) \tag{7}$$

である．n_x, n_y, n_z は正の整数である．原点は立方体の一つの角にある．

5 章でフォノンに関してしたように，周期的境界条件を満たす波動関数を導入することは便利である．いま，波動関数は x, y, z について周期 L をもつものとしよう．すると，

$$\psi(x+L, y, z) = \psi(x, y, z), \tag{8}$$

および同様の条件が y, z についても成立する．自由粒子のシュレーディンガー方程式と周期条件とを満たす波動関数は進行平面波の形のものである．

$$\boxed{\psi_\mathbf{k}(\mathbf{r}) = \exp(i\mathbf{k}\cdot\mathbf{r}).} \tag{9}$$

ただし $\mathbf{k}$ の成分は次の条件を満たすものとする：

$$k_x = 0, \quad \pm\frac{2\pi}{L}, \quad \pm\frac{4\pi}{L}, \quad \cdots. \tag{10}$$

k_y, k_z についても同様である．

n を正または負の整数とするとき，$\mathbf{k}$ のどの成分も $2n\pi/L$ という形をもち長さ L の周期的境界条件を満たす．$\mathbf{k}$ の成分はこの問題の量子数である．またこれとともにスピン方向に対して量子数 m_s が存在する．これらの値をもつ k_x が条件 (8) を満足することは直接に確かめることができる：

$$\exp[ik_x(x+L)] = \exp[i2n\pi(x+L)/L] = \exp(i2n\pi x/L)\exp(i2n\pi)$$
$$= \exp(i2n\pi x/L) = \exp(ik_x x). \tag{11}$$

(9) を (6) に代入すると，波動ベクトル $\mathbf{k}$ をもつ軌道のエネルギー固有値 $\epsilon_\mathbf{k}$ は次のように求められる：

$$\epsilon_\mathbf{k} = \frac{\hbar^2}{2m}k^2 = \frac{\hbar^2}{2m}(k_x^2 + k_y^2 + k_z^2). \tag{12}$$

波動ベクトルの大きさと波長 λ との間には $k = 2\pi/\lambda$ という関係がある．

運動量 $\mathbf{p}$ は量子力学においては演算子 $\mathbf{p} = -i\hbar\nabla$ で表現される．それゆえ，軌道状態 (9) に対しては

$$\mathbf{p}\psi_\mathbf{k}(\mathbf{r}) = -i\hbar\nabla\psi_\mathbf{k}(\mathbf{r}) = \hbar\mathbf{k}\psi_\mathbf{k}(\mathbf{r}) \tag{13}$$

となるから，平面波 $\psi_\mathbf{k}$ は運動量演算子の固有関数であり，その固有値は $\hbar\mathbf{k}$ である．軌道状態 $\mathbf{k}$ にある粒子の速度は $\mathbf{v} = \hbar\mathbf{k}/m$ によって与えられる．

N 個の自由電子の系の基準状態においては，電子によって占められた軌道状態は $\mathbf{k}$ 空間の球の内部の点によって代表される．球の表面のエネルギーは，フェルミ・エネルギーである．フェルミ面における波動ベクトルは次の大きさ k_F をもつ（図 4）：

$$\epsilon_F = \frac{\hbar^2}{2m}k_F^2. \tag{14}$$

条件 (10) から $\mathbf{k}$ 空間の体積要素 $(2\pi/L)^3$ あたりにただ 1 個の波動ベクトル，

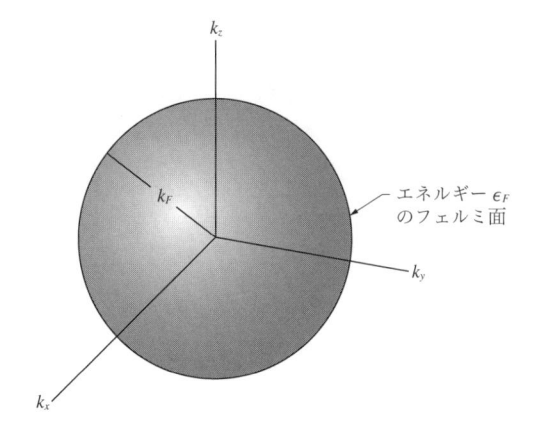

図 4 N 個の自由電子の体系の基準状態においては,占められた状態は半径 k_F の球を満たす.$\epsilon_F = \hbar^2 k_F^2/2m$ は波動ベクトル k_F をもつ電子のエネルギーである.

すなわち k_x, k_y, k_z の 1 組だけが存在することがわかる.それゆえ体積 $4\pi k_F^3/3$ の球内にある軌道状態の数は

$$2 \cdot \frac{4\pi k_F{}^3/3}{(2\pi/L)^3} = \frac{V}{3\pi^2} k_F{}^3 = N \tag{15}$$

である.ここで左辺の数因子 2 は,**k** の許された各値に対してスピン量子数に二つの値が許されることからきたものである.するとフェルミ球の半径 k_F は (15) から

$$k_F = \left(\frac{3\pi^2 N}{V}\right)^{1/3} \tag{16}$$

によって与えられるが,これは粒子の密度だけに依存する.
(14) と (16) を用いると

$$\boxed{\epsilon_F = \frac{\hbar^2}{2m}\left(\frac{3\pi^2 N}{V}\right)^{2/3}.} \tag{17}$$

この式はフェルミ・エネルギーと電子密度 N/V を結びつけるものである.フェルミ面における電子の速度 v_F は

$$v_F = \left(\frac{\hbar k_F}{m}\right) = \left(\frac{\hbar}{m}\right)\left(\frac{3\pi^2 N}{V}\right)^{1/3} \tag{18}$$

である.いくつかの金属に対する k_F, v_F, ϵ_F の計算値を表 1 に示した.ϵ_F/k_B で定義される量 T_F の値も記入しておいた.(この量 T_F は電子気体の温度と何の関係もない.)

表 1 金属の自由電子フェルミ面のパラメーターの室温における計算値. (Na, K, Rb, Cs については 5 K, Li については 78 K)

価数	金属	電子密度 (cm^{-3})	半径パラメーター[a)] r_n	フェルミ波動ベクトル (cm^{-1})	フェルミ速度 (cm/s)	フェルミ・エネルギー (eV)	フェルミ温度 $T_F \equiv \varepsilon_F/k_B$ (K)
1	Li	4.70×10^{22}	3.25	1.11×10^8	1.29×10^8	4.72	5.48×10^4
	Na	2.65	3.93	0.92	1.07	3.23	3.75
	K	1.40	4.86	0.75	0.86	2.12	2.46
	Rb	1.15	5.20	0.70	0.81	1.85	2.15
	Cs	0.91	5.63	0.64	0.75	1.58	1.83
	Cu	8.45	2.67	1.36	1.57	7.00	8.12
	Ag	5.85	3.02	1.20	1.39	5.48	6.36
	Au	5.90	3.01	1.20	1.39	5.51	6.39
2	Be	24.2	1.88	1.93	2.23	14.14	16.41
	Mg	8.60	2.65	1.37	1.58	7.13	8.27
	Ca	4.60	3.27	1.11	1.28	4.68	5.43
	Sr	3.56	3.56	1.02	1.18	3.95	4.58
	Ba	3.20	3.69	0.98	1.13	3.65	4.24
	Zn	13.10	2.31	1.57	1.82	9.39	10.90
	Cd	9.28	2.59	1.40	1.62	7.46	8.66
3	Al	18.06	2.07	1.75	2.02	11.63	13.49
	Ga	15.30	2.19	1.65	1.91	10.35	12.01
	In	11.49	2.41	1.50	1.74	8.60	9.98
4	Pb	13.20	2.30	1.57	1.82	9.37	10.87
	Sn(w)	14.48	2.23	1.62	1.88	10.03	11.64

a) 次元のない量. 半径パラメーター r_n は, $r_n = r_0/a_H$ によって定義されている. a_H はボーア半径 (0.529×10^{-8} cm) である. r_0 は電子1個を含む球の半径である.

3次元の自由電子気体　**149**

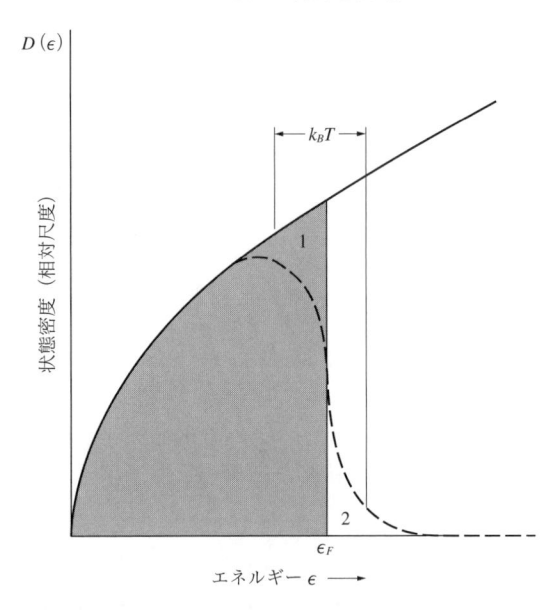

図5　3次元の自由電子気体の1電子状態密度をエネルギーの関数として示す．破線の曲線は有限温度の占められた状態の密度 $f(\epsilon, T)D(\epsilon)$ を示す．ただし k_BT が ϵ_F に比較して小さい温度である．影をつけた面積は絶対零度において占められた領域を示す．温度が0度から T 度まで増加するとき平均のエネルギーは増加する．電子が領域1から領域2へと熱的に励起されるからである．

単位エネルギー領域あたりの軌道状態の数 $D(\epsilon)$ を与える表式を見いだそう．これはしばしば**状態密度**（density of states）とよばれている[1]．ϵ 以下のエネルギーの軌道の総数を得るために (17) を用いる：

$$N = \frac{V}{3\pi^2}\left(\frac{2m\epsilon}{\hbar^2}\right)^{3/2}. \tag{19}$$

したがって，状態密度は（図5）

$$\boxed{D(\epsilon) \equiv \frac{dN}{d\epsilon} = \frac{V}{2\pi^2}\cdot\left(\frac{2m}{\hbar^2}\right)^{3/2}\cdot\epsilon^{1/2}} \tag{20}$$

である．この結果は ϵ における (19) と (20) とをくらべることにより，より簡単に表現され，

---

1)　厳密にいえば，$D(\epsilon)$ は1粒子状態の密度，すなわち軌道の密度である．

$$D(\epsilon) \equiv \frac{dN}{d\epsilon} = \frac{3N}{2\epsilon} \tag{21}$$

となる．1の程度の数因子を度外視すれば，フェルミ・エネルギーにおける単位エネルギー領域あたりの軌道の数は伝導電子の数をフェルミ・エネルギーで割ったものに等しい．これはちょうど期待される値である．

電子気体の比熱

金属電子論の初期の段階において最大の困難をもたらした問題は伝導電子の比熱に関するものであった．古典統計力学によれば自由な点粒子は比熱 $\frac{3}{2}k_B$ をもつ（k_B はボルツマン定数）．もし N 個の各原子が電子気体に電子1個ずつを与えるとし，その電子が自由に運動するものとすれば，単原子気体の原子と同様に伝導電子は比熱へ $\frac{3}{2}Nk_B$ だけ寄与すべきである．しかし，実験によれば室温での電子の寄与はふつうこの値の 0.01 倍よりも小さい．

この重大な不一致は Lorentz のような初期の研究者を悩ませた．電子は一方では比熱に寄与しないのに，どうして他方では動きうるもののように電気伝導に関与できるのだろうか？　この問題はパウリの排他原理とフェルミの分布関数の発見によってはじめて解かれたのである．Fermi は正しい式を発見し，次のように書いている．"比熱が絶対零度において消失し，低温においては絶対温度に比例することがわかった．"

試料を絶対零度から熱したとき，古典論から期待されるように，どの電子もが k_BT 程度のエネルギーを得るのではなく，ただフェルミ面の付近のエネルギー幅 k_BT の状態の中にある電子だけが図5から知られるように，熱的に励起される．このことから，伝導電子気体の比熱の問題に対して直接の定性的な説明が与えられる．今，電子の総数を N とすれば，温度 T においてそのうちの T/T_F の程度の部分だけが熱的に励起される．これらの電子のみが電子のエネルギー分布の上端の幅 k_BT 程度の範囲内に存在するからである．

これら NT/T_F 個の電子のそれぞれが，k_BT 程度の熱エネルギーをもっているので，電子の全熱エネルギー U は

$$U_{el} \approx (NT/T_F)k_BT \tag{22}$$

の程度の量である．電子比熱は

電子気体の比熱　**151**

$$C_{el} = \partial U/\partial T \approx Nk_B(T/T_F) \tag{23}$$

によって与えられ，直接 T に比例している．これは次の節で述べる実験結果と一致している．室温においては，C_{el} は $T_F \sim 5 \times 10^4 \text{K}$ とすれば，古典論による値 $\frac{3}{2}Nk_B$ の 0.01 の程度かまたはより小さい．

さて，低温 $(k_B T \ll \epsilon_F)$ において正しい電子比熱の定量的な式を導き出そう．N 個の電子の体系の温度を 0 から T に熱したとき，系の全エネルギーの増加 $\Delta U = U(T) - U(0)$ は次の式で与えられる（図5）：

$$\Delta U = \int_0^\infty d\epsilon\, \epsilon D(\epsilon) f(\epsilon) - \int_0^{\epsilon_F} d\epsilon\, \epsilon D(\epsilon). \tag{24}$$

$f(\epsilon)$ はフェルミ-ディラックの関数

$$\boxed{f(\epsilon, T, \mu) = \frac{1}{\exp[(\epsilon - \mu)/k_B T] + 1}} \tag{24 a}$$

であり，$D(\epsilon)$ は単位エネルギーあたりの軌道の数である．恒等式

$$N = \int_0^\infty d\epsilon\, D(\epsilon) f(\epsilon) = \int_0^{\epsilon_F} d\epsilon\, D(\epsilon) \tag{25}$$

に ϵ_F を乗じて，次式が得られる：

$$\left(\int_0^{\epsilon_F} + \int_{\epsilon_F}^\infty\right) d\epsilon\, \epsilon_F f(\epsilon) D(\epsilon) = \int_0^{\epsilon_F} d\epsilon\, \epsilon_F D(\epsilon). \tag{26}$$

(26) を用いて (24) を書き直すと

$$\Delta U = \int_{\epsilon_F}^\infty d\epsilon (\epsilon - \epsilon_F) f(\epsilon) D(\epsilon) + \int_0^{\epsilon_F} d\epsilon (\epsilon_F - \epsilon)[1 - f(\epsilon)] D(\epsilon) \tag{27}$$

となる．(27) の右辺の最初の積分は電子を ϵ_F からとってエネルギー $\epsilon > \epsilon_F$ をもつ軌道に移すために必要なエネルギーを与える．第2の積分は電子を ϵ_F 以下のエネルギーをもつ軌道からとって ϵ_F に移すために必要なエネルギーを与える．エネルギーに対する寄与は両者ともに正である．

(27) の最初の積分の中の積 $f(\epsilon) D(\epsilon) d\epsilon$ はエネルギー ϵ の場所のエネルギー領域 $d\epsilon$ の中にある軌道にもち上げられた電子の数である．第2の積分の中の因子 $[1 - f(\epsilon)]$ は1個の電子が軌道 ϵ からすでに取り去られている確率である．関数 ΔU は図6に示してある．

電子気体の比熱は ΔU を T について微分すると得られる．(27) の中に温度に依存している項は $f(\epsilon)$ だけである．それゆえ，2項を集めて次の式が得られる：

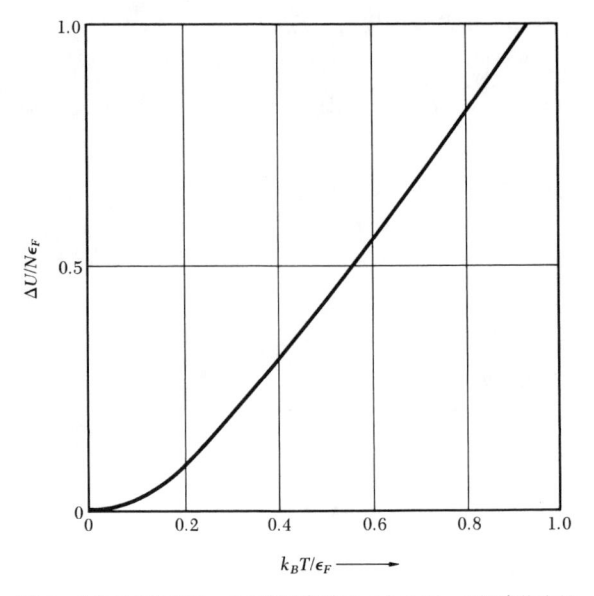

図6 3次元の自由フェルミ粒子気体のエネルギーの温度依存性. エネルギーは規格化された形式 $\Delta U/N\epsilon_F$ で図示してある. N は電子数である. 温度は無次元の量 k_BT/ϵ_F として図示してある.

$$C_{el} = \frac{dU}{dT} = \int_0^\infty d\epsilon (\epsilon - \epsilon_F)\frac{df}{dT}D(\epsilon). \tag{28}$$

金属において問題となる温度は $\tau/\epsilon_F < 0.01$ $(\tau = k_BT)$ であって, われわれは図3から $(\epsilon - \epsilon_F)\,df/dT$ は ϵ_F に近いエネルギー値においてだけ大きい正の値をもつことを知る. 状態密度 $D(\epsilon)$ を ϵ_F において評価し, それを積分の外に出すのはよい近似である. すると

$$C_{el} \cong D(\epsilon_F)\int_0^\infty d\epsilon(\epsilon - \epsilon_F)\frac{df}{dT}. \tag{29}$$

化学ポテンシャル μ の温度変化に関しては, 図7と図8のグラフを吟味すると, $k_BT \ll \epsilon_F$ であるならば, フェルミ-ディラック分布関数の化学ポテンシャル μ の温度依存性を無視して, μ を定数 ϵ_F でおき換えてもよいことに気づく. それで $\tau \equiv k_BT$ として

$$\frac{df}{d\tau} = \frac{\epsilon - \epsilon_F}{\tau^2} \cdot \frac{\exp[(\epsilon - \epsilon_F)/\tau]}{\{\exp[(\epsilon - \epsilon_F)/\tau] + 1\}^2} \tag{30}$$

となる. ここで

電子気体の比熱

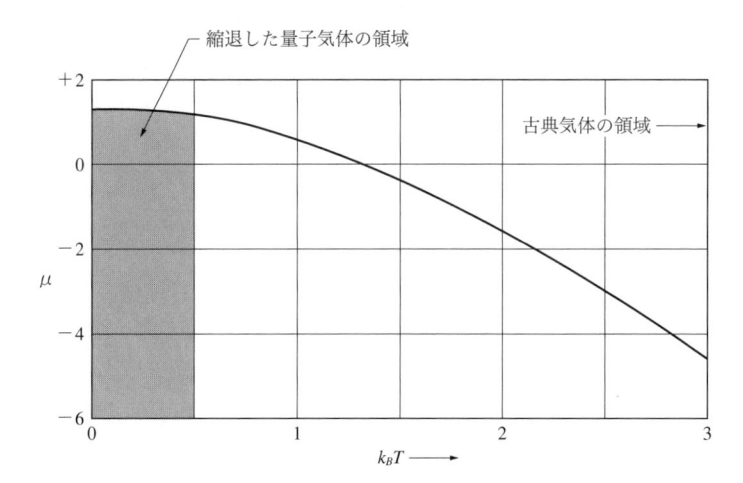

図7 3次元の自由フェルミ粒子気体に対する化学ポテンシャルを k_BT の関数として図示したもの．便宜上 μ と k_BT の単位は $0.763\,\epsilon_F$ にとってある．

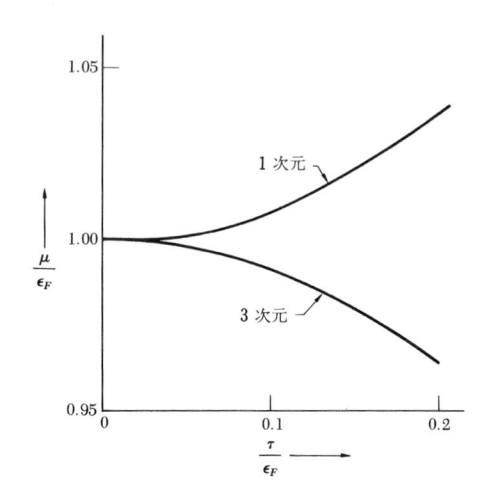

図8 1次元と3次元の場合との，自由電子フェルミ気体に対する化学ポテンシャル μ の温度変化．ふつうの金属において，常温では $\tau/\epsilon_F \approx 0.01$ であるから，μ はほとんど ϵ_F に等しい．この曲線は系の粒子数を与える積分を級数展開によって計算したものである．

$$x \equiv (\epsilon - \epsilon_F)/\tau \tag{31}$$

とおくと，(29) と (30) とから

$$C_{el} = k_B{}^2 T D(\epsilon_F) \int_{-\epsilon_F/\tau}^{\infty} dx\, x^2 \frac{e^x}{(e^x+1)^2} \tag{32}$$

となる．もしわれわれが $\epsilon_F/\tau \sim 100$ あるいはそれ以上という低い温度を取り扱っ

ているならば，被積分関数の中の e^x は $x=-\epsilon_F/\tau$ においてすでに無視されるだけ小さいから，積分の下限を $-\infty$ でおき換えても大丈夫である．(32)の積分は次のようになる：

$$\int_{-\infty}^{\infty} dx\, x^2 \frac{e^x}{(e^x+1)^2} = \frac{\pi^2}{3}. \tag{33}$$

それゆえ，電子気体の比熱は

$$C_{el} = \frac{1}{3}\pi^2 D(\epsilon_F) k_B^2 T \tag{34}$$

である．

自由電子気体に対しては，$k_B T_F \equiv \epsilon_F$ とおいて，(21)を用いると

$$D(\epsilon_F) = 3N/2\epsilon_F = 3N/2k_B T_F. \tag{35}$$

それで(34)は

$$C_{el} = \frac{1}{2}\pi^2 N k_B T / T_F \tag{36}$$

となる．T_F は**フェルミ温度**とよんでいるが，それは電子の温度ではなくて，便利な参照記号であることに注意せよ．

金属の比熱の実験値

デバイ温度 θ とフェルミ温度 T_F よりもはるかに低い温度においては，金属の定積比熱は，電子からの寄与と格子からの寄与との和として書くことができよう．すなわち $C = \gamma T + AT^3$ である．ここで γ と A とは物質に固有の定数である．電子による項は T に比例し，十分低温においては支配的になる．C の実験値を C/T 対 T^2 の曲線として描くと便利である：

$$C/T = \gamma + AT^2. \tag{37}$$

こうすれば実験値は直線上にのるべきであり，その傾きから A が決定され，縦軸を切る値から γ が決定される．カリウムに対するそのような実験値を図9に示す．ゾンマーフェルト・パラメーターとよばれる γ の測定値は表2に記してある．

係数 γ の測定値は理論から期待される程度の数値をもってはいるが，質量 m をもつ自由電子に対して関係式(17)と(34)を用いて得た計算値と非常によくは一致していないことが多い．電子比熱の測定値と自由電子の値との比を**熱的有効質量**(thermal effective mass) m_{th} と自由電子の質量 m との比として表現する

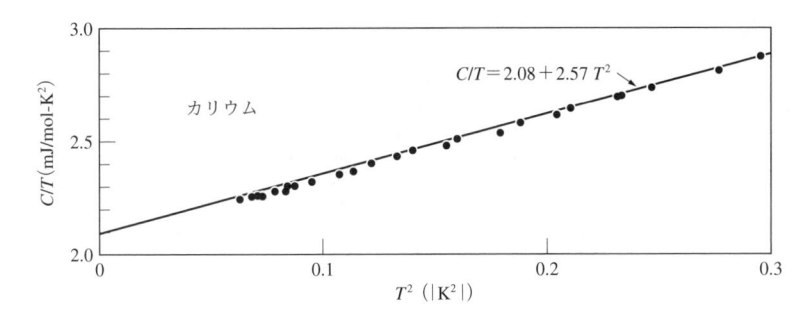

図 9 カリウム比熱の実験値．（C/T 対 T^2 の曲線）（W. H. Lien と N. E. Phillips による．）

ことがよく行われている．すなわち m_{th} を次の関係によって定義する：

$$\frac{m_{\text{th}}}{m} \equiv \frac{\gamma(\text{測定値})}{\gamma(\text{自由電子の値})}. \tag{38}$$

ϵ_F は電子の質量に逆比例するので，$\gamma \propto m$ である．よって (38) の形は自然に導き出されてくる．比の値は表2に与えてある．比が1からずれているのは次の三つの効果が存在することを意味する．

- 伝導電子と静止した結晶格子の周期ポテンシャルとの相互作用．このポテンシャルの中の電子の有効質量はバンド有効質量とよばれる．
- 伝導電子とフォノンとの相互作用．電子はその近傍の格子を偏極させたり，ひずませたりする作用をするので，運動している電子は近くのイオンをひきずろうとする．そのさいに，電子の有効質量は増加する．
- 伝導電子の間の相互作用．運動している電子は周囲の電子気体の中に慣性的な反作用を誘発する．そのさいに電子の有効質量は増加する．

重いフェルミ粒子　非常に大きい，すなわち100倍か1000倍程度もふつうより大きい電子比熱定数 γ をもついくつかの金属間化合物が発見された．重いフェルミ粒子(heavy fermion)の化合物は UBe_{13}, $CeAl_3$, $CeCu_2Si_2$ を含んでいる．これらの化合物の f 電子は $1000\,m$ ほども大きい有効質量をもちうるであろうと考えられている．f 電子の波動関数は隣りのイオンとの重なりが小さいからである．（9章の"エネルギーバンドに対する強束縛の近似"を参照せよ．）

表 2 金属の電子比熱の定数 γ の実験値と自由電子モデルによる値．(N. E. Phillips と N. Pearlman によって整理されたものによる．熱的有効質量は (38) によって定義されている)

- γ の実測値 (mJ mol⁻¹ K⁻²)
- γ の自由電子モデルによる計算値 (mJ mol⁻¹ K⁻²)
- m_{th}/m = (γ の実測値) / (γ の計算値)

Li	Be											B	C	N
1.63	0.17													
0.749	0.500													
2.18	0.34													

Na	Mg											Al	Si	P
1.38	1.3											1.35		
1.094	0.992											0.912		
1.26	1.3											1.48		

K	Ca	Sc	Ti	V	Cr	Mn(γ)	Fe	Co	Ni	Cu	Zn	Ga	Ge	As
2.08	2.9	10.7	3.35	9.26	1.40	9.20	4.98	4.73	7.02	0.695	0.64	0.596		0.19
1.668	1.511									0.505	0.753	1.025		
1.25	1.9									1.38	0.85	0.58		

Rb	Sr	Y	Zr	Nb	Mo	Tc	Ru	Rh	Pd	Ag	Cd	In	Sn(w)	Sb
2.41	3.6	10.2	2.80	7.79	2.0	—	3.3	4.9	9.42	0.646	0.688	1.69	1.78	0.11
1.911	1.790									0.645	0.948	1.233	1.410	
1.26	2.0									1.00	0.73	1.37	1.26	

Cs	Ba	La	Hf	Ta	W	Re	Os	Ir	Pt	Au	Hg(α)	Tl	Pb	Bi
3.20	2.7	10.	2.16	5.9	1.3	2.3	2.4	3.1	6.8	0.729	1.79	1.47	2.98	0.008
2.238	1.937									0.642	0.952	1.29	1.509	
1.43	1.4									1.14	1.88	1.14	1.97	

電気伝導率とオームの法則

自由電子の運動量は $m\mathbf{v}=\hbar\mathbf{k}$ によって波動ベクトルと関連する．電場 $\mathbf{E}$ と磁場 $\mathbf{B}$ の中で電荷 $-e$ をもつ電子に作用する力 $\mathbf{F}$ は $-e[\mathbf{E}+(1/c)\mathbf{v}\times\mathbf{B}]$ であるから，ニュートンの運動の第2法則は

(CGS) $$\mathbf{F} = m\frac{d\mathbf{v}}{dt} = \hbar\frac{d\mathbf{k}}{dt} = -e\left(\mathbf{E} + \frac{1}{c}\mathbf{v}\times\mathbf{B}\right) \tag{39}$$

となる．もし電子が衝突を受けないとすれば，$\mathbf{k}$ 空間におけるフェルミ球(図10)は外から加えられた一様な電場の作用によって一定の速さで動く．$\mathbf{B}=0$ の場合には (39) を積分すると

$$\mathbf{k}(t) - \mathbf{k}(0) = -e\mathbf{E}t/\hbar \tag{40}$$

が得られる．

もしも力 $\mathbf{F}=-e\mathbf{E}$ が，時刻 $t=0$ に，$\mathbf{k}$ 空間の原点を中心とするフェルミ球を満

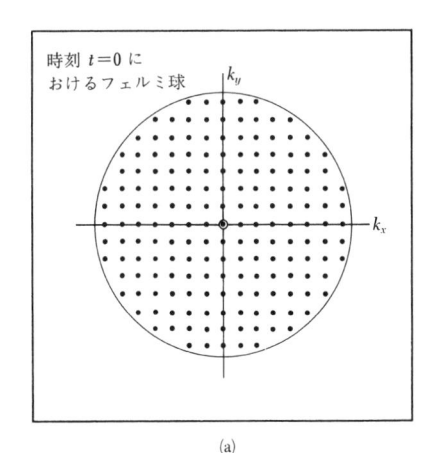

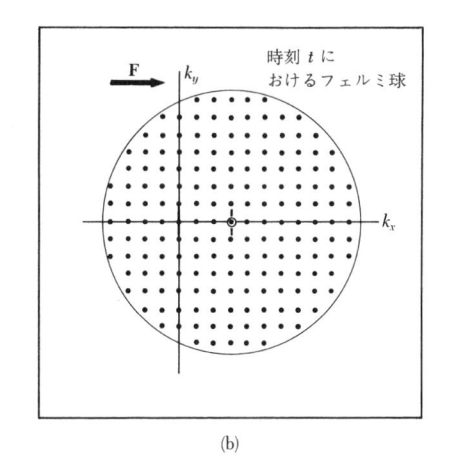

図10 (a) フェルミ球は電子気体の基準状態において，$\mathbf{k}$ 空間の電子によって占められた状態を囲んでいる．正味の運動量の値は 0 である．なぜならば，おのおのの占められた状態 $\mathbf{k}$ に対して，占められた状態 $-\mathbf{k}$ がつねに存在するからである．(b) 時間 t の間作用する一定の力 $\mathbf{F}$ の効果によって，すべての状態の $\mathbf{k}$ ベクトルが $\delta\mathbf{k}=\mathbf{F}t/\hbar$ だけ増加する．これはフェルミ球全体を $\delta\mathbf{k}$ だけ移動することと同等である．もし N 個の電子が存在するならば，全運動量は $N\hbar\delta\mathbf{k}$ である．力が作用したとき，系のエネルギーは $N(\hbar\delta\mathbf{k})^2/2m$ だけ増加する．

たしている電子気体に加えられると，t 時間後には球は新しい中心が

$$\delta\mathbf{k} = -e\mathbf{E}t/\hbar \tag{41}$$

となるように移動する．フェルミ球が全体として移動することに注意せよ．なぜなら，すべての電子が同じ値 $\delta\mathbf{k}$ だけ移動するからである．

　電子が不純物や，格子欠陥やフォノンと衝突するために，移動した球は電場の中で定常状態を保つであろう．もしも衝突時間が τ であると，定常状態におけるフェルミ球の移動は，$t=\tau$ としたときの(41)で与えられる．速度の増分は，$\mathbf{v} = \hbar\delta\mathbf{k}/m = -e\mathbf{E}\tau/m$ である．単位体積あたりに電荷 $q=-e$ をもつ電子が n 個あるとすれば，一様な電場 $\mathbf{E}$ による電流の密度は

$$\mathbf{j} = nq\mathbf{v} = ne^2\tau\mathbf{E}/m \tag{42}$$

である．これはオームの法則である．電気伝導率 σ は $\mathbf{j}=\sigma\mathbf{E}$ で定義されるから(42)によって，

$$\boxed{\sigma = \frac{ne^2\tau}{m}} \tag{43}$$

である．電気抵抗率(electrical resistivity) ρ は電気伝導率の逆数として定義される．それゆえ，

$$\rho = m/ne^2\tau \tag{44}$$

となる．元素の電気伝導率と抵抗率の値は表3に与えてある．σ はガウス単位で周波数のディメンションをもつ．

　フェルミ気体の電気伝導率に対する結果(43)を理解することは簡単である．われわれは，運ばれる電荷は電荷密度 ne に比例するものと期待する．因子 e/m は，与えられた電場内での加速度が e に比例し，質量に逆比例するから，(43)に現れたのである．また時間 τ は電場が電子に有効に作用する自由時間の長さを示している．電気伝導率に対する上とよく似た結果が古典（マクスウェル）電子気体に対しても得られる．この状況は多くの半導体の問題において，キャリヤー濃度の低い場合に実現されている．

金属の電気抵抗率の実験値

　大部分の金属の電気抵抗率は室温（300 K）においては伝導電子と格子フォノンとの衝突によって支配され，液体ヘリウム温度（4 K）においては不純物原子およ

電気伝導率とオームの法則　159

表 3 295K における金属の電気伝導率と抵抗率. (抵抗率は G. T. Meaden, *Electrical resistance of metals*, Plenum, 1965 による. 残留抵抗率の値は差し引いてある)

電気伝導率 $10^6\,(\Omega\,\text{cm})^{-1}$
抵抗率 $(10^{-6}\,\Omega\,\text{cm})$

Li	Be											B	C	N	O	F	Ne
1.07	3.08																
9.32	3.25																
Na	Mg											Al	Si	P	S	Cl	Ar
2.11	2.33											3.65					
4.75	4.30											2.74					
K	Ca	Sc	Ti	V	Cr	Mn	Fe	Co	Ni	Cu	Zn	Ga	Ge	As	Se	Br	Kr
1.39	2.78	0.21	0.23	0.50	0.78	0.072	1.02	1.72	1.43	5.88	1.69	0.67					
7.19	3.6	46.8	43.1	19.9	12.9	139.	9.8	5.8	7.0	1.70	5.92	14.85					
Rb	Sr	Y	Zr	Nb	Mo	Tc	Ru	Rh	Pd	Ag	Cd	In	Sn(w)	Sb	Te	I	Xe
0.80	0.47	0.17	0.24	0.69	1.89	~0.7	1.35	2.08	0.95	6.21	1.38	1.14	0.91	0.24			
12.5	21.5	58.5	42.4	14.5	5.3	~14.	7.4	4.8	10.5	1.61	7.27	8.75	11.0	41.3			
Cs	Ba	La β	Hf	Ta	W	Re	Os	Ir	Pt	Au	Hg liq.	Tl	Pb	Bi	Po	At	Rn
0.50	0.26	0.13	0.33	0.76	1.89	0.54	1.10	1.96	0.96	4.55	0.10	0.61	0.48	0.086	0.22		
20.0	39.	79.	30.6	13.1	5.3	18.6	9.1	5.1	10.4	2.20	95.9	16.4	21.0	116.	46.		
Fr	Ra	Ac															

Ce	Pr	Nd	Pm	Sm	Eu	Gd	Tb	Dy	Ho	Er	Tm	Yb	Lu
0.12	0.15	0.17		0.10	0.11	0.070	0.090	0.11	0.13	0.12	0.16	0.38	0.19
81.	67.	59.		99.	89.	134.	111.	90.0	77.7	81.	62.	26.4	53.
Th	Pa	U	Np	Pu	Am	Cm	Bk	Cf	Es	Fm	Md	No	Lr
0.66		0.39	0.085	0.070									
15.2		25.7	118.	143.									

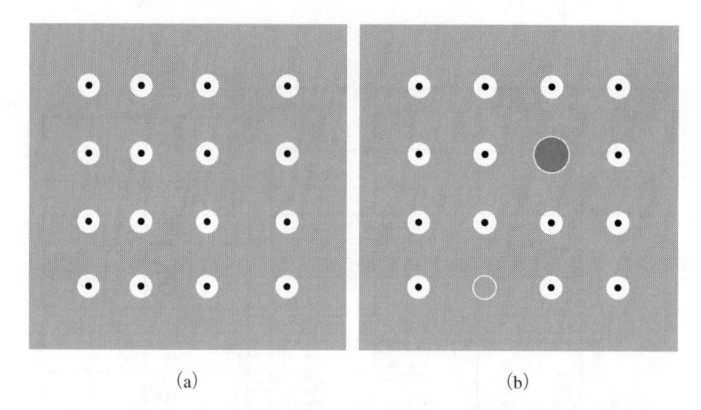

図 11 大多数の金属の電気抵抗は格子の不規則性による電子の散乱から生ずる．(a) フォノンによる不規則性．(b) 不純物または格子欠陥による不規則性．

び格子の不完全性との衝突によって起こる（図 11）．これらの衝突の起こる確率は互いに独立であるとみなしても，それがよい近似であることが多い．それゆえ，電場が切られたならば，電子の運動量分布は次の緩和率（relaxation rate）で基準状態に戻るであろう：

$$\frac{1}{\tau} = \frac{1}{\tau_L} + \frac{1}{\tau_i}. \tag{45}$$

ここに τ_L と τ_i とはそれぞれフォノンによる散乱の衝突時間と格子の不完全性による散乱の衝突時間である．

それで全体の抵抗率は

$$\rho = \rho_L + \rho_i \tag{46}$$

によって与えられる．ρ_L はフォノンによって生ずる抵抗率であり，ρ_i は電子波が，格子の周期性を乱す静的な格子欠陥によって散乱されるために生ずる抵抗率である．欠陥の濃度が薄い場合には，ρ_L は欠陥点の数によらないことが多い．また ρ_i は温度によらないことが多い．この経験的な観察を表現したものが**マティーセンの規則**（Matthiessen's rule）である．これは図 12 に示したように，実験データを解析するさいに役に立つ．

残留抵抗率（residual resistivity）$\rho_i(0)$ とは抵抗率の測定値を 0K にまで外挿した値である．ρ_L は $T \rightarrow 0$ において 0 となるからである．格子抵抗率（lattice resistivity）$\rho_L(T) = \rho - \rho_i(0)$ は，$\rho_i(0)$ の値が大きく変わっている場合でさえ

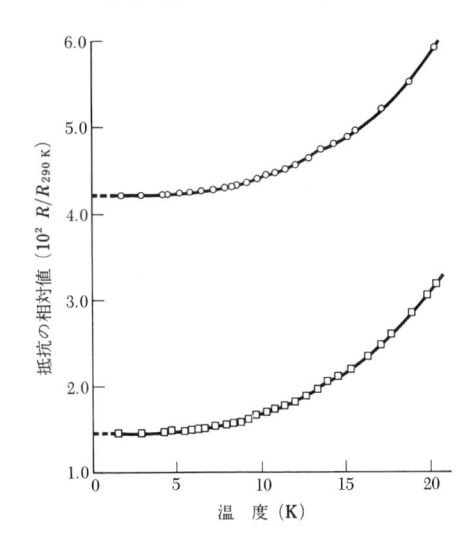

図12 20 K 以下でのカリウムの電気抵抗．D. MacDonald と K. Mendelssohn による 2 試料に対する測定値．絶対零度における値が異なるのは不純物と静的格子欠陥の濃度が二つの試料で異なるからである．

も，同一の金属の異なる試料において同じ値をもつ．ある試料の**抵抗比**（resistivity ratio）とはふつう室温における抵抗値の残留抵抗に対する比として定義される．これは試料の純度の近似的な指標として便利である．多くの物質において，固溶体内の 1 原子パーセントの不純物はおよそ $10^{-6}\,\Omega\,\mathrm{cm}$ の残留抵抗率を引き起こす．抵抗比 1000 の銅の試料は残留抵抗率 $1.7\times10^{-9}\,\Omega\,\mathrm{cm}$ をもち，およそ 20 ppm の不純物濃度に相当する．例外的に純度の高い試料では抵抗比は 10^6 までも高くなる．これに対してある合金(たとえばマンガニン)では 1.1 ほどにも低くなる．

非常に純度の高い銅の結晶で，液体ヘリウム温度（4 K）での電気伝導度が室温の値のほぼ 10^5 倍になる結晶を得ることは可能である．このとき 4 K で $\tau\sim2\times10^{-9}$ 秒となる．伝導電子の平均自由行程 l は，フェルミ面での速度を v_F として

$$l = v_F \tau \tag{47}$$

で定義される．なぜなら衝突はすべてフェルミ面近くの電子の間だけで生ずるからである．表1から銅について $v_F=1.57\times10^8\,\mathrm{cm\,s^{-1}}$ であるから，4 K での平均自由行程は $l(4\mathrm{K})\sim 0.3\,\mathrm{cm}$ である．ヘリウム温度領域において，非常に高純度の金属について 10 cm にもなる平均自由行程が観測されている．

電気抵抗の温度に依存する部分は電子が熱的に励起されたフォノンと衝突する確率および熱運動をしている他の伝導電子と衝突する確率に比例する．フォノン

との衝突の確率は熱フォノンの濃度に比例する．一つの簡単な極限はデバイ温度 θ 以上の温度である．ここではフォノンの濃度は温度 T に比例するので，$T>\theta$ においては $\rho \propto T$ である．理論の概要は付録 J に与えてある．

ウムクラップ散乱[*]

　フォノンによる電子のウムクラップ散乱（umklapp scattering）（5章）は低温における電気抵抗の大部分の原因である．それは電子-フォノン散乱の中の逆格子ベクトル $\mathbf{G}$ が関与しているような散乱である．この散乱過程においては電子の運動量の変化は低温における正常の電子-フォノン散乱過程における運動量の変化よりもはるかに大きい．（ウムクラップ過程においては，1粒子の波動ベクトルは大きく"反対側にはじかれる"といえる．）

　bcc カリウムの隣り合う二つのブリルアン・ゾーンを通って，[100]に垂直な断面を考察しよう．各ゾーンに等価のフェルミ球を描く（図13）．図の下半部に示したのは正常の電子-格子衝突 $\mathbf{k}' = \mathbf{k} + \mathbf{q}$ である．上半部に示したのは可能な散乱過程 $\mathbf{k}' = \mathbf{k} + \mathbf{q} + \mathbf{G}$ であって，関与しているフォノンは同じであるが，終点は第1ブリルアン・ゾーンの外側にある点 A である．この点はもとのゾーンの中にある点 A' と正確に同じである．ただし AA' は逆格子ベクトルの一つ $\mathbf{G}$ である．この散乱は，フォノンの場合との類似で，ウムクラップ散乱である．このような衝突は強い散乱である．なぜならば散乱角は π に近くなりうるからである．

　フェルミ面がゾーンの境界を切っていない場合には，ウムクラップ散乱を起こしうるフォノンの波動ベクトルには最小値（下限値）がある．それを q_0 としよう．

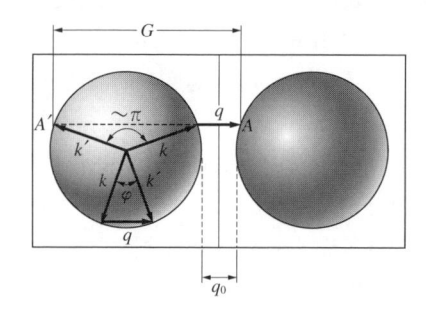

図 13 隣接するゾーンの中の二つのフェルミ面．電気抵抗に対するフォノンのウムクラップ過程の役割を示すように書かれている．

---

　[*]　（訳者注）反転散乱あるいは広角度散乱ともいう．

十分に低い温度においては，ウムクラップ散乱を生じさせうるフォノンの数は $\exp(-\theta_U/T)$ のように減少していく．ここに θ_U はブリルアン・ゾーン内にあるフェルミ面の幾何学的な形から計算できる特性温度である．1原子あたり1個の伝導電子をもつbcc格子の金属がブリルアン・ゾーンの内に球形のフェルミ面をもつとすると，幾何学によって $q_0=0.267\,k_F$ であることを示すことができる．

カリウムに対する実験データ (図12) は期待されたように指数関数形で，$\theta_U=23\,\mathrm{K}$ である．これと比較されるデバイ温度 θ は $91\,\mathrm{K}$ である．ごく低い温度 (カリウムではおよそ2K以下) においては，ウムクラップ散乱の数は無視されるようになり，格子による抵抗はただ小角度散乱によってのみ生じる．これはウムクラップ散乱でなく正常散乱である．

磁場内の運動

(39) と (41) とを導いた議論によって，外力 **F** と頻度 $1/\tau$ の衝突で表される摩擦力を受けている粒子のフェルミ球の変位 $\delta\mathbf{k}$ の運動方程式

$$\hbar\left(\frac{d}{dt}+\frac{1}{\tau}\right)\delta\mathbf{k}=\mathbf{F} \tag{48}$$

が得られる．自由粒子の加速度の項が $(\hbar d/dt)\delta\mathbf{k}$ であり，衝突 (摩擦) の効果は $\hbar\delta\mathbf{k}/\tau$ である．τ は衝突時間である．

今度は一様な磁場 **B** の中にある系の運動を考察しよう．電子に作用するローレンツ力は

(CGS) $$\mathbf{F}=-e\left(\mathbf{E}+\frac{1}{c}\mathbf{v}\times\mathbf{B}\right); \tag{49}$$

(SI) $$\mathbf{F}=-e(\mathbf{E}+\mathbf{v}\times\mathbf{B})$$

である．今 $m\mathbf{v}=\hbar\delta\mathbf{k}$ とすれば，運動方程式は次のようになる：

(CGS) $$m\left(\frac{d}{dt}+\frac{1}{\tau}\right)\mathbf{v}=-e\left(\mathbf{E}+\frac{1}{c}\mathbf{v}\times\mathbf{B}\right). \tag{50}$$

重要な場合は次の場合である．磁場 **B** が z 軸の方向にあるとしよう．すると，電子の運動方程式は成分に分けて次式で与えられる：

(CGS) $$m\left(\frac{d}{dt}+\frac{1}{\tau}\right)v_x=-e\left(E_x+\frac{B}{c}v_y\right),$$

$$m\left(\frac{d}{dt} + \frac{1}{\tau}\right)v_y = -e\left(E_y - \frac{B}{c}v_x\right), \tag{51}$$

$$m\left(\frac{d}{dt} + \frac{1}{\tau}\right)v_z = -eE_z.$$

上の式で $c=1$ とおけば，SI の式が得られる．

静電場の中の定常状態においては時間微分は 0 であるから，移動速度は次のようになる：

$$v_x = -\frac{e\tau}{m}E_x - \omega_c\tau v_y, \quad v_y = -\frac{e\tau}{m}E_y + \omega_c\tau v_x, \quad v_z = -\frac{e\tau}{m}E_z. \tag{52}$$

ここで $\omega_c \equiv eB/mc$ は**サイクロトロン周波数**（cyclotron frequency）である．半導体におけるサイクロトロン共鳴については 8 章で論ずる．

ホ ー ル 効 果

ホール電場は，電流 **j** が磁場 **B** と直角に流れるとき，**j×B** の方向に導体の二つの断面間に発生する電場である．縦方向の電場と横方向の磁場の中に置かれた棒形の試料を考察しよう（図 14）．もし電流が y 方向には外部に流れ出られないとすれば，$v_y=0$ でなければならない．(52) から知られるように，これは次の大きさをもつ横方向の電場が存在してはじめて可能となる：

(CGS) $$E_y = -\omega_c\tau E_x = -\frac{eB\tau}{mc}E_x, \tag{53}$$

(SI) $$E_y = -\omega_c\tau E_x = -\frac{eB\tau}{m}E_x$$

次の式によって定義される量は**ホール定数**（**Hall coefficient**）とよばれている：

$$R_H = \frac{E_y}{j_x B} \tag{54}$$

われわれの単純なモデルでこれを計算するために $j_x = ne^2\tau E_x/m$ を用いると，次の式が得られる：

(CGS) $$R_H = -\frac{eB\tau E_x/mc}{ne^2\tau E_x B/m} = -\frac{1}{nec}, \tag{55}$$

(SI) $$R_H = -\frac{1}{ne}$$

e は定義によって正であるから，これは自由電子に対して負の量である．

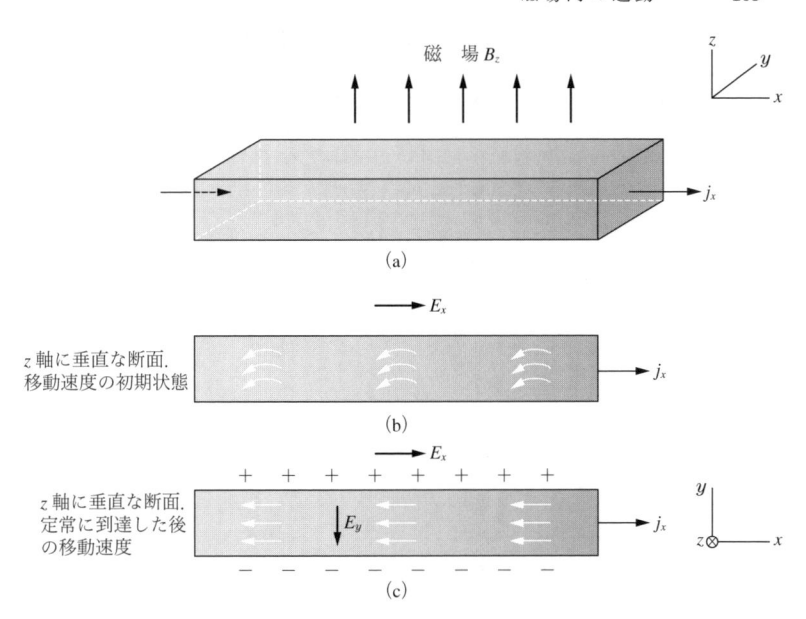

図 14 ホール効果に関する標準的な配置．四角な断面積をもつ板状の試料を (a) のように磁場 (B_z) 内におく．試料の端につけた電極によって電場 E_x を与える．それによって電流密度 j_x の電流が板の中を流れる．電場が加えられた直後の負電荷をもつ電子の移動速度を (b) に示す．磁場の作用によって電子は $-y$ 方向に曲げられる．(c) に見るように電子は板の一方の側の面に集まり，余分の正イオンが反対の側の面に発生する．その結果磁場によるローレンツ力をちょうど打ち消すような横方向の電場（ホール電場）が生ずる．

　電子の密度がより低くなれば，ホール定数の大きさはより大きくなる．R_H を測定することは電子の密度を測定する一つの重要な方法である．注意：記号 R_H は (54) のホール定数を示すが，ときどき同じ記号が 2 次元問題の**ホール抵抗** (Hall resistance) という異なった意味で使われることに注意を要する．

　(55) の簡単な結果は，電子の緩和時間が電子の速度によらず，すべて一定であるという仮定から導かれたものである．もしも緩和時間が速度の関数であれば，1 程度の大きさの数因子が式にはいることになる．もしも電子とホールの両者が電流に寄与している場合には，表式はやや複雑なものとなる．

　ホール係数の測定値とキャリヤー濃度から計算した理論値とを比較した結果を表 4 に示す．最も正確な測定は**ヘリコン波の共鳴**（helicon resonance）の方法によるものである．それは 14 章に問題として取り扱われている．

表 4 ホール定数の測定値と自由電子モデルによる計算値との比較．従来の方法によって得られた R_H の測定値はランドルト-ベルンシュタイン（Landolt-Börnstein）の表に記されている室温のデータ．4K においてヘリコン波の方法によって得られた値は J. M. Goodman による．伝導電子の密度 n は1章の表4からとった．ただし，Na, K, Al, In については Goodman の値を用いた．CGS 単位の R_H を V cm/AG に変換するには 9×10^{11} をかけよ．R_H を CGS 単位から m³/C に変換するには 9×10^{13} をかけよ．

金属	方法	実験値 R_H (10^{-24} CGS 単位)	電子数の仮定値 （原子あたり）	$-1/nec$ の計算値 (10^{-24} CGS 単位)
Li	従来	-1.89	1電子	-1.48
Na	ヘリコン	-2.619	1電子	-2.603
	従来	-2.3		
K	ヘリコン	-4.946	1電子	-4.944
	従来	-4.7		
Rb	従来	-5.6	1電子	-6.04
Cu	従来	-0.6	1電子	-0.82
Ag	従来	-1.0	1電子	-1.19
Au	従来	-0.8	1電子	-1.18
Be	従来	$+2.7$	—	—
Mg	従来	-0.92	—	—
Al	ヘリコン	$+1.136$	1ホール	$+1.135$
In	ヘリコン	$+1.774$	1ホール	$+1.780$
As	従来	$+50.$	—	—
Sb	従来	$-22.$	—	—
Bi	従来	$-6000.$	—	—

Na と K に対する正確な測定値は1原子あたりの伝導電子の数を1個として，(55) を用いて計算した値と非常によく一致している．しかし，3価のアルミニウムとインジウムに対する実験値に注意せよ．これらの実験値は1原子あたり1の正電荷をもつキャリヤーが存在するとして計算した値と一致しており，1原子あたり3の負電荷をもつキャリヤーが存在するとして計算した結果とは，大きさにおいても符号においても一致しない．

このようなキャリヤーの電荷に対する見掛上の正の符号の問題は表の中の Be と As についても生じている．電荷の符号に関する異常は Peierls (1928) によって，はじめて説明された．後に Heisenberg が"ホール"(hole) とよんでいる見掛け上正の符号をもつキャリヤーの運動は自由電子フェルミ気体のモデルからは説明できない．それは7～9章で述べるエネルギーバンド理論によって自然な無理のない説明が見いだされた．バンド理論はまた，As, Sb, Bi に見られるホール定

数の非常に大きな値をも説明する．

金属の熱伝導率

5 章において，速度 v，単位体積あたりの比熱 C，平均自由行程 ℓ をもつ粒子による熱伝導率に対して表式 $K=\frac{1}{3}Cv\ell$ を見いだした．フェルミ気体の熱伝導率は，比熱に対して (36) を用い，$\epsilon_F=\frac{1}{2}mv_F^2$ を用いて次のように求められる：

$$K_{el} = \frac{\pi^2}{3}\cdot\frac{nk_B^2 T}{mv_F^2}\cdot v_F\cdot \ell = \frac{\pi^2 nk_B^2 T\tau}{3m}. \tag{56}$$

ここに $\ell=v_F\tau$，n は電子の濃度であり，τ は衝突時間である．

金属において熱流の大部分を運んでいるのは電子であろうか，それともフォノンであろうか？ 純粋な金属においては，電子からの寄与がすべての温度において支配的である．不純な金属または無秩序な合金においては，電子の平均自由行程が不純物との衝突によって減少するので，フォノンからの寄与は電子からの寄与と同じ程度の大きさになるであろう．

熱伝導率と電気伝導率との比

ヴィーデマン–フランツの法則（Wiedemann-Franz law）のいうところによれば，非常に低温の場合を除いて，金属の熱伝導率と電気伝導率との比は直接温度に比例する．その比例定数は個々の金属の性質にはよらない．この結果は，金属の理論の歴史において重大なものである．というのはこれが電荷とエネルギーのキャリヤーとしての電子気体の像を支持したからである．このことは σ に対して (43) を用い，K に対して (56) を用いるとただちに説明される：

$$\frac{K}{\sigma} = \frac{\pi^2 k_B^2 Tn\tau/3m}{ne^2\tau/m} = \frac{\pi^2}{3}\left(\frac{k_B}{e}\right)^2 T. \tag{57}$$

ローレンツ数（Lorenz number）は

$$L = K/\sigma T \tag{58}$$

によって定義される．これは (57) によって次の値をもつはずである：

$$L = \frac{\pi^2}{3}\left(\frac{k_B}{e}\right)^2 = 2.72\times 10^{-13}\ (\text{erg/esu-deg})^2 = 2.45\times 10^{-8}\text{Watt-ohm/deg}^2. \tag{59}$$

この顕著な結果は n も m も含んでいない．0°C と 100°C とにおける L の実験値を

表 5 ローレンツ数の実験値

金属	$L \times 10^8$(Watt-ohm/deg^2)		金属	$L \times 10^8$(Watt-ohm/deg^2)	
	0°C	100°C		0°C	100°C
Ag	2.31	2.37	Pb	2.47	2.56
Au	2.35	2.40	Pt	2.51	2.60
Cd	2.42	2.43	Sn	2.52	2.49
Cu	2.23	2.33	W	3.04	3.20
Mo	2.61	2.79	Zn	2.31	2.33

表5に示したが,これらの値は(59)とよく一致している.

問　題

1. **電子気体の運動エネルギー**　0Kにおける N 個の自由電子の3次元における気体の運動エネルギーは次式で表せることを示せ:

$$U_0 = \frac{3}{5} N\epsilon_F. \tag{60}$$

2. **電子気体の圧力と体積弾性率**　(a) 0Kの電子気体の圧力と体積とを結びつける関係式を導け.**ヒント**:問題1の結果と,ϵ_F と電子密度との関係を用いよ.結果は $p = \frac{2}{3}(U_0/V)$ と書ける.

(b) 0Kにおける電子気体の体積弾性率 $B = -V(\partial p/\partial V)$ は $B = 5p/3 = 10\,U_0/9\,V$ であることを示せ.

(c) 表1を用いて,カリウムの電子気体による B への寄与を求めよ.

3. **2次元の化学ポテンシャル**　2次元のフェルミ気体の化学ポテンシャルは

$$\mu(T) = k_B T \ln[\exp(\pi n \hbar^2 / m k_B T) - 1] \tag{61}$$

によって与えられることを示せ.単位面積あたりの電子の数を n とする.**注意**:2次元の自由電子気体の状態密度は,エネルギーによらず試料の単位面積あたり $D(\epsilon) = m/\pi\hbar^2$ である.

4. **天体物理学におけるフェルミ気体**　(a) 太陽の質量を $M_{\odot} = 2 \times 10^{33}$g とするとき,太陽に存在する電子の総数を推定せよ.白色矮星においてはこの数の電子が遊離しており,半径 2×10^9cm の球内に閉じ込められている.電子のフェルミ・エネルギーを eV で求めよ.

(b) 相対論的極限における ($\epsilon \gg mc^2$) 電子のエネルギーは波動ベクトルと $\epsilon \cong pc = \hbar c k$ によって関係づけられている.この極限でのフェルミ・エネルギーは,およそ $\epsilon_F \approx \hbar c (N/V)^{1/3}$ であることを示せ.

（c） もし上の数の電子が半径 10 km のパルサー星の中に閉じ込められているとすれば，フェルミ・エネルギーはおよそ 10^8 eV であることを示せ．パルサー星は陽子や電子から構成されているよりは，むしろ中性子から構成されていると信じられるのはこの数値によるのである．反応 $n \to p + e^-$ のさいに放出されるエネルギーは 0.8×10^6 eV にすぎないので，多くの電子がフェルミ分布をとることができるほど大きくはない．中性子の崩壊は電子の密度が 0.8×10^6 eV というフェルミ・エネルギーに達するまで進行するが，その点で中性子，陽子，電子の密度が平衡状態になる．

5. 液体ヘリウム He^3　He^3 原子はスピン $\frac{1}{2}$ をもち，フェルミ粒子である．液体ヘリウム He^3 の密度は絶対零度近くで 0.081 g cm^{-3} である．
　フェルミ・エネルギー ϵ_F とフェルミ温度 T_F とを計算せよ．

6. 電気伝導率の周波数依存性　電子の移動速度 v に対して，運動方程式 $m(dv/dt + v/\tau) = -eE$ を用い，周波数 ω に対する電気伝導率は

$$\sigma(\omega) = \sigma(0)\left(\frac{1+i\omega\tau}{1+(\omega\tau)^2}\right) \tag{62}$$

であることを示せ．ここで $\sigma(0) = ne^2\tau/m$ である．

7*). 自由電子に対する動的磁気伝導率テンソル　電荷 $-e$ をもつ自由電子の密度が n である金属が静磁場 $B\hat{z}$ の中にある．xy 面内の電流密度は電場と次のように結ばれている：

$$j_x = \sigma_{xx}E_x + \sigma_{xy}E_y \ ; \quad j_y = \sigma_{yx}E_x + \sigma_{yy}E_y.$$

τ を緩和時間，$\omega_c = eB/mc$ とし，周波数 $\omega \gg \omega_c$, $\omega \gg 1/\tau$ と仮定する．
　（a） 移動速度に対する方程式（51）を解いて，磁気伝導率テンソルの成分は

$$\sigma_{xx} = \sigma_{yy} = i\omega_p^2/4\pi\omega, \quad \sigma_{xy} = -\sigma_{yx} = \omega_c\omega_p^2/4\pi\omega^2$$

によって与えられることを示せ．ただし $\omega_p^2 = 4\pi ne^2/m$ である．
　（b） マクスウェルの方程式から媒質の誘電関数テンソルは，電気伝導テンソルと関係 $\boldsymbol{\epsilon} = 1 + i(4\pi/\omega)\boldsymbol{\sigma}$ によって結ばれている．波動ベクトル $\mathbf{k} = k\hat{z}$ をもつ電磁波を考察せよ．この波の媒質中での分散関係は

$$c^2k^2 = \omega^2 - \omega_p^2 \pm \omega_c\omega_p^2/\omega \tag{63}$$

で与えられることを示せ．周波数 ω が与えられたとき，伝播のモードは二つ存在して，おのおのは異なる波動ベクトルと速度とをもつ．二つのモードは円偏光の波に相当する．直線偏光の波は二つの円偏光の波に分解できるから，直線偏光の波の偏極面は磁場の中で回転するという結果が得られる．

8**). 自由電子フェルミ気体の凝集エネルギー**　r_0 は1個の電子を含む球の半径，a_H

---

*) この問題はやや難しい．
**) この問題はやや難しい．

はボーア半径 $\hbar/e^2m$ とし，次元のない長さ r_s を r_0/a_H で定義する．

（a） 0K における自由電子フェルミ気体の 1 電子あたりの平均運動エネルギーは $2.21/r_s^2$ であることを示せ．ただしエネルギーの単位はリュードベリ（Ry）である（1 Ry $= me^4/2\hbar^2$）．

（b） 半径 r_0 の球内に一様に分布している，1 個の電子と相互作用をしている正の点電荷 e のクーロン・エネルギーは $-3e^2/2r_0$ であることを示せ．（リュードベリ単位では $-3/r_s$ となる．）

（c） 半径 r_0 の球内に一様に分布している，1 電子のクーロン自己エネルギーは，$3e^2/5r_0$ であることを示せ．（リュードベリ単位ならば $6/5r_s$ である．）

（d） 上の（b）と（c）とを加えた値 $-1.80/r_s$ は 1 電子あたりの全クーロン・エネルギーである．系が平衡を保つ r_s の値は 2.45 であることを示せ．このような金属は分離している H 原子の系と比較して安定であるか．

9．静磁気伝導率テンソル　（51）に示した移動速度理論において，静磁場内の電流密度は次の行列形式に書かれることを示せ：

$$\begin{pmatrix} j_x \\ j_y \\ j_z \end{pmatrix} = \frac{\sigma_0}{1+(\omega_c\tau)^2} \begin{pmatrix} 1 & -\omega_c\tau & 0 \\ \omega_c\tau & 1 & 0 \\ 0 & 0 & 1+(\omega_c\tau)^2 \end{pmatrix} \begin{pmatrix} E_x \\ E_y \\ E_z \end{pmatrix}. \qquad (64)$$

$\omega_c\tau \gg 1$ となる強磁場の極限においては

$$\sigma_{yx} = nec/B = -\sigma_{xy} \qquad (65)$$

となることを示せ．この極限では σ_{xx} は，$1/\omega_c\tau$ の大きさの程度で，$\sigma_{xx}=0$ である．σ_{yx} という量は**ホール伝導率**（Hall conductivity）とよばれる．

10．表面抵抗の最大値　辺の長さが L，厚さが d，電気抵抗率が ρ の正方形の薄板を考察する．板の向かいあう端の間の観測される抵抗 $R_{sq}=\rho L/Ld=\rho/d$ は表面抵抗とよばれ，板の面積 L^2 によらない．（R_{sq} は単位面積あたりの抵抗とよばれ，オームの単位をもつ．ρ/d はオームの単位をもつからである．）もし ρ を(44)で表せば，$R_{sq}=m/nde^2\tau$ である．衝突時間 τ の最小値は板の表面による散乱であると仮定しよう．すると $\tau=d/v_F$ となる．v_F はフェルミ速度である．それゆえ，表面抵抗の最大値は $R_{sq}=mv_F/nd^2e^2$ である．原子 1 層の厚さの 1 価金属に対して $R_{sq}\approx \hbar/e^2=4.1\text{k}\Omega$ であることを示せ．

7 エネルギーバンド

> 私はこのことについて考え始めたとき，どうやって金属内のイオンを避けて電子が進んでいけるのかを説明することが肝心であると感じた．……金属内の電子波は自由電子の平面波がただ周期的な変調を受けているものであることがフーリエ解析によってわかって非常に嬉しかった．
>
> F. Bloch

　金属の自由電子モデルは金属の比熱，熱伝導率，電気伝導率，磁化率，電気力学に対してかなりの理解を与えた．しかし，このモデルは次のような他の多くの疑問に対しては答えられなかった．金属，半金属，半導体，絶縁体の間の区別；ホール定数が正の値をとる場合が生ずること；金属の伝導電子と自由原子の価電子との関係；多くの輸送現象の性質，特に磁場内での輸送現象．われわれは自由電子モデルほど素朴でない理論を必要とする．幸いなことに，自由電子モデルを改良しようとするどんな簡単な試みも，ほとんどの場合，非常に巧い結果を生むことがわかったのである．

　よい導体とよい絶縁体との差は驚くべきほど大きい．純粋な金属の電気抵抗の値は，1K においては，超伝導体となる可能性を除いて，$10^{-10}\,\Omega\,\mathrm{cm}$ ほどにまで低い．よい絶縁体の抵抗は $10^{22}\,\Omega\,\mathrm{cm}$ ほども高い．固体のどのふつうの物理的性質を考えてみても，10^{32} という範囲は最も幅が広いと思う．

　どの固体も電子をもっている．電気伝導に関しての重要な問題は，外から加えられた電場に対して電子がどのように反応するかということである．結晶の中の電子は**エネルギーバンド** (energy band) の中に配置していることをすぐ後に知る（図1）．エネルギーバンドは電子の波動形の軌道がそこでは許されないようなエネルギー領域によって分離されている．電子が占めることを禁じられているこのような領域のことを，**エネルギーギャップ** (energy gap) とか**バンドギャップ** (band gap) とかよんでいる．エネルギーギャップは伝導電子の波と結晶のイオン殻との相互作用によって生じたものである．もしそのエネルギーバンドが満たさ

172   7 エネルギーバンド

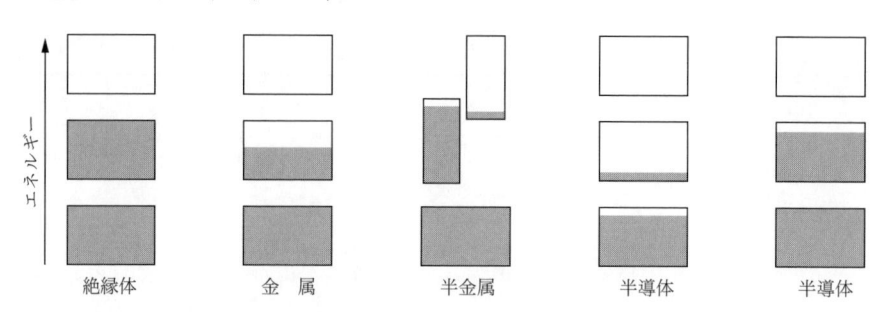

図1 絶縁体，金属，半金属，半導体のエネルギーバンドを電子が占める様子を図式的に示す．箱の縦の広がりは，許されているエネルギー領域を示す．ぬりつぶしてある領域は電子によって占められている領域である．(ビスマスのような)**半金属**においては，絶対零度で，一つのバンドはほとんど満たされ，他の一つのバンドはほとんど空である．しかし，(シリコンのような)純粋な**半導体**は絶対零度において絶縁体となる．二つの半導体その左側の図では，電子は熱エネルギーによって伝導バンドに励起されている．右側の半導体においては不純物が存在するために，電子の数が純粋のものよりも足りなくなっている．

れているものと，まったく空のものとに分かれているならば，その結晶は絶縁体のふるまいをする．電場が加えられても，どの電子も動くことができないからである．それで，もしも一つのバンドか，あるいはいくつかのバンドが一部分だけ，たとえば10%から90%まで，満たされているものとすると，結晶は金属のふるまいをする．もしも一つか二つのバンドの中にほんの少しだけ電子が存在する場合，またはほんの少しだけ空である場合には，結晶は半導体であるか，あるときには半金属である．

　絶縁体と導体との区別を理解するためには，自由電子モデルを固体の周期格子を考慮して拡張しなければならない．そのために生ずる最も重要な新しい性質はエネルギーギャップの出現する可能性である．

　結晶内の電子が示す他の非常に著しい性質は次のものである．結晶内電子に電場または磁場を加えると，それらは場に対してあたかも有効質量(effective mass) m^* をもつ電子であるかのように応答する．有効質量は自由電子の質量よりも大きいこともあるし，小さいこともあるばかりでなく，負になることさえある．結晶内の電子は加えられた場に対して，負あるいは正の電荷をもつかのように応答する．ホール定数が負の値や正の値をもったりすることはこのことで説明される．

自由電子に近い電子モデル

自由電子モデルにおいては許されているエネルギーの値はゼロから無限大にまで連続的に分布している。6章においてエネルギーは

$$\epsilon_k = \frac{\hbar^2}{2m}(k_x^2 + k_y^2 + k_z^2) \tag{1}$$

であることを見た。一辺が L の立方体に周期的境界条件が存在すると，

$$k_x, \ k_y, \ k_z = 0, \ \pm\frac{2\pi}{L}, \ \pm\frac{4\pi}{L}, \ \cdots \tag{2}$$

となる。自由電子の波動関数は

$$\psi_\mathbf{k}(\mathbf{r}) = \exp(i\mathbf{k}\cdot\mathbf{r}) \tag{3}$$

である。この波動関数は進行波を表し，運動量 $\mathbf{p}=\hbar\mathbf{k}$ を運ぶ。

結晶のバンド構造 (band structure) は，しばしば自由電子に近い電子モデル (nearly free electron model) によって説明される。このモデルにおいては，バンドをつくる電子はイオン殻の周期的電場によって弱い摂動を受けるだけであるとして取り扱われる。このモデルは金属内電子のふるまいについてのほとんどすべての定性的な問題に対して答えを与えてくれる。

われわれはブラッグ反射が結晶内での波の伝播の特徴であることを知っている。結晶内での電子波のブラッグ反射がエネルギーギャップの原因である。(図2に示したように，ブラッグ反射が起こるエネルギーではシュレーディンガー方程

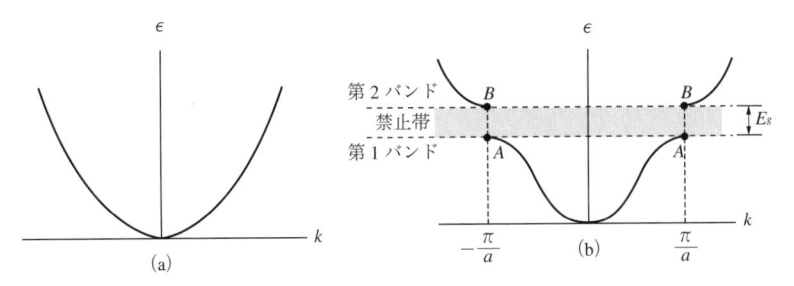

図 2 (a) 自由電子のエネルギー対波動ベクトルの関係。(b) 格子定数 a の単原子1次元格子における電子のエネルギー対波動ベクトルの関係。図に示したエネルギーギャップ E_g は $k=\pm\pi/a$ においての第1のブラッグ反射に付随したものである。より高エネルギーに位置する他のギャップは，n を任意の整数とするとき，$\pm n\pi/a$ に見いだされる。

式の波状の解が存在しない.）このエネルギーギャップはある固体が絶縁体であるか，導体であるかを決定する上で決定的な意味をもつ．

エネルギーギャップが生ずる理由を格子定数が a であるような1次元格子の簡単な問題から物理的に説明しよう．バンド構造のエネルギーの低い部分を定性的に示したのが図2である．(a)は完全に自由な電子に対するもので，(b)はほとんど自由ではあるが $k=\pm\pi/a$ にエネルギーギャップをもつ電子に対するものである．波動ベクトル **k** をもつ波が回折を起こすためのブラッグの条件 $(\mathbf{k}+\mathbf{G})^2 = k^2$ は1次元の場合には次のようになる：

$$k = \pm \frac{1}{2}G = \pm n\pi/a. \tag{4}$$

$G=2n\pi/a$ は逆格子ベクトルであり，n は整数である．最初の反射の起こる場所，すなわち最初のギャップの場所は $k=\pm\pi/a$ である．**k** 空間の $-\pi/a$ から π/a までの領域はこの格子の**第1ブリルアン・ゾーン** (first Brillouin zone) とよばれる．他のエネルギーギャップは n の他の整数値に対して生ずる．

$k=\pm\pi/a$ における波動関数は，自由電子の進行波 $\exp(i\pi x/a)$ または $\exp(-i\pi x/a)$ ではない．この特別な k の値に対する解は，左に進行する波と右に進行する波とが等しい割合で加わって構成されている．ブラッグの条件 $k=\pm\pi/a$ が波動ベクトルによって満たされると，右方向に進む波はブラッグ反射されて，左方向に進行する．左方向に進む波はその逆になる．次々とブラッグ反射を受けるたびに波の進行方向は逆向きになる．右にも左にも進行しない波は定在波である．それはどちらの方向にも進行しない．

時間によらない状態は定在波によって表される．われわれは二つの進行波

$$\exp(\pm i\pi x/a) = \cos(\pi x/a) \pm i\sin(\pi x/a)$$

から二つの異なる定在波をつくることができる．すなわち，

$$\begin{aligned}\psi(+) &= \exp(i\pi x/a) + \exp(-i\pi x/a) = 2\cos(\pi x/a),\\ \psi(-) &= \exp(i\pi x/a) - \exp(-i\pi x/a) = 2i\sin(\pi x/a)\end{aligned} \tag{5}$$

である．定在波は x の代りに $-x$ を代入したとき，符号を変えるか，変えないかに従って（−）または（＋）符号で表示される．両方の定在波はどちらも同じ割合の右向きの進行波と左向きの進行波とから構成されている．

エネルギーギャップの起因

二つの定在波 $\psi(+)$ と $\psi(-)$ とにおいて，電子が集まっている場所は，互いに異なっている．それゆえ，二つの波のポテンシャルエネルギーは格子のイオンがつくる場の中で異なる値をもつ．これがエネルギーギャップの起因である．粒子の存在確率の密度 ρ は $\psi^*\psi = |\psi|^2$ である．純粋な進行波 $\exp(ikx)$ に対しては $\rho = \exp(-ikx)\exp(ikx) = 1$ であるから，電荷密度は一定である．平面波の1次結合に対しては電荷密度は一定ではない．(5)に示した定在波 $\psi(+)$ を考察しよう．

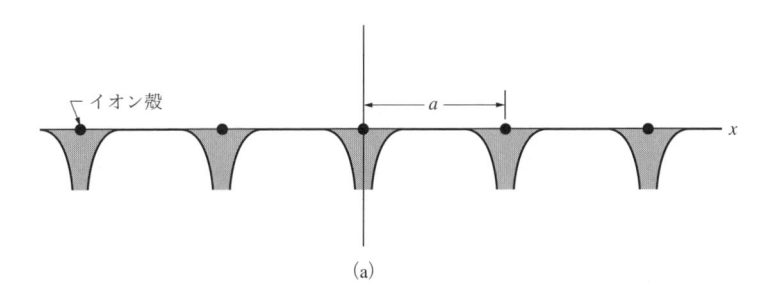

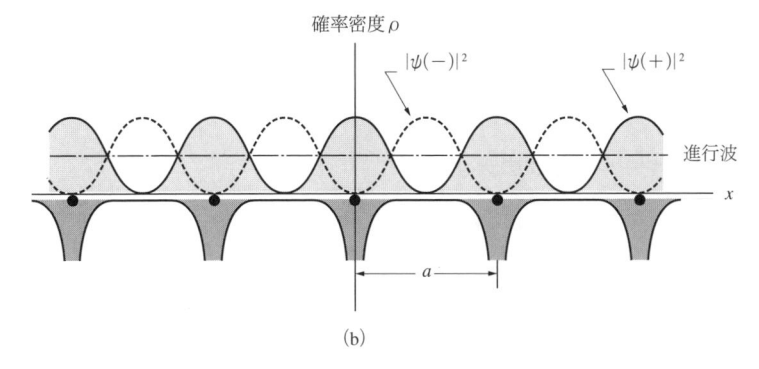

図3 (a) 1次元格子イオン殻の場の中の伝導電子ポテンシャルエネルギーの空間的変化．(b) $|\psi(-)|^2 \propto \sin^2 \pi x/a$，$|\psi(+)|^2 \propto \cos^2 \pi x/a$，および進行波とに対する確率密度 ρ の分布．波動関数 $\psi(+)$ は電荷を正イオンの殻のところに集める．そのためにそのポテンシャルエネルギーは進行波のポテンシャルエネルギーの平均値に比較して低くなる．波動関数 $\psi(-)$ は電荷をイオンの中間に集め，したがってそのポテンシャルエネルギーは進行波のそれに比較して高くなる．この図は，エネルギーギャップの原因を理解するための鍵を与える．

これに対しては
$$\rho(+) = |\psi(+)|^2 \propto \cos^2 \pi x/a$$
である．この関数は負の電荷を $x=0, a, 2a, \cdots$ に存在する正イオンに集める．そこはポテンシャルエネルギーの最も低い場所である．

図3aは正イオン殻の場の中の伝導電子の静電ポテンシャルエネルギーの変化を描いたものである．金属の中では各原子は価電子を伝導電子バンドを形成するのに与えてイオン化しているので，イオン殻は正電荷を帯びている．正イオンの場の中の電子の，ポテンシャルエネルギーは負である．すなわち正イオンと電子との間の力は引力である．

他の定在波 $\psi(-)$ に対しては確率密度（probability density）は
$$\rho(-) = |\psi(-)|^2 \propto \sin^2 \pi x/a$$
であって，電子はイオン殻から離れたところに集中している．図3bに定在波 $\psi(+)$，$\psi(-)$ と進行波とに対する電子濃度を示してある．

この3個の電荷分布に対してポテンシャルエネルギーの平均値を計算すると，$\rho(+)$ のポテンシャルエネルギーは進行波のそれよりも低くなると期待してよい．これに反して，$\rho(-)$ のポテンシャルエネルギーは進行波のそれよりも高くなる．もし $\rho(-)$ と $\rho(+)$ とのポテンシャルエネルギーが E_g だけ違うとすると，図2に示した幅 E_g のエネルギーギャップが生ずる．図2におけるエネルギーギャップの下の点 A の波動関数は $\psi(+)$ であり，エネルギーギャップの上の点 B の波動関数は $\psi(-)$ である．

エネルギーギャップの大きさ

ゾーンの境界 $k=\pi/a$ における波動関数は $\sqrt{2/a}\cos\pi x/a$ と $\sqrt{2/a}\sin\pi x/a$ である．これらは単位長さについて規格化してある．点 x における結晶内の1電子のポテンシャルエネルギーを
$$U(x) = U\cos 2\pi x/a$$
とする．二つの状態間のエネルギー差は第1近似で，
$$E_g = \int_0^a dx U(x) [|\psi(+)|^2 - |\psi(-)|^2]$$
$$= \frac{2}{a}\int_0^a dx U\cos(2\pi x/a)(\cos^2\pi x/a - \sin^2\pi x/a) = U \tag{6}$$

である．ギャップは結晶ポテンシャルのフーリエ成分に等しいことがわかる．

ブロッホ関数

F. Bloch は周期的ポテンシャルに対するシュレーディンガー方程式の解は次の特別の形をもたねばならぬという重要な定理を証明した：

$$\psi_\mathbf{k}(\mathbf{r}) = u_\mathbf{k}(\mathbf{r})\exp(i\mathbf{k}\cdot\mathbf{r}). \tag{7}$$

ここに $u_\mathbf{k}(\mathbf{r})$ は結晶格子の周期をもち，$u_\mathbf{k}(\mathbf{r}) = u_\mathbf{k}(\mathbf{r}+\mathbf{T})$ という関係を満足する．ただし，$\mathbf{T}$ は格子の並進ベクトルである．(7)はブロッホの定理の表現である．

周期的ポテンシャルに対する波動方程式の固有関数は平面波 $\exp(i\mathbf{k}\cdot\mathbf{r})$ と結晶格子の周期をもつ関数 $u_\mathbf{k}(\mathbf{r})$ との積の形をしている．

(7)の形の1電子波動関数は**ブロッホ関数**とよばれ，後に学ぶように進行波の和に分解される．ブロッホ関数はそれを集めて，イオン核のポテンシャルの場を通して自由に伝播する電子を表現する波束の形にすることができる．

ここでは ψ_k が縮退していない場合，すなわち ψ_k と同じ波動ベクトル，同じエネルギーをもつ波動関数が他に存在しない場合において成立するブロッホの定理の証明を与える．一般の場合は後に取り扱う．

長さ Na の輪の上の N 個の同等の格子点を考えよう．ポテンシャルエネルギーは周期 a で周期的であって，$U(x) = U(x+sa)$ である．s は整数である．

輪の対称性を考慮して次のような波動方程式の解を求めよう：

$$\psi(x + a) = C\psi(x). \tag{8}$$

C は定数である．輪をひとめぐりすると，$\psi(x)$ は1価関数であるから，

$$\psi(x + Na) = \psi(x) = C^N\psi(x)$$

が成り立つ．それゆえ，C は1の N 乗根の一つである：

$$C = \exp(i2\pi s/N), \quad s = 0, 1, 2, \cdots, N-1. \tag{9}$$

この式により

$$\psi(x) = u_k(x)\exp(i2\pi sx/Na) \tag{10}$$

は $u_k(x)$ が a の周期をもてば，すなわち，$u_k(x) = u_k(x+a)$ であれば (8) を満足することがわかる．これはブロッホの結果 (7) にほかならない．

クローニッヒ–ペニー・モデル

周期的ポテンシャルの問題で波動方程式が初等関数を用いて解けるのは図4に示した井戸型ポテンシャルの例である．波動方程式は

$$-\frac{\hbar^2}{2m}\frac{d^2\psi}{dx^2} + U(x)\psi = \epsilon\psi \tag{11}$$

であって，$U(x)$ はポテンシャルエネルギー，ϵ はエネルギー固有値である．

x の領域 $0<x<a$ においては $U(x)=0$ であって，固有関数は左側と右側へ進行する平面波の1次結合である：

$$\psi = Ae^{iKx} + Be^{-iKx}. \tag{12}$$

また，そのエネルギーは，

$$\epsilon = \hbar^2 K^2/2m \tag{13}$$

である．領域 $-b<x<0$ は障壁の内部であって，解は形

$$\psi = Ce^{Qx} + De^{-Qx} \tag{14}$$

をもつ．ここに Q は

$$U_0 - \epsilon = \hbar^2 Q^2/2m \tag{15}$$

である．

われわれはブロッホ関数 (7) の形をした完全解を求める．それで領域 $a<x<a+b$ の解は領域 $-b<x<0$ における解 (14) とブロッホの条件

$$\psi(a<x<a+b) = \psi(-b<x<0)e^{ik(a+b)} \tag{16}$$

によって結ばれていなくてはならない．この条件は解を識別する指標として用いられる波動ベクトル k を定義するために用いられる．

定数 A, B, C, D は ψ と $d\psi/dx$ とが $x=0$ と $x=a$ において連続であるように

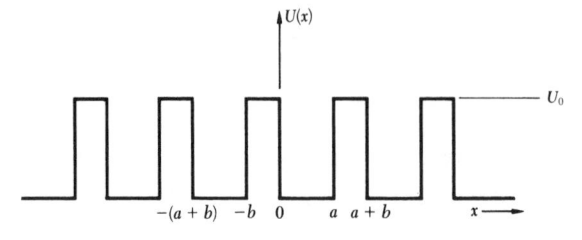

図4 Kronig と Penney によって導入された井戸型周期ポテンシャル．

選ぶ．これらは井戸型ポテンシャルを含む問題においての通常の量子力学的境界条件である．$x=0$ においては式 (14) の Q を用いて

$$A + B = C + D, \tag{17}$$
$$iK(A - B) = Q(C - D) \tag{18}$$

となる．$x=a$ においては，障壁の下の $\psi(a)$ に対しては (16) を用いて $\psi(-b)$ と関係をつけると

$$Ae^{iKa} + Be^{-iKa} = (Ce^{-Qb} + De^{Qb})e^{ik(a+b)}, \tag{19}$$
$$iK(Ae^{iKa} - Be^{-iKa}) = Q(Ce^{-Qb} - De^{Qb})e^{ik(a+b)}. \tag{20}$$

(17) から (20) までの四つの方程式は A, B, C, D の係数がつくる行列式の値が 0 のときだけ解をもつ．すなわち，

$$[(Q^2 - K^2)/2QK]\sinh Qb \sin Ka + \cosh Qb \cos Ka = \cos k(a + b). \tag{21a}$$

この方程式を得るのはやや面倒である．

もし $b=0$ の極限で $Q^2ba/2=P$ が有限の値をもつように $U_0=\infty$ として，ポテンシャルを周期的なデルタ関数で表現すれば，結果は簡単化される．この極限では $Q \gg K$, $Qb \ll 1$ である．すると (21a) は次のようになる：

$$(P/Ka)\sin Ka + \cos Ka = \cos ka. \tag{21b}$$

この方程式が解をもつような K の領域を $P=3\pi/2$ の場合について図 5 に示し

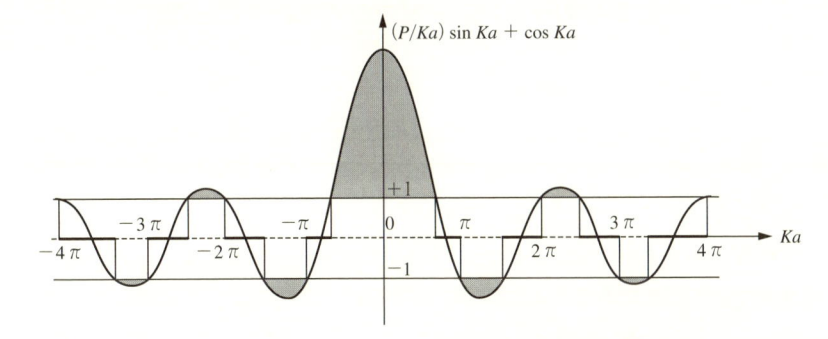

図 5 関数 $(P/Ka)\sin Ka + \cos Ka$ を $P=3\pi/2$ の場合に図示したもの．この関数の値が $+1$ と -1 との間にあるような K の値が許される．$K=(2m\epsilon/\hbar^2)^{1/2}$ によってエネルギー ϵ と結ばれているので，ϵ の許される値の領域が定まる．その他のエネルギー値に対しては，波動方程式の進行波の解（すなわちブロッホ型の解）は存在しない．それゆえ，エネルギースペクトルに禁制領域（エネルギーギャップ）が形成される．

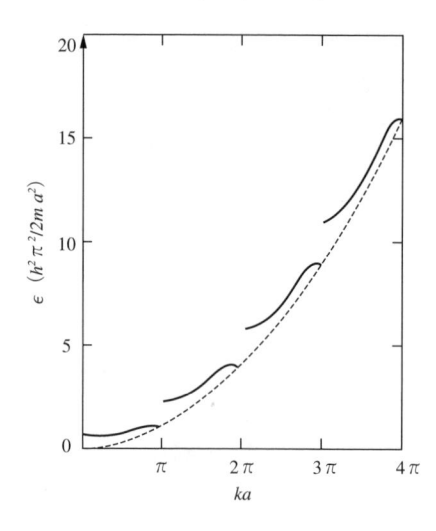

図 6 クローニッヒ-ペニーのポテンシャルに対するエネルギーと波数との関係. $P=3\pi/2$. $ka=\pi, 2\pi, 3\pi, \cdots$におけるエネルギーギャップの存在に注意せよ.

た.これに対応するエネルギーの値は図6に示してある.ゾーンの境界でのエネルギーギャップに注意せよ.重要な指標はブロッホ関数の波動ベクトルkであって,(12)のKではない.Kは(13)によってエネルギーに関係している.波動ベクトル空間におけるこの問題の取扱いはこの章の後になって与える.

周期的ポテンシャル内の電子の波動方程式

さきに,波動ベクトルが$k=\pi/a$のようにゾーンの境界にあるときに,シュレーディンガー方程式の解として期待される近似的な形を図3において考察した.いま,kの一般の値において一般のポテンシャルに対する波動方程式を詳しく取り扱うことにしよう.格子定数aをもった1次元格子の中の電子のポテンシャルエネルギーを$U(x)$としよう.われわれはポテンシャルエネルギーが結晶格子の並進に対して不変であることを知っている:$U(x)=U(x+a)$.結晶格子の並進に対して不変な関数は逆格子ベクトルGのフーリエ級数によって展開できる.ポテンシャルエネルギーのフーリエ級数を次のように記す:

$$U(x) = \sum_G U_G e^{iGx}. \tag{22}$$

実際の結晶ポテンシャルに対する係数U_Gの値はGの大きさが増すとともに速

やかに減少する．裸のクーロン・ポテンシャル (bare coulomb potential) に対する U_G は $1/G^2$ のように減少する．

ポテンシャルエネルギー $U(x)$ は実関数であるものとしよう：
$$U(x) = \sum_{G>0} U_G(e^{iGx} + e^{-iGx}) = 2\sum_{G>0} U_G \cos Gx. \tag{23}$$
便宜上，結晶は $x=0$ に関して対称であると仮定し，また $U_0=0$ とした．

結晶内の電子の波動方程式は $\mathcal{H}\psi = \epsilon\psi$ である．$\mathcal{H}$ はハミルトニアンであり，ϵ はエネルギー固有値である．解 ψ は固有関数，または軌道またはブロッホ関数とよばれる．波動方程式は，あらわに示すと

$$\left(\frac{1}{2m}p^2 + U(x)\right)\psi(x) = \left(\frac{1}{2m}p^2 + \sum_G U_G e^{iGx}\right)\psi(x) = \epsilon\psi(x) \tag{24}$$

である．方程式 (24) は1電子近似のものである．この近似においては，軌道 $\psi(x)$ はイオン殻のポテンシャルと，他の伝導電子のつくるポテンシャルの平均値との和であるポテンシャルの中での電子の運動を記述している．

波動関数 $\psi(x)$ はフーリエ級数として表される．和は境界条件によって許されるすべての波動ベクトルの値について行う．それゆえ

$$\psi = \sum_k C(k)e^{ikx} \tag{25}$$

である．ここに k は実数である．(指標 k を C の添字として C_k のように書いてもよい．)

k の値の組は $2\pi n/L$ という形をしている．これらの値は長さ L についての周期的境界条件を満足しているからである．n は正，負の任意の整数である．$\psi(x)$ は基本格子の並進 a に対して周期的であるとは仮定していない．$\psi(x)$ の並進に対する性質はブロッホの定理 (7) によって決定されている．

ある特定のブロッホ関数のフーリエ展開には，$2\pi n/L$ の組のすべての波動ベクトルが含まれているわけではない．ある特定の波動ベクトル k が ψ の中に含まれていれば，そのときにはこの ψ の展開の他の波動ベクトルは $k+G$ という形をもっている．G は任意の逆格子ベクトルである．われわれはこの結果を以下の(29)において証明する．

フーリエ成分 k をもつ波動関数 ψ を ψ_k と書いてもよいし，また ψ_{k+G} と書いてもよい．フーリエ級数の中に k が含まれていれば，$k+G$ もまた含まれているからである．G はすべての逆格子にわたるが，波動ベクトル $k+G$ の全体は波動ベ

182   7 エネルギーバンド

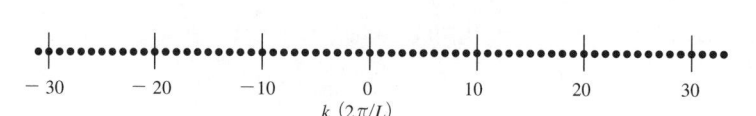

• $k_0 - \dfrac{2\pi}{a}$ • k_0 • $k_0 + \dfrac{2\pi}{a}$ • $k_0 + \dfrac{4\pi}{a}$

•••
−30   −20   −10   0   10   20   30
         k $(2\pi/L)$

図7 下に並んだ点はその値が $2\pi n/L$ に等しい波動ベクトル k を表している．これらの値は20個の単細格子からなる周囲の長さ L の円輪の上にある電子の波動関数に課された周期的境界条件をによって許されている．許される値は $\pm\infty$ まで続いている．上の部分の点は，特別の波動ベクトル $k = k_0 = -8(2\pi/L)$ から出発した場合に，波動関数 $\psi(x)$ のフーリエ展開の中にはいってきてよい波動ベクトルの最初のいくつかの数値を表している．最も短い逆格子ベクトルは $2\pi/a = 20(2\pi/L)$ である．

クトル $2\pi n/L$ の中のごく限られた部分にすぎない．図7にそれを示した．

　われわれはふつうブロッホ関数の指標として第1ブリルアン・ゾーンの中の k を選ぶ．他の選び方をしたときには，断ることにしよう．これは単原子格子のフォノンの場合とは異なる．そこでは第1ゾーンの外部の波数を持つようなイオンの運動は存在しない．電子の問題は X 線回折の問題に似ている．なぜならば，電磁場は電子の波動関数と同様イオンの場所ばかりでなく，結晶の中のどこにでも存在しているからである．

　波動方程式を解くために (25) を (24) に代入すると，フーリエ係数に関する1組の代数方程式が得られる．運動エネルギーの項は

$$\frac{1}{2m}p^2\psi(x) = \frac{1}{2m}\left(-i\hbar\frac{d}{dx}\right)^2\psi(x) = -\frac{\hbar^2}{2m}\frac{d^2\psi}{dx^2} = \frac{\hbar^2}{2m}\sum_k k^2 C(k) e^{ikx}$$

となり，ポテンシャルエネルギーの項は

$$\left(\sum_G U_G e^{iGx}\right)\psi(x) = \sum_G \sum_k U_G e^{iGx} C(k) e^{ikx}$$

となる．波動方程式はそれらの和として得られる：

$$\sum_k \frac{\hbar^2}{2m} k^2 C(k) e^{ikx} + \sum_G \sum_k U_G C(k) e^{i(k+G)x} = \epsilon \sum_k C(k) e^{ikx}. \qquad (26)$$

各フーリエ成分は方程式の両辺において，同じ係数をもたねばならない．それゆえ，基本方程式 (central equation)

$$\boxed{(\lambda_k - \epsilon) C(k) + \sum_G U_G C(k - G) = 0} \qquad (27)$$

を得る．ただし
$$\lambda_k = \hbar^2 k^2 / 2m. \tag{28}$$

おなじみの微分方程式(24)の代りに1組の代数方程式が現れたので，なじみにくいかもしれないけれども，方程式（27）は周期格子における波動方程式の有用な形である．原理的には無限個の $C(k-G)$ があって，それを決定しなければならないから，この1組の方程式を解くのは厄介で手に負えないように見える．しかし実際には少数個を決めればこと足りることが多い．おそらく2個か4個でよい．代数的な方法の実際上の有用性がわかるまでにはある程度の経験が必要である．

ブロッホの定理の再説

(27)からひとたび C を決定すれば，波動関数 (25) は次のように与えられる：
$$\psi_k(x) = \sum_G C(k-G) e^{i(k-G)x}. \tag{29}$$

これは次のようにも書き換えられる：
$$\psi_k(x) = \left(\sum_G C(k-G) e^{-iGx} \right) e^{ikx} = e^{ikx} u_k(x).$$

ここに $u_k(x)$ は
$$u_k(x) \equiv \sum_G C(k-G) e^{-iGx}$$

によって定義されている．

$u_k(x)$ は逆格子ベクトルに関するフーリエ級数であるから，結晶格子の並進 T に対して不変である．すなわち，$u_k(x) = u_k(x+T)$．この関係は $u_k(x+T)$ を計算すれば直接に証明される：
$$u_k(x+T) = \sum_G C(k-G) e^{-iG(x+T)} = \sum_G C(k-G) e^{-iGT} e^{-iGx}.$$

$\exp(-iGT) = 1$ であるから，$u_k(x+T) = u_k(x)$ が導かれる．これで $u_k(x)$ の周期性が確認された．これはブロッホの定理の別の厳密な証明であり，ψ_k が縮退しているときであっても正しい．

電子の結晶運動量

ブロッホ関数を指定するのにわれわれが用いた波動ベクトル **k** はどんな意味をもっているのだろうか？　それはいくつかの性質をもっている．

- **r** を **r+T** に移動させる結晶格子の並進に対して

$$\psi_k(\mathbf{r}+\mathbf{T}) = e^{i\mathbf{k}\cdot\mathbf{T}}e^{i\mathbf{k}\cdot\mathbf{r}}u_k(\mathbf{r}+\mathbf{T}) = e^{i\mathbf{K}\cdot\mathbf{T}}\psi_k(\mathbf{r}) \tag{30}$$

が成立する.なぜならば $u_k(\mathbf{r}+\mathbf{T})=u_k(\mathbf{r})$ であるから.ゆえに $\exp(i\mathbf{k}\cdot\mathbf{T})$ は**位相因子**であって,結晶格子の並進 $\mathbf{T}$ を行ったときに,ブロッホ関数にこれが乗ぜられる.

- もしも格子のポテンシャルが 0 になれば,方程式 (27) は,$(\lambda_k-\epsilon)C(\mathbf{k})=0$ となるから,すべての $C(\mathbf{k}-\mathbf{G})$ は,$C(\mathbf{k})$ を除いて,すべて 0 となり,したがって $u_k(\mathbf{r})$ は一定となる.それで波動関数は自由電子のそれと等しくなる:$\psi_k(\mathbf{r})=\exp(i\mathbf{k}\cdot\mathbf{r})$.(指標として「正しい」$\mathbf{k}$ を前もって選んでいたものとしている.後でわかるように,多くの目的に対しては $\mathbf{k}$ の他の選び方――自由電子の指標に対応する $\mathbf{k}$ と適当な逆格子ベクトルだけ異なった波動ベクトル――を採用する方がもっと便利である).

- $\mathbf{k}$ の値は結晶内電子の衝突過程を支配する保存則の中に現れる(保存則は遷移に対する選択則である).その理由で $\hbar\mathbf{k}$ は電子の**結晶運動量** (crystal momentum) とよばれる.電子 $\mathbf{k}$ が波動ベクトル $\mathbf{q}$ をもつフォノンと衝突するときに,もしもフォノンが吸収されるならば,選択則は $\mathbf{k}+\mathbf{q}=\mathbf{k}'+\mathbf{G}$ である.この過程において電子は状態 $\mathbf{k}$ から状態 $\mathbf{k}'$ へと散乱される.$\mathbf{G}$ は逆格子ベクトルである.ブロッホ関数に指標をつけるさいのどんな任意性も,過程の物理を変更することなしに,$\mathbf{G}$ の中に吸収される.

基本方程式の解

基本方程式 (27),

$$(\lambda_k - \epsilon)C(k) + \sum_G U_G C(k-G) = 0 \tag{31}$$

はすべての逆格子ベクトル G に対する係数 $C(k-G)$ を結んでいる連立 1 次方程式を表している.係数 C の数だけの方程式の数があるから,この連立方程式は完全である.この方程式はその係数の行列式の値が 0 であれば,意味をもつ.

具体的な問題に対してこの方程式を書き下そう.最も短い G を g と記し,ポテンシャルエネルギーはただ 1 個のフーリエ成分,$U_g=U_{-g}$ のみをもつと仮定しよう(以下ではこれを U と書く).すると,行列式は次に示されるようなブロックを持つ.

$$\begin{vmatrix} \lambda_{k-2g} - \epsilon & U & 0 & 0 & 0 \\ U & \lambda_{k-g} - \epsilon & U & 0 & 0 \\ 0 & U & \lambda_k - \epsilon & U & 0 \\ 0 & 0 & U & \lambda_{k+g} - \epsilon & U \\ 0 & 0 & 0 & U & \lambda_{k+2g} - \epsilon \end{vmatrix} \quad (32)$$

これを理解するために，(31)のうち連続した5個の方程式を書き下してみよ．行列式は原理的には無限次元であるが，多くの場合に，上に示した部分を0とおけば十分である．

kが与えられたとき，おのおのの根 ϵ(すなわち ϵ_k)は，偶然の一致を除けば異なるエネルギーバンドにある．行列式(32)の解は1組のエネルギー固有値 ϵ_{nk} を与える．n はエネルギーの順序を示す指標であり，k は C_k を標示している波動ベクトルである．

標示に生ずる混乱を避けるために，多くの場合 k は第1ゾーンのベクトルであるとする．もし k の値として元の値とある逆格子ベクトルだけ異なる値を選ぶならば，その順番が異なってはいるが，同じ1組の方程式が得られることになる．しかし，そのエネルギースペクトルはまったく等しい．

逆格子におけるクローニッヒ-ペニー・モデル

厳密に解ける問題に対して基本方程式(31)を用いる例題として，周期的デルタ関数ポテンシャルを持つクローニッヒ-ペニー・モデルを取り扱う：

$$U(x) = 2\sum_{G>0} U_G \cos Gx = Aa\sum_s \delta(x - sa). \quad (33)$$

ここで A は定数であり，a は格子間隔である．和はすべての整数 s についてとる．ポテンシャルの周期は a なのでそのフーリエ係数は

$$U_G = \frac{1}{a}\int_{-a/2}^{a/2} dx\, U(x)\cos Gx = A\sum_s \int_{-a/2}^{a/2} dx\, \delta(x - sa)\cos Gx$$
$$= A\cos 0 = A \quad (34)$$

となる．デルタ関数ポテンシャルに対してはすべての U_G が同じになる．

k をブロッホの指標として基本方程式を書くと，(31)は次のようになる：

$$(\lambda_k - \epsilon)C(k) + A\sum_n C(k - 2\pi n/a) = 0. \quad (35)$$

ここで $\lambda_k = \hbar^2 k^2/2m$ とし，和はすべての整数 n についてとる．問題は(35)を解いて $\epsilon(k)$ を求めることである．

$f(k)$ を次の式で定義する：
$$f(k) = \sum_n C(k - 2\pi n/a). \tag{36}$$
すると（35）は
$$C(k) = -\frac{(2mA/\hbar^2)f(k)}{k^2 - (2m\epsilon/\hbar^2)} \tag{37}$$
となる．和（36）はすべての係数 C について行うから，任意の n に対して
$$f(k) = f(k - 2\pi n/a) \tag{38}$$
が成り立つ．

この関係式を用いると（37）から次の式が導かれる：
$$C(k - 2\pi n/a) = -(2mA/\hbar^2)f(k)[(k - 2\pi n/a)^2 - (2m\epsilon/\hbar^2)]^{-1}. \tag{39}$$
両辺ともに n に関して和をとり，（36）を用いて $f(k)$ を両辺から消去すると
$$(\hbar^2/2mA) = -\sum_n [(k - 2\pi n/a)^2 - (2m\epsilon/\hbar^2)]^{-1} \tag{40}$$
が得られる．

この和は公式
$$\cot x = \sum_n \frac{1}{n\pi + x} \tag{41}$$
を用いると，実行することができる．二つの余接（cot）関数の差と，二つの正弦（sin）関数の積の公式を用いて三角関数の計算を行うと，（40）の和は
$$\frac{a^2 \sin Ka}{2Ka(\cos ka - \cos Ka)} \tag{42}$$
となる．ここで，（13）の定義により，$K^2 = 2m\epsilon/\hbar^2$ である．

（40）に対する最終の結果は
$$(mAa^2/\hbar^2)(Ka)^{-1}\sin Ka + \cos Ka = \cos ka \tag{43}$$
である．これはクローニッヒ-ペニーの結果（21b）において $P = mAa^2/\hbar^2$ としたものに等しい．

空格子近似

実際のバンド構造は，ふつう第1ブリルアン・ゾーンにある波動ベクトル対エネルギーの関係として図示される．波動ベクトルがたまたま第1ゾーンの外側に与えられたときには，適当な逆格子ベクトルを差し引いて，波動ベクトルを第1ゾーンに戻す．このような並進操作は常に見いだすことができる．この仕方は図示

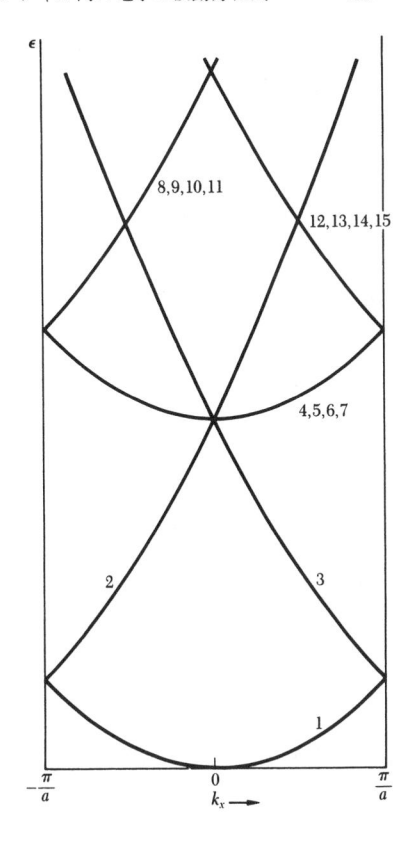

図 8 単純立方空格子の自由電子エネルギーバンドの低エネルギー部分．第1ブリルアン・ゾーンの中に移したバンドを (k_x00) 方向について示す．自由電子のエネルギーは $\hbar^2(\mathbf{k}+\mathbf{G})^2/2m$ によって与えられる．$\mathbf{G}$ は表の第2列に示されている．太線の曲線は第1ブリルアン・ゾーン $(-\pi/a < k_x < \pi/a)$ の中にある．このような方法で書かれたエネルギーバンドは還元ゾーン形式とよばれる．

するのに便利である．

バンドエネルギーが自由電子エネルギー $\epsilon_k = \hbar^2 k^2/2m$ によってかなりよく近似できるときには，まず最初に自由電子のエネルギーを第1ゾーンに戻してやることから計算を始めるとよい．この操作は，一度要点を理解すれば，きわめて簡単である．$\mathbf{k}$ が空格子における，制限されていない自由電子の波動ベクトルであるとき，われわれは，第1ゾーンにおける一つの波動ベクトル $\mathbf{k}'$ が関係

$$\mathbf{k}' + \mathbf{G} = \mathbf{k}$$

を満足するような逆格子ベクトル $\mathbf{G}$ を探す．（平面波が格子によってひとたび変化を受けると，状態 ψ に対する「真の」波動ベクトルとなるようなものは存在しない．）

$\mathbf{k}'$ について，ダッシュは邪魔だから取り除くと，自由電子エネルギーは常に第

1ゾーンの波動ベクトル **k** と適当な逆格子ベクトル **G** とを用いて

$$\epsilon(k_x, k_y, k_z) = (\hbar^2/2m)(\mathbf{k}+\mathbf{G})^2$$
$$= (\hbar^2/2m)[(k_x+G_x)^2 + (k_y+G_y)^2 + (k_z+G_z)^2]$$

と書ける.

単純立方格子の自由電子バンドのエネルギーの低い部分を一例として考察しよう.[100]方向のエネルギーを **k** の関数として示したいものとする. 便宜上 $\hbar^2/2m=1$ となる単位を選ぶ. この空格子近似において数個のエネルギーの低いバンドを表示する. 表は **k**=0 の値と第1ゾーンの k_x 軸に沿った k の値に対するエネルギー表式を与えている. これらの自由電子バンドはまた図8に示してある. 同じバンドを k 空間の[111]方向に対して書くのはよい練習となろう.

バンド	$Ga/2\pi$	$\epsilon(000)$	$\epsilon(k_x 00)$
1	000	0	k_x^2
2, 3	100, $\bar{1}$00	$(2\pi/a)^2$	$(k_x \pm 2\pi/a)^2$
4, 5, 6, 7	010, 0$\bar{1}$0, 001, 00$\bar{1}$	$(2\pi/a)^2$	$k_x^2 + (2\pi/a)^2$
8, 9, 10, 11	110, 101, 1$\bar{1}$0, 10$\bar{1}$	$2(2\pi/a)^2$	$(k_x + 2\pi/a)^2 + (2\pi/a)^2$
12, 13, 14, 15	$\bar{1}$10, $\bar{1}$01, $\bar{1}\bar{1}$0, $\bar{1}$0$\bar{1}$	$2(2\pi/a)^2$	$(k_x - 2\pi/a)^2 + (2\pi/a)^2$
16, 17, 18, 19	011, 0$\bar{1}$1, 01$\bar{1}$, 0$\bar{1}\bar{1}$	$2(2\pi/a)^2$	$k_x^2 + 2(2\pi/a)^2$

ゾーンの境界付近の近似解

ポテンシャルエネルギーのフーリエ成分 U_G の値はゾーンの境界の自由電子の運動エネルギーに比較して小さいと仮定しよう. 最初に, 正確にゾーンの境界上にある波動ベクトル, $\frac{1}{2}G$, すなわち π/a に対する波動関数を考察しよう. ここでは

$$k^2 = \left(\frac{1}{2}G\right)^2, \qquad (k-G)^2 = \left(\frac{1}{2}G - G\right)^2 = \left(\frac{1}{2}G\right)^2$$

であるから, ゾーンの境界上では二つの波 $k=\pm\frac{1}{2}G$ の運動エネルギーは等しい.

もし $C(\frac{1}{2}G)$ がゾーン境界上の軌道関数 (29) の重要な係数であるとすれば, $C(-\frac{1}{2}G)$ もまたこの軌道関数の重要な係数である. この結果は (5) に関する議論からも導かれる. 基本方程式の中で係数 $C(\frac{1}{2}G)$ と $C(-\frac{1}{2}G)$ を含むものだけを残し, 他のすべての係数は無視する.

(31) の一つの方程式は, $k=\frac{1}{2}G$, $\lambda \equiv \hbar^2(\frac{1}{2}G)^2/2m$ とおいて,

$$(\lambda - \epsilon) C\left(\frac{1}{2}G\right) + UC\left(-\frac{1}{2}G\right) = 0 \tag{44}$$

となる．もう一つの方程式は，$k = -\frac{1}{2}G$ とおいて，

$$(\lambda - \epsilon) C\left(-\frac{1}{2}G\right) + UC\left(\frac{1}{2}G\right) = 0 \tag{45}$$

となる．

これら二つの方程式は，エネルギー ϵ が次式を満足するとき，すなわち，

$$\begin{vmatrix} \lambda - \epsilon & U \\ U & \lambda - \epsilon \end{vmatrix} = 0, \tag{46}$$

$$(\lambda - \epsilon)^2 = U^2, \quad \epsilon = \lambda \pm U = \frac{\hbar^2}{2m}\left(\frac{1}{2}G\right)^2 \pm U \tag{47}$$

であるときだけ，自明でない解をもっている．エネルギーは二つの根をもつ．一つは自由電子の運動エネルギーよりも $|U|$ だけ低く，他の一つは $|U|$ だけ高い．それゆえポテンシャルエネルギー $2U\cos Gx$ はゾーンの境界において $2|U|$ のエネルギーギャップをつくる．

C の比は (44) または (45) から次のように得られる：

$$\frac{C\left(-\frac{1}{2}G\right)}{C\left(\frac{1}{2}G\right)} = \frac{\epsilon - \lambda}{U} = \pm 1. \tag{48}$$

最後の段階に移るには (47) を用いた．それゆえ，$\psi(x)$ は二つの解をもつ：

$$\psi(x) = \exp(iGx/2) \pm \exp(-iGx/2).$$

これらの軌道関数は (5) と同じである．

一つの解はエネルギーギャップの底の波動関数を与え，他の解はエネルギーギャップの頂上の波動関数を与える．どちらの解がエネルギーが低いかはポテンシャルエネルギー U の符号によっている．

ゾーンの境界 $\frac{1}{2}G$ に近い波動ベクトル k をもつ軌道関数を求めよう．前と同じ 2 成分近似を用いる．波動関数は次の形をもつ：

$$\psi(x) = C(k)e^{ikx} + C(k-G)e^{i(k-G)x}. \tag{49}$$

基本方程式 (31) から示されるように，次の 1 対の方程式を解くことになる：

$$(\lambda_k - \epsilon) C(k) + UG(k-G) = 0,$$
$$(\lambda_{k-G} - \epsilon) C(k-G) + UC(k) = 0.$$

λ_k は $\hbar^2 k^2/2m$ である．これらの方程式は，もしもエネルギー ϵ が

を満足するならば解をもつ.すなわち, $\epsilon^2 - \epsilon(\lambda_{k-G} + \lambda_k) + \lambda_{k-G}\lambda_k - U^2 = 0$.

$$\begin{vmatrix} \lambda_k - \epsilon & U \\ U & \lambda_{k-G} - \epsilon \end{vmatrix} = 0$$

エネルギーは二つの根をもつ:

$$\epsilon = \frac{1}{2}(\lambda_{k-G} + \lambda_k) \pm \left[\frac{1}{4}(\lambda_{k-G} - \lambda_k)^2 + U^2\right]^{1/2}. \tag{50}$$

各根は一つのエネルギーバンドを記述する.二つの根を図9に示した.kとゾーンの境界との波動ベクトルの差を与える量 $\tilde{K} \equiv k - \frac{1}{2}G$ を用いてエネルギーを展開すると便利である($\tilde{K}$ の上付きの記号はティルドとよばれる):

$$\epsilon_{\tilde{K}} = (\hbar^2/2m)\left(\frac{1}{4}G^2 + \tilde{K}^2\right) \pm [4\lambda(\hbar^2\tilde{K}^2/2m) + U^2]^{1/2}$$

$$\simeq (\hbar^2/2m)\left(\frac{1}{4}G^2 + \tilde{K}^2\right) \pm U[1 + 2(\lambda/U^2)(\hbar^2\tilde{K}^2/2m)]. \tag{51}$$

ただし,この式が成立するのは $\hbar^2 G\tilde{K}/2m \ll |U|$ の領域である.λ は前と同じく,$\lambda = (\hbar^2/2m)(\frac{1}{2}G)^2$ である.

(47)の二つの根を $\epsilon(\pm)$ と書くと,(51)は

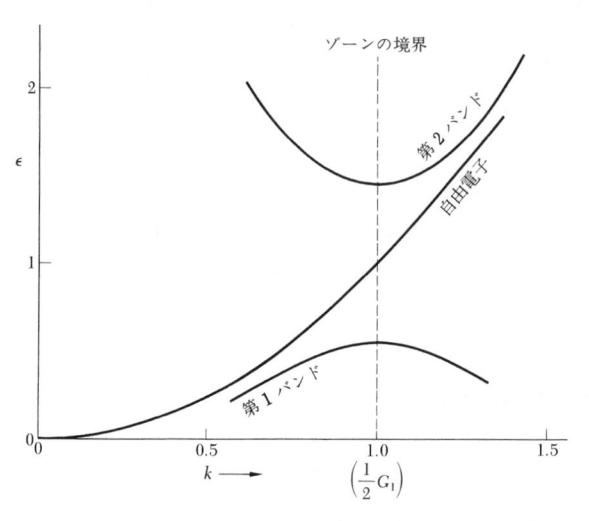

図9 第1ブリルアン・ゾーンの境界近くの領域における,周期的ゾーン形式の(50)の解.単位は $U = -0.45$;$G = 2$;$\hbar^2/m = 1$.比較のために自由電子の曲線を記した.ゾーンの境界のエネルギーギャップは0.90である.U の値は図示するためにわざと,2項近似では不十分なほど大きく選んである.

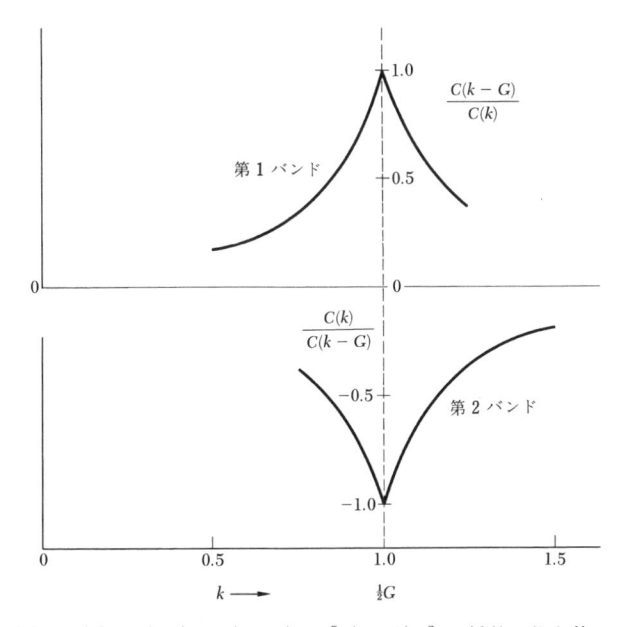

図 10 $\psi(x) = C(k)\exp(ikx) + C(k-G)\exp[i(k-G)x]$ の係数の比を第1ブリルアン・ゾーンの境界の近くで計算したもの．境界を離れると1成分のみが支配的に大きくなる．

$$\epsilon_{\tilde{K}}(\pm) = \epsilon(\pm) + \frac{\hbar^2 \tilde{K}^2}{2m}\left(1 \pm \frac{2\lambda}{U}\right) \tag{52}$$

と書ける．これらは波動ベクトルがゾーンの境界 $\frac{1}{2}G$ に非常に近いときのエネルギーの根である．

エネルギーが波動ベクトル $\tilde{K}$ に2乗の形で依存していることに注意せよ．U が負とすると，解 $\epsilon(-)$ は二つのバンドのうち高い方のエネルギーに相当し，$\epsilon(+)$ は低い方のエネルギーに相当する．二つの C は図10に示してある．

バンドの中の状態数

格子定数 a で，偶数 N 個の単位格子からつくられている1次元の結晶を考察しよう．状態を数えるために，波動関数に対して結晶の長さについての周期的境界条件を課する．第1ブリルアン・ゾーンの中の電子の波動ベクトル k の許される値は (2) によって与えられる：

$$k = 0, \quad \pm\frac{2\pi}{L}, \quad \pm\frac{4\pi}{L}, \quad \cdots, \quad -\frac{N\pi}{L}. \tag{53}$$

われわれはこの系列を $N\pi/L = \pi/a$ で切る．なぜならばこれがゾーンの境界であるから．点 $-N\pi/L = -\pi/a$ は独立な点としては数えない．なぜならばこれらは逆格子ベクトルによって π/a と結ばれているからである．点の総数は正確に単位格子の数 N である．

各単位格子は各エネルギーバンドに対して正確に1個の k の独立な値を寄与する．この結果は3次元においても成立する．スピンの方向が二つあることを考慮すると，**各エネルギーバンドには $2N$ 個の状態が存在する**．各単位格子に1価の原子が1個存在する場合には，バンドは電子によって半分だけ満たされる．もしも各原子がバンドに対して2個の電子を供給するならば，バンドは完全に満たされうる．もし各単位格子に1価の原子が2個存在するならば，バンドはまた完全に満たされうる．

金属と絶縁体

もし価電子が，一つかあるいはいくつかのバンドを完全に満たし，残りのバンドを空にしているならば，結晶は絶縁体（insulator）となる．外から加えた電場は絶縁体の中に電流を生じさせない（電場は電子構造を乱すほどには強くないと仮定する）．電子によって満たされたバンドが，エネルギーギャップによって次に高いバンドから隔てられているならば，電子の全運動量を連続的に変化させる方法はない．電子が移れる状態がすべて詰まっているからである．電場が加えられても，何の変化も生じない[*]．これは自由電子に対してはまったく起こりえない状態である．自由電子の **k** は電場の中で一様に増加する（6章）．

結晶は，その単位格子の中の価電子の数が偶数であるときにのみ絶縁体となりうる（バンド理論によっては取り扱えないような，原子内の殻にかたく束縛された電子に対しては例外が起こりうる）．単位格子あたりの価電子の数が偶数であるならば，バンドがエネルギー的に重なっているか否かを調べる必要がある．もしもバンドが重なっているならば，絶縁体を与えるただ一つの満ちたバンドの代りに，二つの部分的に満たされているバンドが存在することになり，その物質は金属となる（図11参照）．

---

[*]（訳者注）ただし，誘電分極は起こる．

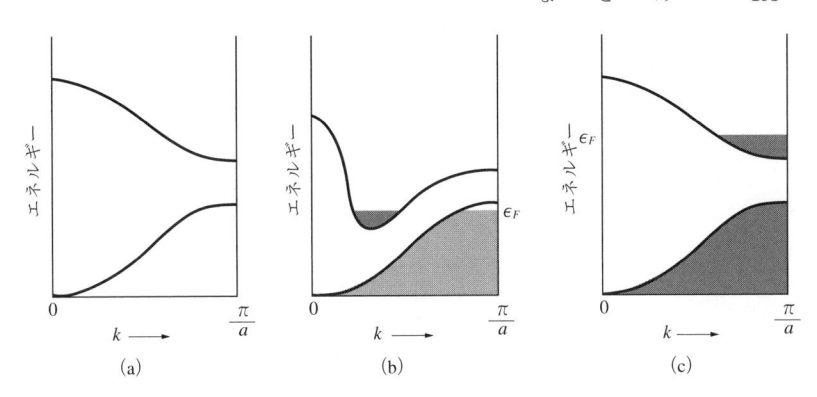

図 11 電子によって占められた状態とバンド構造．(a) 絶縁体．(b) バンドが重なっているので半金属か金属となる．(c) 電子が一つのバンドを満たさないので，金属となる．(b) の場合，バンドの重なりはブリルアン・ゾーンの同じ方向において生ずる必要はない．重なりが小さくて，それに関与している状態の数が少ない場合に半金属という．

アルカリ金属と貴金属とでは単位格子あたりに1個の価電子が存在するので，それらは金属でなければならない．アルカリ土類金属は単位格子あたりに2個の電子をもっている．それらは絶縁体となる可能性があったのだけれども，バンドがエネルギー的に重なっているので金属なのである．しかし，それらは非常によい金属ではない．ダイヤモンド，シリコン，ゲルマニウムにおいては単位格子あたりに価電子4個をもつ原子が2個存在するので，単位格子あたり8個の価電子が存在する．バンドは重なっていないので，純粋な結晶は絶対零度においては絶縁体である[*]．

まとめ

- 周期格子における波動方程式の解はブロッホ形である：$\psi_\mathbf{k}(\mathbf{r}) = e^{i\mathbf{k}\cdot\mathbf{r}} u_\mathbf{k}(\mathbf{r})$．この $u_\mathbf{k}(\mathbf{r})$ は結晶格子の並進に対して不変である．
- 波動方程式のブロッホ形の解が存在しないようなエネルギー領域が存在する（問題5参照）．これらのエネルギーは禁制領域をつくる．そこでは波動関数は空間的に減衰型であり，$\mathbf{k}$ の値は複素数である．その様子は図12に示してあ

---

[*] （訳者注） 正確にいうと，価電子バンドは4個のバンドが重なって形成され，伝導バンドとの間にギャップが存在する．

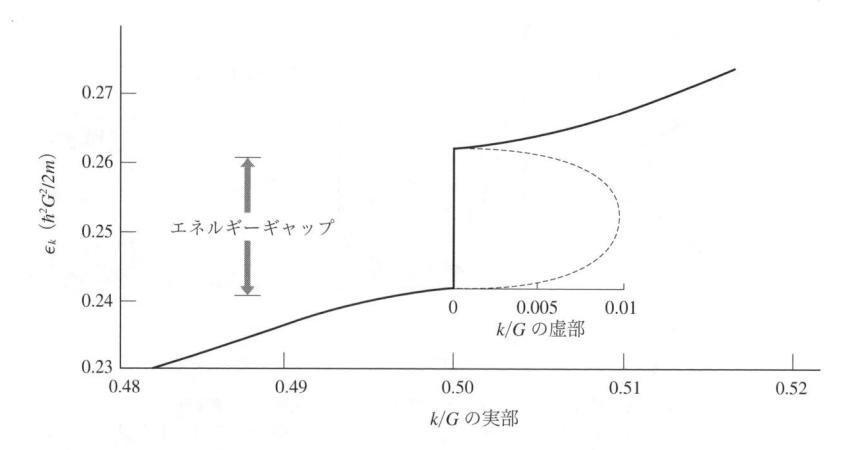

図 12 エネルギーギャップの中では波動ベクトルが複素数であるような波動方程式の解が存在する．第1ゾーンの境界では波動ベクトルの実部は $(1/2)G$ である．ギャップの中の k に対してのその虚部を，二つの平面波の近似を用いて描いた．$U=0.01\hbar^2G^2/2m$ としてある．結晶の大きさが無限大であれば，波動ベクトルは実数でなければならない．もしそうでなければ，波の振幅がいくらでも大きくなってしまうからである．しかし，表面とか接合においては複素数の波動ベクトルをもつ解が存在する．

る．エネルギー禁制領域の存在は絶縁体の存在に対する必要条件である．

- エネルギーバンドはしばしば一つか二つの平面波で近似される．例えば，$\frac{1}{2}G$ のゾーンの境界近くの波動関数は近似的に $\psi_k(x) \cong C(k)e^{ikx} + C(k-G)e^{i(k-G)x}$ である．

- 一つのバンドの中の軌道の数は $2N$ である．N は試料中の単位格子の数である．

問　題

1. **正方形格子，自由電子のエネルギー**　　(a) 2次元の単純な正方形格子において，自由電子の第1ゾーンの隅の点のエネルギーはゾーンの辺の中点のエネルギーよりも2倍だけ高いことを示せ．(b) 3次元の単純立方格子では，第1ゾーンの隅の点のエネルギーは側面の中点のエネルギーの何倍になるか．(c) この結果は2価金属の電気伝導率に対してどんな意味をもっているか．

2. **還元ゾーンにおける自由電子のエネルギー**　　fcc結晶格子の自由電子エネルギーバンドを空格子の近似で考察せよ．ただし，還元ゾーン形式を用い，すべての **k** ベクトル

は第1ブリルアン・ゾーンに移動するものとする．最もエネルギーの低いバンドのゾーンの境界点 $\mathbf{k}=(2\pi/a)(\frac{1}{2},\frac{1}{2},\frac{1}{2})$ におけるエネルギー値の6倍まで，[111]方向のすべてのバンドエネルギーを図示せよ．この問題はなぜバンドの端に対する $\mathbf{k}$ がゾーンの中心にあるとは限らないかを教えてくれる．結晶ポテンシャルを考慮すればバンドエネルギーの縮退（あるいはバンドの交差）のいくつかは解ける．

3. クローニッヒ-ペニーのモデル　(a) ポテンシャルはデルタ関数形とし，$P \ll 1$ として，最もエネルギーの低いバンドの $k=0$ におけるエネルギーを求めよ．(b) 同じ問題で $k=\pi/a$ におけるバンドギャップを求めよ．

4. ダイヤモンド構造のポテンシャルエネルギー　(a) ダイヤモンド構造においては電子に対する結晶ポテンシャルのフーリエ成分 U_G は $\mathbf{G}=2\mathbf{A}$ の場合 0 であることを示せ．$\mathbf{A}$ は通常の立方体の単位格子に対する逆格子の底のベクトルである．(b) 周期格子の波動方程式の解に対するふつうの摂動の第1近似においては，ベクトル $\mathbf{A}$ の端点に垂直なゾーンの境界面上でエネルギーギャップは0であることを示せ．

5[*). エネルギーギャップの中の複素波動ベクトル　(46)を導いた近似を用いて，第1ブリルアン・ゾーンの境界におけるエネルギーギャップの中の波動ベクトルの虚部に対する表現を見いだせ．エネルギーギャップの中心における $\mathrm{Im}(k)$ に対する結果を与えよ．$\mathrm{Im}(k)$ が小さい場合には，結果は
$$(\hbar^2/2m)[\mathrm{Im}(k)]^2 \approx 2mU^2/\hbar^2 G^2$$
である．図12に示されているこの形は強い電場の下での一つのバンドから他のバンドへのZenerトンネリング理論に重要である．

6. 正方形格子　2次元の正方形格子において，結晶ポテンシャルが
$$U(x,y) = -4U\cos(2\pi x/a)\cos(2\pi y/a)$$
であるとする．基本方程式を用いて，ブリルアン・ゾーンの角の点 $(\pi/a, \pi/a)$ におけるエネルギーギャップを近似的に求めよ．2×2 の行列式を解けば十分である．

[*)　この問題はやや難しい．

8 半 導 体[*]

金属,半金属,半導体の代表的なキャリヤー濃度を図1に示す.半導体は一般に室温における電気抵抗値によって分類されているが,その範囲は 10^{-2} から $10^9 \Omega$ cm である.電気抵抗は温度に強く依存する.絶対零度においては,大部分の半導体の完全結晶は絶縁体になる.ここでわれわれは絶縁体を $10^{14} \Omega$ cm 以上の電気抵抗をもつものと任意的に定義している.

半導体を基本とする装置にはトランジスター,スイッチ,整流器,光電池,検出器,サーミスターなどがある.これらは単一回路の要素としても用いられるが,複合回路の成分としても用いられる.この章においては,古典的な半導体結晶,特にシリコン,ゲルマニウム,ガリウムヒ素の基本的な物理的性質を論ずる.

若干の便利な命名法:化学式が AB 型の半導体化合物を,A が 3 価の元素で B が 5 価の元素である場合,III-V 化合物とよぶ.例はインジウムアンチモン(InSb)とガリウムヒ素(GaAs)である.A が 2 価で B が 6 価の場合には,その化合物を II-VI 化合物とよぶ.例は硫化亜鉛(ZnS)と硫化カドミウム(CdS)である.シリコンとゲルマニウムは,ダイヤモンド型の結晶構造をもつので,ときに,ダイヤモンド型半導体とよばれる.ダイヤモンド自体は半導体というよりはむしろ絶縁体である.シリコンカーバイト(SiC)は IV-IV 化合物である.

高純度の半導体は,低純度の試料の不純物伝導率とは区別された固有の電気伝導率を示す.**固有温度領域**(intrinsic temperature range)では半導体の電気的性質は結晶内の不純物によってはたいした変化は受けない.固有伝導率を与えるようなエネルギーバンド構造を図2に示す.絶対零度では伝導バンドは空で,完全に満ちた価電子バンドからエネルギーギャップ(energy gap)E_g だけ離れている.

バンドギャップ(band gap)は伝導バンドの最低点と価電子バンドの最高点の間のエネルギー差である.伝導バンドの最低点を**伝導バンドの底**(conduction

---

[*] 外部から電磁場が加えられたときのキャリヤーの軌道に関する議論は次の9章に続く.

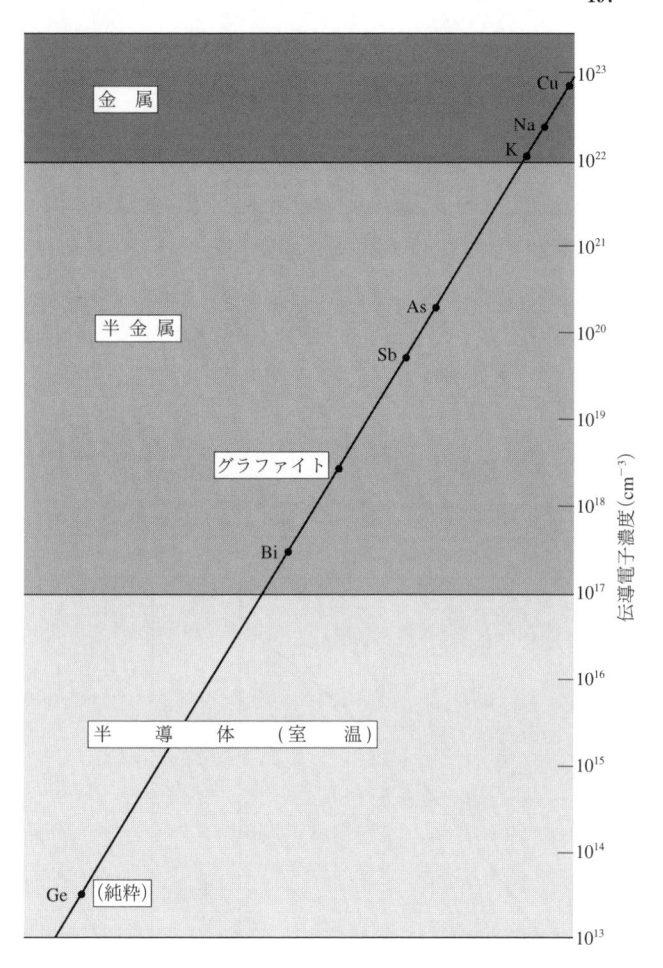

図 1 金属，半金属，半導体のキャリヤー濃度．半導体の領域は，不純物原子の濃度を増大させることによって上の方に広げることができる．また，絶縁体領域に入り込むまで下方に広げることができる．

band edge)，価電子バンドの最高点を**価電子バンドの上端**（valence band edge）とよぶ．

　温度が高くなるにつれて，電子は価電子バンドから伝導バンドへと熱的に励起される（図3）．伝導バンドの電子と価電子バンドに残された空の軌道すなわちホールの両者が電気伝導に寄与する．

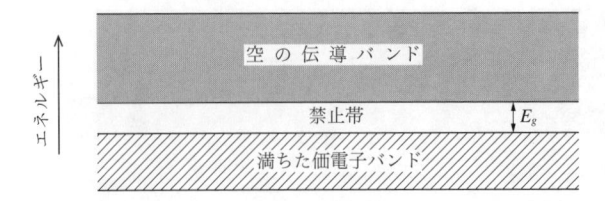

図 2 半導体の固有電気伝導に対するエネルギーバンドの模様.絶対零度では,価電子バンドのすべての準位は占有されており,伝導バンドのすべての準位は完全に空であるから,伝導率は 0 である.温度が上昇するにつれて,電子は価電子バンドから伝導バンドへ熱的に励起され,動けるようになる.このようなキャリヤーは固有的(intrinsic)とよばれる.

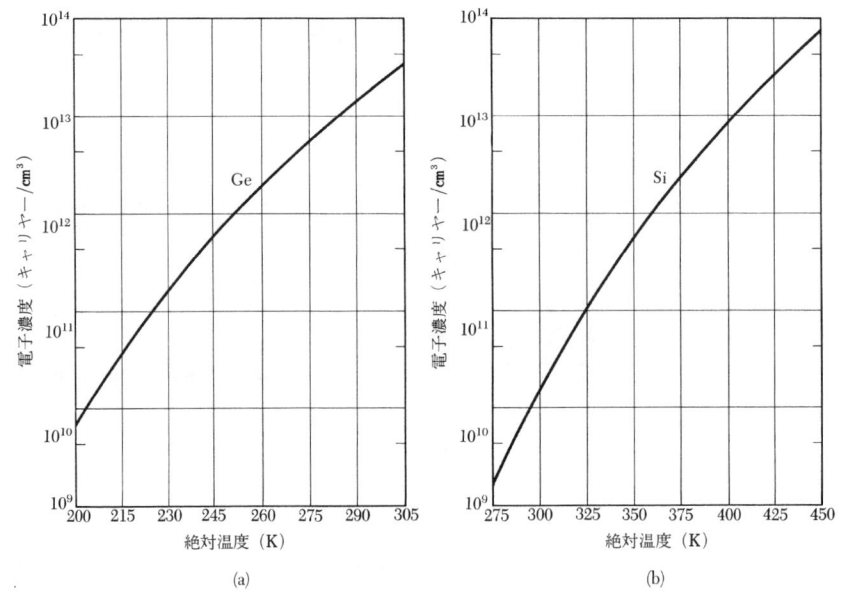

図 3 (a) ゲルマニウムと (b) シリコンの温度の関数としての固有電子濃度.固有温度領域の条件のもとでは,ホール濃度は電子濃度に等しい.与えられた温度での固有電子濃度はゲルマニウムの方がシリコンよりも高い.これはエネルギーギャップが,ゲルマニウム (0.66 eV) の方がシリコン (1.11 eV) よりも狭いためである.(W. C. Dunlap による.)

バンドギャップ

固有伝導率と固有キャリヤー濃度はバンドギャップと温度との比 E_g/k_BT によって大きく支配される．この比が大きいときは固有キャリヤーの濃度は低く，したがって伝導率も低い．代表的な半導体のバンドギャップを表1にあげてある．バンドギャップの最も正しい値は光吸収から得られる．

直接吸収過程（direct absorption process）で振動数 ω_g のところに位置した光学的連続吸収しきい値は図4aと図5aのバンドギャップ $E_g=\hbar\omega_g$ を定める．この過程では一つのフォトンが結晶によって吸収され，一つの電子と一つのホールがつくられる．

図4bと図5bの**間接吸収過程**（indirect absorption process）ではバンド構造の最小のエネルギーギャップは相当大きな波動ベクトル $\mathbf{k}_c$ だけ離れた電子とホールとに関係している．この場合には，最小のギャップのエネルギーでのフォトンによる直接の遷移は波動ベクトルの保存の要求を満足しない．なぜならば，フォトンの波動ベクトルは問題のエネルギー範囲では無視できるからである．しかし，もしも波動ベクトル $\mathbf{K}$，周波数 Ω の一つのフォノンがこの過程でつくられるとすると，保存則の要請により

表1 価電子バンドと伝導バンドの間のエネルギーギャップの値
（i＝間接ギャップ，d＝直接ギャップ）

結晶	ギャップ	E_g(eV) 0 K	E_g(eV) 300 K	結晶	ギャップ	E_g(eV) 0 K	E_g(eV) 300 K
Diamond	i	5.4	—	SiG(六方)	i	3.0	—
Si	i	1.17	1.11	Te	d	0.33	—
Ge	i	0.744	0.66	HgTe[a]	d	−0.30	—
αSn	d	0.00	0.00	PbS	d	0.286	0.34–0.37
InSb	d	0.23	0.17	PbSe	i	0.165	0.27
InAs	d	0.43	0.36	PbTe	i	0.190	0.29
InP	d	1.42	1.27	CdS	d	2.582	2.42
GaP	i	2.32	2.25	CdSe	d	1.840	1.74
GaAs	d	1.52	1.43	CdTe	d	1.607	1.44
GaSb	d	0.81	0.68	SnTe	d	0.3	0.18
AlSb	i	1.65	1.6	Cu$_2$O	d	2.172	—

[a] HgTe は半金属；バンドが重なっている．

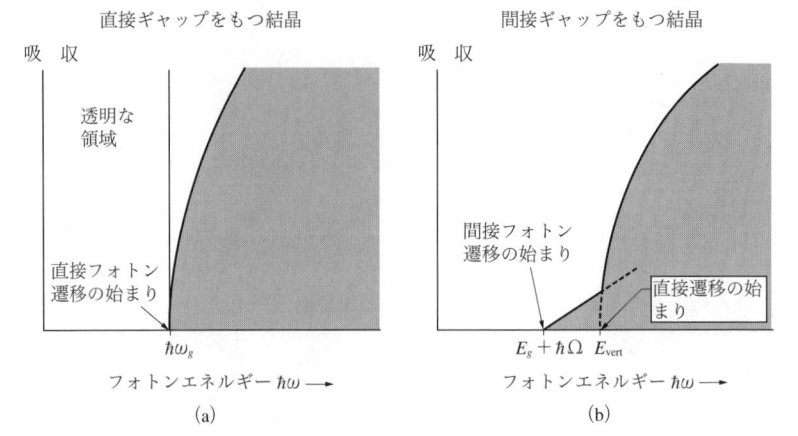

図 4 絶対零度での純粋な絶縁体における光吸収．(a)ではしきい値は $E_g=\hbar\omega_g$ でエネルギーギャップを定める．(b)では光吸収はしきい値のあたりでは弱い．フォトンエネルギー $\hbar\omega=E_g+\hbar\Omega$ のところで1個のフォトンが吸収されて三つの粒子，すなわち自由電子，自由ホールおよびエネルギー $\hbar\Omega$ のフォノンがつくり出される．(b)においてエネルギー E_{vert} はフォノンなしに一つの自由電子と一つの自由ホールをつくるためのしきい値を示す．このような遷移を垂直遷移という．これは(a)の直接遷移と同じである．この図はしきい値の低エネルギー側に，ある場合に見られる吸収線を示していない．これらの線は励起子とよばれる束縛された電子-ホール対の生成による．

$$\mathbf{k}(\text{フォトン})=\mathbf{k}_c+\mathbf{K}\cong 0, \quad \hbar\omega=E_g+\hbar\Omega$$

が得られる．フォノンのエネルギー $\hbar\Omega$ は一般に E_g よりもはるかに小さい．大きな波動ベクトルのフォノンですら，そのエネルギーはエネルギーギャップにくらべて十分に小さい（約 $0.01\sim0.03\,\text{eV}$）から，大きな波動ベクトルをもつフォノンはたやすく結晶運動量を供給することができる．必要なフォノンがすでに結晶内に熱的に励起されているくらい十分に温度が高いならば，フォノンの吸収を含むようなフォトンの吸収過程が起こることもまた可能である．

バンドギャップは固有温度領域の電気伝導率，または，キャリヤー濃度の温度依存性から求めることもできる．キャリヤー濃度はホール電圧（6章）から，場合によっては，さらに伝導率の測定を合わせ用いて求めることができる．光学的測定はギャップが直接か間接であるかを決定する．ゲルマニウムとシリコンのバンドの端は間接遷移によって結びつけられており，InSb と GaAs のバンドの端は直接遷移（図6）で結びつけられている．α-Sn のギャップは直接で，正確に0 であ

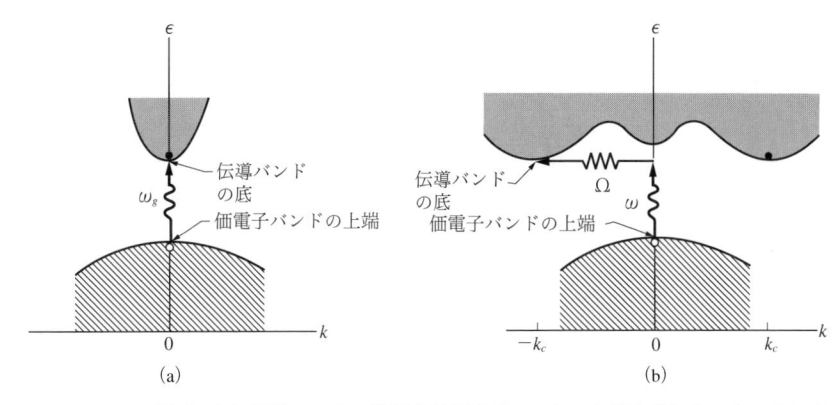

図 5 (a) 伝導バンドの最低点は価電子バンドの上端と同じ **k** のところにある．吸収されるフォトンは非常に小さな波動ベクトルしかもたないので，直接光学遷移は **k** がほとんど変化しないように垂直に描かれている．直接遷移による吸収に対する周波数のしきい値 ω_g はエネルギーギャップ $E_g=\hbar\omega_g$ を決定する．(b) の間接遷移は一つのフォトンと一つのフォノンとを含む．この場合伝導バンドの端と価電子バンドの端とは **k** 空間の中で互いに隔たっている．(b) の場合の間接遷移に対するしきい値のエネルギーは真のバンドギャップよりも大きい．エネルギーバンドの端の間の間接遷移に対する吸収のしきい値は $\hbar\omega=E_g+\hbar\Omega$ である．ここで Ω は波動ベクトル $\mathbf{K}\cong -\mathbf{k}_c$ をもって放出されたフォノンの周波数である．高温ではフォノンがすでに存在している．フォノンがフォトンとともに吸収される場合にはしきい値エネルギーは $\hbar\omega=E_g-\hbar\Omega$ である．注意：図にはしきい値に対する遷移だけを示してある．遷移は一般に二つのバンドの間の波動ベクトルとエネルギーとが保存しうるようなすべての点の間で起こる．

る．HgTe と HgSe は半金属で負のエネルギーギャップをもつ，すなわち伝導バンドと価電子バンドは重なっている．

運動方程式

エネルギーバンド内の電子の運動方程式を導く．外部からの電場の中での波束の運動を調べよう．その波束が特定の波動ベクトル k の近傍の波動ベクトルから構成されているとする．群速度は $v_g=d\omega/dk$ である．エネルギー ϵ の波動関数に付随する周波数は，量子論により，$\omega=\epsilon/\hbar$ であり，したがって，

$$v_g = \hbar^{-1}d\epsilon/dk \quad \text{または} \quad \mathbf{v} = \hbar^{-1}\nabla_K\epsilon(\mathbf{k}) \tag{1}$$

となる．電子の運動に対する結晶の効果は分散関係 $\epsilon(\mathbf{k})$ に含まれる．

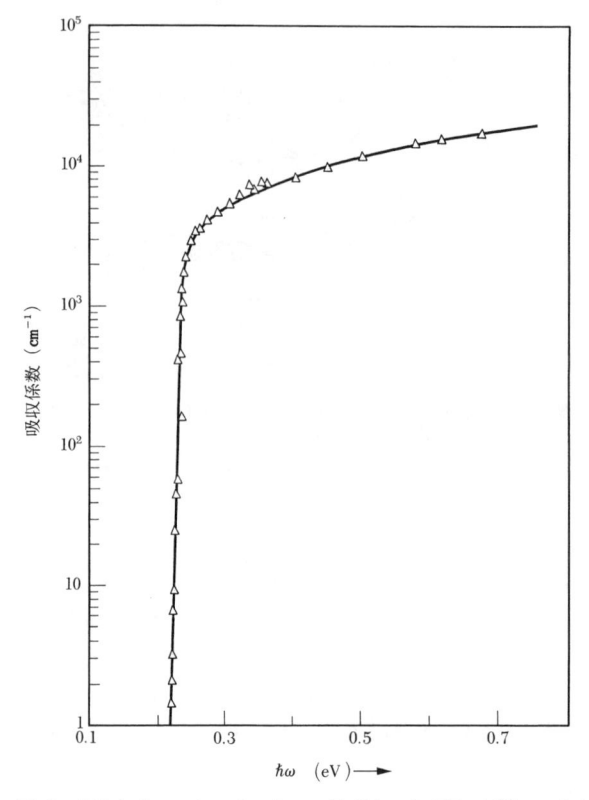

図6 純粋なインジウムアンチモン (InSb) の光吸収．伝導バンドと価電子バンドの両方ともブリルアン・ゾーンの中心 **k**=0 に端をもっているので，遷移は直接である．鋭い吸収端に注意すること．(G. W. Gobeli と H. Y. Fan による．)

時間 δt の間に電場 E によって電子になされる仕事 $\delta\epsilon$ は

$$\delta\epsilon = -eEv_g\,\delta t \tag{2}$$

である．(1) を用いて

$$\delta\epsilon = (d\epsilon/dk)\,\delta k = \hbar v_g\,\delta k \tag{3}$$

が得られる．(2) と (3) とをくらべて

$$\delta k = -(eE/\hbar)\,\delta t \tag{4}$$

が得られる．したがって，$\hbar dk/dt = -eE$ である．これは自由電子に対するものと同じ関係式である．

(4) を外力 **F** を用いて

$$\hbar \frac{d\mathbf{k}}{dt} = \mathbf{F} \tag{5}$$

と書いてもよい．これは重要な関係式である．すなわち，結晶の中では，$\hbar d\mathbf{k}/dt$ は電子に働く外力に等しい．自由空間では $d(m\mathbf{v})/dt$ が力に等しい．われわれはニュートンの運動の第2法則を捨てたわけではない．結晶の中の電子は外部の源からの力と同時に結晶格子からも力を受けているのである．

(5) の力の項は，磁場がバンド構造をこわしてしまうほどには強くないというふつうの条件の下では，磁場の中で電子に作用する電場とローレンツ力を含む．したがって，一定磁場 $\mathbf{B}$ の中で群速度 $\mathbf{v}$ の電子の運動方程式は

$$(\text{CGS}) \quad \hbar \frac{d\mathbf{k}}{dt} = -\frac{e}{c}\mathbf{v}\times\mathbf{B}, \qquad (\text{SI}) \quad \hbar\frac{d\mathbf{k}}{dt} = -e\mathbf{v}\times\mathbf{B} \tag{6}$$

である．ここで，右辺は電子に働くローレンツ力である．群速度 $\mathbf{v}=\hbar^{-1}\mathrm{grad}_{\mathbf{K}}\epsilon$ を用いて，波動ベクトルの時間変化は

$$(\text{CGS}) \quad \frac{d\mathbf{k}}{dt} = -\frac{e}{\hbar^2 c}\nabla_{\mathbf{k}}\epsilon\times\mathbf{B}, \qquad (\text{SI}) \quad \frac{d\mathbf{k}}{dt} = -\frac{e}{\hbar^2}\nabla_{\mathbf{K}}\epsilon\times\mathbf{B} \tag{7}$$

となる．ここでは，式の両辺は $\mathbf{k}$ 空間での電子の座標に関係している．

(7) のベクトル積からして，磁場の中の電子は $\mathbf{k}$ 空間でエネルギー ϵ の勾配の方向とは直角の方向に運動することがわかる．したがって，**電子はエネルギー一定の面上を動く**．$\mathbf{k}$ の $\mathbf{B}$ 方向の成分 k_B は運動の間一定である．$\mathbf{k}$ 空間での運動は $\mathbf{B}$ 方向に垂直な面内にあって，その軌道はこの平面とエネルギー一定の面との交線によって決定される．

$\hbar\dot{\mathbf{k}}=\mathbf{F}$ の物理的な導出

エネルギー $\epsilon_{\mathbf{k}}$，波動ベクトル $\mathbf{k}$ に属するブロッホ固有関数 $\psi_{\mathbf{k}}$ を考える．

$$\psi_{\mathbf{k}} = \sum_{\mathbf{G}} C(\mathbf{k}+\mathbf{G})\exp[i(\mathbf{k}+\mathbf{G})\cdot\mathbf{r}]. \tag{8}$$

ブロッホ状態 $\mathbf{k}$ にある電子の運動量の期待値は，$\sum|C(\mathbf{k}+\mathbf{G})|^2=1$ を用いて，

$$\begin{aligned}\mathbf{P}_{\mathrm{el}} &= (\mathbf{k}|-i\hbar\nabla|\mathbf{k}) = \sum_{\mathbf{G}}\hbar(\mathbf{k}+\mathbf{G})|C(\mathbf{k}+\mathbf{G})|^2 \\ &= \hbar(\mathbf{k}+\sum_{\mathbf{G}}\mathbf{G}|C(\mathbf{k}+\mathbf{G})|^2\end{aligned} \tag{9}$$

で与えられる．

外力の働きで，電子の状態 $\mathbf{k}$ が $\mathbf{k}+\Delta\mathbf{k}$ に変化したときの電子と格子との間の運動量の移動を調べる．状態 $\mathbf{k}$ に1個の電子があるほかはまったく空であるバンドをもつ電気的に中性な絶縁体結晶を想定する．

弱い外力をある時間だけ作用させ，この結晶全体に与えられた全力積が $\mathbf{J}=\int \mathbf{F}\,dt$ になったとする．もしもこの伝導電子が自由 ($m^*=m$) であったとすると，上記の力積によって結晶に与えられた全運動量は伝導電子の運動量の変化

$$\mathbf{J} = \Delta\mathbf{p}_{\text{tot}} = \Delta\mathbf{p}_{\text{el}} = \hbar\Delta\mathbf{k} \tag{10}$$

として現れる．中性の結晶は，直接的にはもちろん，この自由電子を通して間接的にも，電場からの正味の相互作用は受けない．

伝導電子が結晶格子の周期ポテンシャルと相互作用しているとすると，結晶運動量の変化は

$$\mathbf{J} = \Delta\mathbf{p}_{\text{tot}} = \Delta\mathbf{p}_{\text{lat}} + \Delta\mathbf{p}_{\text{el}} \tag{11}$$

でなければならない．$\mathbf{p}_{\text{el}}$ に対する (9) の結果から

$$\Delta\mathbf{p}_{\text{el}} = \hbar\Delta\mathbf{k} + \sum_{\mathbf{G}} \hbar\mathbf{G}\left[(\nabla_{\mathbf{k}}|C(\mathbf{k}+\mathbf{G})|^2)\cdot\Delta\mathbf{k}\right] \tag{12}$$

である．

電子の状態の変化によって生じた格子運動量の変化 $\Delta\mathbf{p}_{\text{lat}}$ は初等的な物理的考察から導かれる．格子によって反射された電子は格子に運動量を与える．運動量 $\hbar\mathbf{k}$ の平面波成分をもった入射電子が反射されて運動量 $\hbar(\mathbf{k}+\mathbf{G})$ をもったとすると，格子は，運動量の保存の要請からして，運動量 $-\hbar\mathbf{G}$ を獲得する．状態 $\psi_{\mathbf{k}}$ から $\psi_{\mathbf{k}+\Delta\mathbf{k}}$ への変化にさいしての格子への運動量の移動は，

$$\Delta\mathbf{p}_{\text{lat}} = -\hbar\sum_{\mathbf{G}} \mathbf{G}\left[(\nabla_{\mathbf{k}}|C(\mathbf{k}+\mathbf{G})|^2)\cdot\Delta\mathbf{k}\right] \tag{13}$$

で与えられる．なぜならば最初の状態の各成分が状態変化 $\Delta\mathbf{k}$ の間に

$$\nabla_{\mathbf{k}}|C(\mathbf{k}+\mathbf{G})|^2\cdot\Delta\mathbf{k} \tag{14}$$

の割合で反射されるからである．

全運動量の変化は，したがって，

$$\Delta\mathbf{p}_{\text{el}} + \Delta\mathbf{p}_{\text{lat}} = \mathbf{J} = \hbar\Delta\mathbf{k} \tag{15}$$

で，自由電子の場合，(10) と完全に同じである．こうして $\mathbf{J}$ の定義から，

$$\hbar d\mathbf{k}/dt = \mathbf{F} \tag{16}$$

が得られる．この式は (5) では異なった方法で導いた．(16) をまったく別の方法で厳密に導出することは付録 E に示してある．

ホール

　完全に満ちていたバンドの中に生じた空の軌道の性質は半導体物理学や固体エレクトロニクスでは重要である．一つのバンドの中の空の軌道はふつうホール (hole) とよばれる．ホールなしではトランジスターはなかっただろう．ホールは電場や磁場の中ではあたかも正電荷 $+e$ をもっているかのようにふるまう．その理由を以下に5段階に分けて与える．

1. $$\mathbf{k}_h = -\mathbf{k}_e. \tag{17}$$

　満ちたバンドの中の電子の全波動ベクトルは 0 である．すなわち $\sum \mathbf{k} = 0$．ここで和は一つのブリルアン・ゾーン内のすべての状態について行う．この結果はブリルアン・ゾーンの幾何学的対称性から出てくる．どの基本的な格子形も任意の格子点での反転 $\mathbf{r} \to -\mathbf{r}$ に対して対称である．このことから，格子のブリルアン・ゾーンもまた反転対称をもつことが導かれる．バンドが満たされているときは，軌道の $\mathbf{k}$ と $-\mathbf{k}$ のすべての対が満たされており，全波動ベクトルは 0 である．

　波動ベクトル $\mathbf{k}_e$ の軌道から電子が抜けているとすると，系の全波動ベクトルは $-\mathbf{k}_e$ で，これがホールに帰せられる．この結果は驚くべきことである．なぜなら，電子が $\mathbf{k}_e$ から抜けているとき，ホールの位置はふつうは，図7のように，$\mathbf{k}_e$ にあるように図式的に示されている．しかし，ホールの真の波動ベクトル $\mathbf{k}_h$ は $-\mathbf{k}_e$ である．すなわち，ホールが点 E にあるとすると波動ベクトルは点 G のそれである．フォトンの吸収に対する選択則には波動ベクトル $-\mathbf{k}_e$ が入る．

　ホールは1個だけ電子が抜けたバンドの別の表現であり，われわれはホールが波動ベクトル $-\mathbf{k}_e$ をもつということも，あるいは，1個だけ電子の抜けたバンドが全波動ベクトル $-\mathbf{k}_e$ をもつということもできる．

2. $$\epsilon_h(\mathbf{k}_h) = -\epsilon_e(\mathbf{k}_e). \tag{18}$$

　価電子バンドのエネルギーの零点がバンドの上端にあるとする．抜け出る電子がバンドの低いところにあるほど，系のエネルギーは高くなる．ホールのエネルギーは抜け出る電子のエネルギーの符号を逆にしたものである．なぜ

なら，高いところにある軌道からよりも低いところにある軌道から電子を取り出す方が余分に仕事を必要とするからである．それゆえ，バンドが対称ならば[1]，$\epsilon_e(\mathbf{k}_e) = \epsilon_e(-\mathbf{k}_e) = -\epsilon_h(-\mathbf{k}_e) = -\epsilon_h(\mathbf{k}_h)$．図8にホールの性質を表すバンドを図示する．このホールバンドは上向きに表されている点で便利な表し方である．

3. $$\mathbf{v}_h = \mathbf{v}_e. \tag{19}$$

ホールの速度は除かれた電子のもっていた速度に等しい．図8から，$\nabla \epsilon_h(\mathbf{k}_h) = \nabla \epsilon_e(\mathbf{k}_e)$ であるから，$\mathbf{v}_h(\mathbf{k}_h) = \mathbf{v}_e(\mathbf{k}_e)$．

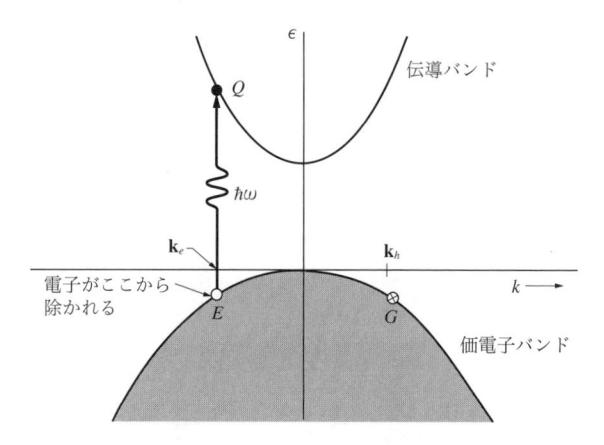

図7 エネルギー $\hbar\omega$ のフォトンの吸収にさいして，波動ベクトルの値は変化することなく，電子は満ちた価電子バンド E から伝導バンドの Q に移る．点 E の電子の波動ベクトルが $\mathbf{k}_e$ であれば，それは点 Q における電子の波動ベクトルの値でもある．光が吸収された後の価電子バンドの全波動ベクトルの値は $-\mathbf{k}_e$ である．もし価電子バンドをただ1個のホールが占めているといういいかたをするならば，ホールに与えるべき波動ベクトルはこれであるから，$\mathbf{k}_h = -\mathbf{k}_e$ である．ホールの波動ベクトルは G に残っている電子の波動ベクトルと同じである．系全体についていえば，吸収が起こった後の全波動ベクトルは $\mathbf{k}_e + \mathbf{k}_h = 0$ であるから，フォトンを吸収して自由電子と自由ホールをつくることによって全波動ベクトルの値は変わらない．

---

1) スピン-軌道相互作用を無視するならば，バンドは反転 ($\mathbf{k} \to -\mathbf{k}$) に対して常に対称的である．もし結晶構造が反転操作に対して不変であるような構造の場合には，スピン-軌道相互作用を考慮してもなお，バンドは反転に対して常に対称的である．結晶構造が対称中心をもたず，しかも，スピン-軌道相互作用がある場合には，スピンの向きが互いに反対のサブバンドの間に対称性が成り立つ．$\epsilon(\mathbf{k}, \uparrow) = \epsilon(-\mathbf{k}, \downarrow)$．QTSの9章を見よ．

ホールバンド, $\mathbf{k}_h = -\mathbf{k}_e$, $\epsilon_h(\mathbf{k}_h) = -\epsilon_e(\mathbf{k}_e)$ を用いて表され, ホールの動力学をシミュレートする.

価電子バンド電子が1個抜けている.

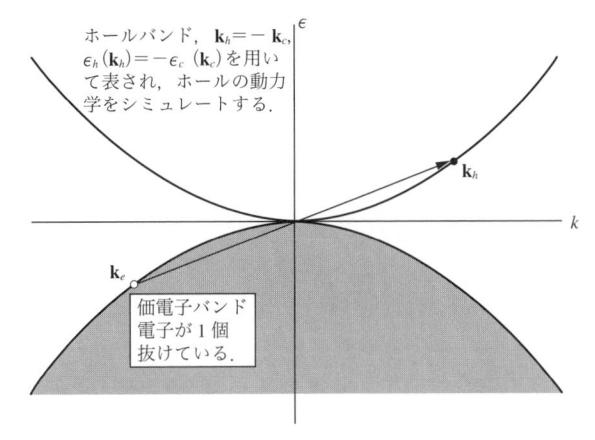

図 8 図の上半分はホールの動力学をシミュレートしてくれるホールバンドを表す. これは価電子バンドを原点に関して反転することによって得られる. ホールの波動ベクトルとエネルギーは価電子バンドの空の電子軌道の波動ベクトルとエネルギーに大きさが等しく, 符号が逆である. 価電子バンドの $\mathbf{k}_e$ から移された電子は示してない.

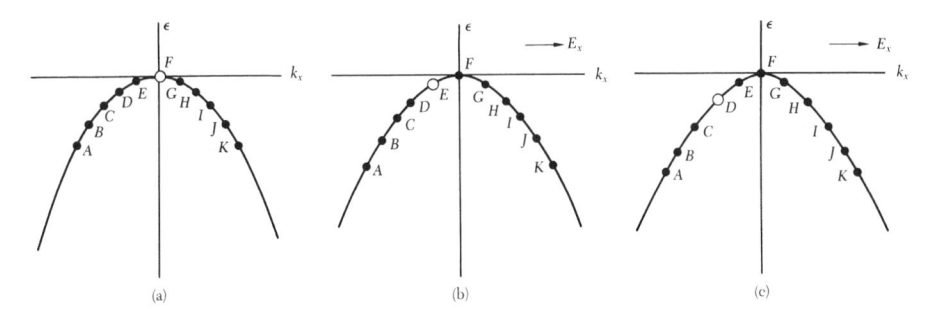

図 9 (a) $t=0$ ではバンドの頂上の点 F 以外の状態はすべて満たされている. 速度 v_x は点 F においては 0 である. なぜならば $d\epsilon/dk_x=0$ である. (b) $+x$ 方向に電場を加える. 電子に対しては $-k_x$ の方向に力が働く. それですべての電子は一様に $-k_x$ の方向に移動し, ホールは状態 E にいく. (c) さらに時間が経過すると, 電子はさらに k 空間で運動し, ホールは D に移る.

4.
$$m_h = -m_e. \tag{20}$$

後に示すように, 有効質量は曲率 $d^2\epsilon/dk^2$ に逆比例する. そして, ホールバンドに対しては, この値は価電子バンドの電子に対する値と符号が逆である. 価電子バンドの上端の近くでは m_e は負であるから, m_h は正である.

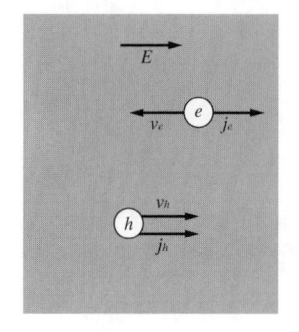

図10 電場 E が印加されているときの，伝導バンドの電子と価電子バンドのホールの運動．ホールと電子の移動速度は反対向きであるが，電流は同じ方向で，電場の方向を向いている．

5.
$$\hbar \frac{d\mathbf{k}_h}{dt} = e\left(\mathbf{E} + \frac{1}{c}\mathbf{v}_h \times \mathbf{B}\right). \qquad (21)$$

この結果は取り除かれた電子に対する運動方程式

(CGS) $$\hbar \frac{d\mathbf{k}_e}{dt} = -e\left(\mathbf{E} + \frac{1}{c}\mathbf{v}_e \times \mathbf{B}\right) \qquad (22)$$

において，$\mathbf{k}_e$ を $-\mathbf{k}_h$ で，$\mathbf{v}_e$ を $\mathbf{v}_h$ でおき換えることによって導かれる．**ホールの運動方程式は正電荷 e をもった粒子のそれと同じである**．正電荷は図9に示した価電子バンドによって運ばれる電流と調和する．電流は軌道 G にある不対電子によって運ばれる：

$$\mathbf{j} = (-e)\mathbf{v}(G) = (-e)[-\mathbf{v}(E)] = e\mathbf{v}(E). \qquad (23)$$

これは，ちょうど E のところの取り除かれた電子に対応する速度で動いている正電荷の電流である．この電流を図10に示す．

有 効 質 量

自由電子に対するエネルギーと波動ベクトルの関係 $\epsilon = (\hbar^2/2m)k^2$ に注目すると，k^2 の係数が ϵ 対 k の曲率を決めていることがわかる．いい換えると，質量の逆数 $1/m$ が曲率を決めるということができる．7章でのゾーンの境界近くの波動方程式の解からわかるように，一つのバンドの中の電子にとって，ゾーンの境界のところのバンドギャップの近くに異常に大きな曲率をもった領域が存在しうる．エネルギーギャップが境界のところでの自由電子のエネルギー λ にくらべて小さいならば，この曲率は因子 λ/E_g だけ強められる．

半導体では，バンド幅は，自由電子エネルギーに近く，20 eV の程度であり，他方バンドギャップは 0.2 から 2 eV の程度である．したがって，逆質量は 10 倍から 100 倍程度に強められ，有効質量は自由電子質量の 0.1～0.01 程度に小さくなる．これらの値はバンドギャップの近くでのみあてはまる．ギャップから離れるにつれて曲率は自由電子の値に近づく傾向にある．

U が正の場合に，7 章で得た解をまとめてみると，第 2 番目のバンドの下の端の近くにある電子は次のようなエネルギーをもつ：

$$\epsilon(K) = \epsilon_c + (\hbar^2/2m_e)K^2, \quad m_e/m = 1/[(2\lambda/U) - 1]. \quad (24)$$

ここで K はゾーンの境界から測った波動ベクトルであり，m_e は第 2 バンドの端の近傍にある電子の有効質量を表す．第 1 バンドの上端の近傍にある電子は次のエネルギーをもつ：

$$\epsilon(K) = \epsilon_v - (\hbar^2/2m_h)K^2, \quad m_h/m = 1/[(2\lambda/U) + 1]. \quad (25)$$

曲率およびそれと同符号の電子の質量は第 1 バンドの上端近くでは負になるが，ホールの質量に対する記号 m_h の値は正になるように(25)に負符号を導入してある——上の (20) を見よ．

キャリヤーの有効質量が自由電子の質量より軽いとしても，結晶が何ら軽くなるわけでもなければ，イオンにキャリヤーを加えた結晶全体に対してニュートンの第 2 法則が破られるわけでもない．重要なことは，周期ポテンシャルの中の電子が印加された電場や磁場の中で，その質量がここで定義された有効質量に等しいかのように，格子に相対的に加速されるということである．

群速度に関する (1) を微分することによって，

$$\frac{dv_g}{dt} = \hbar^{-1}\frac{d^2\epsilon}{dk\,dt} = \hbar^{-1}\left(\frac{d^2\epsilon}{dk^2}\frac{dk}{dt}\right) \quad (26)$$

が得られる．(5) から，$dk/dt = F/\hbar$ であるから，

$$\frac{dv_g}{dt} = \left(\frac{1}{\hbar^2}\frac{d^2\epsilon}{dk^2}\right)F; \quad \text{または} \quad F = \frac{\hbar^2}{d^2\epsilon/dk^2}\frac{dv_g}{dt}. \quad (27)$$

ここで，$\hbar^2/(d^2\epsilon/dk^2)$ を質量と等しいとおくと，(27)はニュートンの第 2 法則と同じ形になる．**有効質量** (effective mass) m^* は

$$\boxed{\frac{1}{m^*} = \frac{1}{\hbar^2}\frac{d^2\epsilon}{dk^2}} \quad (28)$$

で定義される．

これを非等方的な電子エネルギー面の場合に拡張するのは容易である．逆有効質量テンソルの成分を次の式で導入する：

$$\left(\frac{1}{m^*}\right)_{\mu\nu} = \frac{1}{\hbar^2}\frac{d^2\epsilon_k}{dk_\mu dk_\nu}, \quad \frac{dv_\mu}{dt} = \left(\frac{1}{m^*}\right)_{\mu\nu}F_\nu. \quad (29)$$

ここで μ, ν は直交座標の成分である．

有効質量の物理的解釈

質量 m の電子は結晶の中にあるとき，どうして外場に対してその質量が m^* であるかのように応答できるのであろうか．格子内での電子波のブラッグ反射の過程を考えると理解の助けになる．7章で取り扱った弱い相互作用の近似を用いて考察しよう．低い方のバンドの底の近くでは，状態は運動量 $\hbar k$ をもつ平面波 $\exp(ikx)$ によって，よい近似で表現される．運動量 $\hbar(k-G)$ をもつ波動の成分 $\exp[i(k-G)x]$ は小さく，しかも k が増すとともにゆっくりと増加するにすぎない．この領域では $m^* \simeq m$ である．k が増すとき，反射波の成分 $\exp[i(k-G)x]$ が増加することは，格子から電子へと運動量が移ることを意味する．

ゾーンの境界近くでは反射波の成分はきわめて大きい．境界においてそれは入射波の振幅と同じ大きさになり，そこでは固有関数は進行波ではなくて定在波である．ここでは運動量の成分 $\hbar(-\frac{1}{2}G)$ が運動量の成分 $\hbar(\frac{1}{2}G)$ を打ち消している．

エネルギーバンドの中の1個の電子は正または負の有効質量をもちうる．正の有効質量をもつ状態はバンドの底の近くで起こる．なぜなら，正の有効質量はバンドの上向きの曲率($d^2\epsilon/dk^2$ が正)を意味するからである．負の有効質量をもつ状態はバンドの上端の近くで起こる．負の有効質量は，状態 k から状態 $k+\Delta k$ へと進むときに，電子から格子に移る運動量が外場から電子に与えられる運動量よりも大きいことを意味する．k は外から加えられた電場によって Δk だけ増加するが，ブラッグ反射に近接するために，電子の前向きの運動量は結局減少する．このようなことが起こると，有効質量は負となる（図11）．

電子が第2ゾーンに入って，境界から離れていくと，$\exp[i(k-G)x]$ の振幅は急に減少し，m^* は小さい正の値をとる．ここでは外から与えられた力積による電子速度の増加は自由電子であったとしたときのそれよりも大きい．$\exp[i(k-G)x]$ の振幅が減少するとき格子が電子から受ける反跳(recoil)が減少するが，その

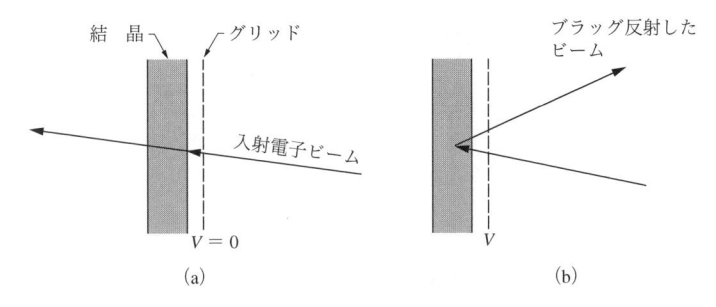

図 11 ブリルアン・ゾーンの境界付近の下側で起こる負の有効質量の説明.
(a) 薄い結晶に入射した電子ビームのエネルギーがブラッグ反射の条件を満足するには少し低すぎるので,ビームは結晶を通り抜ける.
(b) グリッドに小さい電圧を加えてブラッグの条件を満足させてやると,電子ビームは適当な結晶面の組によって反射される.

減少分が電子に与えられることにより,格子が運動量の差を補っているのである.

もしもバンドのエネルギーが k にわずかしかよらないならば,有効質量は非常に大きい.すなわち,$d^2\epsilon/dk^2$ は非常に小さいから,$m^*/m \gg 1$ である.9章で議論する強束縛の近似法は狭いバンドの形成される様子を簡明に示してくれる.隣接原子を中心とする波動関数が非常にわずかしか互いに重ならないならば,重なり積分は小さい.したがってバンドの幅は狭く,有効質量は大きくなる.

隣接原子を中心とする波動関数の重なりは内殻あるいはイオン殻の電子に関しては小さい.たとえば希土類金属の $4f$ 電子は非常にわずかしか重なっていない.

半導体における有効質量

多くの半導体では,伝導バンドおよび価電子バンドの端の近傍のキャリヤーの有効質量をサイクロトロン共鳴(cyclotron resonance)から決定することが可能である.エネルギー面の決定は有効質量テンソル(29)の決定と等価である.半導体のサイクロトロン共鳴は低いキャリヤー濃度のところでセンチメートル波かミリメートル波を用いて行われる.

電流のキャリヤーは静磁場のまわりにらせん軌道状に加速される.キャリヤーの角回転速度 ω_c は

$$(\text{CGS}) \quad \omega_c = \frac{eB}{m^*c}, \qquad (\text{SI}) \quad \omega_c = \frac{eB}{m^*} \qquad (30)$$

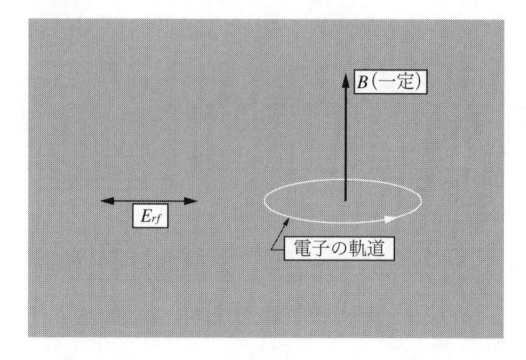

図 12 半導体におけるサイクロトロン共鳴の実験のさいの電磁場の関係．円運動の向きは電子とホールとでは互いに逆向きである．

で与えられる．ここで m^* は適当な有効質量である．静磁場に垂直な rf 電場（図 12）からのエネルギーの共鳴吸収は，rf 電場の周波数がサイクロトロン周波数に等しいときに起こる．ホールと電子とは同じ磁場の中で互いに逆向きに回転する．

$m^*/m = 0.1$ に対する実験を考えてみる．$f_c = 24\,\mathrm{GHz}$，すなわち $\omega_c = 1.5 \times 10^{11}$ s^{-1} に対して共鳴を起こさせるには，$B = 860\,\mathrm{G}$ が必要である．線幅は衝突緩和時間 τ で定まり，はっきりした共鳴を得るには $\omega_c \tau \geq 1$ が必要である．いい換えれば，引き続いた二つの衝突の間にキャリヤーが平均として円軌道に沿って 1 rad を描くのに十分なだけ平均自由行程が長くならなければならない．この要求は液体ヘリウム温度で，高純度の試料を用い，高い周波数の電波，高い磁場を用いることによって満足させることができる．

　ブリルアン・ゾーンの中心にバンド端をもった直接ギャップ型半導体では，バンドは図 13 に示したような構造をもつ．伝導バンドの底は球状で有効質量 m_e をもち，電子のエネルギーは価電子バンドの端を基準に

$$\epsilon_c = E_g + \hbar^2 k^2 / 2 m_e \tag{31}$$

で与えられる．価電子バンドはその端の近くでは特徴的な三重構造をもち，重いホール（hh）と軽いホール（lh）のバンドが中心のところで縮重しており，一つのバンド（soh）がスピン-軌道分離 Δ だけ分離している．すなわち

$$\begin{aligned}\epsilon_v(hh) &\cong -\hbar^2 k^2 / 2 m_{hh}, \quad \epsilon_v(lh) \cong -\hbar^2 k^2 / 2 m_{lh}, \\ \epsilon_v(soh) &\cong -\Delta - \hbar^2 k^2 / 2 m_{soh}.\end{aligned} \tag{32}$$

質量パラメーターの値を表 2 に示してある．バンドの形(32)は近似的なものにす

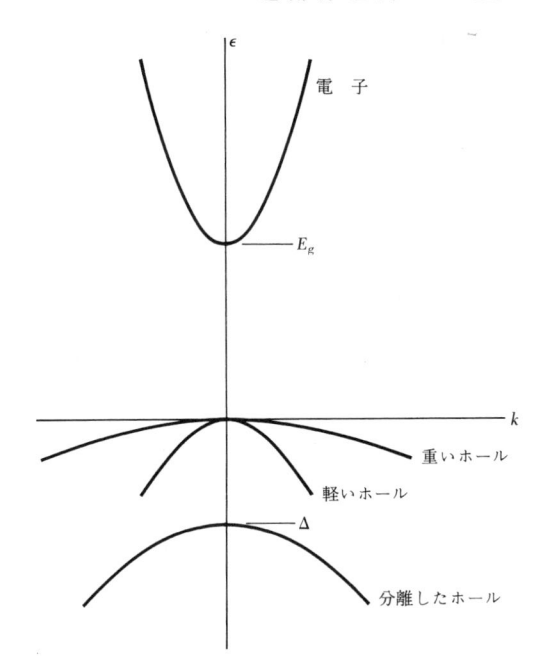

図 13 簡単化した直接ギャップ半導体のバンド端の構造.

表 2 直接ギャップ半導体における電子とホールの有効質量

結 晶	電 子 m_e/m	重いホール m_{hh}/m	軽いホール m_{lh}/m	分離したホール m_{soh}/m	スピン-軌道 $\Delta(\text{eV})$
InSb	0.015	0.39	0.021	(0.11)	0.82
InAs	0.026	0.41	0.025	0.08	0.43
InP	0.073	0.4	(0.078)	(0.15)	0.11
GaSb	0.047	0.3	0.06	(0.14)	0.80
GaAs	0.066	0.5	0.082	0.17	0.34
Cu$_2$O	0.99	—	0.58	0.69	0.13

ぎない．なぜならば，$k=0$ にごく近いところでも，重いホールと軽いホールのバンドは球状ではないからである——Ge と Si についての後出の議論を見よ．

バンド端に適用される摂動理論（perturbation theory）（9章の問題8）によれば，直接ギャップ型半導体では電子有効質量はバンドギャップに比例するはずである．表1と表2とを使って，InSb，InAs および InP の系列では $m_e/mE_g=$

0.063, 0.060 および 0.051 (eV)$^{-1}$ であることがわかる．これは上の推測と一致する．

シリコンとゲルマニウム

図 14 に示したゲルマニウムの伝導バンドと価電子バンドは，理論と実験の両方の結果にもとづいたものである．両方の結晶とも価電子バンドの端は $\mathbf{k}=0$ にあり，自由原子の $p_{3/2}$ と $p_{1/2}$ 状態に由来する．このことは強く束縛された電子に対する近似（9 章）で波動関数を書けば明らかである．

$p_{3/2}$ の準位は原子の場合には四重に縮退している．この四つの状態は $m_J = \pm \frac{3}{2}$ と $\pm \frac{1}{2}$ とに対応する．$p_{1/2}$ の準位は $m_J = \pm \frac{1}{2}$ に対応し，二重に縮退している．$p_{3/2}$ の状態はエネルギー的には $p_{1/2}$ の状態よりも高く，エネルギー差 Δ はスピン-軌道相互作用の強さの目安である．

ゲルマニウムとシリコンの価電子バンドの上端は複雑である．バンド端の近くのホールは軽いのと重いのとの二つの有効質量で特徴づけられている．これらは原子の $p_{3/2}$ 準位からつくられる二つのバンドからできている．このほかに，原子の $p_{1/2}$ 準位からつくられた，スピン-軌道相互作用で $p_{3/2}$ 準位から分離したバンドがある．エネルギー面は球面ではなくて，ひずんでいる（QTS の p. 271）：

$$\epsilon(\mathbf{k}) = Ak^2 \pm [B^2 k^4 + C^2(k_x^2 k_y^2 + k_y^2 k_z^2 + k_z^2 k_x^2)]^{1/2}. \tag{33}$$

この符号の選び方によって二つの質量が区別される．分離したバンドはエネルギー $\epsilon(k) = -\Delta + Ak^2$ をもつ．実験によると，$\hbar^2/2m$ の単位で，

Si： $A = -4.29$, $|B| = 0.68$, $|C| = 4.87$, $\Delta = 0.044\,\text{eV}$,

Ge： $A = -13.38$, $|B| = 8.48$, $|C| = 13.15$, $\Delta = 0.29\,\text{eV}$.

大雑把にいって，ゲルマニウムの軽いホールと重いホールは質量として $0.043\,m$ と $0.34\,m$ を，シリコンでは $0.16\,m$ と $0.52\,m$ を，ダイヤモンドでは $0.7\,m$ と $2.12\,m$ をもつ．

ゲルマニウムの伝導バンドの底はブリルアン・ゾーンの L と等価な点（図 15 a）にある．各バンドの端（底），すなわち，L 点の近傍では等エネルギー面は回転楕円体である．⟨111⟩ 結晶軸方向が回転楕円体の回転軸であるから，等エネルギー面はブリルアン・ゾーンの境界面上で円である．楕円体は⟨111⟩方向に長く，縦質量 $m_l = 1.59\,m$, 横質量 $m_t = 0.082\,m$ である．回転楕円体の縦軸と角度 θ の一定磁場に対して，有効サイクロトロン質量 m_c は

運 動 方 程 式　215

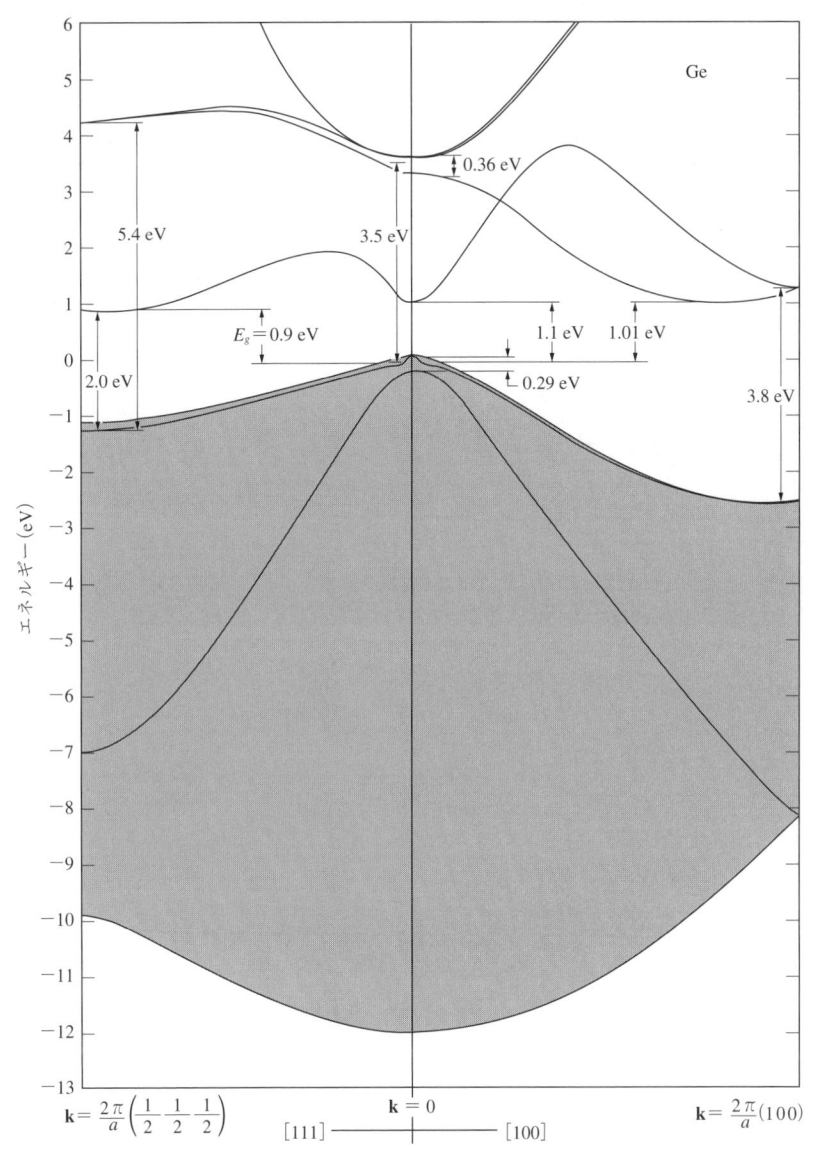

図 14　ゲルマニウムの計算で求めたバンド構造．C. Y. Fong による．一般的な形は実験とよく一致する．四つの価電子バンドには陰影をつけてある．価電子バンドの細かい構造はスピン-軌道分裂によって起こる．エネルギーギャップは間接的，伝導バンドの底は $(2\pi/a)\,(\frac{1}{2}\,\frac{1}{2}\,\frac{1}{2})$ のところにある．この点のまわりの定エネルギー面は回転楕円体である．

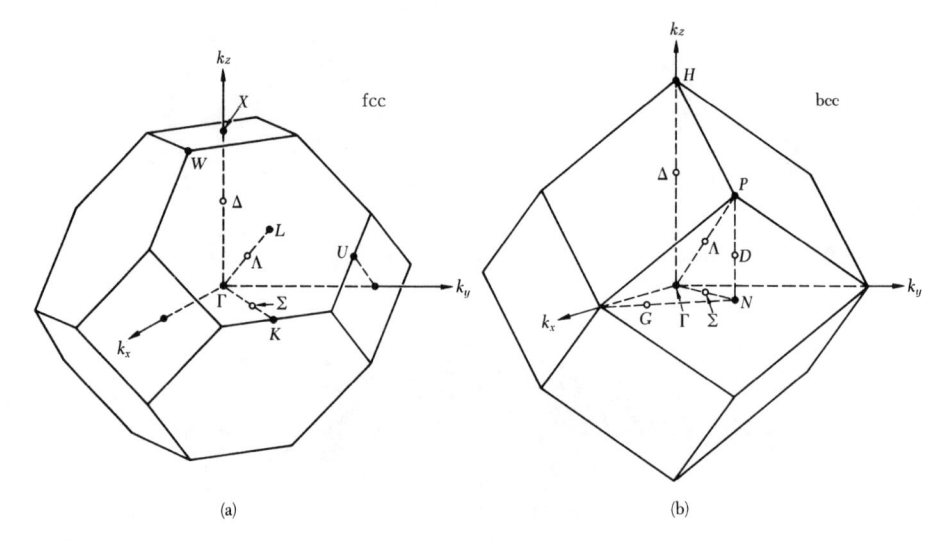

図 15 fcc と bcc 格子のブリルアン・ゾーンの対称点や対称軸の標準的な記号．ゾーンの中心は Γ．(a) $(2\pi/a)(100)$ の端は X，$(2\pi/a)(\frac{1}{2}\frac{1}{2}\frac{1}{2})$ の端は L，Γ と X の間の線は Δ．(b)この場合の対応する記号は H, P および Δ．

$$\frac{1}{m_c^2} = \frac{\cos^2\theta}{m_t^2} + \frac{\sin^2\theta}{m_t m_l} \tag{34}$$

である．Ge に対する結果を図 16 に示す．

シリコンでは，伝導バンドの底はブリルアン・ゾーンの等価な $\langle 100 \rangle$ 方向に向いた回転楕円体で，質量パラメータは，図 17 a に示したように，$m_l = 0.92\,m$, $m_t = 0.19\,m$ である．バンド端は図 15 a のゾーンの線 Δ に沿って，点 X から少し内に入ったところにある．

GaAs の場合には，$A = -6.98$, $B = -4.5$, $|C| = 6.2$, $\Delta = 0.341\,\mathrm{eV}$ である．バンド構造は図 17 b に示されている．これは $0.067\,m$ の等方的な伝導電子質量をもった直接バンドギャップをもつ．

固有領域のキャリヤー濃度

固有領域の温度に依存するキャリヤー濃度をバンドギャップの関数として計算しよう．計算はバンドの端が単純な放物線である場合について行う．まず，温度

固有領域のキャリヤー濃度 217

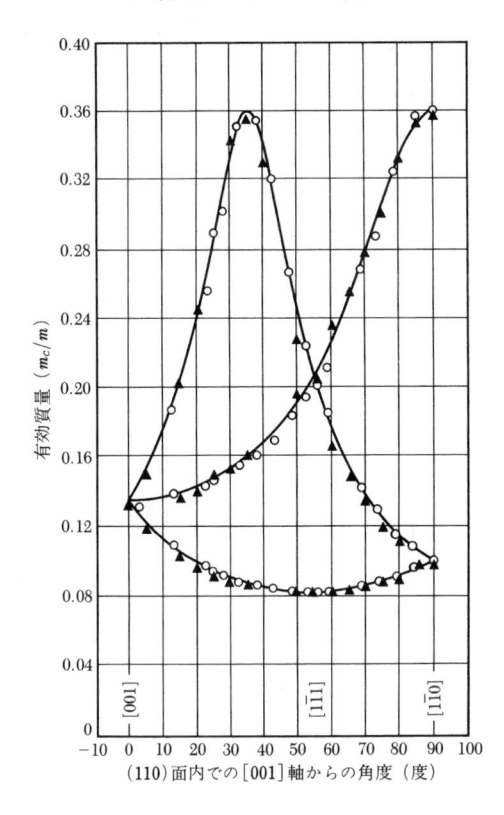

図 16 (110) 面内の磁場方向に対する 4 K でのゲルマニウムの電子の有効サイクロトロン質量. ゲルマニウムには 4 個の独立な回転楕円体があり, それぞれは各 [111] 軸上に一つずつある. しかし, (110) 面内で見ると常に二つの回転楕円体が互いに等価になる. (Dresselhaus, Kip, および Kittel による.)

T で伝導バンドに励起されている電子の数を化学ポテンシャル μ を用いて計算する. 半導体物理では μ を**フェルミ準位**とよぶ. 問題にしているような温度では, 半導体の伝導バンドに対しては $\epsilon - \mu \gg k_B T$ としてよい. それゆえフェルミ-ディラックの分布関数は

$$f_e \simeq \exp[(\mu - \epsilon)/k_B T] \tag{35}$$

とすることができる. これは一つの伝導電子準位が電子によって占められている確率で, $f_e \ll 1$ に対して近似的に正しい.

伝導バンドの電子のエネルギーは

$$\epsilon_k = E_c + \hbar^2 k^2 / 2m_e \tag{36}$$

である. ここに E_c は図 18 に示したように, 伝導バンドの下端のエネルギーである. また, m_e は電子の有効質量である. 6 章の (20) から, ϵ のところでの状態密度は

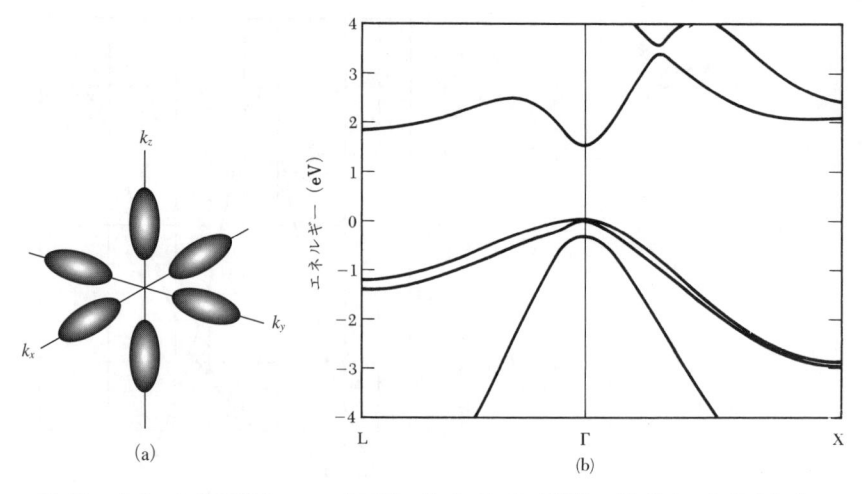

図 17a シリコン内の電子に対する一定エネルギー回転楕円面．$m_l/m_t=5$ について示してある．

図 17b GaAs のバンド構造．(S. G. Louie による．)

$$D_e(\epsilon) = \frac{1}{2\pi^2}\left(\frac{2m_e}{\hbar^2}\right)^{3/2}(\epsilon - E_c)^{1/2} \tag{37}$$

である．伝導バンドにおいての電子の濃度は

$$\begin{aligned}n &= \int_{E_c}^{\infty} D_e(\epsilon) f_e(\epsilon)\, d\epsilon \\ &= \frac{1}{2\pi^2}\left(\frac{2m_e}{\hbar^2}\right)^{3/2} \exp(\mu/k_B T) \times \int_{E_c}^{\infty} (\epsilon - E_c)^{1/2} \exp(-\epsilon/k_B T)\, d\epsilon\end{aligned} \tag{38}$$

である．積分を実行すると次の式が得られる：

$$n = 2\left(\frac{m_e k_B T}{2\pi \hbar^2}\right)^{3/2} \exp[(\mu - E_c)/k_B T]. \tag{39}$$

n を求める問題は μ がわかったとき解けたことになる．それにはホールの平衡濃度 p を計算するのが有効である．ホールの分布関数 f_h は電子分布関数 f_e と $f_h = 1 - f_e$ で結びついている．なぜならばホールは電子がいないということだからである．もし $(\mu - \epsilon) \gg k_B T$ ならば

$$\begin{aligned}f_h &= 1 - \frac{1}{\exp[(\epsilon - \mu)/k_B T] + 1} = \frac{1}{\exp[(\mu - \epsilon)/k_B T] + 1} \\ &\cong \exp[(\epsilon - \mu)/k_B T]\end{aligned} \tag{40}$$

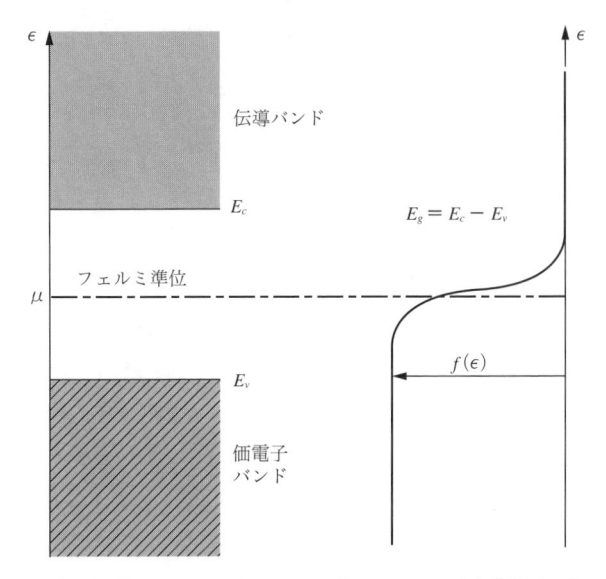

図 18 統計力学的な計算のためのエネルギー尺度。フェルミ分布関数を，温度 $k_BT \ll E_g$ の場合について，同じ尺度で示してある．フェルミ準位 μ は固有半導体のときのようにバンドギャップの中にあるようにしてある．$\epsilon = \mu$ ならば $f = \frac{1}{2}$．

となる．

もしも価電子バンドの上端の近くのホールが有効質量 m_h の粒子のようにふるまうものとすれば，ホールの状態密度は次の式で与えられる：

$$D_h(\epsilon) = \frac{1}{2\pi^2}\left(\frac{2m_h}{\hbar^2}\right)^{3/2}(E_v - \epsilon)^{1/2}. \tag{41}$$

ここで E_v は価電子バンドの端におけるエネルギーである．(38) の場合と同様の計算で，価電子バンドのホール濃度 p として

$$p = \int_{-\infty}^{E_v} D_h(\epsilon)f_h(\epsilon)\,d\epsilon = 2\left(\frac{m_h k_B T}{2\pi\hbar^2}\right)^{3/2}\exp[(E_v - \mu)/k_BT] \tag{42}$$

が得られる．

n と p の表式を互いに掛けることによって，エネルギーギャップ $E_g = E_c - E_v$ (図 18) を含む平衡状態の関係式

$$np = 4\left(\frac{k_BT}{2\pi\hbar^2}\right)^3(m_e m_h)^{3/2}\exp(-E_g/k_BT) \tag{43}$$

が得られる．この便利な結果はフェルミ準位 μ を含んでいない．300 K で np の値

は，Si, Ge と GaAs の実際のバンド構造について，それぞれ $2.10\times10^{19}\,\mathrm{cm}^{-6}$, $2.89\times10^{26}\,\mathrm{cm}^{-6}$, $6.55\times10^{12}\,\mathrm{cm}^{-6}$ である．

この結果を導くのに，物質が固有温度領域にあることはまったく仮定してこなかった．したがってこの結果は不純物イオン化の場合にもそのまま成立する．なされた唯一の仮定は関係する二つのバンドの端からフェルミ準位までの隔たりが，k_BT にくらべて大きくなければならないということだけである．

簡単な運動論的考察は，なぜ与えられた温度のもとで積が一定であるのかを示してくれる．電子とホールの平衡分布が温度 T における黒体放射のフォトンで保持されているものとしよう．フォトンは $A(T)$ の速度で電子-ホール対を生成し，再結合反応 e+h＝フォトンの反応速度は $B(T)np$ である．したがって

$$dn/dt = A(T) - B(T)np = dp/dt \tag{44}$$

平衡状態では $dn/dt=0$，$dp/dt=0$，それゆえ $np=A(T)/B(T)$．

温度の一定のもとでは，電子とホールの濃度の積は不純物濃度によらない定数であるから，たとえば，n を増加させるために適当な不純物を少量加えるならば，積 np が一定であるためには p が減少しなければならない．この結果は実際問題として重要な意味をもつ——適当な不純物を適量だけ入れることによって不純物結晶の全キャリヤー濃度 $n+p$ を，場合によっては極端に，減少させることができる．このようなキャリヤー濃度の減少を**補償** (compensation) とよぶ．

固有半導体では，電子を1個熱的に励起すると価電子バンドにホールが1個残るので，電子の数はホールの数に等しい．したがって，固有領域であることを示すのに添字 i を用いることにして，(43) から

$$n_i = p_i = 2\left(\frac{k_BT}{2\pi\hbar^2}\right)^{3/2}(m_em_h)^{3/4}\exp(-E_g/2k_BT). \tag{45}$$

固有温度領域でのキャリヤー濃度は $E_g/2k_BT$ に指数関数的に依存する．ここで E_g はエネルギーギャップである．(39) と (42) を等しいとおくことによって

$$\exp(2\mu/k_BT) = (m_h/m_e)^{3/2}\exp(E_g/k_BT) \tag{46}$$

が得られる．すなわち，価電子バンドの上端からフェルミ準位を測った場合，

$$\mu = \frac{1}{2}E_g + \frac{3}{4}k_BT\ln(m_h/m_e) \tag{47}$$

が得られる．もしも $m_h=m_e$ ならば，$\mu=\frac{1}{2}E_g$ であり，フェルミ準位は禁止帯のちょうど真中にある．

固有伝導領域での移動度

移動度(mobility)はチャージキャリヤーの単位の電場の強さあたりの移動速度の大きさ

$$\mu = |v|/E \tag{48}$$

である．電場に対して電子とホールの移動速度は互いに逆向きであるが，移動度は両者に対して正として定義される．電子やホールの移動度を μ_e あるいは μ_h と書くことによって，化学ポテンシャル μ と移動度 μ との間の混同を防ぐことができる．

電気伝導率は電子とホールの寄与の和

$$\sigma = (ne\mu_e + pe\mu_h) \tag{49}$$

で与えられる．ここで，n と p はそれぞれ電子とホールの濃度である．6章で，電荷 q の移動速度は $v = q\tau E/m$ で与えられることがわかっているから，

$$\mu_e = e\tau_e/m_e, \qquad \mu_h = e\tau_h/m_h. \tag{50}$$

τ は衝突時間である．移動度は，あまり大きくはない指数のべき法則で温度に依存する．固有温度領域での伝導率の温度依存性はキャリヤー濃度（45）の指数関数的な依存性 $\exp(-E_g/2k_BT)$ によって支配される．

室温での移動度の実験値を表3に与えておく．SI単位で書かれた移動度は m^2/Vsで表され，実用単位での移動度の 10^{-4} 倍の数値をもつ．表に示した値は，大部分の物質に対して，熱フォノンによるキャリヤーの散乱によって生じたものである．ホールの移動度ははっきりと電子の移動度よりも小さい．ゾーンの中心にある価電子バンドの端においてはバンドの縮退が生じており，そのために移動度を

表3 室温でのキャリヤーの移動度．単位は cm^2/V s．

結晶	電子	ホール	結晶	電子	ホール
ダイヤモンド	1800	1200	GaAs	8000	300
Si	1350	480	GaSb	5000	1000
Ge	3600	1800	PbS	550	600
InSb	800	450	PbSe	1020	930
InAs	30000	450	PbTe	2500	1000
InP	4500	100	AgCl	50	—
AlAs	280	—	KBr (100 K)	100	—
AlSb	900	400	SiC	100	10–20

著しく減少させるようなバンド間の散乱過程が可能になるからである．

ある結晶，特にイオン結晶では，ホールは実質的には動かない．ただ熱的に励起されるホッピング過程によってイオンからイオンへと飛び移るだけである．このホールが自分でポテンシャルの穴を掘って，そこに捕えられてしまうという自己捕獲現象の主な原因は，縮退した状態のヤーン-テラー効果に伴われた，格子のひずみである．自己捕獲に必要な軌道縮重は電子よりもホールの場合の方が多い．

直接ギャップ型半導体において，バンド端におけるエネルギーギャップが狭い結晶は電子の移動度が高いという傾向がある．狭いギャップは小さい有効質量を与え，それは高い移動度に有利である．半導体において観測された最高の移動度は，4KにおけるPbTeの$5\times10^6\mathrm{cm}^2/\mathrm{V\,s}$で，そのエネルギーギャップは0.19eVである．

不 純 物 伝 導

不純物や格子欠陥のあるものは半導体の電気的性質に決定的な影響を与える．シリコン原子10^5に対して1個の原子の割合でシリコンにホウ素を加えると，室温でシリコンの電気伝導率は10^3倍も増大する．化合物半導体のあるものでは一方の成分の不足が不純物として作用する．そのような半導体は**不足型半導体**（deficit semiconductor）として知られている．半導体に不純物を意識的に添加することを**ドーピング**（doping）とよぶ．

以下ではとくにシリコンやゲルマニウムにおける不純物の効果について考察する．これらの物質はダイヤモンド構造に結晶する．各原子は原子価4に対応して，最隣接の4個の原子のおのおのと1本ずつ4本の共有結合をつくる．リン，ヒ素あるいはアンチモンのような5価の不純物原子が正規の原子とおき換わって格子点に入ったとすると，最隣接原子との間に4本の共有結合をつくった後，すなわち不純物原子ができるだけ格子を乱さないように結晶中に位置を占めた後に，不純物原子の1個の価電子が残されるであろう．電子を放出できるような不純物原子を**ドナー**（donor）とよぶ．

ドナー状態 図19に示した構造は（電子を1個失った）不純物原子のところに1価の正電荷をもっている．格子定数の研究から，5価の不純物は正規の原子と入れ換わって格子点に入り，格子間位置に入らないことが確かめられている．放

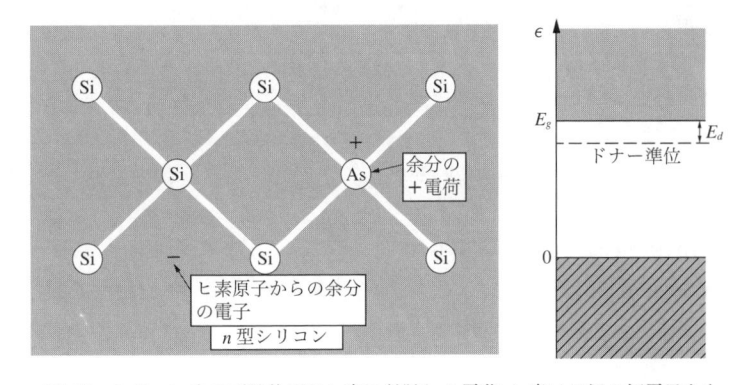

図 19 シリコン中の不純物原子ヒ素に付随した電荷．ヒ素は 5 個の価電子をもつが，シリコンは 4 個の価電子しかもたない．したがってヒ素の 4 個の電子はシリコンと同様に正四面体共有結合を形成し，5 番目の電子が電気伝導にあずかる．ヒ素原子はイオン化したとき伝導バンドに電子を 1 個与えるので**ドナー**原子とよばれる．

出された電子は結晶内に留まっているので結晶は全体としては中性である．

この余分な電子は不純物イオンのクーロン・ポテンシャル $e/\epsilon r$ の中を運動する．ここで共有結合結晶の場合には ϵ は媒質の静電場に対する誘電率（dielectric constant）である．因子 $1/\epsilon$ は媒質の電気分極のために電荷間のクーロン力が減少することを考慮したものである．このような取扱いは電子の軌道が原子間距離にくらべて大きく，また軌道周波数がエネルギーギャップに相当する周波数 ω_g にくらべて小さくなるくらい電子の速度が遅い場合に正しい．これらの条件はゲルマニウムやシリコン中のリン，ヒ素，アンチモンのドナー電子の場合には十分満たされている．

ドナー不純物のイオン化エネルギーをあたってみよう．水素原子のボーア（Bohr）の理論を媒質の誘電率と結晶の周期ポテンシャルの中の電子の有効質量の二つを考慮して改良するのは容易である．水素原子のイオン化エネルギーは，CGS 単位で $-e^4m/2\hbar^2$，SI 単位で $-e^4m/2(4\pi\epsilon_0\hbar)^2$ である．

誘導率 ϵ の半導体の中では e^2 を e^2/ϵ で，m を有効質量 m_e でおき換えて半導体のドナーのイオン化エネルギーとして

$$\text{(CGS)} \quad E_d = \frac{e^4 m_e}{2\epsilon^2 \hbar^2} = \left(\frac{13.6}{\epsilon^2} \frac{m_e}{m}\right)\text{eV}, \qquad \text{(SI)} \quad E_d = \frac{e^4 m_e}{2(4\pi\epsilon_0\hbar)^2} \qquad (51)$$

が得られる．

水素原子の基底状態のボーア半径は CGS 単位で $\hbar^2/me^2$，SI 単位で $4\pi\epsilon_0\hbar^2/me^2$ である．したがって，ドナーのボーア半径は

$$\text{(CGS)} \quad a_d = \frac{\epsilon\hbar^2}{m_e e^2} = \left(\frac{0.53\epsilon}{m_e/m}\right) \text{Å}, \qquad \text{(SI)} \quad a_d = \frac{4\pi\epsilon\epsilon_0\hbar^2}{m_e e^2}. \qquad (52)$$

不純物準位の理論のゲルマニウムやシリコンへの適用は伝導電子の有効質量の異方性のために複雑になる．しかし誘電率がエネルギーに対する最も重要な効果である．なぜならば誘電率はエネルギーに2乗で入ってくるが，有効質量は1乗でしか入ってこないからである．

不純物準位の一般的印象を得るために，ゲルマニウムの電子に対しては $m_e \approx 0.1m$，シリコンに対しては $m_e \approx 0.2m$ を使うことにする．静誘電率は表4に示してある．自由な水素原子のイオン化エネルギーは 13.6 eV である．ゲルマニウムでは，われわれのモデルによるドナーのイオン化エネルギーは 5 meV で，水素の場合にくらべて因子 $m_e/m\epsilon^2 = 4\times 10^{-4}$ だけ小さい．シリコンにおいて対応する値は，20 meV である．正しい異方的質量テンソルを用いた計算はゲルマニウムに対しては 9.05 meV，シリコンに対しては 29.8 meV を与える．ドナーのイオン化エネルギーの測定値を表5に示す．GaAs においてドナーは $E_d \approx 6$ meV をもつ．

表 4 半導体の静誘電率

結 晶	ϵ	結 晶	ϵ
ダイヤモンド	5.5	GaSb	15.69
Si	11.7	GaAs	13.13
Ge	15.8	AlAs	10.1
InSb	17.88	AlSb	10.3
InAs	14.55	SiC	10.2
InP	12.37	Cu_2O	7.1

表 5 ゲルマニウムとシリコン中の5価の不純物によるドナーのイオン化エネルギー E_d(meV)

	P	As	Sb
Si	45.	49.	39.
Ge	12.0	12.7	9.6

第1ボーア軌道の半径は水素原子に対する値 0.53 Å の $\epsilon m/m_e$ 倍になっている．したがってこれに相当する値はゲルマニウムでは $(160)(0.53) \simeq 80$ Å，シリコンでは $(60)(0.53) \simeq 30$ Å である．これらは大きな半径であり，したがって不純物軌道は母体の原子数に比して比較的低い不純物濃度で互いに重なり合う．重なりが著しい場合にはドナー状態から不純物バンドが形成される．14章の金属-絶縁体遷移の議論を見よ．

半導体は，電子がドナーからドナーへと飛び移っていくことによって不純物バンドの中に電流を流すことができる．ある数のアクセプター原子が同時に存在して，したがってある程度のドナー原子が常にイオン化されているならば，不純物バンドによる電気伝導の過程はより低いドナー濃度で生じうる．ドナーにある電子が，イオン化されて空になっているドナーの場所へと飛び移ることはすでに電子によって占められているドナーの場所へと飛び移ることよりもたやすい．なぜなら電荷が移動するさいに2個の電子が同じ席を占める必要がないからである．

アクセプター状態　電子が5価の不純物に束縛されるのとちょうど同じように，ホールもまた，図20に示すように，ゲルマニウムやシリコン中の3価の不純物に束縛される．ホウ素，アルミニウム，ガリウム，インジウムなどの3価の不純物は隣接原子と共有結合を完成するために価電子バンドから電子を受け取り，バ

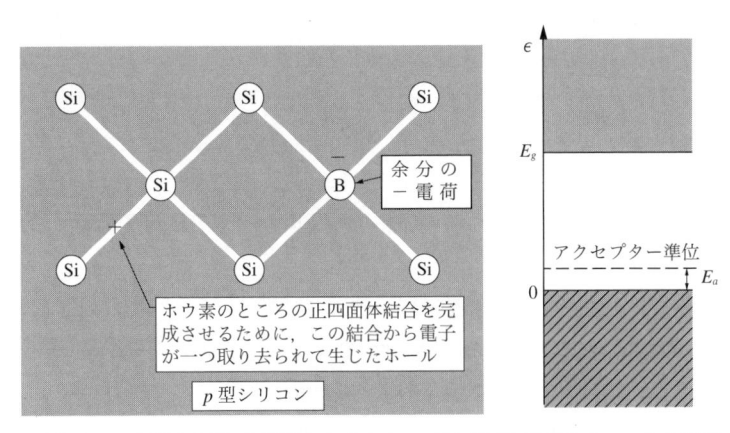

図20　ホウ素は3個の価電子しかもたない．それはSi-Si結合の一つから電子を1個取り上げ，したがって，シリコンの価電子バンドにホールを1個残すことによってはじめて自分自身の正四面体結合をつくり上げうる．このホールが伝導にあずかる．ホウ素原子はイオン化したとき価電子バンドから電子を1個受け取るので**アクセプター**とよばれる．0Kではホールは束縛されている．

表 6 ゲルマニウムとシリコン中の3価の不純物によるアクセプターのイオン化エネルギー E_a(meV)

	B	Al	Ga	In
Si	45.	57.	65.	157.
Ge	10.4	10.2	10.8	11.2

ンドの中にホールを残すので，**アクセプター**（acceptor）とよばれる．

　アクセプターがイオン化するときにはホールが解放されるが，それにはエネルギーを与える必要がある．ふつうのエネルギーバンドの表し方では，電子はエネルギーを得ると上方に上がるが，ホールはエネルギーを得ると下に沈んでいく．

　ゲルマニウムとシリコン中のアクセプターのイオン化エネルギーの実験値を表6に示す．ボーア・モデルは電子の場合と同じようにホールにも定性的に適用できる．しかし価電子バンドの上端の縮重が有効質量の問題を複雑にする．

　表によれば，シリコンのドナーとアクセプターのイオン化エネルギーが室温での k_BT(26meV) と同程度であることがわかる．したがってドナーやアクセプターの熱によるイオン化が室温でのシリコンの電気伝導率に重要である．ドナー原子がアクセプターよりもかなり多く存在するならば，ドナーの熱的イオン化によって伝導バンドに電子が解放されるであろう．このような試料の伝導率は電子（負の電荷：negative charge）によって左右される．それゆえ n 型とよばれる．

　もしも，アクセプターの方が多ければ，ホールが価電子バンドに解放され，試料の伝導率はホール（正電荷）によって左右されるであろう．このような物質を p 型とよぶ．ホール電圧の符号（6章の(53)）が n 型か p 型かのだいたいの決定をしてくれる．もう一つの実験室での手頃なテストは後で議論する熱起電力の符号である．

　ホールと電子の数は固有領域では同じである．300K での固有領域の電子濃度 n_i はゲルマニウムでは $6 \times 10^{13} \mathrm{cm}^{-3}$，シリコンでは $7 \times 10^9 \mathrm{cm}^{-3}$ である．固有領域での電気抵抗はゲルマニウムでは 43Ω cm，シリコンでは $2.6 \times 10^5 \Omega$ cm である．

　ゲルマニウムは $1\mathrm{cm}^3$ の中に 4.42×10^{22} 個の原子をもつ．Geを純粋にすることは他のどの元素の場合よりもよく実行されている．浅いドナー不純物やアクセプター不純物のような，ふつう電気伝導に影響する不純物の濃度は 10^{11} 個の Ge 原子に対して1個の不純物原子よりも低くされている（図21）．例えば，Ge の中の

不純物伝導　　227

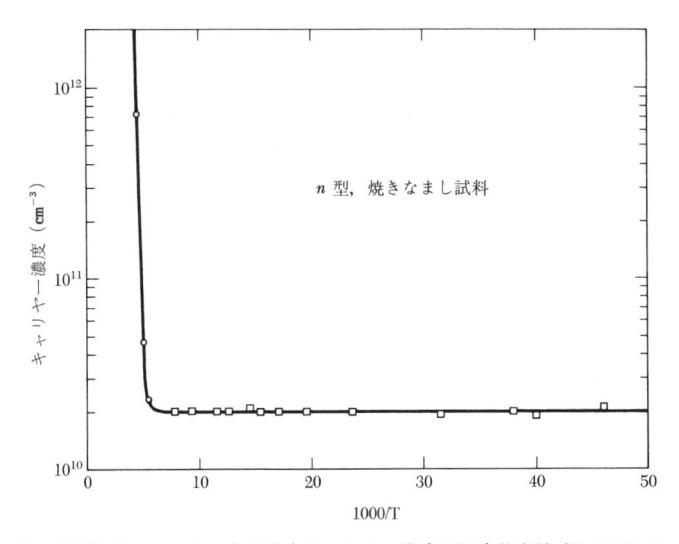

図 21　超純粋ゲルマニウム中の自由キャリヤー濃度の温度依存性 (R. N. Hall による). ホール係数の測定から定まる電気的に活性な不純物の全濃度は $2\times 10^{10}\text{cm}^{-3}$ である. 温度上昇のとき固有温度領域の励起が急速に始まっていることが $1/T$ の値の小さなところでよくわかる. キャリヤー濃度は 20K と 200K の間でほとんど一定である.

P の濃度は $4\times 10^{10}\text{cm}^{-3}$ 以下に下げることができる. H, O, Si, C というような, Ge の中でふつうにはその濃度を $10^{12}\sim 10^{14}\text{cm}^{-3}$ 以下には下げられない不純物が存在する. しかし, これらは電気的な測定に影響しないので, 検出することが困難である.

ドナーとアクセプターの熱的イオン化

イオン化されたドナーからの伝導電子の熱平衡濃度の計算は水素原子の熱によるイオン化の標準的な統計力学の計算と同じである (TP の p.369). アクセプターが何も存在しないとすると, 低温の極限 $k_BT \ll E_d$ での結果は

$$n \cong (n_0 N_d)^{1/2} \exp(-E_d/2k_BT) \tag{53}$$

である. ここで $n_0 \equiv 2(m_e k_B T/2\pi\hbar^2)^{3/2}$, N_d はドナーの濃度である. (53) を得るのに濃度比 $[e][N_d^+]/[N_d]$ に対する化学平衡の法則を応用し, $[N_d^+]=[e]=n$ とおいた. アクセプターについても同じ結果が, ドナー原子は存在しないとする

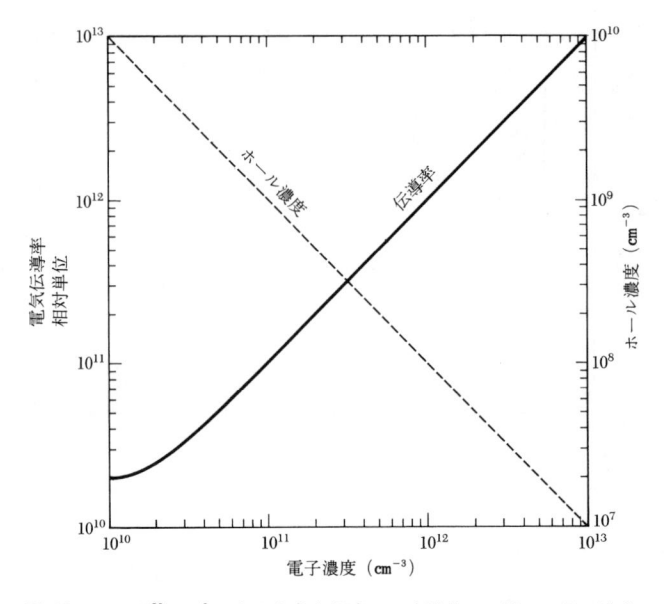

図 22 $np=10^{20}\,\mathrm{cm}^{-6}$ であるような温度での半導体における,電子濃度 n の関数として計算された電気伝導率とホール濃度 p. 伝導率は $n=10^{10}\,\mathrm{cm}^{-3}$ の点に関して対称的である. $n>10^{10}$ では試料は n 型, $n<10^{10}$ に対しては p 型である. $\mu_n=\mu_p$ として計算した.

仮定のもとで成り立つ.

　ドナーとアクセプターの濃度が同程度のときは事態はまったく複雑で,式は数値的に解かれる.しかし,質量作用の法則 (43) は,温度一定ならば np の積は一定であることを要求している.ドナーの過剰は電子濃度を増加させ,ホール濃度を減少させ, $n+p$ を増加させる.図22のように,両者の移動度が等しければ,伝導率は $n+p$ に比例して増加する.

熱 電 効 果

　一定温度に保持され,かつ電場によって電流密度 j_q が生じている半導体を考える.電流が電子によってのみ運ばれるならば,電荷の流れは

$$j_q = n(-e)(-\mu_e)E = ne\mu_e E \tag{54}$$

である.ここで μ_e は電子の移動度である.電子によって輸送される平均のエネル

ギーは，フェルミ準位 μ を基準にして，

$$(E_c - \mu) + \frac{3}{2}k_B T$$

である．ここで E_c は伝導バンドの底のエネルギーである．フェルミ準位を基準にとったのは，互いに接触している異なった半導体は同じフェルミ準位をもつからである．電荷の流れに伴うエネルギーの流れは

$$j_U = n\left(E_c - \mu + \frac{3}{2}k_B T\right)(-\mu_e)E \tag{55}$$

である．

ペルティエ係数（Peltier coefficient）Π は $j_U = \Pi j_q$ で定義される．すなわち，単位電荷あたり運ばれるエネルギーである．電子に対しては，

$$\Pi_e = -\left(E_c - \mu + \frac{3}{2}k_B T\right)/e \tag{56}$$

であって，エネルギーの流れは電荷の流れと反対であるから負になる．ホールに対しては

$$j_q = pe\mu_h E ; \quad j_U = p\left(\mu - E_v + \frac{3}{2}k_B T\right)\mu_h E \tag{57}$$

ここで E_v は価電子バンドの上端のエネルギーである．したがって，

$$\Pi_h = \left(\mu - E_v + \frac{3}{2}k_B T\right)/e \tag{58}$$

で，これは正である．(56) と (58) はわれわれの簡単な移動速度の理論の結果である．ボルツマンの輸送方程式による取扱いは細かな部分が異なった結果を与える[2]．

絶対熱電能（absolute thermoelectric power）Q は温度勾配によって開回路に生じた電場

$$E = Q\,\mathrm{grad}\,T \tag{59}$$

によって定義される．ペルティエ係数 Π は熱電能と

$$\Pi = QT \tag{60}$$

なる関係にある．これが非可逆過程の熱力学の有名なケルビン（Kelvin）の関係である．半導体試料の一方の端を熱したとき，両端に現れる電圧の符号の測定をすれば，その試料が n 型であるか p 型であるかを知ることができる．これは粗い

---

[2] ボルツマン輸送理論の簡単な議論は付録 F に与えてある．

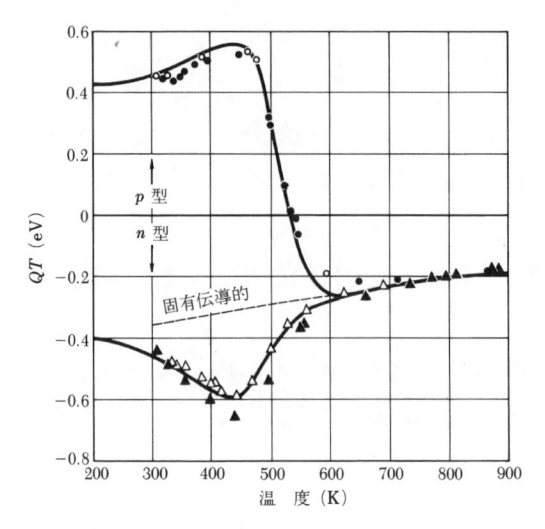

図 23 温度の関数としての n 型および p 型シリコンのペルティエ係数. 600 K 以上では試料は固有伝導的である. 曲線は計算値, 点は測定値. (T. H. Geballe と G. W. Hull による.)

が手っ取り早い方法である (図 23).

半　金　属

　半金属 (semimetal) では伝導バンドの底は価電子バンドの上端よりもエネルギー的にごくわずか低い. 伝導バンドと価電子バンドとのエネルギー的なわずかな重なりは価電子バンドにはホール, 伝導バンドには電子のそれぞれ少量の濃度を与える (表 7). 三つの半金属, すなわち, ヒ素, アンチモンおよびビスマスは周期表の第V族である.

　これらの原子は対の形で結晶格子をつくり, 基本単位格子あたり 2 個のイオンと 10 個の価電子をもつ. 価電子の数が偶数であるので, これらの物質は絶縁体になる可能性があったわけである. 半導体の場合と同じように, 半金属元素に適当な不純物をドープすることによってホールと電子の相対的な濃度を変えることができる. 圧力によってバンド間の端の重なりが変わるので, 圧力をかけることによってホールと電子との濃度を変えることもできる.

表 7 半金属の電子とホールの濃度

半金属	$n_e(\mathrm{cm}^{-3})$	$n_h(\mathrm{cm}^{-3})$
ヒ 素	$(2.12 \pm 0.01) \times 10^{20}$	$(2.12 \pm 0.01) \times 10^{20}$
アンチモン	$(5.54 \pm 0.05) \times 10^{19}$	$(5.49 \pm 0.03) \times 10^{19}$
ビスマス	2.88×10^{17}	3.00×10^{17}
グラファイト(石墨)	2.72×10^{18}	2.04×10^{18}

超 格 子

　異なる構成要素をもつ薄い層が交互に積み重なってできている多重層結晶を考えよう．ナノメーター尺度の厚さをもつ薄いコヒーレントな層が，分子ビームによる結晶成長法，または金属-有機物の蒸気を蒸着させる方法によって積み重ねられていき，巨視的な大きさをもつ超周期構造にまでつくりあげられる．たとえば，GaAs の層と GaAlAs の層とが交互に積み重ねられてできあがった超周期構造系は，その周期の数が50 かそれ以上のものまで研究されている．その場合に格子間隔 A の長さはおそらく $5\mathrm{nm}(50\,\mathrm{\AA})$ である．超周期結晶ポテンシャルは超格子構造に由来するポテンシャルで，それは伝導電子とホールとに作用して，超格子を構成している結晶層のもつバンド構造に重なって，新しい（小さい）ブリルアン・ゾーンとミニエネルギーバンドとをつくり出す．ここで，外から加えられた電場の中での，超格子(superlattice)内の1電子の運動を取り扱うことにしよう．

ブロッホ振動子

　超格子の面に垂直な運動をしている電子を考える．格子による衝突散乱は受けないものとする．k に平行な一定電場での運動方程式は $\hbar dk/dt = -eE$ である．逆格子ベクトル $G = 2\pi A$ をもったブリルアン・ゾーンを横切る運動に対しては，T を運動の周期として，$\hbar G = \hbar 2\pi/A = eET$ が得られる．この運動の**ブロッホ振動数**(Bloch frequency)は $\omega = 2\pi/T = eEA/\hbar$ である．電子は $k = 0$ からゾーン境界に向けて加速されるとする．$k = \pi/A$ に到達したとき，2章の議論を用いると，電子は（ウムクラップ過程のように）ゾーンの境界のところで等価な点 $-\pi/A$ に移る．

　このモデル系において，電子の実空間における運動を考察する．この電子は，

バンド幅が ϵ_0 である単一のエネルギーバンドの中にあるとしよう.次のバンド形を仮定する:
$$\epsilon = \epsilon_0(1 - \cos kA). \tag{61}$$
電子の速度は $\mathbf{k}$ 空間(運動量空間)における
$$v = \hbar^{-1}d\epsilon/dk = (A\epsilon_0/\hbar)\sin kA \tag{62}$$
によって与えられる.実空間での電子の位置は,初期条件を,$t=0$ において $z=0$ とすれば,
$$z = \int v\,dt = \int dk\,v(k)(dt/dk) = (A\epsilon_0/\hbar)\int dk(-\hbar/eE)\sin kA$$
$$= (-\epsilon_0/eE)(\cos kA - 1) = (-\epsilon_0/eE)(\cos(-eEAt/\hbar) - 1) \tag{63}$$
によって与えられる.この結果から,電子の実空間での運動は振動運動であり,その振動の周期は,$\omega_B = eEA/\hbar$ であることがわかる.周期格子の中の運動は自由空間での運動とはまったく異なっている.自由空間においては加速度は一定である.

ツェナーのトンネル効果

これまでは静電ポテンシャル $-eEz$(または $-eEnA$)のエネルギーバンドへの効果を考えてきた.このポテンシャルはバンドの全体を傾かせる.エネルギーのより高いバンドもまた同じように傾くのであって,その結果として異なるバンドの梯子の準位が交わる可能性が生ずる.等しいエネルギーをもつ異なるバンドの準位間の相互作用は,n というバンドの一電子が n' という他のバンドへと,バンドギャップを横切って遷移する可能性を開く.この電場によって誘発されたバンド間のトンネル効果は,ツェナー・ダイオードのような単一接合において最もしばしば生ずるところの,**ツェナー破壊**(Zener breakdown)の一例である.

まとめ

- 波動ベクトル $\mathbf{k}$ を中心とした波束の運動は,$\mathbf{F}=\hbar d\mathbf{k}/dt$ によって記述される.ここで F は外から加えられた力である.実空間での運動は群速度 $\mathbf{v}_g = \hbar^{-1}\nabla_\mathbf{k}\epsilon(\mathbf{k})$ から得られる.
- エネルギーギャップが小さくなればなるほど,ギャップ近くの有効質量

$|m^*|$ はますます小さくなる．

- ホールを1個含んだ結晶は本来は完全に満ちているバンドに電子の抜けた状態を一つもっている．ホールの諸性質はこのバンドの $N-1$ 個の電子系のそれである．すなわち，

  (a) 波動ベクトル $\mathbf{k}_e$ の状態から電子が1個抜けているならば，ホールの波動ベクトルは $\mathbf{k}_h = -\mathbf{k}_e$ である．

  (b) 印加された電場での $\mathbf{k}_h$ の変化はホールには正電荷を割りあてなければならないことを要請する．$e_h = e = -e_e$．

  (c) 状態 $\mathbf{k}_e$ にある電子の速度が $\boldsymbol{v}_e$ であるとすれば，波動ベクトル $\mathbf{k}_h = -\mathbf{k}_e$ をもつホールの速度は，$\boldsymbol{v}_h = \boldsymbol{v}_e$ である．

  (d) 満ちたバンドの上端をエネルギーの原点にとれば，ホールのエネルギーは正であって，$\epsilon_h(\mathbf{k}_h) = -\epsilon(\mathbf{k}_e)$ である．

  (e) ホールの有効質量はエネルギーバンドの同じ点にある電子の有効質量と大きさは等しく，符号は反対である．つまり $m_h = -m_e$ である．

問　題

1. **不純物の軌道**　InSb は $E_g = 0.23\,\text{eV}$，誘電率 $\epsilon = 18$，電子の有効質量 $m_e = 0.015\,m$ である．以下の事項について計算せよ．(a) ドナーのイオン化エネルギー．(b) その基底状態の軌道半径．(c) 隣り合った不純物原子の軌道の間にかなりの重なりの効果が生ずる最小のドナー濃度．この重なりの効果は不純物バンドを発生させる．この不純物バンドとは一つの不純物から隣りのイオン化した不純物へと電子がおそらくは"ホッピング"の機構で動いていくことによって電流が流れるようなエネルギーバンドである．

2. **ドナーのイオン化**　ある特定の半導体において，イオン化エネルギー $E_d = 1\,\text{meV}$ のドナー濃度が $10^{13}\,\text{cm}^{-3}$ であり，また有効質量は $0.01\,m$ である．(a) 4K での伝導電子の濃度はどれだけか？　(b) ホール係数の値はどれだけか？　アクセプター原子は存在しないものとし，また $E_g \gg k_B T$ とせよ．

3. **2種類のキャリヤーのホール効果**　濃度 $n,\ p$，緩和時間 $\tau_e,\ \tau_h$，質量 $m_e,\ m_h$ を仮定して，ホール係数が，移動速度の近似において

    (CGS) $$R_H = \frac{1}{ec} \cdot \frac{p - nb^2}{(p + nb)^2}$$

によって与えられることを示せ．ここで $b = \mu_e/\mu_h$ は移動度の比である．この式を導くさいに，B^2 の次数の項は省略せよ．SI 単位では c を落とせばよい．**ヒント**：縦方向の電場

のもとで，横方向の電流がゼロになるような横方向電場の強さを見いだせ．計算は面倒であるが，結果はそれだけのことをやってみる価値がある．6章の(64)を使え．ただし2種類のキャリヤーがある場合においては，$\omega_c\tau$ にくらべて $(\omega_c\tau)^2$ を省略せよ．

4. **回転楕円体エネルギー面に対するサイクロトロン共鳴**　エネルギー面

$$\epsilon(\mathbf{k}) = \hbar^2\left(\frac{k_x^2+k_y^2}{2m_t} + \frac{k_z^2}{2m_l}\right)$$

を考える．ここで，m_t は横質量パラメーター，m_l は縦質量パラメーターである．$\epsilon(\mathbf{k})$ 一定の面は回転楕円体である．運動方程式 $\mathbf{v}=\hbar^{-1}\nabla_\mathbf{k}\epsilon$ を用いて，静磁場 B が xy 面内にあるとき，$\omega_c=eB/(m_lm_t)^{1/2}c$ となることを示せ．この結果は $\theta=\pi/2$ のとき(34)と一致する．この結果は CGS 単位に対するもので，SI 単位では c を除けばよい．

5. **2種類のキャリヤーの存在するときの磁気抵抗**　6章の問題9は，電場と磁場の中での荷電キャリヤーの運動に対する移動速度近似は横磁気抵抗を与えないことを示す．2種類のキャリヤーがあるときには異なる結果となる．有効質量 m_e，緩和時間 τ_e の電子の濃度 n，および有効質量 m_h，緩和時間 τ_h のホールの濃度 p をもつ導体を考える．非常に強い磁場の極限 $\omega_c\tau\gg 1$ を考え，

(a) この極限では $\sigma_{yx}=(n-p)ec/B$ となることを示せ．

(b) $Q\equiv\omega_c\tau$ を用いて，ホール電場が

$$E_y = -(n-p)\left(\frac{n}{Q_e}+\frac{p}{Q_h}\right)^{-1}E_x$$

で与えられることを示せ．これは $n=p$ とすると0になる．

(c) x 方向の有効伝導率が

$$\sigma_{\text{eff}} = \frac{ec}{B}\left[\left(\frac{n}{Q_e}+\frac{p}{Q_h}\right) + (n-p)^2\left(\frac{n}{Q_e}+\frac{p}{Q_h}\right)^{-1}\right]$$

であることを示せ．$n=p$ ならば $\sigma\propto B^{-2}$ である．$n\neq p$ ならば，σ は強磁場で飽和する．すなわち，$B\to\infty$ とともに，B に依存しない一定値に近づく．

9　フェルミ面と金属

> 金属を"フェルミ面をもつ固体"と定義する人はほとんどあるまい．しかし，これこそは今日与えうる最も意味深い金属の定義なのである．この定義は金属はなぜそのようにふるまうのかを理解するうえでの最近の奥深い進歩を表現しているのである．量子物理学によって発展させられたフェルミ面の概念は金属のおもな物理的性質の正確な説明を与えるのである．
>
> A. R. Mackintosh

　フェルミ面（Fermi surface）とは $\mathbf{k}$ 空間において一定のエネルギー ϵ_F をもつ面である．フェルミ面は，絶対零度において電子によって占められている軌道と占められていない軌道とを分ける．金属の電気的性質はほとんどフェルミ面の体積と形によって決定される．なぜならば電流はフェルミ面の近傍の状態の電子によって占められる割合が変化することによって生ずるからである．

　フェルミ面の形は下記の還元ゾーン形式で見ると非常に複雑であろう．しかし，フェルミ面は，一つの球面の近傍にあると仮定して再構成してみると，その形に対して簡単な解釈が与えられる．図1に面心立方（fcc）構造をもつ二つの金属について構成した自由電子フェルミ面を示す．一つは銅であって，価電子の数は1個である．他はアルミニウムであって，価電子の数は3個である．自由電子フェルミ面は価電子の密度によって定まる半径 k_F をもつ球を基礎としてつくりあげることができる．銅のフェルミ面は格子との相互作用により変形している．球から出発してどのようにフェルミ面を構成するのか．フェルミ面の構成には還元ゾーン形式とともに周期的ゾーン形式が必要である．

還元ゾーン形式

　ブロッホ関数の指標である波動ベクトル $\mathbf{k}$ を，それが第1ブリルアン・ゾーンの中にあるように選ぶことは常に可能である．この仕方はバンドを還元ゾーン形式（reduced zone scheme）へと写像することとして知られている．

　もしも $\mathbf{k}'$ ベクトルが図2に示すように第1ブリルアン・ゾーンの外側にある

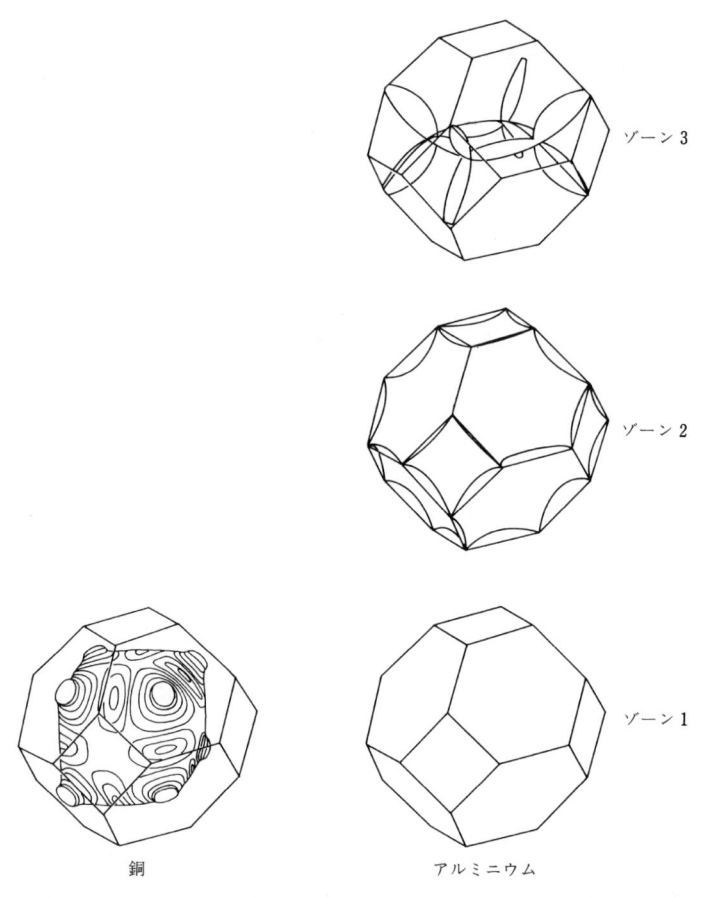

図1 fcc 構造をもつ金属の自由電子のフェルミ面,基本単位格子あたりの価電子数が1個 (Cu) と3個 (Al) の場合,Cu のフェルミ面は実験結果と一致するように球から変形してある.アルミニウムの第2ゾーンは電子によってほぼ半分だけ満たされている.(A. R. Mackintosh による.)

ように書かれたブロッホ関数 $\psi_{\mathbf{k}'}(\mathbf{r}) = e^{i\mathbf{k}'\cdot\mathbf{r}} u_{\mathbf{k}'}(\mathbf{r})$ に出会ったとすれば,われわれはいつも適当な逆格子ベクトル **G** を選んで,**k** ベクトルを第1ゾーンの中にあるようにすることができる.$\mathbf{k} = \mathbf{k}' + \mathbf{G}$ とすると,

$$\begin{aligned}\psi_{\mathbf{k}'}(\mathbf{r}) &= e^{i\mathbf{k}'\cdot\mathbf{r}} u_{\mathbf{k}'}(\mathbf{r}) = e^{i\mathbf{k}\cdot\mathbf{r}}(e^{-i\mathbf{G}\cdot\mathbf{r}} u_{\mathbf{k}'}(\mathbf{r})) \\ &= e^{i\mathbf{k}\cdot\mathbf{r}} u_{\mathbf{k}}(\mathbf{r}) = \psi_{\mathbf{k}}(\mathbf{r}).\end{aligned} \quad (1)$$

ここで $u_{\mathbf{k}}(\mathbf{r}) = e^{-i\mathbf{G}\cdot\mathbf{r}} u_{\mathbf{k}'}(\mathbf{r})$ である.$e^{-i\mathbf{G}\cdot\mathbf{r}}$ も $u_{\mathbf{k}'}(\mathbf{r})$ とともに結晶格子の周期を

図2 1辺 a の正方形格子（square lattice）の第1ブリルアン・ゾーン。波動ベクトル $\mathbf{k}'$ はベクトル $\mathbf{k}'+\mathbf{G}$ をつくることによって，第1ゾーンに移すことができる。ゾーンの境界上にある点 A の波動ベクトルに $\mathbf{G}$ を加えるとそれは同じゾーンの反対側の境界面上の点 A' に移る。A と A' との両点をともに第1ゾーンに属するものとして別々に数えるのだろうか。この2点は一つの逆格子ベクトルによって結ばれているから，われわれは点 A と A' とを第1ゾーンに属する同一の点として数える。

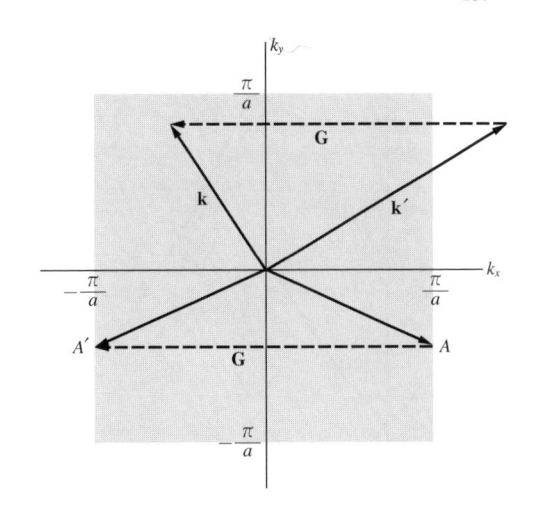

もつから，$u_\mathbf{k}(\mathbf{r})$ もそうであり，したがって $\psi_\mathbf{k}(\mathbf{r})$ はブロッホの定理を満足する形をもっている。

自由電子の場合でさえも還元ゾーン形式を用いることは役に立つ（図3参照）。また第1ゾーンの外側にある $\mathbf{k}'$ に対するエネルギー $\epsilon_{\mathbf{k}'}$ は $\mathbf{k}=\mathbf{k}'+\mathbf{G}$ ならば，第1ゾーン内の $\epsilon_\mathbf{k}$ に等しいこともわかる。そうであるから，各エネルギーバンドに対して，第1ゾーンだけでエネルギーを求めればよろしい。一つのエネルギーバンドは $\mathbf{k}$ 面における $\epsilon_\mathbf{k}$ の単一分枝である。還元ゾーン形式では波動ベクトルの同じ値に対して異なるいくつかのエネルギー値が存在することになる。おのおのの異なるエネルギーは別々のバンドを表現している。図3に二つのバンドを示す。

$\mathbf{k}$ の値は同じでもエネルギーの異なる値に対応する二つの波動関数は互いに独立である。二つの波動関数は7章の展開 (29) の平面波の成分 $\exp[i(\mathbf{k}+\mathbf{G})\mathbf{r}]$ の異なる組合せから成り立っている。係数 $C(\mathbf{k}+\mathbf{G})$ の値は別々のバンドに対して異なるから，C に対してもう一つの記号，たとえば n を付して，$C_n(\mathbf{k}+\mathbf{G})$ としてバンドを表示すべきである。すると，バンド n の中で波動ベクトル $\mathbf{k}$ をもつ状態のブロッホ関数は次のように書かれる：

$$\psi_{n,\mathbf{k}} = \exp(i\mathbf{k}\cdot\mathbf{r})u_{n,\mathbf{k}}(\mathbf{r}) = \sum_\mathbf{G} C_n(\mathbf{k}+\mathbf{G})\exp[i(\mathbf{k}+\mathbf{G})\cdot\mathbf{r}].$$

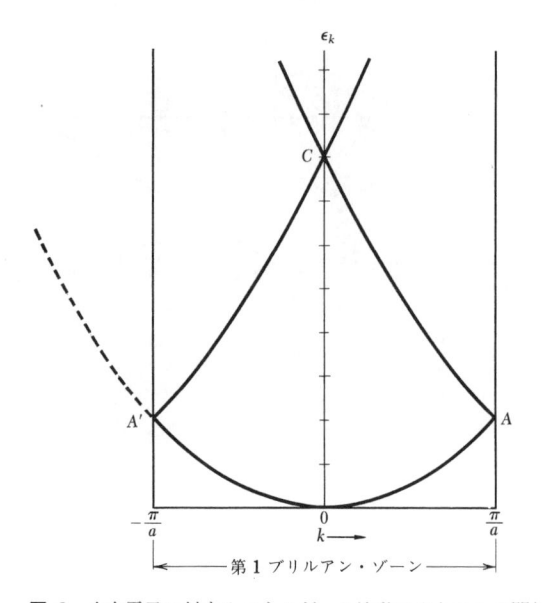

図 3 自由電子に対するエネルギーと波動ベクトルとの関係,$\epsilon_k = \hbar^2 k^2/2m$ を還元ゾーン形式で描いたもの.この構成法はしばしば結晶のバンド構造の全体の様相に関しての有用な概念を与えてくれる.分枝 AC は,$-2\pi/a$ だけずらすと,k の負の値に対する通常の自由電子の曲線を与える.それを点線で図示した.分枝 $A'C$ は,$2\pi/a$ だけずらすと,k の正の値に対する通常の曲線を与える.結晶ポテンシャル $U(x)$ はゾーンの端点 (A と A') とゾーンの中心 (C) とにエネルギーギャップを生じさせる.拡張ゾーン形式で見るならば,点 C は第2ゾーンの端にある.バンド構造全体の幅とか,バンド構造のおおよその様子はしばしば還元ゾーン形式における自由電子バンドを基にして,わかり易く示される.

周期的ゾーン形式

与えられたブリルアン・ゾーンを波動ベクトル空間のすべてにわたって周期的に繰り返すことができる.ゾーンを繰り返すためには,ゾーンをある逆格子ベクトルだけ並進させればよい.もしあるバンドを他のゾーンから第1ゾーンに移すことができれば,第1ゾーンのあるバンドを任意の他のゾーンに移せるわけである.この形式においては一つのバンドのエネルギー ϵ_k は逆格子空間での周期関数である:

$$\epsilon_k = \epsilon_{k+G}. \tag{2}$$

ここで ϵ_{k+G} は ϵ_k と同じエネルギーバンドに関するものと了解する.

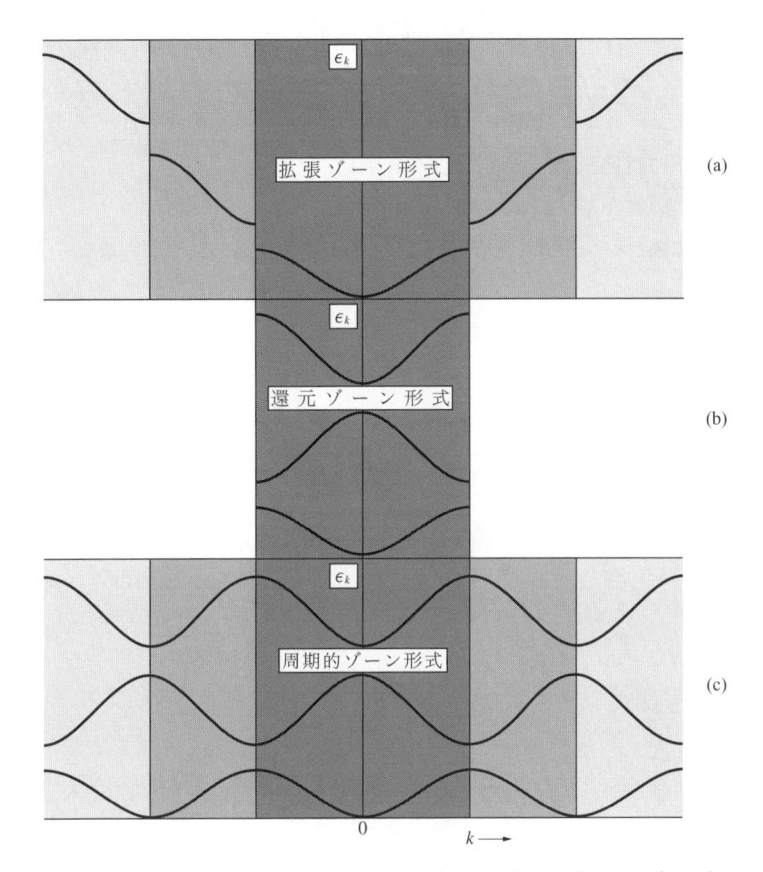

図4 1次元格子のエネルギーバンド．(a) 拡張ゾーン (Brillouin) 形式，(b) 還元ゾーン形式，(c) 周期的ゾーン形式の3形式で描いたもの．

この構成の結果は**周期的ゾーン形式** (periodic zone scheme) として知られている．エネルギーの周期的な性質はまた7章の基本方程式(27)からも容易に知ることができる．

例として，下記の(13)に示す，電子に対する強束縛の近似法によって計算された単純立方 (sc) 格子のエネルギーバンドを考察しよう．

$$\epsilon_{\mathbf{k}} = -\alpha - 2\gamma(\cos k_x a + \cos k_y a + \cos k_z a), \tag{3}$$

ここで α および γ は定数である．単純立方格子の一つの逆格子ベクトルは $\mathbf{G} = (2\pi/a)\hat{\mathbf{x}}$ である．このベクトルを $\mathbf{k}$ に加えたとき(3)に起こる変化は次のものだけである．

$$\cos k_x a \to \cos(k_x + 2\pi/a)a = \cos(k_x a + 2\pi),$$

しかし，これは常に $\cos k_x a$ に等しい．波動ベクトルが逆格子ベクトルだけ増加したときエネルギーは不変であるので，周期的ゾーン形式ではエネルギーは波動ベクトルの周期関数であることがわかる．

三つの異なるゾーン形式は有用である（図4）．

- **拡張ゾーン形式** 異なるバンドは波動ベクトル空間の異なるゾーンに描かれる．
- **還元ゾーン形式** すべてのバンドは第1ブリルアン・ゾーンに描かれる．
- **周期的ゾーン形式** どのバンドもすべてのゾーンに描かれる．

フェルミ面の構成

正方形格子（square lattice）の解析を図5において考察する．ゾーンの境界に関する方程式は，$2\mathbf{k}\cdot\mathbf{G} + G^2 = 0$ である．この式は $\mathbf{k}$ が $\mathbf{G}$ の中点を通って，$\mathbf{G}$ に垂

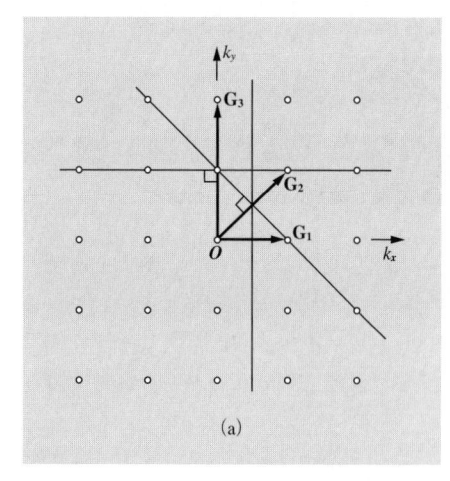

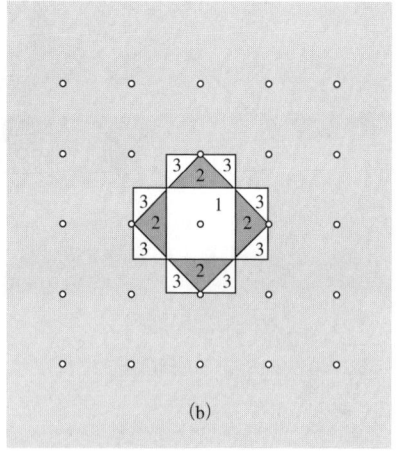

図5 (a) 2次元の正方形格子の最初の三つのブリルアン・ゾーンを作製する．三つの最小の逆格子ベクトルを $\mathbf{G}_1, \mathbf{G}_2, \mathbf{G}_3$ と名づける．これらの $\mathbf{G}$ ベクトルを垂直二等分する線を引く．(b) (a) に記した3本の線と対称性から等価なすべての線を引くと，$\mathbf{k}$ 空間の中で最初の三つのブリルアン・ゾーンをつくる領域が定められる．数字はその領域が何番目のゾーンに属するかを示したもの．この数字はその領域の外側の境界を描いたときに関係した $\mathbf{G}$ ベクトルの長さに従って順番づけされている．

直な平面上にあれば満足される.正方形格子の第1ブリルアン・ゾーンは G_1 の垂直二等分線と,G_1 と対称性を同じくする等価の三つの逆格子ベクトルの垂直二等分線によって囲まれた面積である(図5a参照).これらの4個の逆格子ベクトルは $\pm(2\pi/a)\hat{k}_x$ と $\pm(2\pi/a)\hat{k}_y$ とである.

第2ゾーンは G_2 と,対称性においてこれと等価な3個のベクトルから構成される.第3ゾーンについても同様である.第2ゾーンと第3ゾーンの断片を図5bに示した.

いくつかのゾーンの境界を決定するためには,数個の等価ではない逆格子ベクトルの組を考察しなければならない.このようにして,図6の第3ゾーンの断片 3_a の境界が3個の G ベクトル,$(2\pi/a)\hat{k}_x$, $(4\pi/a)\hat{k}_y$, $(2\pi/a)(\hat{k}_x+\hat{k}_y)$ の垂直二等分線から構成された.

ある任意の電子密度の場合の自由電子のフェルミ面を図6に示した.同じゾー

図6 2次元の正方形格子のブリルアン・ゾーン.円は自由電子の等エネルギー面を示す.これは電子の密度がある値のときのフェルミ面である.k 空間の電子によって占められている領域の全面積は電子の密度のみによっており,電子と格子との相互作用には関係しない.フェルミ面の形は電子と格子との相互作用に依存しており,現実の格子では完全な円であるわけではない.第2と第3ゾーンの断片に付けられている記号は図7に引用されている.

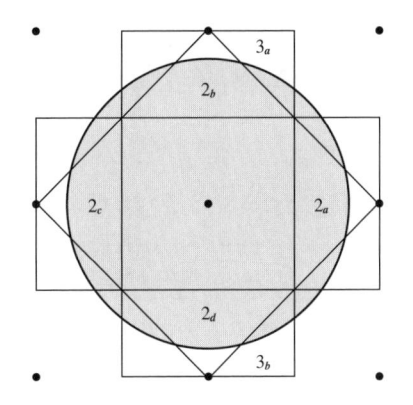

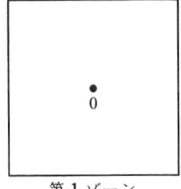

第1ゾーン　　　第2ゾーン　　　第3ゾーン

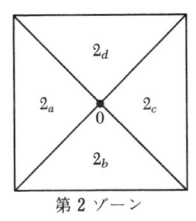

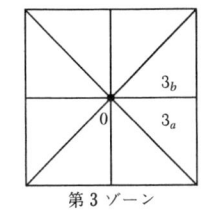

図7 エネルギーバンドを還元ゾーン形式で表したときの第1,第2,第3ブリルアン・ゾーンを記す.図6の第2ゾーンの断片は適当な逆格子ベクトルによって移動すれば,一つの正方形にまとまる.ゾーンの各断片に対して別々の G が必要である.

ンに属しているフェルミ面の断片がお互いに離れ離れのように見えるのは不便である．しかしこの分離したゾーンは還元ゾーン形式への変換を行えば，一つにまとめることができる．

われわれは 2_a という三角形をとり，これを逆格子ベクトル，$\mathbf{G}=-(2\pi/a)\hat{\mathbf{k}}_x$ だけ移動させて，この三角形が第1ブルリアン・ゾーンに現れるようにする（図7参照）．他の逆格子ベクトルは三角形 2_b, 2_c, 2_d を第1ゾーンの他の部分に移し，第

第1ゾーン　　　　第2ゾーン　　　　第3ゾーン

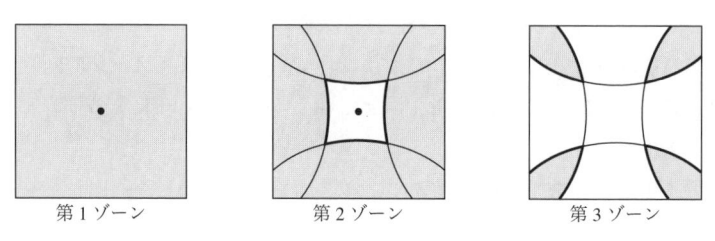

図8 還元ゾーン形式から見た図6の自由電子のフェルミ面．影をつけた面積は電子によって占められた状態を示す．フェルミ面の一部分は第2，第3，第4ゾーンにある．第4ゾーンは示していない．第1ゾーンは完全に占められている．

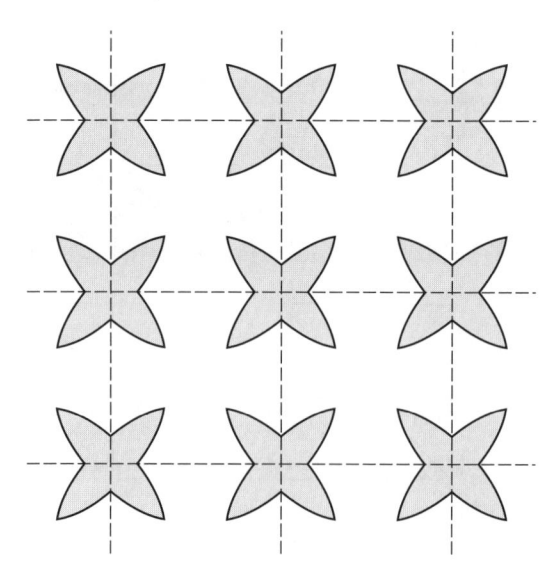

図9 周期的ゾーン形式で描いた第3ゾーンのフェルミ面．図形は図8に示した還元ゾーン形式の第3ゾーンの繰返しによって構成したものである．

2ゾーンを還元ゾーン形式への描き変えができあがる．その結果第2ゾーンに落ちたフェルミ面は図8に示したようにつなぎ合わされた．

第3ゾーンは図8に示したように正方形の中に集められる．しかし第3ゾーンの中のフェルミ面の部分はまだ不連結のように見える．これを周期的ゾーン形式で眺めると（図9），フェルミ面は花びらのような形をしている．

自由電子に近い電子

自由電子のフェルミ面から自由電子に近い電子のフェルミ面を得るにはどうすればよいか．次の四つの事実を用いて，近似的な形を描くことが可能である．
- 電子と結晶周期ポテンシャルとの相互作用によってゾーンの境界にエネルギーギャップが現れる．
- ほとんどすべての場合，フェルミ面はゾーン境界面に垂直に交わる．
- 結晶ポテンシャルの効果によって自由電子フェルミ面の鋭い角は丸くされる．
- フェルミ面によって囲まれた領域の体積は電子の濃度のみによって決定され，格子の作用の詳細にはよらない．

詳しい計算を行わなければ，定量的なことをいうことはできない．しかし定性的にいえば，図8に示した第2ゾーンと第3ゾーンとのフェルミ面は図10のような方向へと変わるはずである．

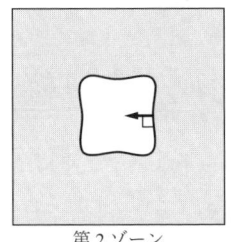

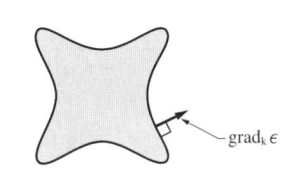

図10 弱い周期的結晶ポテンシャルが図8のフェルミ面に与える影響を定性的に示したもの．各フェルミ面の一点においてベクトル$\mathrm{grad}_k \epsilon$を示す．第2ゾーンにおいてはエネルギーは図の内側の方向に増加する．第3ゾーンにおいてはエネルギーは外側に向かって増加する．影をつけた部分は電子によって占められており，そのエネルギーは影をつけてない部分よりも低い．われわれは後に，第3ゾーンのようなフェルミ面は電子的であり，第2ゾーンのようなフェルミ面はホール的であることを知る．

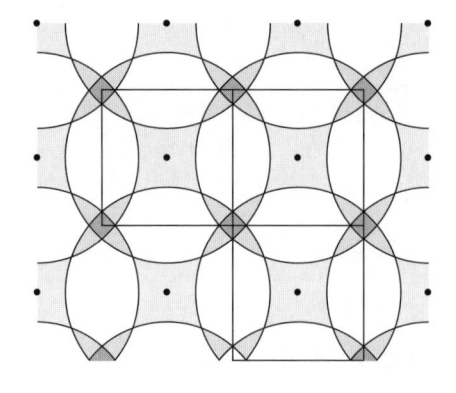

図 11 正方形格子の第2, 第3, 第4ゾーンの中の自由電子のフェルミ面をハリソンの方法によって構成したもの. フェルミ面は第1ゾーンを囲んでいる. それゆえ, 第1ゾーンは電子によって満たされている.

　自由電子の面から，導き出されたフェルミ面のフリーハンドの想像図は有用である．自由電子のフェルミ面をつくることはHarrisonによる方法によって非常に簡単に実行される（図11参照）．逆格子の点を決定し，電子の濃度に相当する半径の自由電子の球を各逆格子点を中心として描く．少なくとも一つの球の内部にある**k**空間の点は第1ゾーンにおいて占められている状態である[*]．また二つの球の内部にある点は第2ゾーンにおいて占められている状態に対応している．三つの球の内部にある点，四つの球の内部にある点についても似たことがいえる．

　さきに，アルカリ金属は最も単純な金属であると述べた．そこでは伝導電子と格子との相互作用は弱い．アルカリ原子は1原子あたりただ1個の価電子をもつので，第1ブリルアン・ゾーンの境界面は，ゾーンの半分の体積を満たし近似的に球面であるフェルミ面から離れている．計算と実験によって，Naのフェルミ面はほとんど球面であり，Csのフェルミ面はおそらく10%くらい球面からひずんでいる．

　2価金属BeとMgにおいても，伝導電子と格子との相互作用は弱く，これらは近似的に球形のフェルミ面をもっている．しかし，それらは1原子あたり2個の価電子をもっているから，そのフェルミ面は**k**空間においてアルカリ金属のフェルミ面の2倍だけの体積を囲んでいる．すなわち，フェルミ面が囲んでいる体積はゾーンの体積に正確に等しい．しかし，フェルミ面は球面であるから，一部は第1ゾーンをはみ出し，第2ゾーンの中に入っている．

---

[*]　（訳者註）　占められている状態は第8図の方が理解しやすい．

電子軌道，ホール軌道，開いた軌道

8章の (7) において，静磁場内の電子は **B** に垂直な平面上で，エネルギーが一定の曲線上を運動することを学んだ．フェルミ面上の電子はフェルミ面上にある曲線上を運動する．これがエネルギー一定の面だからである．磁場の中の軌道の三つの形を図12に示した．

閉じた軌道 (a) と (b) とは逆方向に回転する．反対符号の電荷をもつ粒子は磁場内で反対の向きに回転するから，一つの軌道は電子的(electronlike)であり，他の軌道はホール的 (holelike) であるという．ホール的な軌道の電子は磁場内であたかも正電荷をもつ粒子のように運動する．これは8章でのホールの取扱いと調和している．

(c)の場合には，軌道は閉じていない．ゾーンの境界の点 A に到達した粒子はただちに反転して B に帰る．B と B' とは逆格子ベクトルによって結ばれているから，B と B' とは等価である．このような軌道は**開いた軌道** (open orbit) とよ

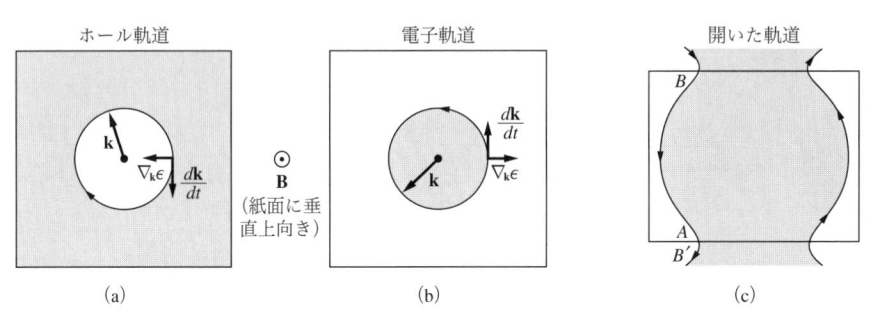

図 12 フェルミ面上の電子の波動ベクトルの磁場内での運動．(a) と (b) とは図 10 のフェルミ面とトポロジカルに等価なフェルミ面である．(a) においては，波動ベクトルは軌道上を時計の針と同方向にまわる．(b) においては，波動ベクトルは軌道上を時計の針と反対方向にまわる．(b)の方向は電荷が $-e$ の自由電子に対して期待するものであって，**k** が小さいほどエネルギーが小さいから，電子によって満たされた状態はフェルミ面の内部にある．この軌道を**電子的** (electronlike) という．磁場の中の運動の方向は，(a) においては (b) と反対向きである．それゆえに軌道 (a) を**ホール的** (holelike) という．ホールは正の電荷 e をもつ粒子のように運動する．矩形ゾーン (c) においてわれわれは**開いた軌道** (open orbit) を周期的ゾーン形式で示す．トポロジカルにいえば，開いた軌道は電子軌道とホール軌道との中間にある．

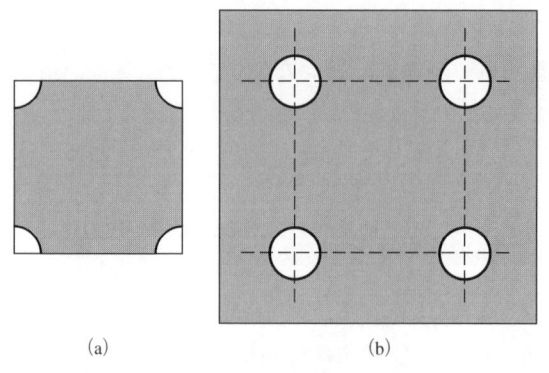

図 13 (a) ほとんど満たされたバンドの隅にある空の状態を還元ゾーン形式で描いたもの. (b) 周期的ゾーン形式においてはフェルミ面のいろいろな部分が接合される. 各白丸はホール的な軌道をつくる. 異なる円はお互いにまったく等価である. 状態密度は1個の完全な円のそれに等しい. (軌道は完全な円である必要はない. 図のような格子に対して要求されることは軌道が四重の対称性をもつことだけである.)

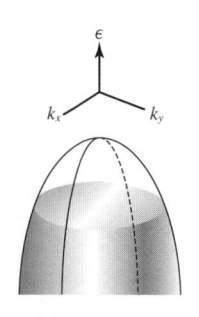

図 14 2次元結晶の満ちたバンドの頂点の付近の空の状態. この図の内容は図 12 a と同等である.

ばれる. 開いた軌道は磁場抵抗のうえに重要な効果をもつ.

　バンドの上端付近にだけ空の状態があり, その他の部分は満ちているバンドは図 13 および図 14 に示したようにホール的な軌道をもたらす. 3次元の一つの可能なエネルギー面を図 15 に示した.

　満ちた状態を囲む軌道は電子軌道 (electron orbit) である. 空の状態を囲んでいる軌道はホール軌道 (hole orbit) である. ゾーンからゾーンへと閉じることなく移っている軌道は開いた軌道である.

(a)   (b)

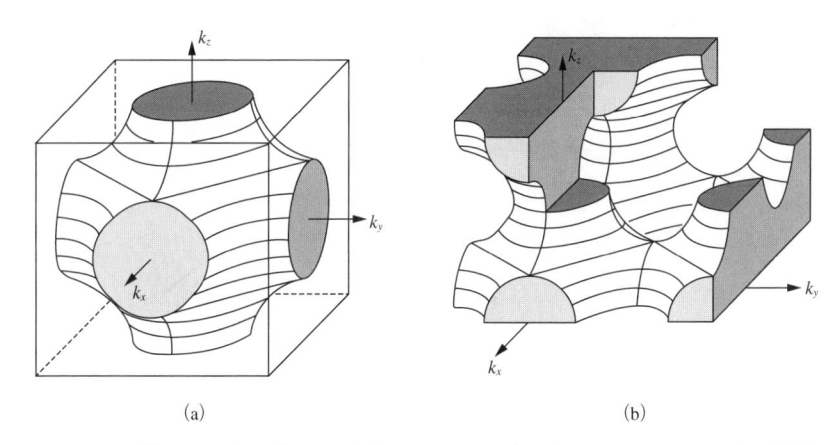

図15 エネルギーバンドを $\epsilon_\mathbf{k} = -\alpha - 2\gamma(\cos k_x a + \cos k_y a + \cos k_z a)$ と仮定したときの, 単純立方格子のブリルアン・ゾーンのエネルギー一定の面. (a) $\epsilon = -\alpha$ のエネルギー面. 閉じた面内の部分は基本単位格子あたり1個の電子を含む. (b) 周期的ゾーン形式で描いた $\epsilon = -\alpha$ の面. 軌道の連結性は明瞭に示されている. 磁場 $B\hat{\mathbf{z}}$ の中での運動に対して電子軌道, ホール軌道, 開いた軌道を見いだすことができるか? (A. Sommerfeld と H. A. Bethe による.)

エネルギーバンドの計算

Wigner と Seitz は1933年に最初の意味のあるバンド計算を行った. 彼らは当時の手動計算機を用いて一つの波動関数に対して1日の午後を費やし, すべてで数日を要したと語っている. ここでは論述を初歩的な三つの方法に限ることにしよう. 内挿用に用いられる強束縛の近似, アルカリ金属の直視的な理解に役に立つウィグナー-サイツの方法, および7章に述べた一般論を用いた擬ポテンシャル法である. 最後の方法は多くの問題について簡単な取扱いができることを示した.

エネルギーバンドに対する強束縛の近似

離れて存在している中性の原子のエネルギー準位から出発して, 原子が金属結晶を形成するように互いに隣接し, 隣りどうしの原子の電荷の分布が重なるようになったときの, 準位の変化を観察する. 各電子が $1s$ 状態 (基準状態) に存在する2個の水素原子を考察しよう. 離れている2原子の波動関数 ψ_A と ψ_B とを図16aに示す.

9 フェルミ面と金属

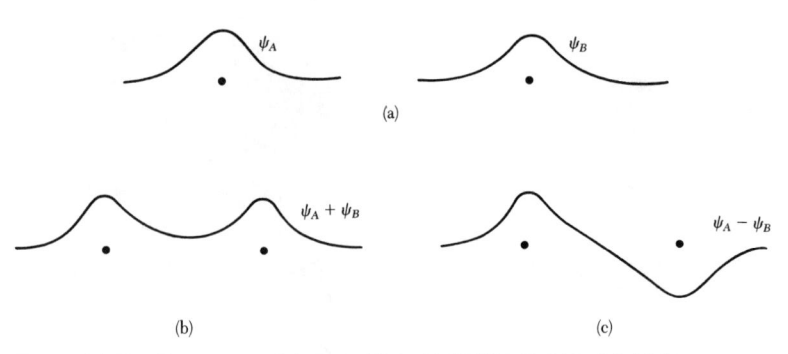

図 16 (a) 遠く離れた二つの水素原子の電子の波動関数の模式図. (b) 接近したときの基準状態の波動関数. (c) 励起状態の波動関数.

原子が互いに接近すると，その波動関数が重なる．2種類の結合の仕方，$\psi_A \pm \psi_B$ を考察しよう．どちらの結合においても，1個の電子は2個の陽子のどちらにも属しているが，状態 $\psi_A + \psi_B$ にある1電子は状態 $\psi_A - \psi_B$ にある1電子よりもすこし低いエネルギーをもっている．

状態 $\psi_A + \psi_B$ においては電子はある割合の時間，二つの陽子の中間の領域に存在する．この領域においては電子は両方の陽子の引力ポテンシャルの影響を受けるので結合エネルギーが増加する．状態 $\psi_A - \psi_B$ においては二つの陽子の中間の領域で電子の存在確率密度が消えている．それで結合への特別の寄与は現れない．

二つの原子が近接すると，二つの分離したエネルギー準位が孤立原子の各準位から形成される．原子が N 個あるならば，孤立した原子の各軌道に対して N 個の軌道が形成される（図17）．

自由原子が集まると，原子殻と電子間のクーロン相互作用はエネルギー準位を分離させ，離散的な準位をバンドにまで広げる．自由原子の与えられた量子数をもつ状態は金属結晶の中では一つのエネルギーの連続帯（バンド）にまで広がる．バンドの幅は隣りどうしの原子間の重なりの相互作用の強さに比例している．

自由原子の $p, d, \cdots$ などの状態（$l = 1, 2, \cdots$）から形成されるバンドもある．自由原子において縮退している状態は異なるバンドを形成する．これらのバンドのどれも他のどれかのバンドと波動ベクトルのかなりの広さの領域にわたって等しいエネルギーをもつようなことはない．二つあるいはそれ以上のバンドがブリルアン・ゾーンのある **k** 点において等しいエネルギーをもつことは起こりうる．

自由原子の波動関数から出発する近似は**強束縛の近似**（tight binding approxi-

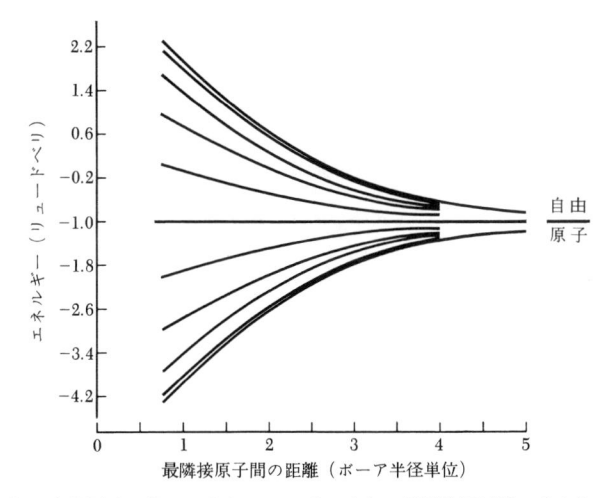

図17 20個の水素原子の輪のつくる $1s$ バンド. (9) の最隣接原子間の重なり積分を用いた強束縛の近似で計算した1電子エネルギーを示す.

mation), または LCAO (linear combination of atomic orbitals) 近似として知られている. 強束縛の近似は原子の内部の電子に対して非常によい近似であると考えられるが, 伝導電子に対してはよい記述法ではない. それは遷移金属の d バンド, ダイヤモンド形結晶と希ガス原子結晶の価電子バンドを近似的に記述するのに用いられている.

孤立した原子のポテンシャル $U(\mathbf{r})$ の中を運動している1電子の基準状態の波動関数を $\varphi(\mathbf{r})$ としよう. さらに, φ は s 状態であるとしよう. 縮退した原子準位 ($p, d, \cdots$) から生ずるバンドの取扱いはさらに複雑である. もしも1個の原子が他の原子に及ぼす影響が小さければ, 全結晶の中の1電子に対する近似的波動関数が次のように得られる:

$$\psi_\mathbf{k}(\mathbf{r}) = \sum_j C_{\mathbf{k}j}\varphi(\mathbf{r}-\mathbf{r}_j). \tag{4}$$

和はすべての格子点にわたってとる. 基本単位構造 (primitive basis) は原子を1個だけ含むと仮定する. この関数は $C_{\mathbf{k}j} = N^{-1/2}\exp(i\mathbf{k}\cdot\mathbf{r}_j)$ とすれば, ブロッホ形の関数7章の(7)となる. すると N 個の原子を含む結晶に対して,

$$\psi_\mathbf{k}(\mathbf{r}) = N^{-1/2}\sum_j \exp(i\mathbf{k}\cdot\mathbf{r}_j)\varphi(\mathbf{r}-\mathbf{r}_j) \tag{5}$$

となる.

(5) がブロッホの形をもつことを証明する．二つの格子点を結ぶベクトル**T**による並進操作を考える：

$$\psi_k(\mathbf{r}+\mathbf{T}) = N^{-1/2}\sum_j \exp(i\mathbf{k}\cdot\mathbf{r}_j)\varphi(\mathbf{r}+\mathbf{T}-\mathbf{r}_j)$$
$$= \exp(i\mathbf{k}\cdot\mathbf{T})N^{-1/2}\sum_j\exp[i\mathbf{k}\cdot(\mathbf{r}_j-\mathbf{T})]\varphi[\mathbf{r}-(\mathbf{r}_j-\mathbf{T})] \quad (6)$$
$$= \exp(i\mathbf{k}\cdot\mathbf{T})\psi_k(\mathbf{r}).$$

これはまさにブロッホの条件である．

結晶のハミルトニアンの対角行列要素 (diagonal matrix element) を計算することによって，1次の摂動理論によるエネルギーが得られる：

$$\langle \mathbf{k}|H|\mathbf{k}\rangle = N^{-1}\sum_j\sum_m \exp[i\mathbf{k}\cdot(\mathbf{r}_j-\mathbf{r}_m)]\langle\varphi_m|H|\varphi_j\rangle. \quad (7)$$

ここに $\varphi_m \equiv \varphi(\mathbf{r}-\mathbf{r}_m)$ である．$\boldsymbol{\rho}_m = \mathbf{r}_m - \mathbf{r}_j$ と書くと，

$$\langle\mathbf{k}|H|\mathbf{k}\rangle = \sum_m \exp(-i\mathbf{k}\cdot\boldsymbol{\rho}_m)\int dV\,\varphi^*(\mathbf{r}-\boldsymbol{\rho}_m)H\varphi(\mathbf{r}). \quad (8)$$

(8) の中で，同じ原子に属するもの，$\boldsymbol{\rho}$ によって結ばれた最隣接原子間のもの以外のすべての積分を省略しよう．また

$$\int dV\,\varphi^*(\mathbf{r})H\varphi(\mathbf{r}) = -\alpha, \qquad \int dV\,\varphi^*(\mathbf{r}-\boldsymbol{\rho})H\varphi(\mathbf{r}) = -\gamma \quad (9)$$

と書くと，第1次のエネルギーが得られる．ただし $\langle\mathbf{k}|\mathbf{k}\rangle = 1$ とする．

$$\langle\mathbf{k}|H|\mathbf{k}\rangle = -\alpha - \gamma\sum_m \exp(-i\mathbf{k}\cdot\boldsymbol{\rho}_m) = \epsilon_k. \quad (10)$$

重なりのエネルギー γ の原子間距離 ρ に対する依存性は $1s$ 状態にある2個の水素原子の場合には具体的に計算できる．リュードベリ・エネルギー単位 $\text{Ry} = me^4/2\hbar^2$ を用いて，

$$\gamma(\text{Ry}) = 2(1+\rho/a_0)\exp(-\rho/a_0) \quad (11)$$

である．$a_0 = \hbar^2/me^2$．重なりのエネルギーは距離とともに指数関数的に減少する．

単純立方 (sc) 格子では最隣接の原子は次の場所にある：

$$\boldsymbol{\rho}_m = (\pm a, 0, 0), \quad (0, \pm a, 0), \quad (0, 0, \pm a). \quad (12)$$

したがって (10) は次のようになる：

$$\epsilon_k = -\alpha - 2\gamma(\cos k_x a + \cos k_y a + \cos k_z a). \quad (13)$$

それゆえ，エネルギーは幅 12γ のバンドの中に限られる．重なりが少ないほど，エネルギーバンドは狭くなる．定エネルギー面の一つを図15に示した．$ka \ll 1$ に対しては $\epsilon_k \simeq -\alpha - 6\gamma + \gamma k^2 a^2$ である．有効質量は $m^* = \hbar^2/2\gamma a^2$ である．重なり積

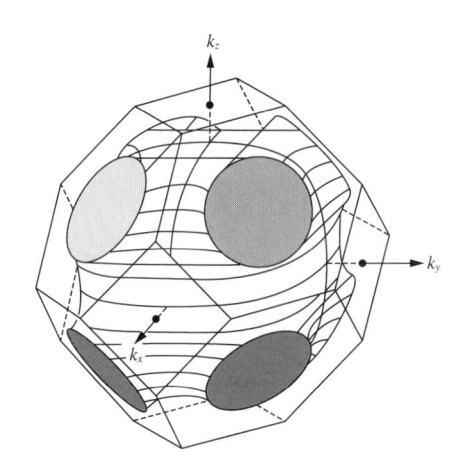

図 18 最隣接原子間の相互作用のみを考慮した強束縛の近似における fcc 結晶の定エネルギー面. 図は $\epsilon = -\alpha + 2|\gamma|$ のエネルギー面を示す.

分 γ が小さいときにはバンドの幅は狭く, 有効質量は大きい.

各自由原子の一つの軌道を考察して 1 個のバンド ϵ_k を得た. 縮退していない原子準位に対応するバンドの軌道の数は $2N$ である. N は原子の数である. これは直接にわかる. 第 1 ブリルアン・ゾーンの中にある k の値が独立な波動関数を定義する. 単純立方格子の場合には, ゾーンの多面体は $-\pi/a < k_x < \pi/a$ などによって定義される. 多面体の体積は $8\pi^3/a^3$ である. しかし, k 空間の単位体積あたりの (スピンの両方の方向を考慮した) 軌道関数の数は $V/4\pi^3$ であるから, 軌道関数の数は $2V/a^3$ である. ここで V は結晶の体積であり, $1/a^3$ は単位体積あたりの原子の数である. それゆえ, $2N$ 個の軌道状態が存在する.

8 個の最隣接原子をもつ bcc 構造に対しては,

$$\epsilon_k = -\alpha - 8\gamma \cos\frac{1}{2}k_x a \cos\frac{1}{2}k_y a \cos\frac{1}{2}k_z a \tag{14}$$

である. 12 個の最隣接原子をもつ fcc 構造に対しては,

$$\epsilon_k = -\alpha - 4\gamma(\cos\frac{1}{2}k_y a \cos\frac{1}{2}k_z a + \cos\frac{1}{2}k_z a \cos\frac{1}{2}k_x a + \cos\frac{1}{2}k_x a \cos\frac{1}{2}k_y a) \tag{15}$$

である. 定エネルギー面を図 18 に示した.

ウィグナー–サイツの方法

Wigner と Seitz とは, アルカリ金属に対しては, 自由原子の電子波動関数と結

晶のバンド構造の自由電子に近い電子モデルとの間になんらの不調和もないことを示した．エネルギーバンドの大部分においてエネルギーと波動ベクトルとの関係はほとんど自由電子のそれに近いが，ブロッホ波動関数は，平面波とは異なり，自由原子の場合と同様に電荷を正イオン核に集中させている．

ブロッホ関数は波動方程式

$$\left(\frac{1}{2m}\mathbf{p}^2 + U(\mathbf{r})\right)e^{i\mathbf{k}\cdot\mathbf{r}}u_\mathbf{k}(\mathbf{r}) = \epsilon_\mathbf{k} e^{i\mathbf{k}\cdot\mathbf{r}}u_\mathbf{k}(\mathbf{r}) \tag{16}$$

を満足する．$\mathbf{p} \equiv -i\hbar\,\mathrm{grad}$ であるから

$$\mathbf{p}\,e^{i\mathbf{k}\cdot\mathbf{r}}u_\mathbf{k}(\mathbf{r}) = \hbar\mathbf{k}e^{i\mathbf{k}\cdot\mathbf{r}}u_\mathbf{k}(\mathbf{r}) + e^{i\mathbf{k}\cdot\mathbf{r}}\mathbf{p}u_\mathbf{k}(\mathbf{r}),$$

$$\mathbf{p}^2 e^{i\mathbf{k}\cdot\mathbf{r}}u_\mathbf{k}(\mathbf{r}) = (\hbar k)^2 e^{i\mathbf{k}\cdot\mathbf{r}}u_\mathbf{k}(\mathbf{r}) + e^{i\mathbf{k}\cdot\mathbf{r}}(2\hbar\mathbf{k}\cdot\mathbf{p})u_\mathbf{k}(\mathbf{r}) + e^{i\mathbf{k}\cdot\mathbf{r}}\mathbf{p}^2 u_\mathbf{k}(\mathbf{r})$$

となる．それゆえ，波動方程式(16)は $u_\mathbf{k}$ に対するものとして次のように書ける：

$$\left(\frac{1}{2m}(\mathbf{p} + \hbar\mathbf{k})^2 + U(\mathbf{r})\right)u_\mathbf{k}(\mathbf{r}) = \epsilon_\mathbf{k} u_\mathbf{k}(\mathbf{r}). \tag{17}$$

$\mathbf{k}=0$ においては，$\psi_0 = u_0(\mathbf{r})$ である．$u_0(\mathbf{r})$ は格子の周期をもち，イオン殻を通り，その近傍においては自由原子の波動関数に似ている．

$\mathbf{k}=0$ の点の解を求めることは一般の $\mathbf{k}$ における解を求めるよりもはるかにやさしい．$\mathbf{k}=0$ においては縮退していない解は $U(\mathbf{r})$ の，すなわち結晶の完全な対称性をもつからである．$u_0(\mathbf{r})$ を用いて，近似解の関数

$$\psi_\mathbf{k} = \exp(i\mathbf{k}\cdot\mathbf{r})u_0(\mathbf{r}) \tag{18}$$

を構成することができる．これはブロッホ関数の形をしている．しかし，u_0 は(17)の正確な解ではない．u_0 は $\mathbf{p}\cdot\mathbf{k}$ に関する項を省略したときだけ(17)の解となる．しばしばこの項は問題8でのように，摂動として取り扱われる．そこで展開した $\mathbf{k}\cdot\mathbf{p}$ 摂動理論はバンドの端における有効質量 m^* を見いだすために特に有効である．

ここではイオン殻のポテンシャルを考慮しているから，波動関数(18)は平面波より，正しい波動関数のはるかによい近似になっている．この近似関数のエネルギーは，$u_0(\mathbf{r})$ で表されている平面波からのずれが非常に大きいかもしれないにもかかわらず，平面波と正確に等しく，$(\hbar k)^2/2m$ という形で $\mathbf{k}$ に依存している．u_0 は方程式

$$\left(\frac{1}{2m}\mathbf{p}^2 + U(\mathbf{r})\right)u_0(\mathbf{r}) = \epsilon_0 u_0(\mathbf{r}) \tag{19}$$

の解であるから，関数(18)はエネルギー期待値 $\epsilon_0 + (\hbar^2 k^2/2m)$ をもっている．

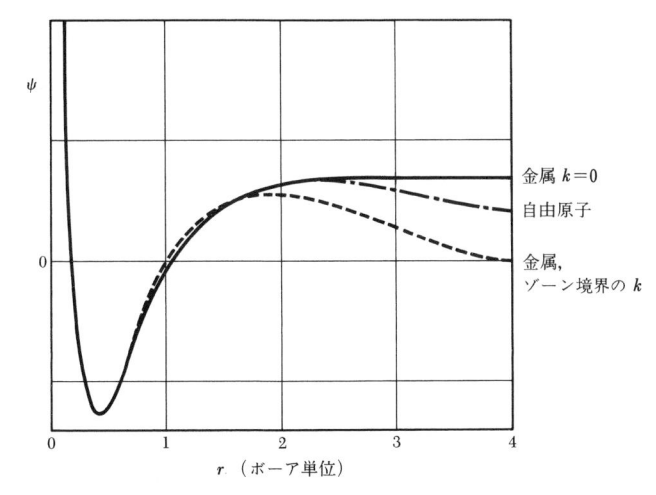

図 19 自由ナトリウム原子の 3s 軌道状態の動径波動関数とナトリウム金属の 3s 伝導バンドの動径波動関数．波動関数（規格化されていない）は Na^+ イオン殻のポテンシャルの中にある 1 電子に対するシュレーディンガー方程式を積分して決定される．自由原子の場合には，波動方程式をふつうのシュレーディンガーの境界条件；$r \to \infty$ のときに $\psi(r) \to 0$，の下で解く．エネルギー固有値は -5.15eV である．金属の波動ベクトル $k=0$ に対する波動関数はウィグナー－サイツの境界条件"相隣り合う原子の中間点 r において $d\psi/dr=0$"の下で決定される．その状態のエネルギーは -8.2eV であって，自由原子の値よりもかなり低い．ナトリウムではゾーンの境界の軌道状態は満たされていない．そのエネルギーは $+2.7\text{eV}$ である．（E. Wigner と F. Seitz による．）

関数 $u_0(\mathbf{r})$ はしばしば単位格子内の電荷分布のよい描像を与える．

　Wigner と Seitz は簡単でしかもかなり正確な $u_0(\mathbf{r})$ を計算する方法を展開した．金属 Na の 3s 伝導バンドの $\mathbf{k}=0$ の状態のウィグナー－サイツ波動関数を図 19 に示した．関数は 1 原子あたりの体積の 90% 以上にわたって実際上一定である．より高い $\mathbf{k}$ に対しての解が $\exp(i\mathbf{k}\cdot\mathbf{r})u_0(\mathbf{r})$ で近似される程度に対応して，伝導バンドの中の波動関数は原子体積の大部分にわたって平面波に似ており，イオン殻の内部でだけ，振動しまた振幅が増大している．

　凝集エネルギー　　簡単な金属の，自由原子に比較したときの安定性は，金属内の $\mathbf{k}=0$ に対するブロッホ状態のエネルギーが自由原子の基底状態の電子エネルギーに比較して低くなることによる．この効果はナトリウムに対して図 19 に，井戸型引力ポテンシャルの 1 次元の周期的ポテンシャルに対して図 20 に示した．

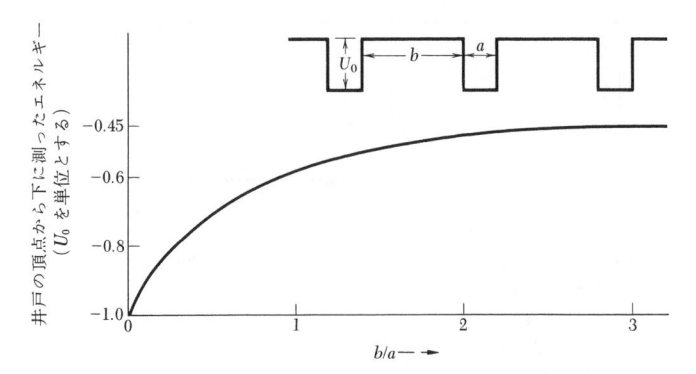

図 20 深さ $|U_0|=2\hbar^2/ma^2$ をもつ周期的井戸型ポテンシャルの中にある電子の基底状態（$k=0$）のエネルギー．井戸が互いに近づくとエネルギーは低くなる．ここでは a を一定に保って，b の値を変える．b/a の値が大きいことは原子が互いに離れていることを意味する．(C. Y. Fong の好意による．)

現実の格子間距離において基底状態のエネルギーは（運動エネルギーの低下のために）自由原子のエネルギーよりもはるかに低い．

基底状態のエネルギーの低下は，結合エネルギーを増加させることになる．原子が周期的な配列に集合したときに基底状態のエネルギーが下がったのは，波動関数に対する境界条件の変化による結果である．自由原子の場合には波動関数に対するシュレーディンガーの境界条件は $r\to\infty$ で $\psi(\mathbf{r})\to 0$ である．周期的結晶において $\mathbf{k}=0$ に対する波動関数 $u_0(\mathbf{r})$ は格子と同じ周期をもつ周期関数であって，$\mathbf{r}=0$ のまわりに対称的である．そうなるためには相隣り合う原子間の中点を通ってその線に垂直なすべての平面上で，その面に垂直な方向の ψ の微分係数が 0 とならねばならない．

ウィグナー–サイツ・セルの形を球とする近似においては，ウィグナー–サイツの境界条件は

$$(d\psi/dr)_{r_0}=0 \tag{20}$$

となる．r_0 は基本単位格子の体積に等しい体積をもつ球の半径である．ナトリウムでは $r_0=3.95$ ボーア単位 (2.08 Å) である．最隣接原子間の距離の半分は 1.86 Å である．fcc と bcc 格子に対しては球を用いる近似は悪くない．この境界条件は，自由原子の境界条件にくらべて，基底状態の波動関数がはるかに小さい曲率をもつようにする．はるかに小さい曲率は，はるかに小さい運動エネルギーを意味する．

エネルギーバンドの計算　　255

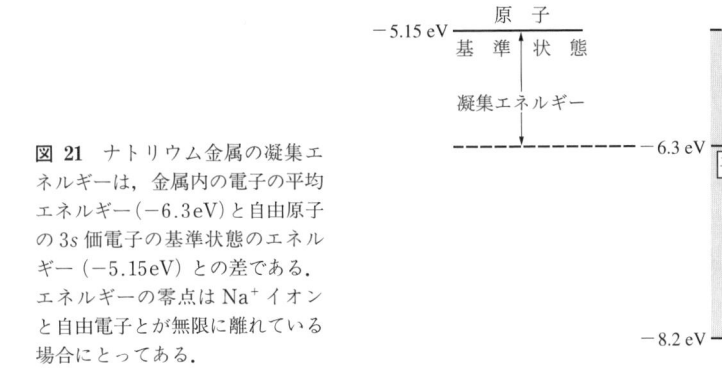

図 21 ナトリウム金属の凝集エネルギーは，金属内の電子の平均エネルギー($-6.3\,\mathrm{eV}$)と自由原子の $3s$ 価電子の基準状態のエネルギー($-5.15\,\mathrm{eV}$)との差である．エネルギーの零点は Na^+ イオンと自由電子とが無限に離れている場合にとってある．

ナトリウムにおいては，伝導バンドの他の占められている軌道状態は粗い近似において (18) の形の波動関数で表される：

$$\psi_\mathbf{k} = e^{i\mathbf{k}\cdot\mathbf{r}} u_0(\mathbf{r}), \qquad \epsilon_\mathbf{k} = \epsilon_0 + \frac{\hbar^2 k^2}{2m}.$$

6章の表1からフェルミ・エネルギーは $3.1\,\mathrm{eV}$ である．1電子あたりの運動エネルギーの平均値は，フェルミ・エネルギーの 0.6 すなわち $1.9\,\mathrm{eV}$ である．$\mathbf{k}=0$ においては，$\epsilon_0 = -8.2\,\mathrm{eV}$ であるから，平均の電子エネルギーは $\langle\epsilon_\mathbf{k}\rangle = -8.2 + 1.9 = -6.3\,\mathrm{eV}$ であって，これは自由原子の価電子のエネルギー $-5.15\,\mathrm{eV}$ と比較される（図21）．

それゆえ，ナトリウム金属は自由原子と比較しておよそ $1.1\,\mathrm{eV}$ だけ安定であると推定する．この結果は実験値 $1.13\,\mathrm{eV}$ とかなりよく一致している．

擬ポテンシャル法

伝導電子の波動関数はイオン殻とイオン殻との中間の領域ではふつう滑らかに変化しているが，イオン殻の内部では複雑な節 (0 となる点) のある構造をもっている．この様子はナトリウムの基準状態について図19に例示してある．伝導電子の波動関数が殻内領域において節をもつのは，この関数には殻内電子の波動関数と直交すべしという要請があるからであると知ることは大切である．この節も直交性もすべてシュレーディンガー方程式から出てくる．しかし，ナトリウムの $3s$ 伝導電子の軌道は，節をもたない $1s$ 殻内軌道と1個の節をもつ $2s$ 殻内軌道との両者と直交するために，二つの節をもつことが必要であるということは理解で

きる．

　殻の外側では伝導電子に作用するポテンシャルエネルギーは比較的に弱い．ポテンシャルエネルギーは1価の正イオンの殻（複数）によるクーロン・ポテンシャルであり，そのクーロン・ポテンシャルは他の伝導電子による静電的な遮蔽効果によって著しく弱められている(14章)．この外側の領域では伝導電子は平面波のように滑らかに変化している．

　もし外側の領域で伝導電子の軌道関数が近似的に平面波の形をもつならば，そのエネルギーと波動ベクトルとの関係は自由電子における関係 $\epsilon_k = \hbar^2 k^2/2m$ に近似的に等しいはずである．しかし，イオン殻の領域における伝導電子の軌道はどう取り扱ったらよいのであろうか．そこでは軌道関数はまったく平面波のようではないのである．

　実は，イオン殻の中でのことは大部分 ϵ と k との関係には影響がないのである．ハミルトニアン演算子を空間のどの点において波動関数に操作しても，エネルギー値を計算できることを想い起こすがよい．外側の領域ではこの操作は自由電子のエネルギーに近いエネルギーを与える．

　この議論は自然に，われわれは殻の領域の実際のポテンシャルエネルギー（と満たされた殻）をある有効ポテンシャルエネルギー[1]でおき換えることができるという発想に導く．この有効ポテンシャルエネルギーは，殻の外側では，現実のイオン殻が与えるのと同じ波動関数を与えるようなものである．この要求を満足する有効ポテンシャル，または擬ポテンシャル（pseudopotential）はほとんどゼロであることを発見したのは驚きである．この擬ポテンシャルに関する結論は非常に多くの経験事実とまた理論的な論証によって支持されている．この結果は**キャンセレーション定理**（cancelation theorem）とよばれる．

　ある問題に対する擬ポテンシャルはただ一つでもないし厳密でもないが，非常によいものである可能性がある．イオン殻を考慮しないモデル［空のイオン殻モデルまたは ECM (empty core model)］においては，遮蔽されていない擬ポテン

---

[1] J. C. Phillips and L. Kleinman, Phys. Rev. **116**, 287 (1959)：E. Antoncik, J. Phys. Chem. Solids **10**, 314 (1959). 擬ポテンシャルの一般理論は B. J. Austin, V. Heine, and L. J. Sham, Phys. Rev. **127**, 276 (1962) に論ぜられている．また *Solid state physics* Vol. 24 を見よ．イオン殻の存在を無視するモデル（空のイオン殻モデル）の有効性は以前から知られていた．それは次の論文にさかのぼる．E. Fermi, Nuovo Cinento **2**, 157 (1934)：H. Hellmann, Acta Physiochimica URSS **1**, 913 (1935) と H. Hellmann and W. Kassatotschkin, J. Chem. Phys. **4**, 324 (1936). 彼らは"このような仕方で決定したイオンの場はむしろ平らであるから，第1近似においては格子内の価電子を平面波に等しいとして十分である"と書いている．

シャルをある半径 R_e 内ではゼロであるとすることさえできる：

$$U(r) = \begin{cases} 0 & (r < R_e), \\ -e^2/r & (r > R_e). \end{cases} \quad (21)$$

このポテンシャルは 10 章に述べるように遮蔽されねばならない．すなわち，$U(r)$ の各フーリエ成分 $U(\mathbf{K})$ を電子気体の誘電率 $\epsilon(\mathbf{K})$ で割ってやらねばならない．もしも一つの例として，14 章のトーマス-フェルミ（Thomas-Fermi）の誘電関数 (33) を用いるならば，図 22 a に示したような擬ポテンシャルが得られる．

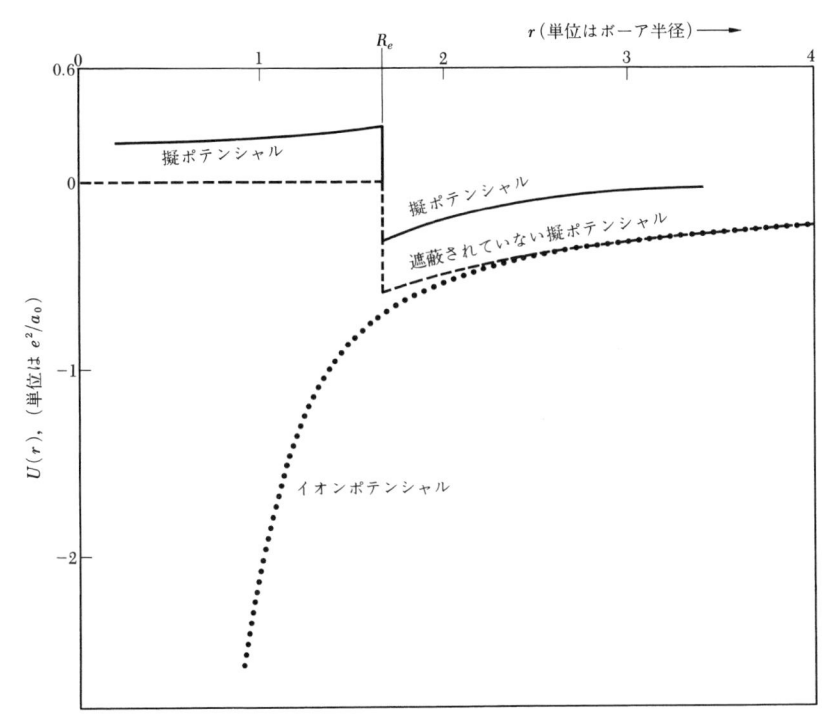

図 22a 金属ナトリウムの擬ポテンシャル．空のイオン殻モデルを用い，トーマス-フェルミの誘電関数によって遮蔽したもの．この計算では，空のイオン殻の半径を $R_e=1.66a_0$ とし（a_0 はボーアの半径），遮蔽パラメーターとしては，$k_s a_0=0.79$ とした．破線は遮蔽されていない仮定のポテンシャルを示す．((21) 参照)．点線はイオン殻の実際のポテンシャルである．図に示していないが，このポテンシャル $U(r)$ の $r=0.15, 0.4, 0.7$ に対する値はそれぞれ，-50.4，$-11.6, -4.6$ である．それゆえ，自由原子のエネルギー準位を与えるように選んだ実際のイオンポテンシャルは擬ポテンシャルよりもはるかに大きい．たとえば，$r=0.15$ では 200 倍以上大きい．

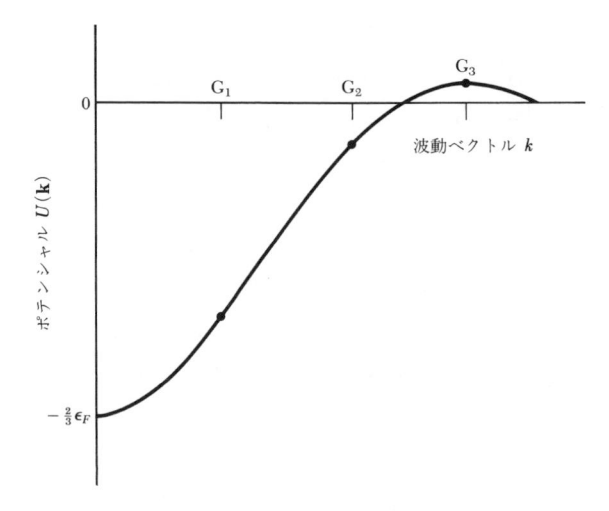

図 22b 典型的な逆格子擬ポテンシャル．逆格子ベクトル $\mathbf{G}$ に等しい波動ベクトルに対する $U(\mathbf{k})$ の値を点で示した．非常に小さい $\mathbf{k}$ の値に対してポテンシャルは $(-2/3)$(フェルミ・エネルギー)に近づく．これは金属に対して，遮蔽されたイオンによるポテンシャルの極値である．(M. L. Cohen による．)

　図示された擬ポテンシャルは真のポテンシャルよりもはるかに弱いが，擬ポテンシャルは，殻外の領域での波動関数が真のポテンシャルに対する波動関数にほとんど等しくなるように調整されている．散乱理論の言葉を用いれば，擬ポテンシャルの位相のずれ（phase shift）を真のポテンシャルのそれと一致するように調整するのである．

　結晶のバンド構造の計算は逆格子ベクトルにおけるポテンシャルのフーリエ係数だけに依存している．バンド構造をかなりの精度で決定するのに，わずかの数の係数 $U(\mathbf{G})$ が知られていればよいという場合がしばしばある．図 22 b の $U(\mathbf{G})$ を見よ．これらの係数はあるときにはモデルポテンシャルから計算され，あるときには仮定したバンド構造を光学実験の結果と合わせることによって得られる．$U(0)$ の正しい値が第 1 原理から推定される．14 章の (43) において，遮蔽されたクーロン・ポテンシャルに対して $U(0) = -\frac{2}{3}\epsilon_F$ であることが示される．

　非常に成功している**経験的擬ポテンシャル法**（EPM）においては，バンド構造は結晶の光学的反射率と吸収率の測定結果を理論と一致するようにして得た少数個の $U(\mathbf{G})$ を用いて計算されている（15 章参照）．電荷密度の地図は EPM によって得られた波動関数を用いて書くことができる．3 章の図 11 を見よ．結果は X 線回折によって決定された結果とみごとに一致している．このような地図は結合の機構に対する理解を与え，新しい構造や化合物が提案されたさいに，その正否を予言させる大きな価値をもっている．

係数 $U(\mathbf{G})$ の EPM の値はしばしば結晶内に存在する数種類のイオンの寄与に関して加法的である．それゆえ，既知の構造に関する結果から出発して，まったく新しい構造に対して $U(\mathbf{G})$ を構成することができるであろう．さらに，もしも $U(r)$ 曲線の形から $U(\mathbf{G})$ の $\mathbf{G}$ の小変化の範囲での $\mathbf{G}$ 依存性を推定することが可能ならば，バンド構造の圧力効果が決定できるであろう．

　バンド構造，凝集エネルギー，格子定数または体積弾性率を第1原理から計算することはしばしば可能である．このような第1原理の擬ポテンシャル計算 (*ab initio* pseudopotential calculation) においては，基本的な入力データは結晶構造の型，原子番号，それとともに交換エネルギーの項に対するよく試された理論的近似法である．これは原子番号だけを入力データとして与えれば，後は物理量を自動的に計算するということと同じではないが，第1原理からの計算に対して最も合理的な方式である．M. T. Yin と M. L. Cohen との計算結果は次の表の中で実験値と比較されている．

	格子定数 (Å)	凝集エネルギー (eV)	体積弾性率 (Mbar)
シリコン			
計算値	5.45	4.84	0.98
実験値	5.43	4.63	0.99
ゲルマニウム			
計算値	5.66	4.26	0.73
実験値	5.65	3.85	0.77
ダイヤモンド			
計算値	3.60	8.10	4.33
実験値	3.57	7.35	4.43

フェルミ面を研究する実験的方法

　フェルミ面を決定するための強力な実験的手段がいくつか開発されている．その方法は磁気抵抗，異常表皮効果，サイクロトロン共鳴，磁気音響効果，シュブニコフード・ハース効果 (Schubnikow-de Haas effect)，ド・ハース-ファン・アルフェン効果を含んでいる．電子の運動量分布に関する情報は陽電子消滅，コンプトン散乱，コーン効果 (Kohn effect) からも得られる．

ここではただ一つの方法を徹底的に学ぶことにしよう．すべての方法が有効である．しかし，すべてが詳細な理論的解析を必要とする．ここではド・ハース-ファン・アルフェン効果を選ぶが，それは一様な磁場内での金属の性質を示す $1/B$ の特徴的な周期を非常によく示しているからである．

磁場における軌道の量子化

磁場内の粒子の運動量 $\mathbf{p}$ は二つの部分の和である（付録 G）．一つは運動による運動量 $\mathbf{p}_{kin} = m\mathbf{v} = \hbar\mathbf{k}$ であり，他は場の運動量またはポテンシャル運動量 $\mathbf{p}_{field} = q\mathbf{A}/c$ である．q は電荷である．ベクトルポテンシャルは磁場と $\mathbf{B} = \mathrm{curl}\,\mathbf{A}$ で結びついている．全運動量は

$$(\text{CGS}) \qquad \mathbf{p} = \mathbf{p}_{kin} + \mathbf{p}_{field} = \hbar\mathbf{k} + q\mathbf{A}/c. \tag{22}$$

SI 単位系では c^{-1} がない．

Onsager と Lifshitz の半古典的方法に従って，軌道は磁場中で下記のボーア-ゾンマーフェルト（Bohr-Sommerfeld）の関係式によって量子化されると仮定しよう：

$$\oint \mathbf{p} \cdot d\mathbf{r} = (n + \gamma)2\pi\hbar. \tag{23}$$

n は整数であり，γ は位相因子である．これは自由電子に対しては $\frac{1}{2}$ である．そこで，

$$\oint \mathbf{p} \cdot d\mathbf{r} = \oint \hbar\mathbf{k} \cdot d\mathbf{r} + \frac{q}{c}\oint \mathbf{A} \cdot d\mathbf{r}. \tag{24}$$

電荷 q をもつ粒子の磁場内での運動方程式は

$$\hbar\frac{d\mathbf{k}}{dt} = \frac{q}{c}\frac{d\mathbf{r}}{dt} \times \mathbf{B}. \tag{25 a}$$

これは時間について積分されて次のようになる：

$$\hbar\mathbf{k} = \frac{q}{c}\mathbf{r} \times \mathbf{B}.$$

ただし，付加定数を省いたが，それは最終結果には関係ない．

それで，(24) の径路に沿っての積分（径路積分）の第 1 は

$$\oint \hbar\mathbf{k} \cdot d\mathbf{r} = \frac{q}{c}\oint \mathbf{r} \times \mathbf{B} \cdot d\mathbf{r} = -\frac{q}{c}\mathbf{B} \cdot \oint \mathbf{r} \times d\mathbf{r} = -\frac{2q}{c}\Phi \tag{25 b}$$

である．ここで Φ は実空間の軌道の中に含まれる磁束である．ここでは幾何学の

結果

$$\oint \mathbf{r} \times d\mathbf{r} = 2 \times (\text{軌道の囲む面積})$$

を用いた.

(24) の他の径路積分は

$$\frac{q}{c} \oint \mathbf{A} \cdot d\mathbf{r} = \frac{q}{c} \int \text{curl } \mathbf{A} \cdot d\boldsymbol{\sigma} = \frac{q}{c} \int \mathbf{B} \cdot d\boldsymbol{\sigma} = \frac{q}{c} \Phi \tag{25 c}$$

である.これはストークスの定理による.$d\boldsymbol{\sigma}$ は実空間における面積素片である.運動量の径路積分は (25 b) と (25 c) の和である:

$$\oint \mathbf{p} \cdot d\mathbf{r} = -\frac{q}{c} \Phi = (n + \gamma) 2\pi \hbar. \tag{26}$$

したがって,電子の軌道は,その軌道の囲む面を通しての磁束の値が

$$\Phi_n = (n + \gamma)(2\pi \hbar c/e) \tag{27}$$

となるように量子化される.磁束の単位は $2\pi \hbar c/e = 4.14 \times 10^{-7} \text{G cm}^2$ (または $4.14 \times 10^{-15} \text{T m}^2$) である.

以下に論ずるド・ハース-ファン・アルフェン効果においては,波動ベクトル空間での軌道の面積が必要となる.(27)において得たのは実空間における軌道を通る磁束である.(25 a) によって $\mathbf{B}$ に垂直な平面内の線素 Δr と Δk との間には,$\Delta r = (\hbar c/eB)\Delta k$ の関係がある.それゆえ,$\mathbf{k}$ 空間における面積 S_n は $\mathbf{r}$ 空間の軌道の面積 A_n と関係

$$A_n = (\hbar c/eB)^2 S_n \tag{28}$$

によって結ばれている.

それゆえ,(27) から

$$\Phi_n = \left(\frac{\hbar c}{e}\right)^2 \frac{1}{B} S_n = (n + \gamma) \frac{2\pi \hbar c}{e}, \tag{29}$$

それゆえ,$\mathbf{k}$ 空間における軌道の面積は関係

$$S_n = (n + \gamma) \frac{2\pi e}{\hbar c} B \tag{30}$$

を満足する.

フェルミ面の実験では,次のようにして決定される磁場の増加量 ΔB が興味ある量となる.二つの連続した軌道,n 番目と $(n+1)$ 番目を考える.ある磁場 B_{n+1} のとき $(n+1)$ 軌道が $\mathbf{k}$ 空間のフェルミ面上にあるとし,その断面積を S とす

る．このとき n 番目の軌道はエネルギーが小さくてフェルミ面より内側にあるが，磁場を増していけば，その軌道はやがてフェルミ面の上にのり，その断面積は S となる．このときの磁場を B_n とする．(30)から等しい S を与える磁場 B_{n+1} と B_n との間には次の関係があることが知られる．

$$S\left(\frac{1}{B_{n+1}} - \frac{1}{B_n}\right) = \frac{2\pi e}{\hbar c}. \tag{31}$$

われわれは，$1/B$ の同じ大きさの増加が同じ軌道を再現するという重要な結果を得た．$1/B$ におけるこの周期性は低温における金属の磁気振動効果の驚くべき特徴である．これは電気抵抗，磁化率，比熱において見られる．

フェルミ面上またはフェルミ面近傍の軌道を占める電子数は B の変化に従って振動し，さまざまな効果を生ずる．振動の周期からフェルミ面を構成することができる．(30) という結果は運動量に対する表現 (22) に用いたベクトルポテンシャルのゲージにはよらないことに注意しておかなければならない．すなわち，**p** はゲージ不変ではないけれども，S_n は不変なのである．ゲージ不変については 10 章と付録 G とでさらに論ずる．

ド・ハース-ファン・アルフェン効果

ド・ハース-ファン・アルフェン効果 (de Haas-van Alphen effect, 略して dHvA 効果) は金属の磁気モーメントの静磁場の強さの関数としての振動である．この効果は純粋な試料において，低温，強磁場の条件下で観測しうる．電子軌道の量子化が電子の衝突によってぼけては困るし，ある準位を占める電子数の振動が近傍の軌道への熱分布によって平均化され，はっきりしなくなっても困るのである．

dHvA 効果の解析は絶対零度に対して図 23 に与えられている．電子スピンは無視する．取扱いは 2 次元 (2 D) 系に対して与えられている．3 次元 (3 D) を取り扱うには，磁場が z 軸に平行に加えられているとして，2 D の波動関数に平面波因子 $\exp(ik_z z)$ を掛けてやればよい．k_x, k_y 平面の軌道の面積は (30) に従って量子化される．隣り合う軌道間の面積は

$$\Delta S = S_n - S_{n-1} = 2\pi eB/\hbar c \tag{32}$$

である．

一辺の長さが L の正方形の試料に対して，一つの軌道によって占められた **k** 空

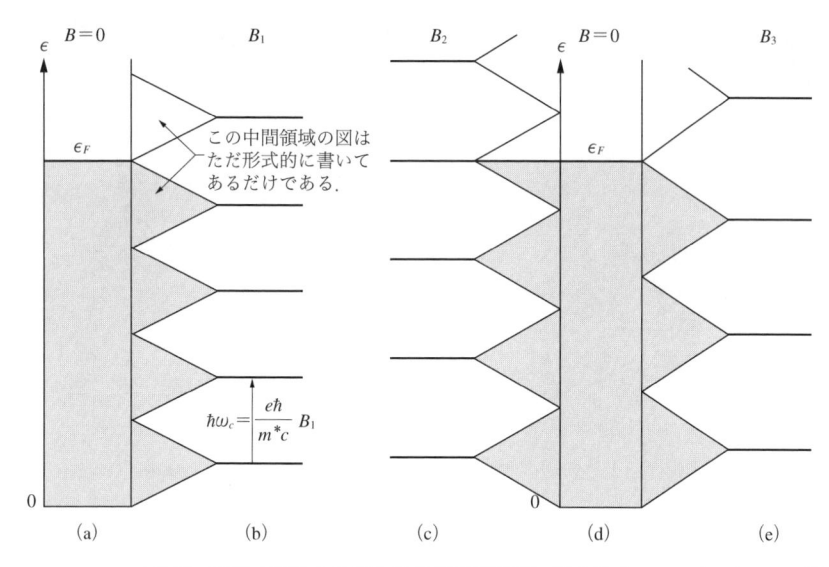

図 23 磁場の中にある2次元自由電子気体に対するド・ハース-ファン・アルフェン効果の説明．磁場が存在しないときのフェルミ粒子の海の占められている軌道状態は，図(a)と(d)とにおいて，影をつけてある．磁場の中のエネルギー準位は(b)，(c)，(e)に示してある．(b)においては，磁場中の電子の全エネルギーの値が，磁場が存在しないときのそれに等しいような磁場が加えられている．その大きさをB_1とする．磁場B_1によって軌道が量子化されるが，それによってエネルギーが増加した電子の数と等しい数の電子のエネルギーが下がったのである．磁場の強さをB_2にまで増すと，電子の全エネルギーは増加する．最上部にある電子のエネルギーが増加したからである．磁場B_3の下にある(e)においては，電子の全エネルギーは再び$B=0$のときのそれに等しくなる．全エネルギーはB_1, B_3, B_5, …のような点において最小となり，B_2, B_4, …のような点において最大となる．

間の面積は$(2\pi/L)^2$である．ただしスピンは無視している．(32)を用いると，磁場で量子化された1個の準位に合体した自由電子の軌道の数は

$$D = (2\pi eB/\hbar c)(L/2\pi)^2 = \rho B \tag{33}$$

である．ρは図24に示したように，$\rho = eL^2/2\pi\hbar c$である．このような磁場内の準位をランダウ準位(Landau level)という．

フェルミ準位のB依存性は劇的である．絶対零度でのN個の電子の系に対してランダウ準位は，sで指定する磁気量子数まで完全に満たされているとする．sは正の整数である．次にエネルギーの高い準位$s+1$にある軌道は，すべての電子

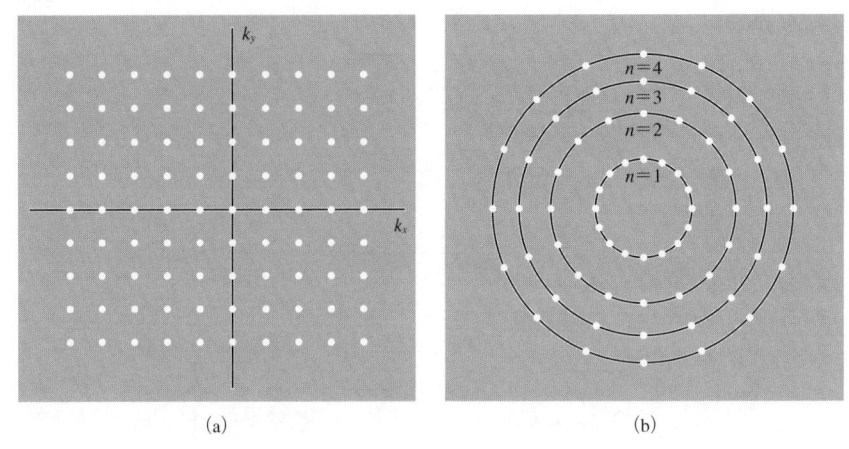

図 24 (a) 磁場が存在しない場合の2次元系に許された電子軌道．(b) 磁場内では自由電子の軌道を表現する点は k_x-k_y 面の円周上に制限される．最小円から外部へと半径の増加している次々の円周は量子数1から始まる n の次々の整数値に対応し，エネルギー一値 $(n-\frac{1}{2})\hbar\omega_c$ に対応する．円周間の面積は
(CGS) $\quad \pi\Delta(k^2) = 2\pi k(\Delta k) = (2\pi m/\hbar^2)\Delta\epsilon = 2\pi m\omega_c/\hbar = 2\pi eB/\hbar c$
である．点の位置の角度座標は物理的意味をもたない．円周上の軌道の数は一定であって，円周間の面積に，(a)における単位面積あたりの軌道の数を掛けたものに等しい．すなわち，$(2\pi eB/\hbar c)(L/2\pi)^2 = L^2 eB/2\pi\hbar c$．電子のスピンは無視した．

を収容する必要があるから，その必要に応じて部分的に満たされているであろう．もし $s+1$ 準位に電子が存在すれば，フェルミ準位はランダウ準位 $s+1$ にある．磁場が増加すると，電子は低い準位 s へと移っていく．$s+1$ 準位が空になったとき，フェルミ準位は突然に次にエネルギーの低い準位 s に移る．

電子がより低いランダウ準位に移ることは，図25に示したように，B が増加すると準位の縮退度 D が増加するので，生ずるのである．B が増加していくと，一番高い満ちた準位の量子数が急に1だけ減少するような B の値に達する．B_s と名づけるこの臨界磁場においては，絶対零度では部分的に満たされた準位は存在しないから

$$s\rho B_s = N \tag{34}$$

である．電子で満たされた準位の数に磁場 B_s における縮退度を乗じたものは電子の数 N に等しい．

B が変化したとき，エネルギーが周期的に変化することを示すために，磁気量

フェルミ面を研究する実験的方法   265

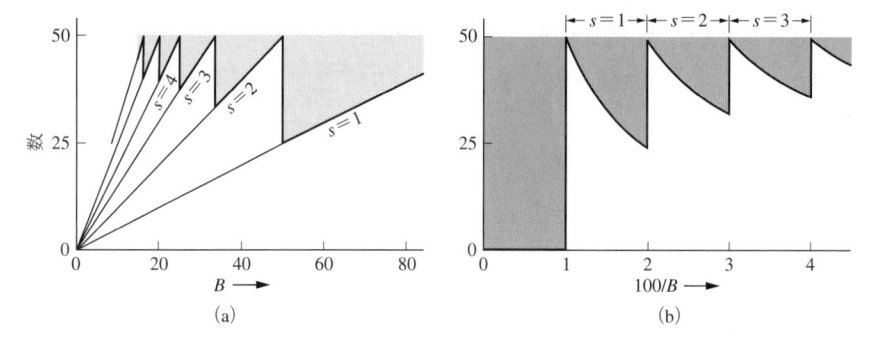

図 25 (a) 2 次元系で $N=50$, $\rho=0.50$ とする.濃い線は磁場 B の下で完全に占められている準位にある粒子の数を与える.影のつけてある部分は部分的に占められている準位にある粒子の数を与える. s の値は完全に満たされた最高の準位の量子数を示す.それゆえ, $B=40$ のときには $s=2$ であり, $n=1$ と $n=2$ の準位は満たされ,10 個の粒子が準位 $n=3$ にある. $B=50$ のときには準位 $n=3$ は空である.(b) 同じ点を $1/B$ に対して描いたもの. $1/B$ について周期が存在することが明らかに知られる.

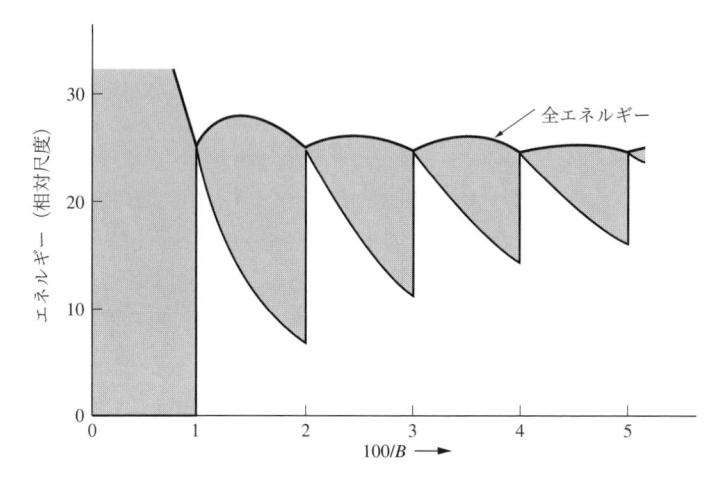

図 26 上の曲線は全エネルギー対 $1/B$ を示す.エネルギーは $1/B$ の振動関数である.エネルギー U の振動は, $-\partial U/\partial B$ で与えられる磁気モーメントの測定によって検出される.金属の熱的および輸送現象の性質も磁場が増加して,次々の軌道の準位がフェルミ準位をよぎるときに振動する.図の影をつけた部分は部分的に満たされた準位からのエネルギーへの寄与を与える.図に対するパラメーターは図 25 のものと同じである.また B の単位として $B=\hbar\omega_c$ を用いた.

子数 n をもつランダウ準位のエネルギーは $E_n = (n - \frac{1}{2})\hbar\omega_c$ であるという結果を用いる。ここで $\omega_c = eB/m^*c$ はサイクロトロン周波数である。E_n に対する結果はサイクロトロン共鳴軌道と単純調和振動子との間の類似性から得られるが，ここでは準位を $n=0$ からではなく，$n=1$ から数える方が都合がよいことがわかっている。

s 個の完全に満たされている準位にある電子の全エネルギーは

$$\sum_{n=1}^{s} D\hbar\omega_c \left(n - \frac{1}{2} \right) = \frac{1}{2} D\hbar\omega_c s^2 \tag{35}$$

である。ここで D は各準位に存在する電子の数である。部分的に満たされている準位 $s+1$ にある電子の全エネルギーは

$$\hbar\omega_c \left(s + \frac{1}{2} \right)(N - sD) \tag{36}$$

である。ここで sD は s 準位以下の満ちた準位にある電子の数である。N 電子の全エネルギーは (35) と (36) との和であり，図27に示されている。

絶対零度での系の磁気モーメント μ は $\mu = -\partial U/\partial B$ で与えられる。この系のモーメントは，図27に示すように，$1/B$ の振動関数である。低温におけるフェルミ気体のこの振動する磁気モーメントは，ド・ハース-ファン・アルフェン効果である。(31)から振動は $1/B$ の等しい間隔で起こることが知られる。その間隔は

$$\Delta\left(\frac{1}{B}\right) = \frac{2\pi e}{\hbar c S} \tag{37}$$

である。ここで S は $\mathbf{B}$ の方向に垂直なフェルミ面の面積の極値（下記を見よ）である。$\Delta(1/B)$ の測定から，対応する面積の極値 S を得ることができる。それでフェルミ面の形や大きさについて多くのことを推察することができる。

極値をもつ軌道　dHvA 効果の解釈において，微妙な一つの点がある。一般の形をしたフェルミ面の場合には，k_B の異なる値をもつ軌道は異なる周期をもっている。この k_B は $\mathbf{k}$ の磁場方向成分である。外磁場に対する応答はすべての断面，すなわちすべての軌道からの寄与の和である。"しかし，系の外磁場に対するおもな応答はその周期が k_B の小さい変化に対して定常であるような軌道からくる。" このような軌道は**極値をもつ軌道** (extremal orbit) とよばれる。それゆえ，図28において断面 AA' が観測されるサイクロトロン周期を支配する。

この議論は数学的な形式で示すことができるが，ここではその証明を与えることはしない(QTS, p. 223)。それは本質的には位相の打ち消し合いの問題である。

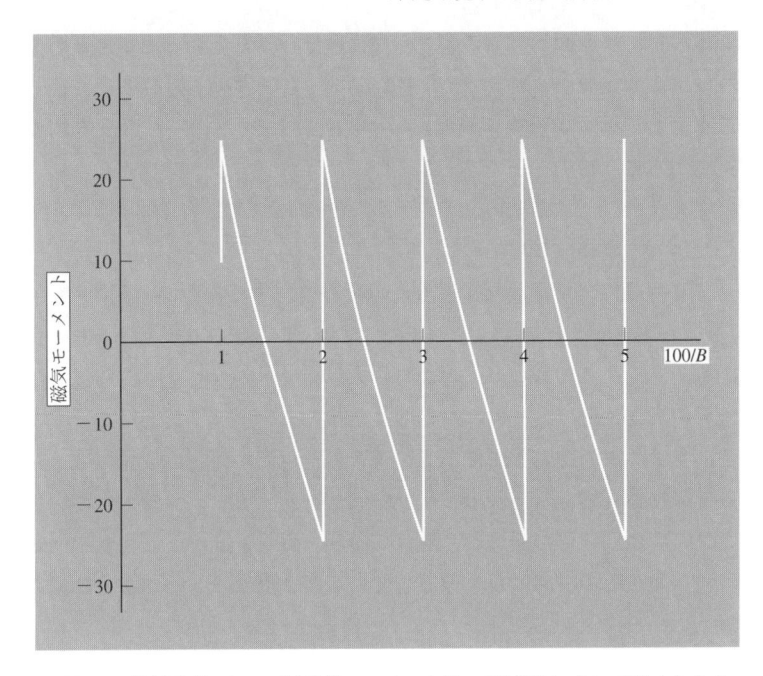

図 27 絶対零度においては磁場モーメントは $-\partial U/\partial B$ によって与えられる．図 26 に描いたエネルギーから，ここに示した磁気モーメントが導き出される．これは $1/B$ の振動関数である．正のモーメントは常磁性である．負のモーメントは反磁性である．電子スピンの影響は含まれていない．不純な試料または有限温度においては振動の振幅が減少するか，または一部分消滅する．エネルギー準位はもはやはっきりとは定義できないからである．

図 28 フェルミ面の断面 AA' 内の軌道はその面積が極値をとるような軌道である．この付近ではサイクロトロン周期はある程度断面の位置を変えても，なお，だいたい一定である．BB' のような他の断面は位置が変わると，周期も変化するような軌道をもつ．

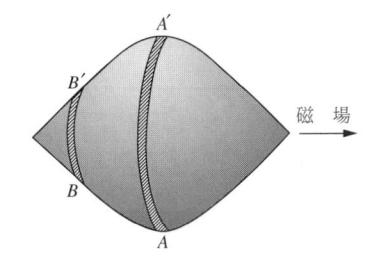

極値をもたない異なる軌道からは寄与は打ち消し合うけれども，極値の近傍では位相がきわめてゆっくりと変化するので，これらの軌道からは有限の信号が観測されるのである．実験は極値をもつ軌道を選択するので，複雑なフェルミ面についてさえ鋭い共鳴が得られる．

銅のフェルミ面　銅のフェルミ面ははっきりと非球面である(図29). 8個のネックが fcc 格子の第1ブリルアン・ゾーンの六角形の面に接触している. fcc 構造をもつ1価金属の電子濃度は $n = 4/a^3$ である. 体積 a^3 の立方体の中に4個の電子がある. 自由電子のフェルミ球の半径は次のように求められる.

$$k_F = (3\pi^2 n)^{1/3} = (12\pi^2/a^3)^{1/3} \cong (4.90/a), \tag{38}$$

したがって直径は $9.80/a$ である.

ブリルアン・ゾーンを横切る最短距離（六角形の面の面間距離）は $\sqrt{3}(2\pi/a)(3)^{1/2} = 10.88/a$ であって，自由電子のフェルミ球の直径よりわずかに大きい. 自由電子フェルミ球はゾーンの境界に接していない. しかし，われわれはゾーンの境界の存在は境界近くのバンドのエネルギーを下げることを知っている. それゆえ，フェルミ面から首が伸びてゾーンの六角形の面と出会うのは，起こってもよさそうなことである（図18および図29）.

ゾーンの四角形の面はより離れており，面間距離は $12.57/a$ である. それでフェルミ面がその方向に首を伸ばしてこの面に出会うということは起こらない.

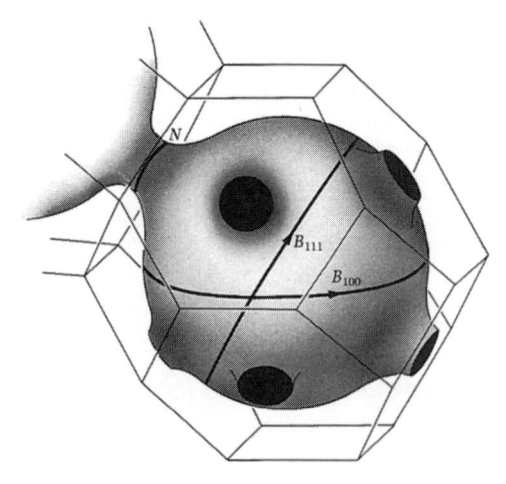

図 29　Pippard による銅のフェルミ面. fcc 構造のブリルアン・ゾーンは2章で導き出したように截頭形8面体（14面体）である. フェルミ面は **k** 空間の [111] 方向において，ゾーンの六角形の面の中心付近で境界面に接触している. 2個の"腹"部の極大の軌道を示し，それらを B と名づけた. "首"部の極小軌道には N という符号をつけた.

[例] 金のフェルミ面　　Shoenberg は金の場合，磁場の方向について非常に広い範囲にわたって，磁気モーメントが周期 $2\times 10^{-9}/\mathrm{G}$ をもつことを見いだした．この周期は極値をもつ軌道の面積

$$S = \frac{2\pi e/\hbar c}{\Delta(1/B)} \cong \frac{9.55\times 10^7}{2\times 10^{-9}} \cong 4.8\times 10^{16}\,\mathrm{cm}^{-2}$$

に相当することがわかる．6章の表1から自由電子の金のフェルミ球に対しては $k_F = 1.2\times 10^8\,\mathrm{cm}^{-1}$ であることを知る．この値は極値をもつ軌道の面積 $4.5\times 10^{16}\,\mathrm{cm}^{-2}$ に対応しており，実験値とだいたいにおいて一致している．Shoenberg によって報告されている実際の周期は $2.05\times 10^{-9}/\mathrm{G}$ と $1.95\times 10^{-9}/\mathrm{G}$ である．金の [111] 方向においては大きな周期 $6\times 10^{-8}/\mathrm{G}$ もまた観測されている．これは軌道の面積 $1.6\times 10^{15}\,\mathrm{cm}^{-2}$ に相当する．これはネック軌道 N の面積である．他の極値をもつ軌道"犬の骨"は図30に示されている．金の場合，その面積は腹の面積の約 0.4 倍である．実験的結果は図31に示されている．この例を SI 単位で解析するには S の式で c をとり，周期として $2\times 10^{-5}/\mathrm{T}$ を用いる．

　アルミニウムの自由電子フェルミ球は第1ゾーンを完全に満たし，第2ゾーンおよび第3ゾーンと大きく重なっている（図1）．第3ゾーンのフェルミ面は，まさに自由電子の球面のある部分からつくられているだけなのだが，非常に複雑である．自由電子モデルはさらに第4ゾーンに小さいホールのポケットを与える．しかし，格子ポテンシャルを考慮するとこれらのポケットは消失し，電子が第3ゾーンにつけ加わる．予測したアルミニウムのフェルミ面の一般的形状は，実験によって完全に確かめられている．図32はマグネシウムの自由電子フェルミ面の一部分を示したものである．

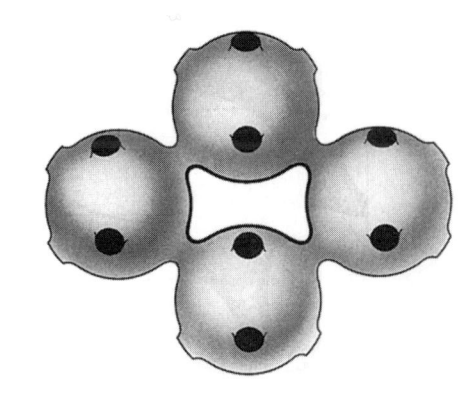

図30　磁場内の銅と金とのフェルミ面上の電子の"犬の骨"(dog's bone) 軌道．これはエネルギーが軌道の内側の方向に増加しているから，ホール的な軌道である．

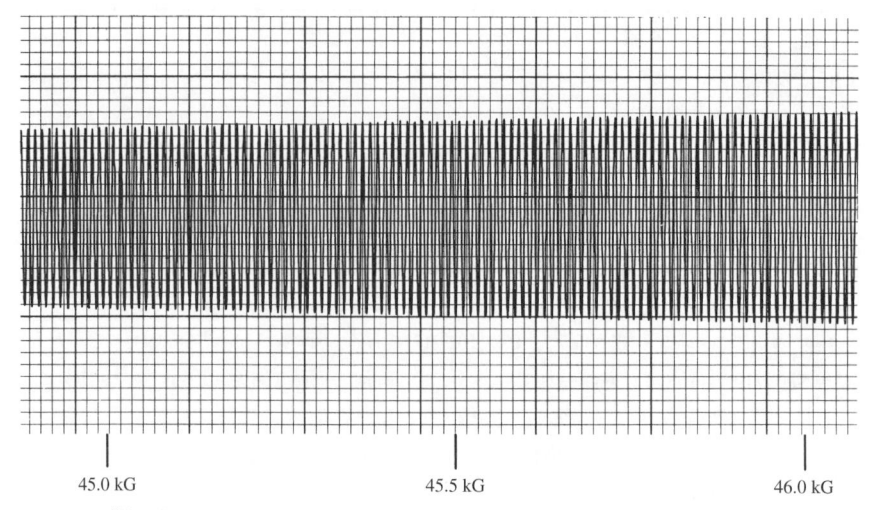

| 45.0 kG | 45.5 kG | 46.0 kG |

図 31 $B\|[110]$のときの金のド・ハース-ファン・アルフェン効果．振動は図30の"犬の骨"軌道からのものである．シグナルは磁気モーメントの磁場に対する2次微分に関係する．この結果は1.2Kにおいて極めて一様な超伝導ソレノイドの磁場変調の手段によって得られた．(I. M. Templetonの好意による．)

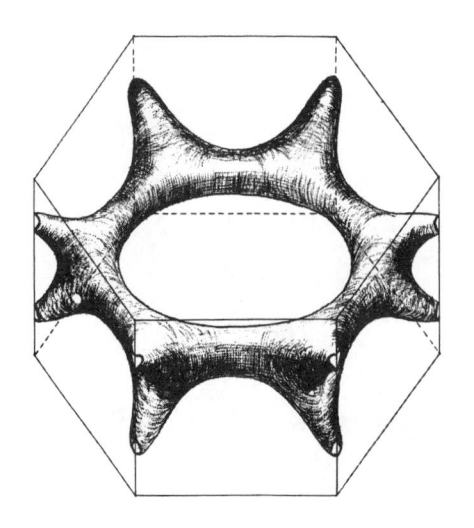

図 32 マグネシウムの第1，第2バンドの多重連結のホール面．(L. M. Falicovによる．M. Pueblaが描く．)

磁場破壊 十分に強い磁場の中では電子は自由電子の軌道を運動する．それは図33aに示したサイクロトロン軌道である．この場合には磁場の力が主要であって，格子のポテンシャルは小さい摂動にすぎない．この極限では電子状態をバ

フェルミ面を研究する実験的方法　　**271**

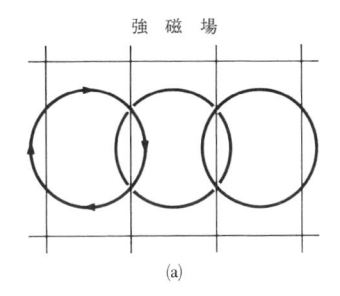

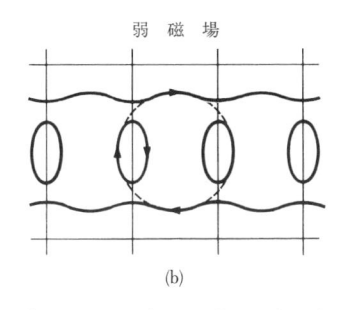

　　　　強 磁 場　　　　　　　　　　　弱 磁 場

　　　　　(a)　　　　　　　　　　　　　(b)

図 33 強磁場によるバンド構造の破壊．ブリルアン・ゾーンの境界は細い実線で示す．自由電子の軌道は強い磁場の中 (a) では弱い磁場の場合 (b) と連結性を変える．弱磁場内では軌道は第 1 バンドの中の開いた軌道と第 2 バンドの中の電子軌道とに分離しているが，強磁場で磁場破壊を生ずると，破線のような軌道に変わる．

ンドに分類することは意味がない．しかし，弱い磁場の中では電子の運動は 8 章の(7)によって記述され，磁場のないときに得られるバンド構造 ϵ_k が基礎になっている．

　このバンドによる記述が磁場が強くなると破れることを，**磁場破壊** (magnetic breakdown) という．図 33 に示したように，弱い磁場から強い磁場へと進む過程で軌道の接続性がまったく変わってしまうのである．このような磁場破壊が生じたことは，軌道の接続性に敏感な磁気抵抗のような物理的性質の変化によって明らかとなる．磁場破壊の条件は近似的に $\hbar\omega_c\epsilon_F > E_g^2$ である．ここで ϵ_F は自由電子のフェルミ・エネルギー，E_g はエネルギーギャップである．この条件は素朴に考えたときの条件，すなわち磁場による分離 $\hbar\omega_c$ がエネルギーギャップよりも大きい，と比較すればはるかにゆるいものである．とくにエネルギーギャップが小さい金属においてそうである．

　小さなエネルギーギャップは hcp 金属において見いだされる．この場合には，ゾーンの六角形の面を横切るギャップはスピン-軌道相互作用によって生ずる小さいギャップを無視すれば 0 となるからである．Mg においてはギャップは 10^{-3} eV の程度である．このギャップに対して $\epsilon_F \sim 10\,\mathrm{eV}$ であるので，磁場破壊の条件は $\hbar\omega_c > 10^{-5}\,\mathrm{eV}$，すなわち $B > 1000\,\mathrm{G}$ である．

ま と め

- フェルミ面は ϵ_F に等しい一定のエネルギーをもつ $\mathbf{k}$ 空間内の面である．フェルミ面は絶対零度において電子の満ちた状態と空の状態とを分ける．フェルミ面の形はふつう還元ゾーン形式で最もよく表現されるが，面の接続は周期的ゾーン形式で最もよくわかる．
- 1個のエネルギーバンドは $\epsilon_\mathbf{k}$ 対 $\mathbf{k}$ の単一の分枝である．
- 簡単な金属の凝集エネルギーは，波動関数に対する境界条件がシュレーディンガーの条件からウィグナー–サイツの条件へと変化したとき*)，伝導バンドの $\mathbf{k}=0$ 状態のエネルギーが下がることによって説明される．
- ド・ハース-ファン・アルフェン効果の周期はフェルミ面の $\mathbf{k}$ 空間での断面積の極値 S を測る尺度である．断面は $\mathbf{B}$ に垂直な方向にとる．

(CGS) $$\Delta\left(\frac{1}{B}\right) = \frac{2\pi e}{\hbar c S}$$

問 題

1. 長方形 (rectangular) 格子のブリルアン・ゾーン 2次元の基本長方形格子 (格子定数は a と $b=3a$) の第1，第2のブリルアン・ゾーンを描け．

2. ブリルアン・ゾーン，長方形格子 基本長方形格子 ($a=2\,\text{Å}$, $b=4\,\text{Å}$) の中に1個の1価原子をもつ2次元金属がある．（a）第1ブリルアン・ゾーンを描き，その大きさを cm^{-1} で与えよ．（b）自由電子のフェルミ円の半径を計算せよ（cm^{-1} 単位）．（c）この円を第1ブリルアン・ゾーンの図に重ねて描け．第1と第2エネルギーバンドに対して，自由電子バンドを周期的ゾーン形式で数周期描け．ゾーンの境界には小さなエネルギーギャップがあると仮定せよ．

3. 六方最密格子構造 格子定数を a, c とする3次元の六方基本格子 (simple hexagonal lattice) をもつ結晶の第1ブリルアン・ゾーンを考察せよ．$\mathbf{G}_c$ は結晶格子の c 軸に平行な最短の逆格子ベクトルとする．（a）六方最密格子構造においては，結晶ポテンシャル $U(\mathbf{r})$ のフーリエ成分 $U(\mathbf{G}_c)$ は 0 であることを示せ．（b）$U(2\,\mathbf{G}_c)$ は同じく 0 であろうか？ （c）六方基本格子 (simple hexagonal lattice) の結晶格子を2価の原子が占めているとき，なぜ結晶が絶縁体となることが原理的に可能なのか？ （d）六方

---

*) （訳者注）孤立原子の環境条件から結晶内原子の環境条件に変化したときのことである．

最密格子構造をなす1価原子はなぜ絶縁体をつくることが不可能なのか？

4. 2次元の2価金属のブリルアン・ゾーン　正方形格子(square lattice)をもつ2次元の金属が1原子あたり2個の伝導電子をもつとする．ほとんど自由電子であるという近似において，電子とホールのエネルギー面を注意深く描け．電子に対しては，フェルミ面が閉じるようなゾーン形式を選べ．

5. 開いた軌道　1価の正方晶系の金属において開いた軌道がブリルアン・ゾーンの相対する境界面を結んでいる．二つの面は $G=2\times 10^8 \mathrm{cm}^{-1}$ で表される距離だけ離れている．磁場 $B=10^3 \mathrm{G}=10^{-1}\mathrm{T}$ が開いた軌道の面に垂直に存在する．(a) $\mathbf{k}$ 空間における運動の周期の大きさの程度はいくらか．$v\approx 10^8 \mathrm{cm/s}$ とせよ．(b) 磁場が存在するとき，この軌道上の電子の運動を実空間で記述せよ．

6. 井戸型ポテンシャルに対する凝集エネルギー　(a) 深さ U_0，幅 a の1次元の1個の井戸型ポテンシャル内の電子の結合エネルギーの表式を求めよ．(これは初等量子力学における標準の最初の問題である．) 解は井戸の中点に対して対称的であると仮定せよ．(b) $|U_0|=2\hbar^2/ma^2$ という特別の場合に結合エネルギーを U_0 を単位として数値的に求め，図20の適当な極限と比較せよ．井戸が互いに遠く離れた極限においてはバンド幅は0に近づくから，$k=0$ のエネルギーは最低のエネルギーバンドの他の任意の k 点のエネルギーに等しい．この極限では他のエネルギーバンドは井戸の励起状態から発生する．

7. カリウムのド・ハース-ファン・アルフェン周期　(a) カリウムに対して期待される $\Delta(1/B)$ を自由電子モデルで計算せよ．(b) $B=10\mathrm{kG}=1\mathrm{T}$ のとき，極値をもつ軌道の実空間での面積はいくらか．同じ周期が電気抵抗における振動にも適用される．磁場の大きさによる電気抵抗の周期的変化はシュブニコフ-ド・ハース効果として知られている．

8*). k・p 摂動理論によるバンド端の構造　立方結晶のバンド n において $\mathbf{k}=0$ における縮退していない軌道 $\psi_{n\mathbf{k}}$ を考慮する．2次の摂動理論を用いて次の結果を導け：

$$\epsilon_n(\mathbf{k}) = \epsilon_n(0) + \frac{\hbar^2 k^2}{2m} + \frac{\hbar^2}{m^2}\sum_j{}'\frac{|\langle n0|\mathbf{k}\cdot\mathbf{p}|j0\rangle|^2}{\epsilon_n(0)-\epsilon_j(0)}. \tag{39}$$

和は $\mathbf{k}=0$ における他のすべての軌道 $\psi_{j\mathbf{k}}$ について行う．この点における有効質量は

$$\frac{m}{m^*} = 1 + \frac{2}{m}\sum_j{}'\frac{|\langle n0|\mathbf{p}|j0\rangle|^2}{\epsilon_n(0)-\epsilon_j(0)} \tag{40}$$

である．ギャップの狭い半導体の伝導バンドの端における有効質量に対しては多くの場合価電子バンドの端からの効果が支配的であるから，

$$\frac{m}{m^*} = \frac{2}{mE_g}\sum_v|\langle c|\mathbf{p}|v\rangle|^2 \tag{41}$$

---

*) この問題はやや難しい．

である．和は価電子バンドについてである．E_g はエネルギーギャップである．行列要素が与えられているとき，ギャップが狭ければ，質量は小さくなる．

9. ワニエ関数 一つのバンドのワニエ関数（Wannier function）は同じバンドのブロッホ関数を用いて次のように定義される：

$$w(\mathbf{r}-\mathbf{r}_n) = N^{-1/2}\sum_{\mathbf{k}}\exp(-i\mathbf{k}\cdot\mathbf{r}_n)\psi_{\mathbf{k}}(\mathbf{r}). \tag{42}$$

ここで $\mathbf{r}_n$ は格子点を示す．

（a） 異なる場所 n, m のまわりのワニエ関数は直交することを示せ：

$$\int dV\, w^*(\mathbf{r}-\mathbf{r}_n)w(\mathbf{r}-\mathbf{r}_m) = 0, \qquad n \neq m. \tag{43}$$

この直交性のためにワニエ関数は異なる格子点におかれた原子軌道よりもしばしば便利である．後者は一般の場合直交していないからである．

（b） ワニエ関数は格子点（複数）の近傍で大きくなっている．N 個の原子からなる格子定数 a の1次元格子において，$\psi_k = N^{-1/2}e^{ikx}u_0(x)$ に対して，ワニエ関数は次のように与えられることを示せ：

$$w(x-x_n) = u_0(x)\frac{\sin\pi(x-x_n)/a}{\pi(x-x_n)/a}.$$

10. 開いた軌道と磁気抵抗 自由電子の横磁気抵抗を6章の問題9で考察した．また電子とホールのそれを8章の問題5において考察した．ある結晶では磁気抵抗はある結晶方向を除けば飽和する．開いた軌道は磁場に垂直な平面内のただ一つの方向にだけ電流を運ぶ．このようなキャリヤーは磁場によって曲げられない．6章の図14の配置において，開いた軌道が k_x に平行であるとしよう．実空間ではこれらの軌道は y 軸に平行に電流を運ぶ．$\sigma_{yy}=s\sigma_0$ を開いた軌道の伝導率とせよ．この式は定数 s を定義している．強磁場の極限 $\omega_c\tau \gg 1$ における磁気伝導率テンソルは，$Q=\omega_c\tau$ として

$$\sigma_0\begin{pmatrix} Q^{-2} & -Q^{-1} & 0 \\ Q^{-1} & s & 0 \\ 0 & 0 & 1 \end{pmatrix}$$

である．

（a） ホール電場が $E_y=-E_x/sQ$ であることを示せ．

（b） x 方向の実質抵抗は $\rho=(Q^2/\sigma_0)[s/(s+1)]$ であって，抵抗は飽和せず B^2 に比例して増加することを示せ．

11[*]. ランダウ準位 一様な磁場 $B\hat{\mathbf{z}}$ のベクトルポテンシャルはランダウ・ゲージを用いると $\mathbf{A}=-By\hat{\mathbf{x}}$ である．スピンを無視したときの自由電子のハミルトニアンは

$$H = -(\hbar^2/2m)(\partial^2/\partial y^2 + \partial^2/\partial z^2) + (1/2m)[-i\hbar\partial/\partial x - eyB/c]^2$$

---

[*] この問題はやや難しい．

である．波動方程式 $H\psi = \epsilon\psi$ の固有関数に対して
$$\psi = \chi(y)\exp[i(k_x x + k_z z)]$$
の形のものを求めよう．

(a) $\chi(y)$ は次の方程式を満足することを示せ．
$$(\hbar^2/2m)\,d^2\chi/dy^2 + \left[\epsilon - (\hbar^2 k_z^2/2m) - \frac{1}{2}m\omega_c^2(y-y_0)^2\right]\chi = 0,$$
ここで $\omega_c = eB/mc$, $y_0 = c\hbar k_x/eB$ である．

(b) この方程式は周波数 ω_c をもつ調和振動子に対する波動方程式であることを示せ．エネルギーは
$$\epsilon_n = \left(n + \frac{1}{2}\right)\hbar\omega_c + \hbar^2 k_z^2/2m$$
である．

10 超 伝 導[*]

　多くの金属や合金の電気抵抗は，試料を十分低い温度，多くは液体ヘリウム温度に冷やすと，突然に消失する．超伝導とよばれるこの現象は最初にライデンのKamerlingh Onnesによって1911年，すなわち，彼が最初にヘリウムを液化してから3年後に発見された．臨界温度 T_c で，試料は普通の電気抵抗の状態から超伝導状態へと相転移する（図1）．

　超伝導は今日では非常によく理解されており，多くの応用的，理論的側面をもった分野である．この章とこれに関連した付録の中身はこの分野の内容の豊富さと精巧さを反映している．

実 験 事 実

　超伝導状態では，直流電気抵抗は厳密にゼロであるか，少なくともゼロに非常に近いので，超伝導状態にあるリングの中を，しまいには実験家が実験を続けるのがいやになるくらい長く，1年以上も減衰することなしに，永久電流が流れることが観測されている．

　ソレノイドの中の超伝導電流の減衰がFileとMillsによって，核磁気共鳴の方法を用いて超伝導電流に付随した磁場を精密に測定する方法で，研究された．彼らは超伝導電流の減衰時間は100 000年以下ではないと結論している．後でこの減衰時間を評価する．ある超伝導物質，特に超伝導磁石に使われる物質では，その中の磁束の非可逆的な分布変化による有限の減衰時間が観測されている．

　超伝導体によって示される磁気的性質はその電気的性質と同じくらい劇的である．その磁気的性質は，超伝導体が電気抵抗ゼロの通常の導体であるとする仮定

---

[*] 読者への注意：この章では B_a は印加された磁場を示す．CGS単位系での磁場の臨界値 B_{ac} は超伝導の研究者の習慣に従えば，記号 H_c で示される．B_{ac} の値はCGS単位ではガウス(G)で，SI単位ではテスラ(T)で与えられる．$1\,\mathrm{T}=10^4\,\mathrm{G}$ である．SI単位系では $B_{ac}=\mu_0 H_c$ である．

実 験 事 実　　277

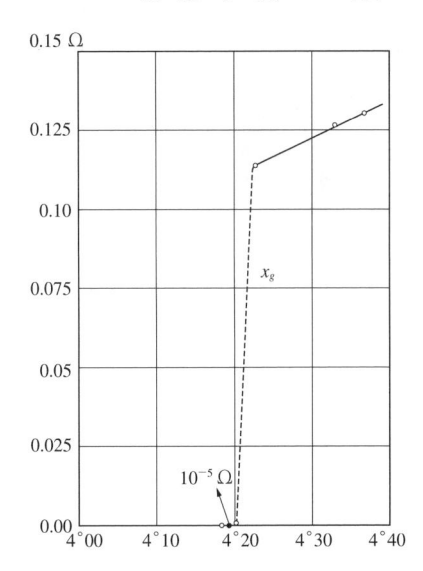

図 1 水銀の試料のオームで表した抵抗と絶対温度の関係．Kamerlingh Onnes によるこの図は超伝導の発見を記録するものである．

では説明できない．

　弱磁場の中でのバルク（bulk）超伝導体は，その内部の磁束密度がゼロの完全反磁性体のようにふるまうことが実験的にわかっている．試料を磁場の中においたまま超伝導の転移温度以下に冷却すると，はじめに存在した磁束は試料からはじき出される．これを**マイスナー効果**（Meissner effect）とよぶ．この様子を図 2 に示す．超伝導体のこの独特な磁気的性質は超伝導状態を特徴づける中心的重要性をもつ．

　超伝導状態は金属の伝導電子のある種の秩序状態である．この秩序はゆるく結びついた電子対の形成である．電子は転移温度以下では秩序状態にあり，それ以上では無秩序状態にある．

　この秩序の性質と起源は Bardeen, Cooper, Schrieffer[1] によって説明された．この章ではできる限り初等的な方法で超伝導状態の物理学を説明していく．また，超伝導磁石に使用される物質についての物理学的な基礎についても議論するが，それらの工学的な面についてはふれない．付録 H と I で超伝導状態のより深い議論を与える．

---

1) J. Bardeen, L. N. Cooper, and J. R. Schrieffer, Phys. Rev. **106**, 162 (1957); **108**, 1175 (1957).

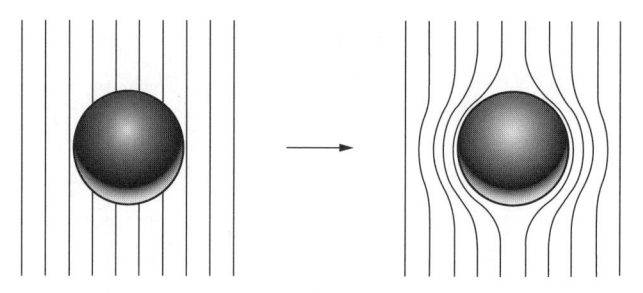

図2 一様な外磁場の中で冷却された超伝導球のマイスナー効果．転移温度以下に下がると，磁束密度 B の束線は球から押し出される．

超伝導の発生

　超伝導は周期表の多くの金属元素，合金，金属間化合物，ドープした半導体などにおいて発生する．これまでに確認されている転移温度の範囲は，$YBa_2Cu_3O_7$ の 90.0K から，低い方は元素 Rh の 0.001K に及ぶ．エキゾチック（exotic）超伝導体として知られる，いくつかの f バンド超伝導体が6章にのせてある．いくつかの金属は高圧の下でのみ超伝導を示す．たとえば，Si は 165 kbar で $T_c=8.3$ K の超伝導状態をもつ．圧力ゼロで超伝導を示すことが知られている元素を表1に示してある．

　十分に温度を下げればすべての非磁性金属元素が超伝導体になるであろうか？この問いの答はわかっていない．極端に低い転移温度をもった超伝導体を捜す実験では，試料から常磁性元素の不純物を痕跡程度のわずかな量まで取り除くことが重要である．なぜならば，それらは転移温度を非常に低くしてしまう．数万分の1程度の Fe が，純粋ならば $T_c=0.92$K をもつ Mo の超伝導を破壊してしまう．1at% のガドリニウムはランタンの転移温度を 5.6K から 0.6K に低下させる．磁気的でない不純物は転移温度にあまり顕著な影響を与えない．興味ある超伝導化合物のいくつかの転移温度を表2に掲げておく．若干の化合物は割と低い温度で超伝導を示す．

磁場による超伝導の消失

　十分に強い磁場は超伝導状態を破壊してしまう．超伝導を壊すのに必要な磁場のしきい値，すなわち，臨界値を $H_c(T)$ で表す．これは温度の関数である．転移

実 験 事 実　279

表 1 元素の超伝導に関する定数．(＊印は薄膜あるいはふつうには安定でないような高圧下の結晶変態での み超伝導になる元素を示す．データは B. T. Matthias の好意によるものを T. Gaballe が修正した．)

上段: 転移温度 (K)　下段: 絶対零度での臨界磁場 (G, 10^{-4} T)

Li	Be 0.026											B	C	N	O	F	Ne
Na	Mg											Al 1.140 105	Si*	P*	S*	Cl	Ar
K	Ca	Sc	Ti 0.39 100	V 5.38 1420	Cr*	Mn	Fe	Co	Ni	Cu	Zn 0.875 53	Ga 1.091 51	Ge*	As*	Se*	Br	Kr
Rb	Sr	Y*	Zr 0.546 47	Nb 9.50 1980	Mo 0.92 95	Tc 7.77 1410	Ru 0.51 70	Rh .0003	Pd	Ag	Cd 0.56 30	In 3.4035 293	Sn(w) 3.722 309	Sb*	Te*	I	Xe
Cs*	Ba*	La fcc 6.00 11.0	Hf 0.12	Ta 4.483 830	W 0.012 1.07	Re 1.4 198	Os 0.655 65	Ir 0.14 19	Pt	Au	Hg(a) 4.153 412	Tl 2.39 171	Pb 7.193 803	Bi*	Po	At	Rn
Fr	Ra	Ac															

Ce*	Pr	Nd	Pm	Sm	Eu	Gd	Tb	Dy	Ho	Er	Tm	Yb	Lu 0.1
Th 1.368 1.62	Pa 1.4	U*(a)	Np	Pu	Am	Cm	Bk	Cf	Es	Fm	Md	No	Lr

表 2　代表的な化合物の超伝導

化合物	T_c (K)	化合物	T_c (K)
Nb_3Sn	18.05	V_3Ga	16.5
Nb_3Ge	23.2	V_3Si	17.1
Nb_3Al	17.5	$YBa_2Cu_3O_{6.9}$	90.0
NbN	16.0	Rb_2CsC_{60}	31.3
C_{60}	19.2	MgB_2	39.0

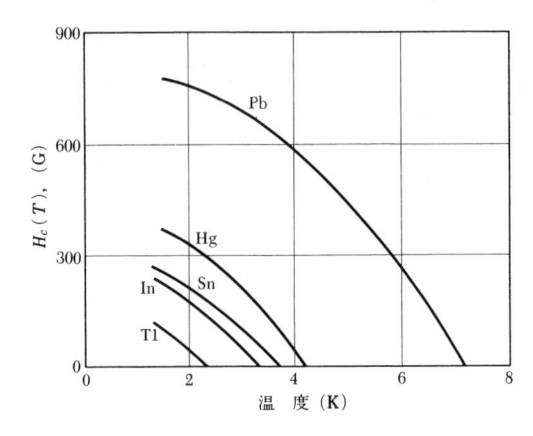

図 3　いくつかの超伝導体についての臨界磁場 $H_c(T)$ と温度との関係．試料は曲線の下側で超伝導状態，上側で常伝導状態にある．

を起こす臨界温度では臨界磁場はゼロである．すなわち，$H_c(T_c)=0$．いくつかの超伝導元素について，臨界磁場の温度変化を図3に示す．

臨界磁場曲線は図の左下側の超伝導状態と右上側の常伝導状態とを分けている．**注意**：磁場の臨界値は B_{ac} で表されるべきである．しかし，これは超伝導を扱っている人達の間ではふつうは使われない．CGS 単位系では常に $H_c \equiv B_{ac}$ と理解され，SI 単位系では $H_c \equiv B_{ac}/\mu_0$ である．記号 B_a は印加された磁場を示す．

マイスナー効果

Meissner と Ochsenfeld は 1933 年に，超伝導体を磁場の中で転移温度以下に冷却すると，転移点で磁束密度 B の束線は外に押し出される（図2）ことを見出した．このマイスナー効果は，バルク超伝導体があたかも試料の内部では $B=0$ であるかのようにふるまうことを示す．

対象を B_a に平行な長軸をもった細長い試料に限定するならば，この結果の特に有用な形式を得ることができる．すなわち，B に対する反磁場の寄与（13 章を

見よ）は無視できるので[2)]

(CGS) $\quad B = B_a + 4\pi M = 0$, または $\dfrac{M}{B_a} = -\dfrac{1}{4\pi}$,

(SI) $\quad B = B_a + \mu_0 M = 0$, または $\dfrac{M}{B_a} = -\dfrac{1}{\mu_0} = -\epsilon_0 c^2$. $\qquad(1)$

$B=0$ なる結果は超伝導体を単に抵抗ゼロの媒質として特徴づけるだけでは説明されない．オームの法則 $\mathbf{E}=\rho\mathbf{j}$ からは，$\mathbf{j}$ を有限にしたまま抵抗 ρ をゼロにしたとすると，$\mathbf{E}$ がゼロでなければならないことがわかる．マクスウェル方程式によれば，$d\mathbf{B}/dt$ は curl $\mathbf{E}$ に比例するから，抵抗ゼロは $d\mathbf{B}/dt=0$ を意味するが，しかし $\mathbf{B}=0$ は意味しない．この議論はまったく自明というわけではなく，しかも，その結果は金属内部を通る磁束が転移点以下に冷やしても変わりえないことを予言している．ところがマイスナー効果は完全反磁性が超伝導状態の本質的な性質であることを示唆する．

超伝導体と無限大の平均自由行程をもった導体として定義される完全導体とのもう一つの違いが考えられる．完全導体の中の磁場の侵入の問題を詳細に解くならば，磁場の中におかれた完全導体は永久渦電流による遮蔽を生じえないことがわかる．磁場は 1 時間に 1cm ほど侵入するであろう[3)]．

マイスナー-オクセンフェルトの実験条件のもとでの超伝導体の磁化曲線を図 4a に示した．この曲線は縦磁場の中におかれた長い円柱状の試料に定量的にあてはまる．多くの超伝導物質の純粋な試料はこのようなふるまいをする．このような試料を**第 I 種超伝導体**（type I superconductor），あるいは，以前は軟超伝導体とよんでいた．第 I 種超伝導体の場合には，H_c の値は常に低すぎて，超伝導磁石のコイルとしての利用には適さない．

超伝導物質の他のものは図 4b のような形の磁化曲線を示し，**第 II 種超伝導体**として知られている．これらは一般に（図 5a に示したように）合金であるか，または常伝導状態で大きな電気抵抗をもった遷移金属であることが多い．したがって，これらの常伝導状態での電子の平均自由行程は短い．後で，なぜ平均自由行程が超伝導体の"磁化"に関係してくるのかがわかるであろう．

第 II 種超伝導体は H_{c2} で表される磁場まで超伝導的性質を保つ．下部臨界磁場

---

2) 反磁性，磁化 M，および磁化率は 14 章で定義される．バルク超伝導体の見かけの反磁性磁化率の大きさは典型的な反磁性物質よりもはるかに大きい．(1) で M は試料の中の超伝導電流に等価な磁化である．

3) A. B. Pippard, *Dynamics of conduction electrons*, Gordon and Breach, 1965.

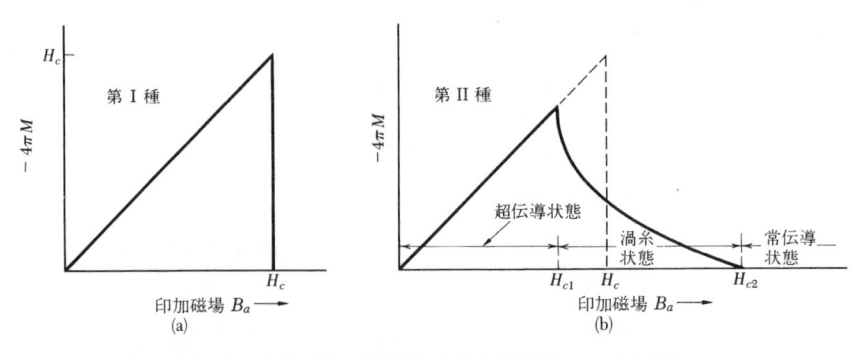

図4 (a) 完全マイスナー効果(完全反磁性)を示す超伝導体に対する磁化-磁場曲線.このようなふるまいをする超伝導体を第Ⅰ種超伝導体とよぶ.臨界磁場 H_c より上では試料は常伝導体で,その磁化はあまりに小さすぎてこの図の尺度では見えない.$-4\pi M$ を縦軸に表したことに注意すること.M の負の値が反磁性に対応する.(b) 第Ⅱ種超伝導体の超伝導磁化曲線.磁束は熱力学的臨界磁場 H_c よりも低い磁場 H_{c1} で試料内に侵入しはじめる.試料は H_{c1} と H_{c2} の間では渦糸状態にあり,H_{c2} まで超伝導的性質を保持する.H_{c2} より上では表面効果の可能性を除けば,すべての点で常伝導的である.H_c が共通ならば磁化曲線の下の面積は第Ⅱ種超伝導体でも第Ⅰ種の場合と同じである.(この図ではすべて CGS 単位を用いた.)

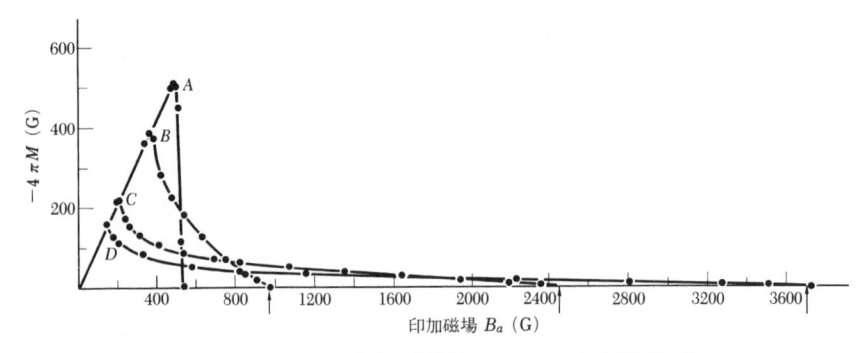

図5a 焼なましされた鉛-インジウム合金の多結晶の4.2Kでの超伝導磁化曲線.A:鉛,B:鉛-2.08wt%インジウム,C:鉛-8.23wt%インジウム,D:鉛-20.4wt%インジウム.(Livingstonによる.)

 H_{c1} と上部臨界磁場 H_{c2} の間では磁束密度 $B \neq 0$ であり,マイスナー効果は不完全である.H_{c2} の値は転移についての熱力学から計算される臨界値 H_c の値の100倍ないしはそれ以上に大きくなりうる(図5b).H_{c1} と H_{c2} の間の領域では超伝導体の中は磁束が糸を刺したように通っていて,それゆえ,**渦糸状態**(vortex state)

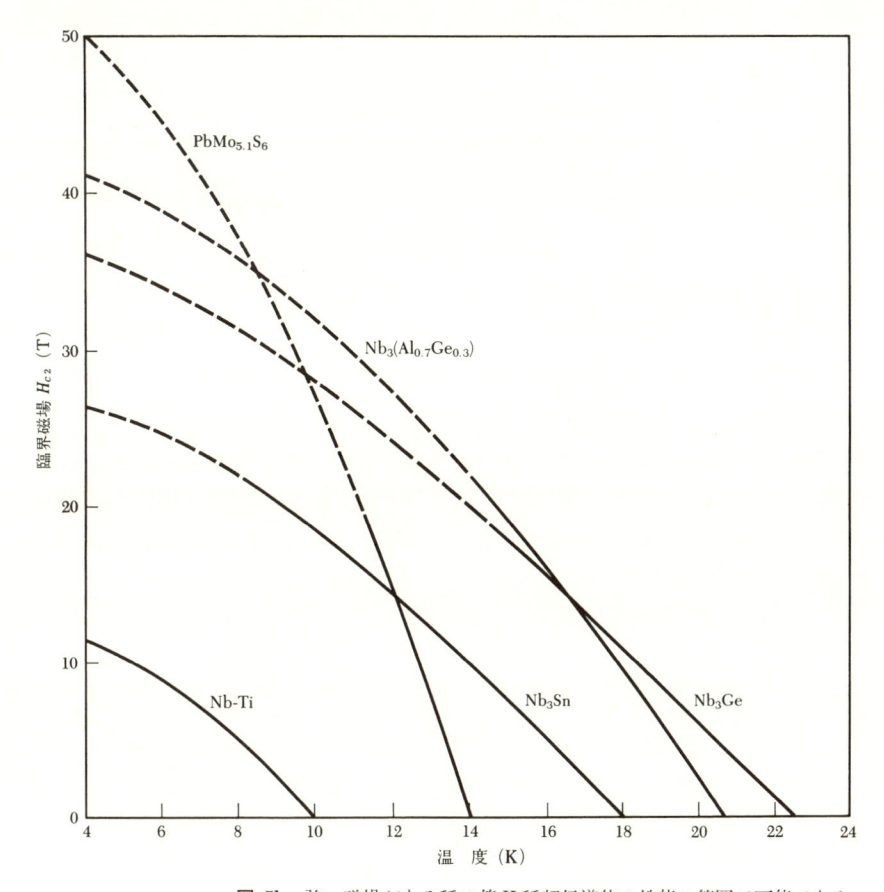

図 5b 強い磁場がある種の第 II 種超伝導体の性能の範囲で可能である.

にあるといわれる. H_{c2} として 410 kG (41 T) が Nb, Al, および Ge の合金でヘリウムの沸点のところで得られている. また 540 kG (54 T) が $PbMo_6S_8$ に対して報告されている.

　硬い超伝導体を巻いた市販のソレノイドは 100 kG を越える定常磁場をつくりだす. 硬い超伝導体とは, 多くは, 機械的処理でつくられた, 大きな磁気ヒステリシスをもった第 II 種超伝導体である. このような物質は磁気共鳴断層写真 (MRI) 用として医学上の重要な応用をもっている.

比　熱

すべての超伝導体において，臨界温度 T_c 以下に冷却するとエントロピーが著しく減少する．アルミニウムについての測定を図6に示してある．エントロピーは系の無秩序の程度を示す尺度であるから，常伝導状態と超伝導状態との間のエントロピー減少は，後者が前者よりも秩序が高いことを知らせてくれる．常伝導状態で熱的に励起されていた電子の一部分もしくはそのすべてが超伝導状態では秩序化されている．エントロピーの変化は小さく，アルミニウムでは原子あたり $10^{-4} k_B$ 程度である．エントロピー変化の小さいことは超伝導状態への相転移に伝導電子のほんのわずかの部分（10^{-4} の程度）しか関与しないことを意味する．常伝導および超伝導状態の自由エネルギーの比較を図7に示す．

ガリウムの比熱が図8に示されている．図8aは常伝導と超伝導の二つの状態を比較している．図8bは超伝導状態での比熱への電子の寄与が $-1/T$ に比例す

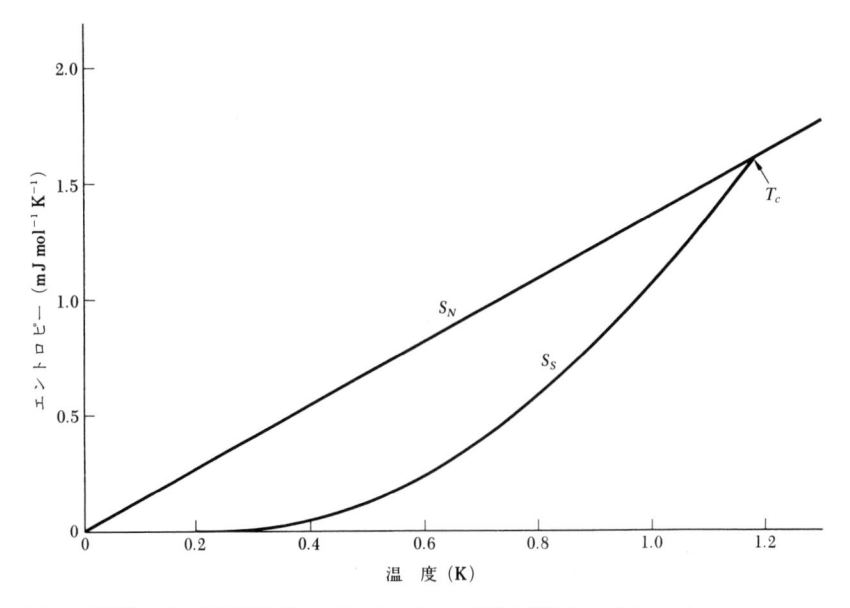

図 6 常伝導および超伝導状態でのアルミニウムの温度の関数としてのエントロピー．電子は超伝導状態では常伝導状態よりもより秩序状態にあるのでエントロピーは低い．臨界温度 T_c 以下のいかなる温度でも，試料は臨界磁場より強い磁場をかけることによって常伝導状態にすることができる．

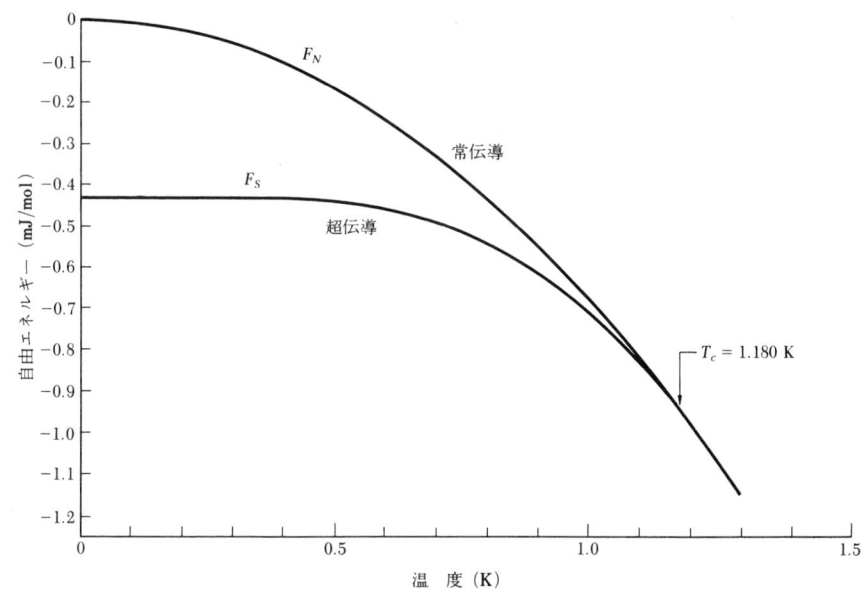

図7 超伝導状態および常伝導状態のアルミニウムに対する温度の関数としての自由エネルギーの実測値.転移温度 $T_c=1.180$ K 以下での自由エネルギーは超伝導状態のほうが低い.二つの曲線は転移温度で一緒になる.したがって相転移は2次(T_c で転移の潜熱はない)である.曲線 F_S は磁場ゼロで測定され,F_N は試料を常伝導状態にするに十分な強さの磁場の中で測定されている.(N. E. Phillips の好意による.)

る変数をもった指数関数の形であることを示す.これは電子があるエネルギーギャップを越えて励起されることを示唆する.エネルギーギャップ(図9)は超伝導状態を特徴づける(しかし普遍的ではない)ものである.このギャップはバーディーン-クーパー-シュリーファー(BCS)の理論で説明される(付録H).

エネルギーギャップ

超伝導体のエネルギーギャップは絶縁体のエネルギーギャップとはまったく異なった起源と性質をもつ.絶縁体のギャップは7章の電子-格子相互作用による.この相互作用は電子を格子と結びつけている.超伝導では,重要な相互作用は電子-電子相互作用で,それは電子フェルミ気体において電子を **k** 空間で秩序化させる.

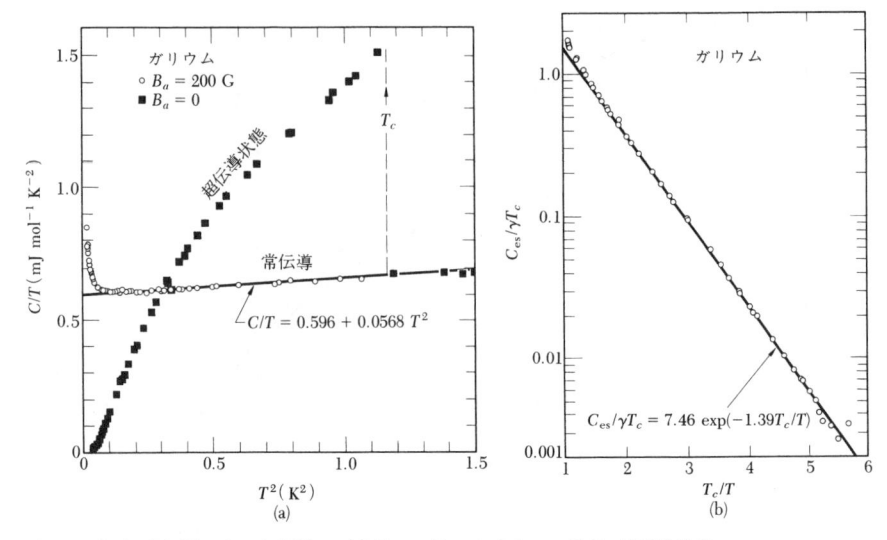

図 8 （a）常伝導および超伝導の両状態におけるガリウムの比熱．常伝導状態（これは200Gの磁場で保持される）は（低温において）電子，格子，および核四重極モーメントからの寄与をもつ．（b）には超伝導状態での比熱の電子からの寄与 C_{es} を T_c/T に対して対数で図示してある．$1/T$ に対して指数関数的に依存することがよくわかる．$\gamma = 0.60 \text{mJ mol}^{-1}\text{deg}^{-2}$ である．(N. E. Phillips による．)

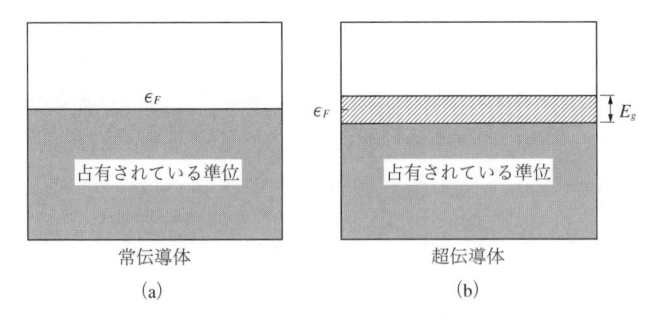

図 9 （a）常伝導状態の伝導バンド．（b）超伝導状態におけるフェルミ準位のところのエネルギーギャップ．このギャップの上に励起された電子はマイクロ波電場に対しては常伝導電子のようにふるまう．したがって抵抗を与える．直流電場に対してはこれらは超伝導電子によって短絡されてしまう．絶対零度ではギャップの上には電子は存在しない．ギャップ E_g は図では誇張されている．代表的な値としては $E_g \sim 10^{-4} \epsilon_F$.

実 験 事 実   287

表3 $T=0$ での超伝導体のエネルギーギャップ

				$E_g(0)$ $(10^{-4}$ eV.)						Al	Si
				$E_g(0)/k_B T_c$.						3.4	
										3.3	
Sc	Ti	V	Cr	Mn	Fe	Co	Ni	Cu	Zn	Ga	Ge
		16.							2.4	3.3	
		3.4							3.2	3.5	
Y	Zr	Nb	Mo	Tc	Ru	Rh	Pd	Ag	Cd	In	Sn(w)
		30.5	2.7						1.5	10.5	11.5
		3.80	3.4						3.2	3.6	3.5
La fcc	Hf	Ta	W	Re	Os	Ir	Pt	Au	Hg(α)	Tl	Pb
19.		14.							16.5	7.35	27.3
3.7		3.60							4.6	3.57	4.38

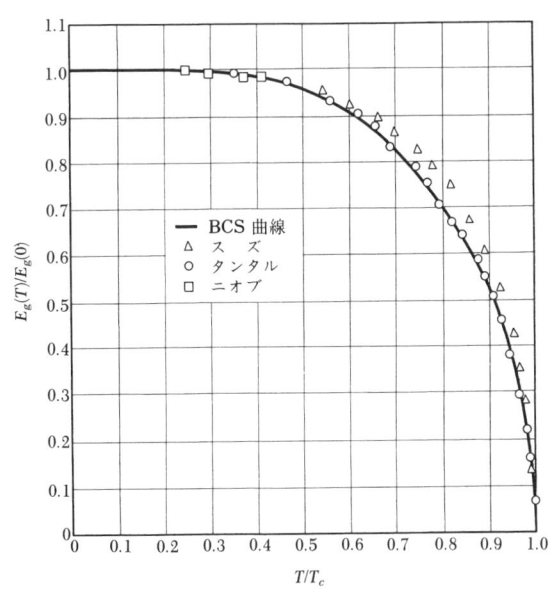

図10 還元温度 T/T_c の関数として表した観測されたエネルギーギャップの還元値 $E_g(T)/E_g(0)$. (Townsend と Sutton による.) 実線は BCS 理論の結果を示す.

超伝導体の電子比熱の指数因子の変数は $-E_g/k_BT$ ではなく $-E_g/2k_BT$ である．これはギャップ E_g を決定する光学的および電子トンネルの実験との比較からわかっている．いくつかの超伝導体についてのギャップの値を表3に示す．

磁場ゼロでの超伝導状態から常伝導状態への転移は2次の相転移であることが観測されている．このような転移では潜熱は現れないが，図8aで明らかなように，比熱に不連続がある．また，温度が転移温度 T_c まで上昇していくにつれて，図10に示されるようにエネルギーギャップは連続的に減少してゼロになる．もしも1次の転移ならば潜熱とエネルギーギャップの不連続とで特徴づけられることになるはずである．

マイクロ波および赤外領域の諸性質

エネルギーギャップの存在はそれよりも小さなエネルギーのフォトンは吸収されないことを意味する．入射したほとんどすべてのフォトンは金属の場合のように反射される．金属では真空と金属の間でのインピーダンスの不整合のため反射されてしまう．しかし非常に薄い（およそ20Å）膜では常伝導状態におけるよりも超伝導状態の方が多くのフォトンが透過する．

エネルギーギャップよりも小さなエネルギーのフォトンに対しては，超伝導体の抵抗は絶対零度でゼロになる．$T \ll T_c$ では超伝導状態の抵抗はエネルギーギャップのところで鋭いしきい値をもつことが認められる．エネルギーギャップよりも低いエネルギーのフォトンは，超伝導体の表面で抵抗を感じない．エネルギーギャップより高いエネルギーのフォトンは，ギャップの上の空の常伝導エネルギー準位への遷移を起こすので，常伝導状態のそれに近い抵抗を感じる．

温度が上昇していくと，ギャップがエネルギー的に減少するのみならず，エネルギーギャップ以下のフォトンに対する抵抗も，周波数ゼロの場合を除いて，もはやゼロではなくなる．周波数がゼロのときは，超伝導電子が熱的にギャップの上に励起されている常伝導電子を短絡してしまう．有限周波数では，超伝導電子の慣性が電場を完全に遮蔽することを妨げるので，熱的に励起されている常伝導電子がエネルギーを吸収することができる（問題3）．

同位体効果

超伝導体の臨界温度が同位体（isotope）の原子量とともに変化することが観測

表 4 超伝導体の同位体効果．M を同位体の原子量としたときの，$M^a T_c = $ 一定の a の実験値．

物質	a	物質	a
Zn	0.45 ± 0.05	Ru	0.00 ± 0.05
Cd	0.32 ± 0.07	Os	0.15 ± 0.05
Sn	0.47 ± 0.02	Mo	0.33
Hg	0.50 ± 0.03	Nb$_3$Su	0.08 ± 0.02
Pb	0.49 ± 0.02	Zr	0.00 ± 0.05

されている．水銀では，その平均原子量 M が原子量単位で 199.5 から 203.4 に変化するにつれて，T_c が 4.185 K から 4.146 K まで変化する．同一元素の異なった同位体を混ぜると転移温度は滑らかに変化する．同位体の各系列についての実験結果は

$$M^a T_c = \text{一定} \tag{2}$$

の形の関係で良く表せる．a の測定値を表 4 に与えてある．

T_c の同位体質量への依存性から格子振動，したがって，電子–格子相互作用が超伝導に密接に関係していることを知ることができる．これ以外には超伝導転移温度が原子核の中性子の数に依存すべき理由がない．その意味でこれは重要な発見であった．

最初の BCS モデルは $T_c \propto \theta_{\text{Debye}} \propto M^{-1/2}$ なる結果を与えるので，(2) で $a = \frac{1}{2}$ である．しかし，電子間のクーロン相互作用を考慮すると関係がかわってくる．$a = \frac{1}{2}$ にこだわる必要はない．Ru や Zr では同位体効果がないのはこれらの金属のバンド構造から説明される．

理 論 的 考 察

超伝導に関連した現象の理論的な理解は，いくつかの方法で得られてきた．ある程度の結果は直接に熱力学的考察から得られる．多くの重要な結果は，現象論的な方程式，すなわち，ロンドン (London) 方程式とランダウ–ギンツブルク (Landau-Ginzburg) 方程式（付録 I）によって記述することができる．超伝導の成功した量子理論が Bardeen, Cooper, Schrieffer によって与えられ，さらに進んだ研究の基礎となった．Josephson と Anderson は超伝導波動関数の位相が重要であることを発見した．

超伝導転移の熱力学

物質の液相と気相の間の転移が可逆であるのと同じように，常伝導と超伝導の二つの状態間の転移は熱力学的に可逆である．それゆえ，この転移に対して熱力学を適用することができ，それによって H_c 対 T の臨界磁場曲線から常伝導と超伝導の二つの状態の間のエントロピー差の表式を得ることができる．これは液相-気相共存曲線に対する蒸気圧方程式（TPの10章）に類似している．

われわれは，完全なマイスナー効果を示し，したがって，その内部では $B=0$ であるような第I種超伝導体を取り扱う．臨界磁場 H_c は一定温度での超伝導状態と常伝導状態のエネルギー差の量的な尺度であることが後でわかる．記号 H_c は常にバルク試料に対して使用することにし，薄膜には使わないことにする．第II種超伝導体に対しては，H_c は安定化自由エネルギーに関係した熱力学的臨界磁場であると理解される．

常伝導状態を基準とした超伝導状態の安定化自由エネルギーは，熱測定か磁気測定で決定される．熱測定では超伝導体とその常伝導状態，すなわち H_c より強い磁場中の超伝導体，の比熱を温度の関数として測定する．比熱の差から自由エネルギー差，すなわち超伝導状態の安定化自由エネルギーが計算できる．

磁気測定では安定化自由エネルギーは超伝導を消失させるに必要な印加磁場の値から求められる．その議論は次のようになる．永久磁石の場の中で磁場ゼロの無限遠から点 **r** まで一定温度で可逆的に運ぶことによって，超伝導体になされた仕事を考えてみる（図11）．それは試料の単位体積あたり

$$W = -\int_0^{B_a} \mathbf{M} \cdot d\mathbf{B}_a \tag{3}$$

である．この仕事は磁場のエネルギーとして現れる．この過程に対する熱力学的恒等式は，TPの8章におけるように，

$$dF = -\mathbf{M} \cdot d\mathbf{B}_a \tag{4}$$

である．

(1) により $\mathbf{B}_a$ と結びついた $\mathbf{M}$ をもった超伝導体に対しては

(CGS) $$dF_S = \frac{1}{4\pi} B_a \, dB_a, \tag{5}$$

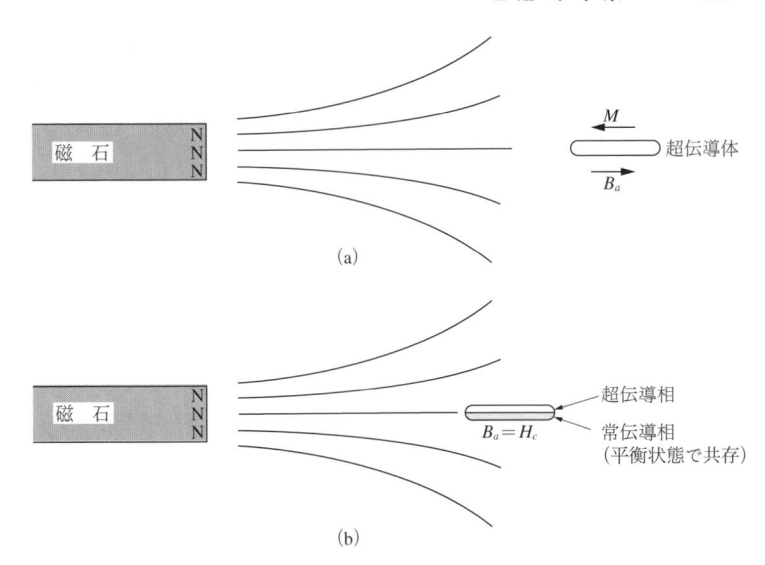

図11 (a) マイスナー効果が完全である超伝導体は $B=0$ であって，あたかも磁化が $M = -B_a/4\pi$ (CGS単位) であるかのようにふるまう．(b) 磁場が B_{ac} になると，常伝導状態が超伝導状態と平衡状態で共存しうる．共存のさいは自由エネルギー密度は互いに等しい： $F_N(T, B_{ac}) = F_S(T, B_{ac})$.

(SI)
$$dF_S = \frac{1}{\mu_0} B_a \, dB_a,$$

外磁場が0の点から B_a の点までもちこまれたときの超伝導体の自由エネルギー密度の増加は

(CGS) $\qquad\qquad F_S(B_a) - F_S(0) = B_a{}^2/8\pi,$ (6)

(SI) $\qquad\qquad F_S(B_a) - F_S(0) = B_a{}^2/2\mu_0.$

である．

普通の非磁性金属を考えよう．常伝導状態での金属の小さな磁化率は無視すると[4]，$M=0$ であり，その常伝導状態のエネルギーは磁場に依存しない．臨界磁場のところでは

---

4) これは第Ⅰ種超伝導体に対してはもっともな仮定である．高磁場の下での第Ⅱ種超伝導体では，伝導電子のスピン常磁性の変化は常伝導相のエネルギーを顕著に下げる．第Ⅱ種超伝導体のあるもの（すべてではない）では，上部臨界磁場はこの効果で制限される．Clogston は $H_{c2}(\max) = 18400 \, T_c$ を示唆している．ここで H_{c2} はガウス単位，T_c は K 単位である．

$$F_N(B_{ac}) = F_N(0). \tag{7}$$

(6) と (7) の結果が絶対零度での超伝導状態の安定化エネルギーの決定に必要なすべてである．磁場の臨界値 B_{ac} のところで常伝導状態と超伝導状態とのエネルギーは互いに等しい．すなわち

(CGS) $$F_N(B_{ac}) = F_S(B_{ac}) = F_S(0) + B_{ac}^2/8\pi, \tag{8}$$

(SI) $$F_N(B_{ac}) = F_S(B_{ac}) = F_S(0) + B_{ac}^2/2\mu_0.$$

SI 単位系では $H_c \equiv B_{ac}/\mu_0$．他方 CGS 単位系では $H_c \equiv B_{ac}$．

磁場が臨界磁場に等しいときは試料はどちらの状態でも安定である．さて (7) から次の結果が導かれる：

(CGS) $$\Delta F \equiv F_N(0) - F_S(0) = B_{ac}^2/8\pi. \tag{9}$$

ここで ΔF は，絶対零度での試料の超伝導状態の安定化自由エネルギー密度である．絶対零度でのアルミニウムの B_{ac} は 105 G であるから，絶対零度では $\Delta F = (105)^2/8\pi = 439 \, \text{erg cm}^{-3}$．これは熱測定の結果の $430 \, \text{erg cm}^{-3}$ と大変よく一致し

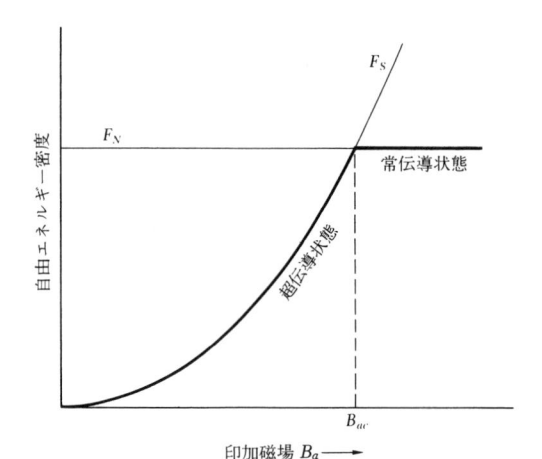

図 12　特別な磁性をもたない常伝導金属の自由エネルギー密度は印加された磁場の強さには近似的に無関係である．$T < T_c$ なる温度では金属は磁場ゼロで超伝導体であり，したがって，$F_S(T, 0)$ は $F_N(T, 0)$ より低い．印加された磁場は F_S を CGS 単位で $B_a^2/8\pi$ だけ増加させる．したがって，$F_S(T, B_a) = F_S(T, 0) + B_a^2/8\pi$．もしも，$B_a$ が臨界磁場 B_{ac} よりも大きければ，自由エネルギー密度は超伝導状態よりも常伝導状態のほうが低く，常伝導状態のほうが安定である．図の縦軸の原点は $F_S(T, 0)$ のところにある．この図は $T = 0$ での U_S と U_N にも同じようにあてはまる．

ている．

　有限温度では常伝導相と超伝導相とは互いの自由エネルギー $F = U - TS$ が等しくなるような磁場のときに平衡にある．二つの相の自由エネルギーを磁場の関数として図12に示してある．アルミニウムの二つの相の自由エネルギーの温度の関数としての実験曲線を図7に与えてある．二つの曲線の傾き dF/dT は転移点で等しく，したがって，T_c のところで潜熱は現れない．

ロンドン方程式

　マイスナー効果は超伝導体の磁化率が CGS 単位で $\chi = -1/4\pi$，SI 単位で $\chi = -1$ を意味することをすでに学んだ．電気力学の基本方程式（オームの法則のような）をマイスナー効果を導いてくれるような形に改めることができないものだろうか？　もちろん，マクスウェルの方程式自体を改めることは望ましくない．金属の常伝導状態での電気伝導はオームの法則 $\mathbf{j} = \sigma \mathbf{E}$ で記述される．超伝導状態での電気伝導とマイスナー効果とを記述するためにはこれを思いきって改める必要がある．一つの仮説をもうけ，それから何が起こるかを見てみることにする．

　超伝導状態では電流密度は局所的な磁場のベクトルポテンシャル $\mathbf{A}$（そこでは $B = \mathrm{curl}\, A$）に直接比例すると仮定する．$\mathbf{A}$ のゲージはあとで指定する．CGS 単位ではその比例定数を後で明らかにされる理由にもとづいて $-c/4\pi\lambda_L^2$ とおく．ここで c は光速度，λ_L は長さの次元の定数．SI 単位では比例定数は $-1/\mu_0\lambda_L^2$ である．ゆえに

$$(\text{CGS}) \quad \mathbf{j} = -\frac{c}{4\pi\lambda_L^2}\mathbf{A}, \qquad (\text{SI}) \quad \mathbf{j} = -\frac{1}{\mu_0\lambda_L^2}\mathbf{A} \quad (10)$$

となる．これが**ロンドンの方程式**である．両辺の curl をとって

$$(\text{CGS}) \quad \mathrm{curl}\,\mathbf{j} = -\frac{c}{4\pi\lambda_L^2}\mathbf{B}, \qquad (\text{SI}) \quad \mathrm{curl}\,\mathbf{j} = -\frac{1}{\mu_0\lambda_L^2}\mathbf{B} \quad (11)$$

のようにも表される．

　ロンドン方程式 (10) は，$\mathrm{div}\,\mathbf{A} = 0$ で，かつ外部から電流が供給されていない境界面上の点では $\mathbf{A}_n = 0$ であるようなロンドン・ゲージのベクトルポテンシャルでもって書かれているものと理解される．ここで添字 n は面に垂直な成分を意味する．したがって，$\mathrm{div}\,\mathbf{j} = 0$ かつ $\mathbf{j}_n = 0$ が実際の物理的な境界条件である．(10)

の形は単連結の超伝導体に適用されるもので,リングか円柱では付加的な項が現れうる.しかし(11)は幾何学的なことに無関係に成立する.

まずロンドン方程式がマイスナー効果を導くことを示す.マクスウェル方程式により,定常条件のもとでは

(CGS) $\text{curl } \mathbf{B} = \dfrac{4\pi}{c}\mathbf{j}$,   (SI) $\text{curl } \mathbf{B} = \mu_0 \mathbf{j}$ (12)

となる.両辺の curl をとり

(CGS) $\text{curl curl } \mathbf{B} = -\nabla^2 \mathbf{B} = \dfrac{4\pi}{c}\text{curl } \mathbf{j},$

(SI) $\text{curl curl } \mathbf{B} = -\nabla^2 \mathbf{B} = \mu_0 \text{curl } \mathbf{j}$

これらを(11)といっしょにすると超伝導体に対しては

$$\nabla^2 \mathbf{B} = \mathbf{B}/\lambda_L^2 \tag{13}$$

が得られる.

この式は空間的に一様な解を許さないので,超伝導体の中では一様磁場は存在しえないことになり,マイスナー効果が説明される.すなわち,一定磁場 $\mathbf{B}_0$ が恒常的に 0 でないかぎり,$\mathbf{B}(\mathbf{r}) = \mathbf{B}_0 =$ 一定 は(13)の解にはなりえない.このことは,$\nabla^2 \mathbf{B}_0$ は常に 0 であるが,$\mathbf{B}_0/\lambda_L^2$ は,$\mathbf{B}_0$ が 0 でない限り,0 ではありえないことから導かれる.(12)は $\mathbf{B}=0$ のところではどこでも $\mathbf{j}=0$ を保証していることを注意しておく.

純粋の超伝導状態で許される唯一の磁場は表面から中に入るにつれて指数関数的に減衰していく.図 13 のように x 軸の正の側の空間を半無限の超伝導体が占めているものとしよう.$B(0)$ を境界面での磁場とすると,超伝導体内の磁場は

$$B(x) = B(0)\exp(-x/\lambda_L) \tag{14}$$

となる.これは(13)の解になっている.この例では磁場が境界に平行であると仮定している.λ_L が磁場の侵入の深さの目安であることがわかる.これは**ロンドンの侵入の深さ**(London penetration depth)として知られている.実際の侵入

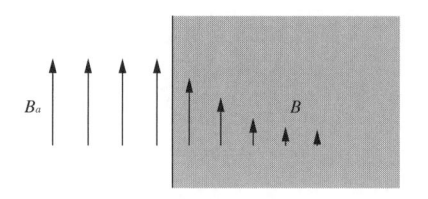

図 13 半無限の超伝導体の中に印加磁場が浸透する様子.侵入の深さ λ は磁場が e^{-1} 倍に減少する距離として定義される.典型的な例としては,ある純粋な超伝導体では $\lambda \approx 500\,\text{Å}$.

表 5 固有コヒーレンスの長さとロンドンの侵入の深さの絶対零度での計算値

金属	ピパードの固有 コヒーレンスの長さ ξ_0 (10^{-6} cm)	ロンドンの 侵入の深さ λ_L (10^{-6} cm)	λ_L/ξ_0
Sn	23.	3.4	0.16
Al	160.	1.6	0.010
Pb	8.3	3.7	0.45
Cd	76.	11.0	0.14
Nb	3.8	3.9	1.02

R. Meservey と B. B. Schwartz による．

の深さは λ_L だけでは正確には記述されない．なぜならばロンドン方程式はいくぶんか簡単化されすぎていることがわかっているからである．(22) を (11) と比較することによって，電荷 q，質量 m の粒子が濃度 n のとき

(CGS)　　$\lambda_L = (mc^2/4\pi nq^2)^{1/2}$,　　(SI)　$\lambda_L = (\epsilon_0 mc^2/nq^2)^{1/2}$　　(14 a)

であることがわかる．これらの数値を表5に与えておく．

　印加された磁場 B_a は，薄膜の厚さが λ_L よりもずっと小さければ，それをほぼ一様に透過するであろう．したがって，薄膜ではマイスナー効果は完全ではない．薄膜では，誘起される磁場は B_a よりもかなり小さいので超伝導状態のエネルギー密度への B_a の効果は小さく，それゆえ (6) は適用されない．磁場に平行な薄膜の臨界磁場 H_c は非常に高くなるであろう．

コヒーレンスの長さ

　ロンドンの侵入の深さ λ_L は超伝導体を特徴づける基本的な長さである．他の独立な長さとして，**コヒーレンスの長さ**（coherence length）ξ がある．コヒーレンスの長さとは空間的に変化している磁場の中でそれ以下では超伝導電子密度が大幅に変化しえないような長さの目安である．

　ロンドン方程式は局所的な方程式で，それは点 **r** の電流密度を同じ点のベクトルポテンシャルと関係づけている．**j(r)** が **A(r)** の定数倍で与えられるかぎり，電流はベクトルポテンシャルのいかなる変化にも正確に従うことが要求される．しかしコヒーレンスの長さ ξ は，**j** を得るために **A** を平均しなければならないような広がりのサイズである．それはまた常伝導と超伝導との間の中間層の最小の

空間的広がりのサイズでもある．コヒーレンスの長さの導入には付録Ⅰのランダウ–ギンツブルク方程式によるのが最も良い．ここでは，超伝導電子密度を変調するのに必要なエネルギーについてのもっともらしい議論を与えておく．

電子系の状態の何らかの空間的変化は余分の運動エネルギーを必要とする．固有関数の変調は運動エネルギーを増加させる．なぜならば変調は $d^2\varphi/dx^2$ の積分を増加させる．この余分のエネルギーが超伝導状態の安定化エネルギーよりも小さくなるような具合に $\mathbf{j}(\mathbf{r})$ の空間的変化が制限されるとするのが自然である．

平面波 $\psi(x)=e^{ikx}$ を強い変調を受けた波動関数

$$\varphi(x) = 2^{-1/2}(e^{i(k+q)x} + e^{ikx}) \tag{15a}$$

と比較する．平面波に付随した確率密度は空間的に一様である：$\psi^*\psi = e^{-ikx}e^{ikx}=1$，他方，$\varphi^*\varphi$ は波数 q で変調を受けているので

$$\begin{aligned}\varphi^*\varphi &= \frac{1}{2}(e^{-i(k+q)x} + e^{-ikx})(e^{i(k+q)x} + e^{ikx}) \\ &= \frac{1}{2}(2 + e^{iqx} + e^{-iqx}) = 1 + \cos qx.\end{aligned} \tag{15b}$$

波動関数 $\psi(x)$ の運動エネルギーは $\epsilon=\hbar^2k^2/2m$．変調を受けた密度分布の運動エネルギーはこれより高い．なぜなら

$$\int dx\, \varphi^*\left(-\frac{\hbar^2}{2m}\frac{d^2}{dx^2}\right)\varphi = \frac{1}{2}\left(\frac{\hbar^2}{2m}\right)[(k+q)^2 + k^2] \cong \frac{\hbar^2}{2m}k^2 + \frac{\hbar^2}{2m}kq.$$

ここで $q \ll k$ の仮定で q^2 は省略した．

変調に必要なエネルギー増は $\hbar^2 kq/2m$ である．もしもこの増加がエネルギーギャップ E_g を越えると，超伝導は破壊される．変調波動ベクトルの臨界値 q_0 は

$$\frac{\hbar^2}{2m}k_F q_0 = E_g \tag{16a}$$

で与えられる．臨界変調と関係した**固有コヒーレンスの長さ** (intrinsic coherence length) ξ_0 を $\xi_0 = 1/q_0$ で定義する．したがって

$$\xi_0 = \hbar^2 K_F/2mE_g = \hbar v_F/2E_g \tag{16b}$$

を得る．ここで v_F はフェルミ面での電子速度である．BCS 理論では同様な結果

$$\boxed{\xi_0 = 2\hbar v_F/\pi E_g} \tag{17}$$

が見いだされる．(17)から計算される ξ_0 の値を表5に示す．固有コヒーレンスの長さ ξ_0 は純粋な超伝導体の特性を示している．

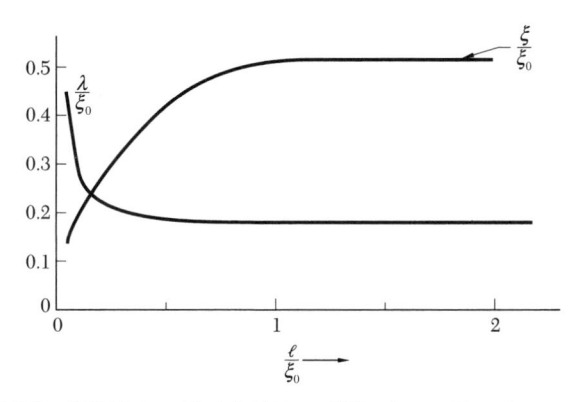

図14 常伝導状態の伝導電子の平均自由行程 ℓ の関数としての侵入の深さ λ とコヒーレンスの長さ ξ. 長さはすべて固有コヒーレンスの長さ ξ_0 を単位にして測っている. 曲線は $\xi_0 = 10 \lambda_L$ に対して描かれている. 短い平均自由行程ほどコヒーレンスの長さはより短く, 侵入の深さはより長くなる. 比 $\varkappa = \lambda/\xi$ の増大は第 II 種の超伝導に有利である.

不純な物質や合金ではコヒーレンスの長さ ξ は ξ_0 よりも短い. これは定性的には次のように理解できる. 不純な物質では電子の波動関数はもともとゆらいでいる. 電流密度の与えられた局所的な変動をつくるのに, 滑らかな波動関数からよりもすでにゆらいでいるものからのほうがより小さなエネルギーで済む.

コヒーレンスの長さは最初はランダウ-ギンツブルク方程式の中に登場した. この方程式はBCS理論からも出てくる. それらは互いに接触している常伝導相と超伝導相の間の中間相の構造を記述する. コヒーレンスの長さと実際の侵入の深さ λ とは常伝導状態で測られた電子の平均自由行程 ℓ に依存することが理論的に見いだされている. その関係を図14に示す. 超伝導体が不純物をたくさん含み, ℓ が非常に小さいときは, $\xi \approx (\xi_0 \ell)^{1/2}$ かつ $\lambda \approx \lambda_L (\xi_0/\ell)^{1/2}$ であり, したがって $\lambda/\xi \approx \lambda_L/\ell$ である. これは"ダーティ (dirty) 超伝導体"極限である. 比 λ/ξ を普通は $\varkappa$ で表す.

超伝導の BCS 理論

超伝導の量子論の基礎は Bardeen, Cooper, および Schrieffer の有名な 1957 年の論文によって与えられた. 凝縮相にある He^3 原子から, 第 I 種および第 II 種金属超伝導体, 銅イオン面に基礎を置く高温超伝導体にいたる非常に広い範囲の応

用を持った"BCSの超伝導理論"なるものがある．さらに $\mathbf{k}\uparrow$ と $-\mathbf{k}\downarrow$ の粒子対からなるBCS波動関数なるものが存在して，これのBCS理論による取扱いで，金属内で観測されるよく知られた電子的超伝導を導き，また表3に示されるエネルギー間隙を与える．この対はs波対形成として知られているものである．BCS理論としてはもっと別の形の対形成も可能であるが，ここでは上記のBCS波動関数以外は考えない．この章ではBCS波動関数を用いたBCS理論に特有の成果を取り扱う．それらは以下のものを含んでいる．

1． 電子間の引力は，励起状態とはエネルギーギャップだけ離れた基準状態を与えることができる．臨界磁場，熱的性質，およびほとんどの電磁的性質はこのエネルギーギャップの結果である．

2． 電子-格子-電子相互作用は観測される大きさのエネルギーギャップを与える．この間接的な相互作用は次のような過程で生ずる．一つの電子が格子と相互作用して，格子をひずませる．第二の電子がこの格子のひずみを感じて，それに応じて自身のエネルギーをなるべく低くするようにふるまう．こうして，格子変形を通して第二の電子が第一の電子と相互作用する．

3． ロンドンの侵入の深さと固有コヒーレンスの長さはBCS理論の自然の結果として出てくる．ロンドン方程式は空間的にゆっくり変化する磁場に対して得られる．それゆえ，超伝導の中心的な現象であるマイスナー効果が自然に導かれる．

4． 元素または合金に対する転移温度を決める式はフェルミ準位のところの一方向スピンの電子状態密度 $D(\epsilon_F)$ と電子-格子-電子相互作用 U とを含んでいる．この相互作用は電気抵抗から評価できる．なぜなら，室温での抵抗は電子-格子相互作用の尺度を与える．$UD(\epsilon_F)\ll 1$ の場合には，BCS理論は

$$T_c = 1.14\,\theta\exp[-1/UD(\epsilon_F)] \tag{18}$$

を予言する．ここで，θ はデバイ温度，U は引力相互作用である．T_c についてのこの結果は，少なくとも，定性的には実験データによって満足されている．興味ある見掛け上の逆理がある．すなわち，室温での抵抗の高いものほど U が大きく，したがって，そのような金属ほど冷やしたときに超伝導になりやすい．

5． 超伝導リングを通る磁束は量子化され，電荷の有効単位は e ではなく，$2e$ である．BCS基準状態は電子対を含んでいる．対の電荷 $2e$ で表された磁束の量子化がBCS理論の結論として出てくる．

BCS 基準状態

相互作用のないフェルミ気体の基準状態は完全に満ちたフェルミの海である。この状態では任意に小さな励起が可能である。すなわち、フェルミ面から電子を1個取り去って、それをフェルミ面のすぐ上に上げれば励起状態が得られる。BCS理論は、電子間に適当な引力相互作用があれば、新しい基準状態は超伝導状態で、最も低い励起状態から有限のエネルギー E_g だけ離れることを示す。図15にBCS基準状態のつくり方が示唆されている。図15bのBCS状態はフェルミ準位より上の1電子軌道の混成を含んでいる。一見して、BCS状態はフェルミ状態よりもエネルギー的に高いように思える。(a)と(b)との比較はBCS状態の運動エネルギーがフェルミ状態のそれよりも高いことを示す。しかし、図には示してないが、BCS状態の引力のポテンシャルエネルギーはフェルミ状態にくらべてBCS状態の全エネルギーを低くする働きをする。

多電子系のBCS基準状態を電子による1粒子準位の占有され具合で表すならば、ϵ_F の近傍の1粒子準位は有限温度に対するフェルミ-ディラック分布に幾分か似た具合に占有されている。

BCS状態の基本的な特徴は1粒子準位が対になって占有されていることである。すなわち、波動ベクトル $\mathbf{k}$ でスピン上向きの準位が占有されているときは、波動ベクトル $-\mathbf{k}$ でスピン下向きの準位もまた占有されている。$\mathbf{k}_1\uparrow$ が空であれ

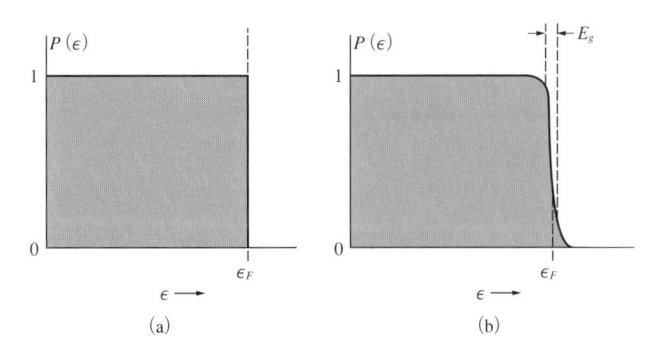

図 15 (a) 相互作用のないフェルミ気体の基準状態で、運動エネルギー ϵ の1電子状態が占有されている確率 P。(b) BCSの基準状態はフェルミ面のところのエネルギー幅 E_g の領域でフェルミ状態と異なる。両曲線とも絶対零度に対するものである。

ば，$-\mathbf{k}_1\downarrow$ もまた空である．このような対を**クーパー対**（Cooper pair）とよぶ．これは付録 H で議論される．これらはスピン 0 をもち，多くのボソン的属性をもつ．

超伝導リングの中の磁束の量子化

超伝導リングを通過する全磁束は量子化された値，すなわち，磁束量子（flux quantum）$2\pi\hbar c/q$ の整数倍のみをとりうることを証明しよう．ここで，実験的には q は電子対の電荷 $2e$ である．磁束量子は長範囲の量子効果のみごとな例で，そこでは超伝導状態のコヒーレンスが一つのリングまたはソレノイド全体にわたっている．

似たようなボソン場の例として電磁場をまず考えてみよう．電場の強さ $E(\mathbf{r})$ は定性的には場の確率振幅の働きをする．フォトンの数が多いときはエネルギー密度は

$$E^*(\mathbf{r})E(\mathbf{r})/4\pi \cong n(\mathbf{r})\hbar\omega.$$

ここで $n(\mathbf{r})$ は周波数 ω のフォトンの数密度である．したがって，半古典近似で電場を次のように書くことができる：

$$E(\mathbf{r}) \cong (4\pi\hbar\omega)^{1/2}n(\mathbf{r})^{1/2}e^{i\theta(\mathbf{r})}, \qquad E^*(\mathbf{r}) \cong (4\pi\hbar\omega)^{1/2}n(\mathbf{r})^{1/2}e^{-i\theta(\mathbf{r})}.$$

ここで $\theta(\mathbf{r})$ は場の位相である．似たような確率振幅でクーパー対が記述される．

以下の議論は同じ軌道に非常に多くのボソンをもったボソン気体に適用される．電磁場がフォトンに使われるのと同じように，ボソンの確率振幅が古典的な量として扱われる．したがって振幅と位相の両方が意味をもち，観測可能である．常伝導状態の電子は対をつくらない 1 個のフェルミオンとしてふるまい，古典的に扱うことができないので，常伝導状態の金属にはこの議論は適用されない．

まず，電荷をもったボソン気体はロンドン方程式に従うことを示す．$\psi(\mathbf{r})$ を粒子確率振幅としよう．対濃度 $n=\psi^*\psi=$ 一定であるとする．n は対に関するものであるから，絶対零度では伝導バンドにある電子濃度の半分である．次のように書ける：

$$\psi = n^{1/2}e^{i\theta(\mathbf{r})}, \qquad \psi^* = n^{1/2}e^{-i\theta(\mathbf{r})}. \tag{19}$$

位相 $\theta(\mathbf{r})$ は以下で重要である．SI 単位では，以下の式で $c=1$ とすれば良い．

粒子の速度は力学のハミルトン方程式から

$$\mathbf{v} = \frac{1}{m}\left(\mathbf{p} - \frac{q}{c}\mathbf{A}\right) = \frac{1}{m}\left(-i\hbar\nabla - \frac{q}{c}\mathbf{A}\right).$$

粒子流量 (particle flux) は

$$\psi^*\mathbf{v}\psi = \frac{n}{m}\left(\hbar\nabla\theta - \frac{q}{c}\mathbf{A}\right) \tag{20}$$

であるから電流密度は

$$\mathbf{j} = q\psi^*\mathbf{v}\psi = \frac{nq}{m}\left(\hbar\nabla\theta - \frac{q}{c}\mathbf{A}\right). \tag{21}$$

両辺の curl をとると，ロンドン方程式

$$\mathrm{curl}\,\mathbf{j} = -\frac{nq^2}{mc}\mathbf{B} \tag{22}$$

が得られる．ただし，スカラー量の grad の curl は 0 であることを用いた．$\mathbf{B}$ にかかる定数は (14 a) と一致する．マイスナー効果はここで導いたロンドン方程式の結果として出てくることを思い起こしておく．

リングを通る磁束の量子化は (21) からの劇的な結果である．超伝導物質の表面から十分に離れた内部を通っての閉じた径路 C (図16) を考えよう．マイスナー効果は $\mathbf{B}$ と $\mathbf{j}$ が内部では 0 であることを教えてくれる．ここで，もしも

$$\hbar c\nabla\theta = q\mathbf{A} \tag{23}$$

ならば (21) は 0 である．

リングを 1 回まわったときの位相の変化として

$$\oint_C \nabla\theta \cdot dl = \theta_2 - \theta_1$$

が得られる．

確率振幅は古典近似では測定可能であるから，ψ は 1 価で，したがって

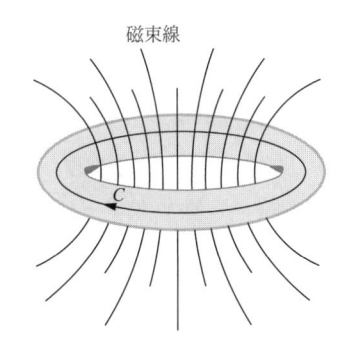

図 16 超伝導リングの内部を通る積分路 C．リングを通過する磁束は外部源による磁束 Φ_{ext} とリングの表面を流れる超伝導電流による磁束 Φ_{sc} との和である．すなわち，$\Phi = \Phi_{\mathrm{ext}} + \Phi_{\mathrm{sc}}$．磁束 Φ は量子化される．外部源からの磁束にはふつうはなんら量子化条件はない．したがって，Φ が量子化された値をとるためには，Φ_{sc} 自身が適当に調節されなければならない．

10 超伝導

$$\theta_2 - \theta_1 = 2\pi s \tag{24}$$

でなければならない．ここで s は整数である．ストークスの定理より

$$\oint_C \mathbf{A} \cdot d\mathbf{l} = \int_C (\operatorname{curl} \mathbf{A}) \cdot d\boldsymbol{\sigma} = \int_C \mathbf{B} \cdot d\boldsymbol{\sigma} = \Phi. \tag{25}$$

ここで $d\boldsymbol{\sigma}$ は曲線 C を境界とする面の面積素片，Φ は C を通る磁束．(23)，(24)，および (25) から $2\pi\hbar cs = q\Phi$，あるいは

$$\Phi = (2\pi\hbar c/q)s \tag{26}$$

が得られる．したがってリングを通る磁束は $2\pi\hbar c/q$ の整数倍に量子化される．

電子対の $q=-2e$ が実験的に得られているので，超伝導体内の磁束量子は

(CGS) $\Phi_0 = 2\pi\hbar c/2e \cong 2.0678 \times 10^{-7}\,\mathrm{gauss\,cm^2}$,

(SI) $\Phi_0 = 2\pi\hbar/2e \cong 2.0678 \times 10^{-15}\,\mathrm{tesla\,m^2}$ \tag{27}

この磁束量子は**フラキソイド** (fluxoid) または**フラキソン** (fluxon) とよばれる．

リングを通る磁束は外部の源からの磁束 Φ_{ext} とリングの表面を流れる超伝導電流からの磁束 Φ_{sc} の和である．すなわち $\Phi = \Phi_{\text{ext}} + \Phi_{\text{sc}}$．この磁束 Φ が量子化される．外部の源からの磁束にはふつう何ら量子条件がないので，Φ が量子化された値を取るためには，Φ_{sc} 自体が適当に調整される必要がある．

永久電流の持続

長さ L，断面積 A の針金状の第 I 種超伝導体からなるリングを流れる永久電流を考える．この永久電流は，リングを通るフラキソイド (27) の整数倍の磁束を保持する．熱的なゆらぎで超伝導リングのある最小体積が一時的に常伝導状態にならないかぎり，フラキソイドはリングから漏れることはできない．したがって，永久電流も減少しない．

一つのフラキソイドが漏れる単位時間あたりの確率は次の積で与えられる：

$$P = (試行頻度)(活性化障壁因子). \tag{28}$$

活性化障壁因子は $\exp(-\Delta F/k_B T)$ であり，ここで障壁の自由エネルギー ΔF は

$$\Delta F \approx (最小体積)(常伝導状態への励起自由エネルギー密度).$$

フラキソイドが漏失するために常伝導体に移らなければならないリングの最小体積は $R\xi^2$ の程度である．ここで ξ は超伝導体のコヒーレンスの長さ，R は針金の太さである．常伝導状態の励起自由エネルギー密度は $H_c^2/8\pi$，したがって，障壁

の自由エネルギーは

$$\Delta F \approx R\xi^2 H_c^2/8\pi \tag{29}$$

である.

針金の太さを 10^{-4} cm, コヒーレンスの長さを 10^{-4} cm, $H_c=10^3$ G とすると, $\Delta F \approx 10^{-7}$ erg である. 下から転移温度に近づいていくと, ΔF は 0 に向けて減少するが, ここに与えた値は絶対零度と $0.8 T_c$ の間の適当な概算値である. こうして, 活性化障壁因子は

$$\exp(-\Delta F/k_B T) \approx \exp(-10^8) \approx 10^{-(4.34 \times 10^7)}.$$

問題の最小体積がその状態を変化しようとする試行頻度は $E_g/\hbar$ の程度でなければならない. $E_g=10^{-15}$ erg とすると, これはおよそ $10^{-15}/10^{-27} \approx 10^{12}$ s^{-1}. したがって, 漏れる確率 (28) は

$$P \approx 10^{12} 10^{-4.34 \times 10^7} s^{-1} \approx 10^{-4.34 \times 10^7} s^{-1}.$$

この逆数が, 一つのフラキソイドが漏れるのに要する時間の目安 $T=1/P=10^{4.34 \times 10^7}$ s を与えてくれる.

宇宙の年齢は 10^{18} s に過ぎないから, われわれの仮定した条件のもとでは, 宇宙の寿命の間にはフラキソイドは一つも漏失しないだろう. したがって, 電流は保持される.

活性化エネルギーがずっと小さくなり, フラキソイドがリングから漏失していくのが観測されるような状況が二つ考えられる. すなわち, 臨界温度に非常に近くて, H_c がたいへん小さいか, あるいは, リングの物質が第 II 種超伝導体で, その中にすでにフラキソイドが埋め込まれている場合である. これらの特殊な状況は文献の中で, 超伝導中のゆらぎの題目のもとに論じられている.

第 II 種超伝導体

第 I 種と第 II 種とで超伝導の機構に相違はない. 両方とも磁場ゼロでの超伝導-常伝導転移のさいの熱的特性は似ている. しかし, マイスナー効果は両者でまったく異なる (図5).

良好な第 I 種超伝導体は, 超伝導が突然に破られ, 磁場が完全に浸透するようになるまでは磁場を排除する. 良好な第 II 種超伝導体は H_{c1} までの比較的弱い磁場に対しては完全にそれを排除する. H_{c1} より上では, 磁場は部分的にしか排除されないが, しかし試料は依然として電気的には超伝導である. はるかに高い磁場 H_{c2}

のところで磁束は完全に浸透し,超伝導も消失する.(試料の外面層はもう少し高い磁場 H_{c3} まで超伝導状態に留まっていることができる.)

第 I 種と第 II 種超伝導体の間の重要な差は常伝導状態での伝導電子の平均自由行程の値にある.コヒーレンスの長さ ξ が侵入の深さ λ よりも長いならば,その超伝導体は第 I 種である.ほとんどの純粋金属は第 I 種で,$\lambda/\xi<1$ である(296 ページの表 5 を見よ).

しかし,平均自由行程が短ければ,コヒーレンスの長さは短く,侵入の深さは大きい(図 14).このときは $\lambda/\xi>1$ であり,超伝導体は第 II 種になるであろう.

ある金属にそれと合金をつくるような元素を適当に混ぜることによって,第 I 種から第 II 種に変えることができる.図 5 では,鉛に重さで 2% のインジウムを加えると第 I 種から第 II 種に変わる.そのさい,転移温度はほとんど変化しない.この程度の合金化では鉛の電子構造には何ら基本的な変化は生じない.しかし,超伝導体としての磁気的ふるまいは顕著な変化をする.

第 II 種超伝導体の理論は Ginzburg, Landau, Abrikosov, および Gorkov によって発展された.後に Kunzler とその共同研究者は,Nb_3Sn の針金が 100 kG に近い磁場の中で大きな超伝導電流を運びうることを観測した.このことが強磁場用超伝導磁石の商品化の道を開いた.

超伝導状態の領域と常伝導状態のそれとの間の境界面を考える.境界面は表面エネルギーをもち,これは正にも負にもなりうるし,また印加磁場が増加すると減少する.もしも印加磁場が増加したとき表面エネルギーが常に正ならば超伝導体は第 I 種であり,磁場が増大するにつれて表面エネルギーが負になるならば第 II 種である.表面エネルギーの符号は転移温度に対しては重要ではない.

バルク超伝導体の自由エネルギーは,磁場が追い出された場合増加する.しかし,面に平行な磁場は非常に薄い膜の中にほぼ一様に侵入することができ(図 17),磁束の一部分が追い出されるにすぎない.したがって,超伝導薄膜のエネルギーは外部磁場が増加するにつれて単にゆっくりと増加するのみである.このことが薄膜の超伝導状態を破るのに必要な磁場の強さを非常に増大させる結果となる.薄膜は通常のエネルギーギャップをもち,したがって抵抗がゼロである.薄膜は第 II 種超伝導体ではないが,しかし膜の結果は適当な条件のもとでは,強い磁場の中でも超伝導が存在しうることを示す.

渦糸状態　薄膜についての結果は次の疑問を提起してくれる.すなわち,磁

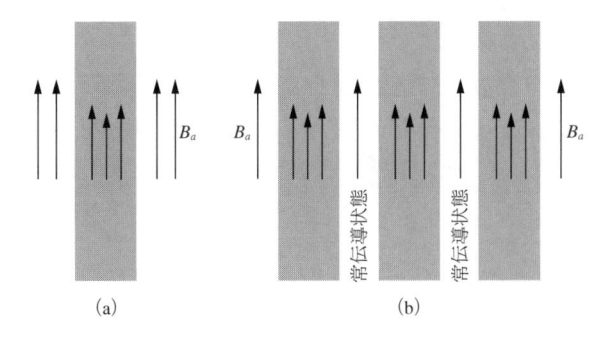

図 17 （a）侵入の深さ λ に等しい厚さをもつ薄膜中への磁場の侵入．矢は磁場の強さを示す．（b）常伝導状態と超伝導状態とが交互に並んだ層状構造をもった混合状態，すなわち渦糸状態にある均質なバルク構造内の磁場の侵入．超伝導層は λ にくらべて薄い．層状構造は便宜的に示したものである．実際の構造は超伝導状態によって囲まれた棒状の常伝導状態からできている．（渦糸状態での常伝導領域は厳密な常伝導状態にはなくて，安定化自由エネルギー密度の小さな値で表される状態にある．）

　場の中での超伝導体の安定な構造として，いくつかの（細い棒または薄い板状の）領域が常伝導状態にあり，それらが超伝導状態により取り囲まれているようなものが存在しうるだろうか？　渦糸状態とよばれるこのような混合状態では，外部磁場は薄い常伝導領域に一様に浸透し，さらに図 18 に示されるように，常伝導領域を取り囲む超伝導領域にもある程度浸透するであろう．

　渦糸状態なる言葉は図 19 に示されるようにバルク試料全体にわたって超伝導電流が渦糸状に還流していることを表している．この渦糸状態において常伝導領域と超伝導領域との間には化学的もしくは結晶学的な差異は存在しない．この渦糸状態は超伝導状態にある物体への印加磁場の侵入が表面エネルギーを負にする場合には安定である．第 II 種超伝導状態は磁場の強さのある範囲内で，すなわち H_{c1} と H_{c2} の間で，安定に存在する渦糸状態で特徴づけられる．

　H_{c1} と H_{c2} の評価　　印加磁場を強くしたとき，渦糸状態が始まる条件は何か？　侵入の深さ λ から H_{c1} を評価することができる．印加磁場が H_{c1} のときのフラキソイドの常伝導的な心の中の磁場は H_{c1} であろう．

　この磁場は常伝導的な心からそれを取り巻く超伝導的部分へと距離 λ だけ広がっているであろう．したがって，一つの心に付随した磁束は $\pi\lambda^2 H_{c1}$ であり，これは (27) で定義された磁束量子 Φ_0 に等しくなければならない．したがって

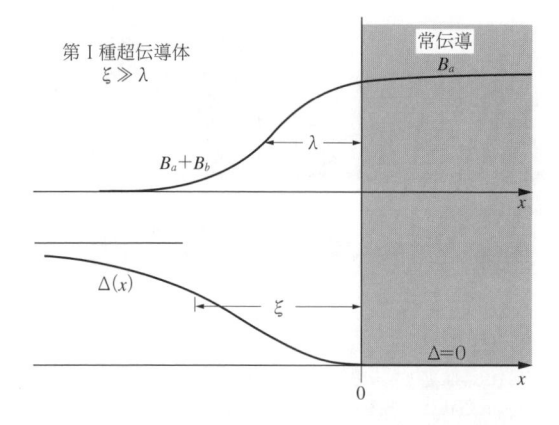

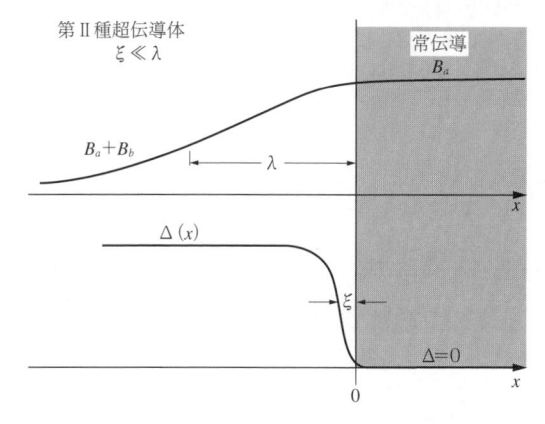

図 18 第I種および第II種超伝導体に対する超伝導領域と常伝導領域の境界での磁場とエネルギーギャップパラメーター $\Delta(x)$ の変化．エネルギーギャップパラメーターは超伝導状態の安定化エネルギー密度の尺度である．

$$H_{c1} \approx \Phi_0/\pi\lambda^2. \tag{30}$$

これが1個のフラキソイドの核形成のための磁場である．

H_{c2} では，フラキソイドは超伝導状態を保持する範囲内で，互いになるべく密につまる．このことはコヒーレンスの長さ ξ が許す範囲内でなるべく密になることを意味する．外部磁場は試料にほぼ一様に侵入し，フラキソイドの格子の程度の波長の小さなさざ波があるだけである．おのおのの心は $\pi\xi^2 H_{c2}$ 程度の磁束を受けもっていて，これが Φ_0 に量子化されている．したがって

$$H_{c2} \approx \Phi_0/\pi\xi^2 \tag{31}$$

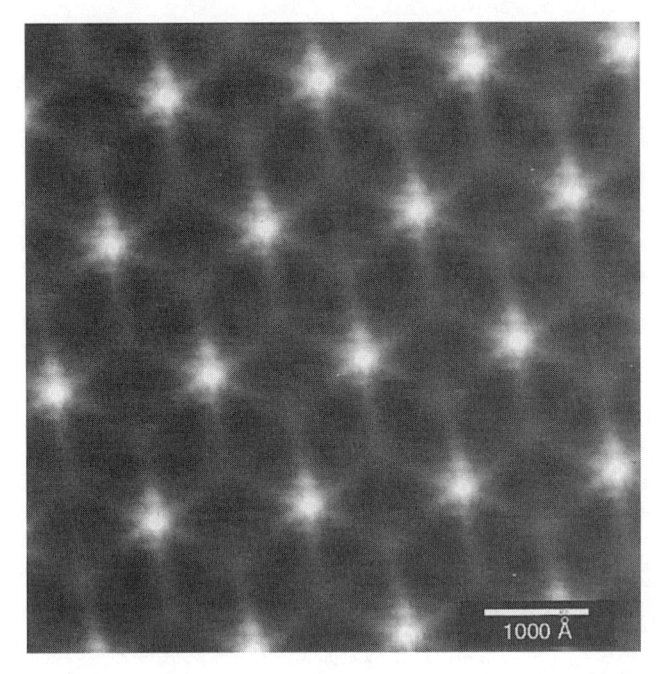

図 19 走査トンネル顕微鏡で見た，0.2 K，1000 ガウスでの $NbSe_2$ の磁束格子．写真は図 23 のような，フェルミ準位のところでの状態密度を示す．渦糸の心は高い状態密度をもち，白くなっている．超伝導領域は，フェルミ準位のところには状態が存在せず，暗くなっている．これらの状態の振幅や空間的広がりは，第 II 種超伝導体に対する図 18 のように，$\Delta(x)$ でつくられるポテンシャル井戸によって定まる．ポテンシャル井戸は心状態の波動関数をこの図の像の範囲に制限する．星状の細かな模様は $NbSe_2$ に特有なフェルミ面での電荷分布の 6 回対称的な乱れによる結果である．写真は H. F. Hess の好意による．

が上部臨界磁場を与える．比 λ/ξ が大きければ大きいほど，H_{c2} と H_{c1} の比が大きくなる．

これらの臨界磁場と，(9)により $H_c^2/8\pi$ で与えられる超伝導状態の安定化エネルギー密度を定める熱力学的臨界磁場 H_c との関係を求めることが残されている．第 II 種超伝導体では，H_c は安定化エネルギーの比熱測定によって間接的にのみ決定できる．H_{c1} を H_c を用いて評価するために，不純物極限 $\xi<\lambda$ において，絶対零度での渦糸状態の安定性を考えてみる．ここでは $\lambda>\xi$, したがって，コヒーレンスの長さは侵入の深さにくらべて短い．

渦糸状態において，平均として磁場 B_a を担う円柱状の常伝導金属とみなされ

るフラキソイドの心の安定化エネルギーを評価してみる．その半径はコヒーレンスの長さ程度で，N 相と S 相の間の境界の厚さでもある．純粋超伝導体のエネルギーに相対的な N 相の心のエネルギーは，安定化エネルギーと心の面積の積で与えられる．すなわち，単位の長さあたり

(CGS) $$f_{\text{core}} \approx \frac{1}{8\pi} H_c^2 \times \pi \xi^2 \tag{32}$$

である．しかし，このほかに心のまわりの超伝導物質への印加磁場 B_a の侵入によるエネルギーの減少がある．すなわち

(CGS) $$f_{\text{mag}} \approx -\frac{1}{8\pi} B_a^2 \times \pi \lambda^2. \tag{33}$$

1本のフラキソイドに対して，これら二つの寄与を加えて

(CGS) $$f = f_{\text{core}} + f_{\text{mag}} \approx \frac{1}{8}(H_c^2 \xi^2 - B_a^2 \lambda^2) \tag{34}$$

が得られる．$f<0$ ならば心は安定である．フラキソイドが安定であるための印加磁場のしきい値は $f=0$ で与えられるので，そのときの B_a を H_{c1} として，

$$H_{c1}/H_c \approx \xi/\lambda. \tag{35}$$

磁場のこのしきい値は正の表面エネルギーの領域と負の表面エネルギーの領域とを分けている．

(30) と (35) とをいっしょにして H_c に対する関係

$$\pi \xi \lambda H_c \approx \Phi_0 \tag{36}$$

を得ることができる．(30)，(31) および (35) をいっしょにすると

$$(H_{c1} H_{c2})^{1/2} \approx H_c, \tag{37a}$$

および

$$H_{c2} \approx (\lambda/\xi) H_c = \kappa H_c \tag{37b}$$

が得られる．

1粒子トンネル効果

図20のように，絶縁体によって隔てられた二つの金属を考える．絶縁体は普通は一方の金属から他方の金属への伝導電子の流れに対する障壁として働く．障壁が十分に薄い (10 ないし 20 Å 以下) ときには，障壁に衝突した電子が一方の金属から他方の金属へ透過するかなりの確率がある．これが**トンネル効果**(tunneling)である．多くの実験において，絶縁層は，図21に示されるように，二つの蒸着さ

理論的考察　　309

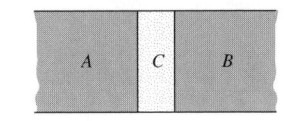

図20　絶縁体の薄膜 C で隔てられた二つの金属 A と B.

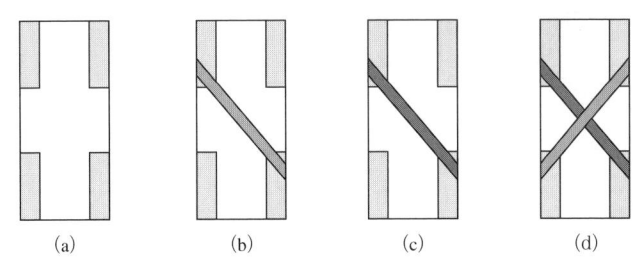

図21　Al/Al₂O₃/Sn のサンドイッチのつくり方.（a）4個のインジウム接点をもったガラススライド.（b）1mm 幅で1000から3000Å の厚さのアルミニウムの帯を二つの接点間を斜めに蒸着させる.（c）アルミニウムの帯を酸化させて，厚さ 10～20Å の Al₂O₃ の層をつくる.（d）スズの膜をアルミニウム膜に斜めに蒸着させ，Al/Al₂O₃/Sn のサンドイッチをつくる. 外部への導線はインジウム接点につなぐ. 二つの接点が電流測定に使われ，残りの二つの接点が電圧測定に使われる.（Giaever と Megerle による.）

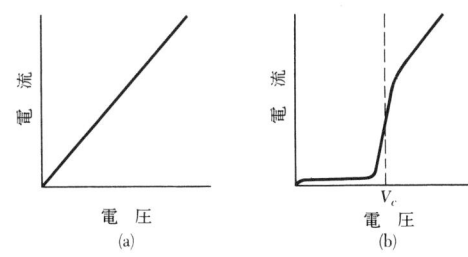

図22　（a）酸化層で隔てられた常伝導金属接合の電流-電圧の線形関係.（b）一方の金属が常伝導金属で他方の金属が超伝導状態にある場合の電流-電圧関係.

れた金属膜の一方の上につくられた薄い酸化被膜である.

　両方の金属が常伝導体のときは，このサンドイッチ（トンネル接合）の電流-電圧特性は低電圧ではオーム則的で，電流は印加された電圧に直接比例する. Giaever (1960) は，金属の一方が超伝導状態になると電流-電圧特性は図22aの直線から図22bに示されるような曲線に変化することを発見した.

　図23aは超伝導体の電子準位密度を常伝導金属のそれと対比したものである.

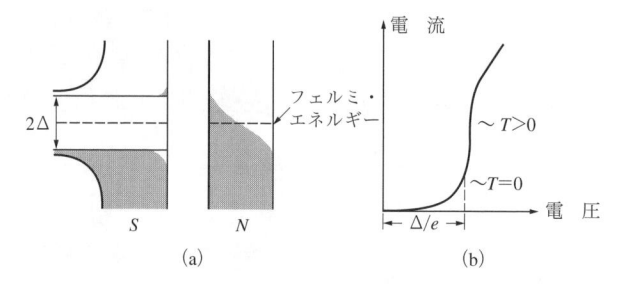

図 23 トンネル接合の準位密度と電流-電圧特性．(a) エネルギーを縦軸に，準位密度を横軸にとってある．一方の金属は常伝導状態，他方は超伝導状態にある．(b) 電流 I と電圧 V の関係，破線は $T=0$ で期待される折れ曲がりを示す．(Giaever と Megerle による．)

超伝導体にはフェルミ準位を中心としたエネルギーギャップが存在する．絶対零度では，印加された電圧が $V=E_g/2e=\Delta/e$ になるまで電流は流れることができない．

エネルギーギャップ E_g は超伝導状態にある電子対をこわして，常伝導状態にある 2 個の電子，もしくは電子とホールをつくることに対応する．電流は $eV=\Delta$ のとき流れ始める．有限温度では，超伝導状態にある電子でも熱的にエネルギーギャップを越えて励起されるので，低い電圧でも小さな電流が流れる．

ジョゼフソン超伝導トンネル効果

適当な条件のもとでは，絶縁層を通して超伝導体から超伝導体への超伝導電子対のトンネル現象に関係した目ざましい効果が観測される．このような接合は弱連結（weak link）とよばれる．対のトンネル効果は次のようなものを含む．

直流ジョゼフソン効果（dc Josephson effect）　　電場も磁場も存在しないときは，接合に直流電流が流れる．

交流ジョゼフソン効果（ac Josephson effect）　　接合に直流電圧が印加されると，接合を通して rf 電流発振が発生する．この効果は $\hbar/e$ の値を正確に決定するのに使われる．さらに，直流電圧といっしょにかけられた rf 電圧は接合を通して直流電流を発生させることができる．

巨視的な長範囲量子力学的干渉効果（macroscopic long-range quantum interference）　　二つの接合を含む超伝導回路にかけられた定常磁場によって発生す

る最大超伝導電流が磁場の強さの関数として干渉効果を示す．この効果は敏感な磁力計に利用できる．

直流ジョゼフソン効果 ジョゼフソン接合の現象についてのわれわれの議論は磁束の量子化の議論から導かれる．ψ_1 を接合の一方の側の電子対の確率振幅，ψ_2 を他の側の確率振幅としよう．簡単のため，二つの超伝導体は同じ物質であるとする．しばらくはそれらはともにポテンシャルがゼロとする．時間を含むシュレーディンガー方程式 $i\hbar\partial\psi/\partial t=\mathcal{H}\psi$ をこの二つの振幅に適用して，

$$i\hbar\frac{\partial\psi_1}{\partial t}=\hbar T\psi_2, \quad i\hbar\frac{\partial\psi_2}{\partial t}=\hbar T\psi_1. \tag{38}$$

ここで $\hbar T$ は絶縁層を通して電子対の相互作用すなわち移動相互作用（transfer interaction）の効果を表す．T は周波数の次元をもつ．これは ψ_1 が領域 2 に，ψ_2 が領域 1 に漏れる割合を示す．絶縁層が十分に厚ければ，T はゼロであり，対のトンネル現象は起らない．$\psi_1=n_1^{1/2}e^{i\theta_1}$ および $\psi_2=n_2^{1/2}e^{i\theta_2}$ とおこう．すると

$$\frac{\partial\psi_1}{\partial t}=\frac{1}{2}n_1^{-1/2}e^{i\theta_1}\frac{\partial n_1}{\partial t}+i\psi_1\frac{\partial\theta_1}{\partial t}=-iT\psi_2, \tag{39}$$

$$\frac{\partial\psi_2}{\partial t}=\frac{1}{2}n_2^{-1/2}e^{i\theta_2}\frac{\partial n_2}{\partial t}+i\psi_2\frac{\partial\theta_2}{\partial t}=-iT\psi_1. \tag{40}$$

(39) に $n_1^{1/2}e^{-i\theta_1}$ をかけて，$\delta\equiv\theta_2-\theta_1$ を用いて

$$\frac{1}{2}\frac{\partial n_1}{\partial t}+in_1\frac{\partial\theta_1}{\partial t}=-iT(n_1n_2)^{1/2}e^{i\delta}. \tag{41}$$

(40) に $n_2^{1/2}e^{-i\theta_2}$ をかけて

$$\frac{1}{2}\frac{\partial n_2}{\partial t}+in_2\frac{\partial\theta_2}{\partial t}=-iT(n_1n_2)^{1/2}e^{-i\delta}. \tag{42}$$

(41) の両辺の実部，虚部をそれぞれ互いに等しいとおき，(42) についても同様にして，

$$\frac{\partial n_1}{\partial t}=2T(n_1n_2)^{1/2}\sin\delta, \quad \frac{\partial n_2}{\partial t}=-2T(n_1n_2)^{1/2}\sin\delta, \tag{43}$$

$$\frac{\partial\theta_1}{\partial t}=-T\left(\frac{n_2}{n_1}\right)^{1/2}\cos\delta, \quad \frac{\partial\theta_2}{\partial t}=-T\left(\frac{n_1}{n_2}\right)^{1/2}\cos\delta. \tag{44}$$

同じ超伝導体 1 と 2 に対して $n_1\cong n_2$ とするならば，(44) から

$$\frac{\partial\theta_1}{\partial t}=\frac{\partial\theta_2}{\partial t}, \quad \frac{\partial}{\partial t}(\theta_2-\theta_1)=0 \tag{45}$$

が得られる．(43) より

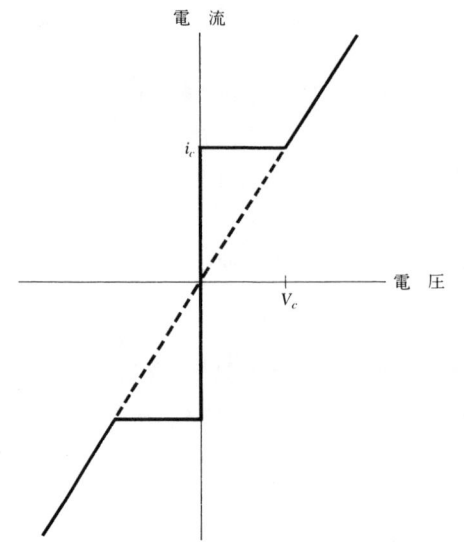

図 24 ジョゼフソン接合の電流-電圧特性．直流電流は印加電圧がゼロのとき臨界電流 i_c までの範囲で流れる．これが直流ジョゼフソン効果である．V_c より上の電圧では接合は有限の抵抗をもつが，しかし電流は $\omega = 2eV/\hbar$ で振動する部分をもつ．これが交流ジョゼフソン効果である．

$$\frac{\partial n_2}{\partial t} = -\frac{\partial n_1}{\partial t}. \tag{46}$$

1から2への電流は $\partial n_2/\partial t$ すなわち $-\partial n_1/\partial t$ に比例する．それゆえ(45)から，接合を通っての超伝導電子対による電流 J は位相差 δ に

$$\boxed{J = J_0 \sin\delta = J_0 \sin(\theta_2 - \theta_1)} \tag{47}$$

のように依存することが結論される．ここで J_0 は移動相互作用 T に比例する．電流 J_0 は接合を流れうる最大零電圧電流である．印加電圧がないときは直流電流が接合を通して流れ(図24)，その値は位相差 $\theta_2 - \theta_1$ の値に応じて J_0 から $-J_0$ の間のある値をとる．これが**直流ジョゼフソン効果**である．

交流ジョゼフソン効果 電圧 V が接合に印加されているとする．これは接合が絶縁体であるから可能である．電子対は接合を通過するときポテンシャルエネルギーの差 qV を感ずる．ただし，$q=-2e$ である．一方の側の電子対はポテンシャルエネルギー $-eV$ に，他方の側の対は eV のところにあるとすることができる．運動方程式は，(38)の代りに，

$$i\hbar\,\partial\psi_1/\partial t = \hbar T\psi_2 - eV\psi_1, \quad i\hbar\,\partial\psi_2/\partial t = \hbar T\psi_1 + eV\psi_2 \tag{48}$$

となる．

前と同じようにして，(41) の代りに
$$\frac{1}{2}\frac{\partial n_1}{\partial t} + in_1\frac{\partial \theta_1}{\partial t} = ieVn_1\hbar^{-1} - iT(n_1n_2)^{1/2}e^{i\delta} \tag{49}$$
が得られる．この式の実部は，電圧 V がない場合とまったく同じで，
$$\partial n_1/\partial t = 2T(n_1n_2)^{1/2}\sin\delta, \tag{50}$$
虚部は
$$\partial \theta_1/\partial t = (eV/\hbar) - T(n_2/n_1)^{1/2}\cos\delta \tag{51}$$
で，(44) とは $eV/\hbar$ の項だけ異なる．

さらに (42) の拡張として
$$\frac{1}{2}\frac{\partial n_2}{\partial t} + in_2\frac{\partial \theta_2}{\partial t} = -ieVn_2\hbar^{-1} - iT(n_1n_2)^{1/2}e^{-i\delta}. \tag{52}$$
したがって
$$\partial n_2/\partial t = -2T(n_1n_2)^{1/2}\sin\delta, \tag{53}$$
$$\partial \theta_2/\partial t = -(eV/\hbar) - T(n_1/n_2)^{1/2}\cos\delta \tag{54}$$
である．(51) と (54) とから $n_1 \cong n_2$ を用いて次式が得られる：
$$\partial(\theta_2 - \theta_1)/\partial t = \partial\delta/\partial t = -2eV/\hbar. \tag{55}$$
(55) を積分することによって，接合に直流電圧がかかっていると確率振幅の相対的な位相が
$$\delta(t) = \delta(0) - (2eVt/\hbar) \tag{56}$$
のように変化することがわかる．

超伝導電流は位相として (56) をもった (47) で与えられる：
$$\boxed{J = J_0 \sin[\delta(0) - (2eVt/\hbar)].} \tag{57}$$
この電流は周波数
$$\omega = 2eV/\hbar \tag{58}$$
で振動する．これが**交流ジョゼフソン効果**である．1μV の直流電圧は 483.6 MHz の周波数を与える．(58) の関係は電子対が障壁を通過するとき $\hbar\omega = 2eV$ のエネルギーのフォトンが放出または吸収されることを示している．電圧と周波数を測定することによって $e/\hbar$ の非常に正確な値を得ることができる．

巨視的な量子力学的干渉効果　　(24) と (26) において，全磁束 Φ を取り囲む閉回路の一回りの位相差は
$$\theta_2 - \theta_1 = (2e/\hbar c)\Phi \tag{59}$$

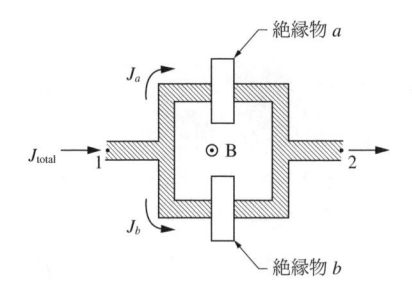

図 25 巨視的な量子力学的干渉効果の実験配置．磁束 Φ は閉回路の中を通っている．

で与えられることを見た．この磁束は外場によるものと回路自身の電流によるものとの和である．

図 25 のように並列の二つのジョゼフソン接合を考える．電圧は印加されていないものとする．接合 a を通る径路についてとった点 1 と点 2 の間の位相差を δ_a，接合 b を通る径路をとったときの位相差を δ_b とする．磁場がないときはこの二つの位相差は等しくなければならない．

さて，磁束 Φ が回路の中を通っているとしよう．このことは紙面に垂直に回路の中におかれたまっすぐなソレノイドによってなされる．(59) により，$\delta_b - \delta_a = (2e/\hbar c)\Phi$，あるいは

$$\delta_b = \delta_0 + \frac{e}{\hbar c}\Phi, \qquad \delta_a = \delta_0 - \frac{e}{\hbar c}\Phi \tag{60}$$

となる．

全電流は J_a と J_b の和である．おのおのの接合を通る電流は (47) の形をしているから，

$$J_{\text{Total}} = J_0\left\{\sin\left(\delta_0 + \frac{e}{\hbar c}\Phi\right) + \sin\left(\delta_0 - \frac{e}{\hbar c}\Phi\right)\right\} = 2(J_0 \sin\delta_0)\cos\frac{e\Phi}{\hbar c}$$

である．電流は Φ とともに変わり，

$$e\Phi/\hbar c = s\pi, \qquad s = \text{整数} \tag{61}$$

のときに極大となる．

電流の周期性を図 26 に示す．短周期の変化は二つの接合の干渉効果で，(61) で示される．長周期の変化は回折効果で，各接合が有限の広がりをもつことから生ずる．このことは Φ を積分の径路に依存させることになる（問題 6）．

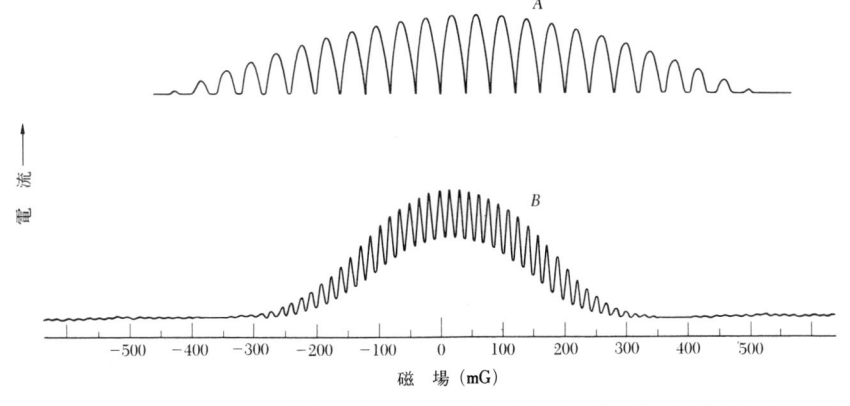

図 26 二つの接合の干渉と回折効果を示す，J_{max} 対磁場の実験図形．磁場の周期は A と B のそれぞれについて 39.5mG と 16mG である．近似的な最大電流は 1mA(A) および 0.5mA(B) である．二つの接合の間の距離は 3mm，接合の幅は両方とも 0.5mm．A のゼロよりのずれはバックグラウンドの磁場によるものである．(R. C. Jaklevic, J. Lambe, J. E. Mercereau および A. H. Silver による．)

高温超伝導体

　高温超伝導 (HTS) とは，高転移温度をもち，高い臨界電流と磁場を伴った物質 (主として銅酸化物) 中の超伝導を意味する．長く続いていた金属間化合物の T_c の上限 23K が 1988 年までにバルク超伝導酸化物の 125K に上昇し，このことはマイスナー効果，交流ジョゼフソン効果，持続する永久電流，事実上ゼロの直流抵抗などの超伝導にたいする標準的なテストで確かめられた．

　顕著な発展段階としては次のものが挙げられる．

$BaPb_{0.75}Bi_{0.25}O_3$　　　　　$T_c = 12\,K$　　　　[BPBO]
$La_{1.85}Ba_{0.15}CuO_4$　　　　$T_c = 36\,K$　　　　[LBCO]
$YBa_2Cu_3O_7$　　　　　　　$T_c = 90\,K$　　　　[YBCO]
$Tl_2Ba_2Ca_2Cu_3O_{10}$　　　　$T_c = 120\,K$　　　[TBCO]
$Hg_{0.8}Tl_{0.2}Ba_2Ca_2Cu_3O_{8.33}$　$T_c = 138\,K$

ま と め
(CGS 単位)

- 超伝導体は無限大の電気伝導率を示す．
- 超伝導状態にある金属のバルク試料は磁束密度 $\mathbf{B}=0$ をもった完全反磁性を示す．これがマイスナー効果である．外部磁場は試料の表面から侵入の深さ λ で定まる深さまで浸透する．
- 第Ⅰ種と第Ⅱ種の二つの型の超伝導体が存在する．第Ⅰ種超伝導体のバルク試料では，臨界値 H_c を越える外部磁場を印加すると超伝導状態が破れ，常伝導状態に戻る．第Ⅱ種超伝導体は二つの臨界磁場 $H_{c1}<H_c<H_{c2}$ をもつ．H_{c1} と H_{c2} の間の領域では渦糸状態が存在する．純伝導状態の安定化エネルギー密度は，第Ⅰ種および第Ⅱ種超伝導体のいずれも $H_c^2/8\pi$ である．
- 超伝導状態ではエネルギーギャップ $E_g \approx 4k_B T_c$ によってギャップの下の超伝導電子とギャップの上の常伝導電子とが隔てられている．このギャップは，比熱，赤外吸収，トンネル効果の実験で確かめることができる．
- 超伝導の理論には三つの重要な長さが入ってくる．すなわち，ロンドンの侵入の深さ λ_L，固有コヒーレンスの長さ ξ_0，および常伝導電子の平均自由行程 ℓ．
- ロンドン方程式
$$\mathbf{j} = -\frac{c}{4\pi\lambda_L^2}\mathbf{A} \quad \text{または} \quad \text{curl}\,\mathbf{j} = -\frac{c}{4\pi\lambda_L^2}\mathbf{B}$$
は侵入方程式 $\nabla^2 \mathbf{B}=\mathbf{B}/\lambda_L^2$ を通してマイスナー効果を与える．ここで $\lambda_L \approx (mc^2/4\pi ne^2)^{1/2}$ はロンドンの侵入の深さである．
- ロンドン方程式の $\mathbf{A}$ または $\mathbf{B}$ は，コヒーレンスの長さ ξ の程度の範囲内で適当な重みで平均されなければならない．固有コヒーレンスの長さは $\xi_0 = 2\hbar v_F/\pi E_g$．
- BCS理論は $\mathbf{k}\uparrow$ と $-\mathbf{k}\downarrow$ の電子対からつくられる超伝導状態を説明してくれる．これらの対はボゾンのようにふるまう．
- 第Ⅱ種超伝導体では $\xi<\lambda$ である．臨界磁場は $H_{c1}\approx(\xi/\lambda)H_c$ と $H_{c2}\approx(\lambda/\xi)H_c$ とで関係づけられる．ギンツブルク-ランダウ・パラメーター κ は λ/ξ で定義される．

問　題

1. 板状の場合の磁場侵入の深さ　侵入方程式は $\lambda^2 \nabla^2 B = B$ のように書ける．ここで λ は侵入の深さである．

（a）　x 軸に垂直で，厚さ δ の超伝導体の板の中の $B(x)$ は

$$B(x) = B_a \frac{\cosh(x/\lambda)}{\cosh(\delta/2\lambda)}$$

で与えられることを示せ．ここで B_a は板の外側の板に平行な磁場である．$x=0$ は板の中心である．

（b）　板の中の有効磁化 $M(x)$ は $B(x) - B_a = 4\pi M(x)$ で決定される．$\delta \ll \lambda$ に対して，CGS 単位では $4\pi M(x) = -B_a(1/8\lambda^2)(\delta^2 - 4x^2)$ となることを示せ．SI 単位では 4π を μ_0 に換えればよい．

2. 薄膜の臨界磁場　（a）　問題1の結果を用いて，外部磁場 B_a の中にある厚さ δ の超伝導薄膜の内部の $T=0\mathrm{K}$ での自由エネルギー密度は，$\delta \ll \lambda$ に対しては，

(CGS)　　　　　$F_S(x, B_a) = F_S(0) + (\delta^2 - 4x^2) B_a^2 / 64\pi \lambda^2$

となることを示せ．SI 単位では因子 π は $(1/4)\mu_0$ におき換わる．この問題への運動エネルギーの寄与は無視する．

（b）　膜の厚みにわたって平均したときの F_S に対する磁気的な寄与は $B_a^2(\delta/\lambda)^2/96\pi$ であることを示せ．

（c）　F_S に対する磁気的な寄与だけを考慮するならば，薄膜の臨界磁場は $(\lambda/\delta)H_c$ に比例することを示せ．ここで H_c はバルクの臨界磁場である．

3. 超伝導体の2流体モデル　超伝導体の2流体モデルでは $0 < T < T_c$ の温度で電流密度は常伝導および超伝導電子の寄与の和 $\mathbf{j} = \mathbf{j}_N + \mathbf{j}_S$ で書かれると仮定する．ここで $\mathbf{j}_N = \sigma_0 \mathbf{E}$ であり，$\mathbf{j}_S$ はロンドン方程式で与えられる．σ_0 は普通の電気伝導率であるが，常伝導状態にくらべて温度 T での常伝導電子の数の減少分だけ小さくなっている．$\mathbf{j}_N$ と $\mathbf{j}_S$ の両方に対する慣性効果を無視して，

（a）　マクスウェル方程式から，超伝導体内の電磁波に対する波動ベクトル $\mathbf{k}$ と周波数 ω とを結びつける分散関係が

(CGS)　　　　　$k^2 c^2 = 4\pi \sigma_0 i - c^2 \lambda_L^{-2} + \omega^2$，　または

(SI)　　　　　　$k^2 c^2 = (\sigma_0 e_0) \omega i - c^2 \lambda_L^{-2} + \omega^2$

となることを示せ．ここで λ^2 は（14a）で n を n_S でおき換えたもので与えられる．curl curl $\mathbf{B} = -\nabla^2 \mathbf{B}$ となることを思い出せ．

（b）　τ を常伝導電子の緩和時間，n_N をその濃度として，$\sigma_0 = n_N e^2 \tau / m$ を用いて周波

数 $\omega \ll 1/\tau$ のところでは分散関係が常伝導電子を重要なものとしては含まないことを示せ．したがって，電子の運動はロンドン方程式だけで記述される．超伝導電流は常伝導電子を短絡してしまう．ロンドン方程式自体は $\hbar\omega$ がエネルギーギャップにくらべて小さいときのみ正しく成立する．**注意**：問題にしている周波数は $\omega \ll \omega_p$ である．ここで ω_p は 8 章のプラズマ周波数である．

4[*]. 渦糸の構造 （a）ロンドン方程式の円柱状の対称性をもった解を見いだし，それを線状の心の外側に適用せよ．円柱座標で表した

$$B - \lambda^2 \nabla^2 B = 0$$

の解のうちで，原点において特異的で，全磁束が磁束量子

$$2\pi \int_0^\infty d\rho\, \rho B(\rho) = \Phi_0$$

に等しいものがほしい．この方程式は半径 ξ の常伝導的な心の外側でのみ正しい．

（b）解が次のような極限をもつことを示せ．

$$B(\rho) \simeq (\Phi_0/2\pi\lambda^2)\ln(\lambda/\rho) \quad (\xi \ll \rho \ll \lambda),$$
$$B(\rho) \simeq (\Phi_0/2\pi\lambda^2)(\pi\lambda/2\rho)^{1/2}\exp(-\rho/\lambda) \quad (\rho \gg \lambda).$$

5. ロンドンの侵入の深さ （a）(10) のロンドン方程式の時間微分をとって $\partial \mathbf{j}/\partial t = (c^2/4\pi\lambda_L^2)\mathbf{E}$ を示せ．（b）電荷 q，質量 m の自由キャリヤーの場合のように，$md\mathbf{v}/dt = q\mathbf{E}$ ならば，$\lambda_L^2 = mc^2/4\pi nq^2$ であることを示せ．

6[**]. ジョゼフソン接合の回折効果 断面積が矩形で，接合の面内で幅 w の縁に垂直に磁場 B が印加されているような接合を考える．接合の厚さを T とする．便宜上，二つの超伝導体の位相差は $B=0$ のとき $\pi/2$ であるとする．磁場があるときの直流電流が

$$J = J_0 \frac{\sin(wTBe/\hbar c)}{(wTBe/\hbar c)}$$

となることを示せ．

7. 球のマイスナー効果 臨界磁場 H_c をもった第 I 種超伝導体の球を考える．

（a）マイスナー効果の領域では球の内部の有効磁化 M は，一様印加磁場 B_a に対して $-8\pi M/3 = B_a$ となることを示せ．（b）赤道面内の磁場は $3B_a/2$ となることを示せ．（これからマイスナー効果が破れ始める印加磁場が $2H_c/3$ であることがでてくる．）**注意**：一様に磁化した球の反磁場は $-4\pi M/3$ である．

参 考 文 献

Web サイト superconductors.org. は超伝導の優れたレビューである

---

[*] この問題はやや難しい．
[**] この問題はやや難しい．

付録 A 反射線の温度変化

> ……私は次の結論に到達した．散乱角が増加しても干渉する放射線の鋭さ(幅)は影響を受けない．しかし散乱角が大きくなるに従って強度が減少し，また温度が高くなるほどその強度が大きく減少するはずである．
>
> P. Debye

結晶の温度が上昇すると，ブラッグ反射の強度は減少するが，反射 X 線の角度幅は不変である．アルミニウムの反射 X 線強度の実験結果を図1に示す．室温において，各瞬間の原子間距離が互いに 10% も変化しているような，振幅の大きい不規則な熱振動をしている原子群から，鮮明な X 線回折が観測されることは驚くに値する．Laue の実験が行われる以前，その提案がミュンヘンのコーヒー店で議論[1]されたとき，室温において結晶内の原子の各瞬間の位置は，大きな熱振動のために，規則正しい周期構造から大きくかけ離れたものであるという反論が出された．それゆえに明瞭な回折線が得られるとは考えられない，ということに議論はいきついた．

しかし実際には明瞭な回折線が得られるのである．その理由は Debye によって与えられた．結晶による散乱波の振幅を考えよう．平均的に $\mathbf{r}_j$ にある原子の位置は時間的に小さく変動する項 $\mathbf{u}(t)$ を含むとする．すなわち $\mathbf{r}(t)=\mathbf{r}_j+\mathbf{u}(t)$ である．各原子はそれぞれの平衡点のまわりで，独立に振動していると仮定する[2]．このときは2章の構造因子（43）の熱振動状態での平均値は

$$f_j \exp(-i\mathbf{G}\cdot\mathbf{r}_j)\langle\exp(-i\mathbf{G}\cdot\mathbf{u})\rangle \tag{1}$$

の項を含んでいる．ここに $\langle\ \rangle$ は熱振動状態での平均値を表す．指数関数を級数展開すると

$$\langle\exp(-i\mathbf{G}\cdot\mathbf{u})\rangle = 1 - i\langle\mathbf{G}\cdot\mathbf{u}\rangle - \frac{1}{2}\langle(\mathbf{G}\cdot\mathbf{u})^2\rangle + \cdots \tag{2}$$

---

1) P. P. Ewald, 私信による．
2) これは固体でのアインシュタイン・モデルであって，低温ではあまりよいモデルではないが高温では十分よい．

[付2]　　　　付録A　反射線の温度変化

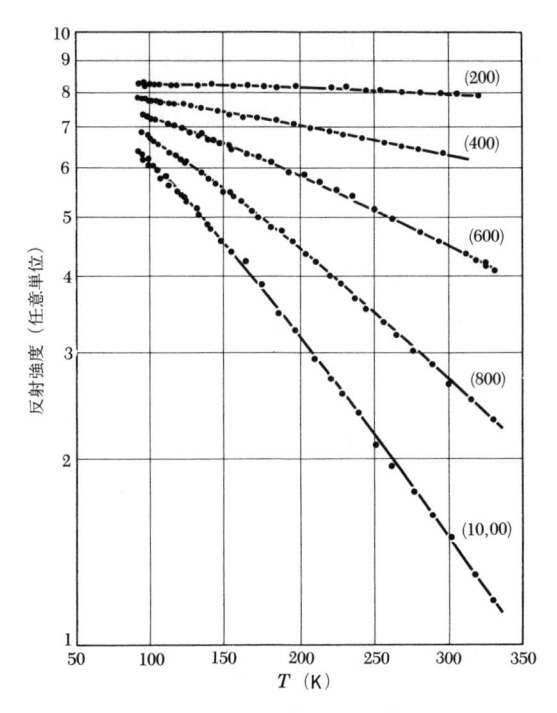

図1 アルミニウムの指数 (h00) の X 線反射強度の温度依存性. h が奇数のとき，(h00) 反射は fcc 構造では存在しない．(R. M. Nicklow と R. A. Young による．)

となる．しかし，**u** は **G** の方向には無関係な，熱振動による不規則な変位であるから，$\langle \mathbf{G} \cdot \mathbf{u} \rangle = 0$ である．さらに

$$\langle (\mathbf{G} \cdot \mathbf{u})^2 \rangle = G^2 \langle u^2 \rangle \langle \cos^2 \theta \rangle = \frac{1}{3} \langle u^2 \rangle G^2$$

である．因子 $\frac{1}{3}$ は $\cos^2 \theta$ の球内における幾何学的平均のために生ずる．
　関数

$$\exp\left(-\frac{1}{6} \langle u^2 \rangle G^2\right) = 1 - \frac{1}{6} \langle u^2 \rangle G^2 + \cdots \tag{3}$$

の級数展開はここに示されている最初の2項については (2) と等しい．調和振動子については，(2) と (3) とにおいて級数展開の全項が等しいことを証明できる．それゆえ，振幅の平方で与えられる散乱強度は

$$I = I_0 \exp\left(-\frac{1}{3}\langle u^2 \rangle G^2\right) \tag{4}$$

となる．この I_0 は，原子の静止した格子による散乱強度である．指数関数の因子は**デバイ-ワーラー因子**（Debye-Waller factor）である．

ここで $\langle u^2 \rangle$ とは原子の変位の2乗平均値である．3次元の古典的調和振動子の位置エネルギーの熱振動平均値 $\langle U \rangle$ が $\frac{3}{2}k_B T$ となるのであるから

$$\langle U \rangle = \frac{1}{2}C\langle u^2 \rangle = \frac{1}{2}M\omega^2 \langle u^2 \rangle = \frac{3}{2}k_B T \tag{5}$$

であって，上式の C は力の定数，M は原子の質量，ω は振動子の周波数である．また $\omega^2 = C/M$ という結果を使用している．こうして散乱強度は

$$I(hkl) = I_0 \exp(-k_B T G^2 / M\omega^2) \tag{6}$$

となる．上式の hkl は逆格子ベクトル $\mathbf{G}$ の指数である．この古典論による結果は，高温ではよい近似である．

量子論的振動子では，$\langle u^2 \rangle$ が $T=0$ においても 0 とならない．零点振動が存在するからである．独立した調和振動子のモデルでは零点エネルギーは $\frac{3}{2}\hbar\omega$ で表される．これは，3次元の量子論的調和振動子の基準状態のエネルギーであって，同じ振動子が静止しているときの古典的エネルギーに対応する．振動子のエネルギーの半分が位置エネルギーであるから

$$\langle U \rangle = \frac{1}{2}M\omega^2 \langle u^2 \rangle = \frac{3}{4}\hbar\omega, \quad \langle u^2 \rangle = 3\hbar/2M\omega \tag{7}$$

が得られ，(4) により 0 K において

$$I(hkl) = I_0 \exp(-\hbar G^2 / 2M\omega) \tag{8}$$

が成立する．もし $G = 10^9 \text{cm}^{-1}$，$\omega = 10^{14} \text{s}^{-1}$，$M = 10^{-22}\text{g}$ であれば，指数関数の引数は約 0.1 となり，$I/I_0 \simeq 0.9$ となる．すなわち，0 K において X 線ビームの 90% が弾性散乱され，10% が非弾性散乱を受ける．

(6) と図1とから，温度の上昇につれて，それほど急激ではないが，回折線の強度が減少することがわかる．G が小さいときの反射は G の大きいときの反射より影響が少ない．ここに求めた強度は，明確なブラッグ反射の起こる方向での可干渉性回折強度，すなわち，その方向への弾性散乱波強度である．これらの方向から失われた回折線強度は，非弾性散乱の部分であって，広がったバックグラウンドとなる．非弾性散乱では X 線フォトンは，格子振動を励起したり，格子振動からエネルギーをもらったりして，その方向とエネルギーとを変える．

[付4]　　　　付録A　反射線の温度変化

　与えられた温度において，回折線のデバイ-ワーラー因子は，その反射に関する逆格子ベクトル $\mathbf{G}$ の大きさの増加とともに減少する．$|\mathbf{G}|$ が大きいほど高温において反射が弱くなる．X線回折についてここで行ってきた理論は中性子回折にも，結晶に埋め込まれた原子核が γ 線を無反跳放射しているために起こる効果，すなわち，**メスバウアー効果**（Mössbauer effect）にもまったく同様に適用できる．

　X線はまた，電子の光電効果とコンプトン効果（Compton effect）という非弾性散乱過程によって，結晶内において吸収される．光電効果ではX線フォトンは吸収され，電子が原子から放出される．コンプトン効果ではフォトンは電子によって非弾性散乱され，フォトンはエネルギーを失い，電子が原子から放出される．X線ビームが透過する距離は固体の種類とフォトンのエネルギーに依存するが，1cmが典型的な値である．ブラッグ反射におけるX線は通常ずっと短い距離，たぶん完全結晶においては 10^{-3} cm の距離の間にエネルギーを失うであろう．

付録 B　格子和の計算に関するエバルトの方法

　ここでの課題は，結晶中において一つのイオンが他のすべてのイオンから受ける静電ポテンシャルを計算することである．まず，正または負の電荷をもったイオンからできあがった結晶格子を考え，各イオンは球状であると仮定しよう．

　一つのイオンのところの全ポテンシャル φ を，別のものではあるが，互いに関連のある二つのポテンシャルの和 $\varphi = \varphi_1 + \varphi_2$ として計算する．ポテンシャル φ_1 は，各イオンの位置に，実際のイオンの電荷と同符号をもち，ガウス分布をしている電荷をもつ結晶構造のつくるポテンシャルである．いまマーデルンク定数の定義に従って，考えている点での電荷分布は，ポテンシャル φ_1 あるいは φ_2 には寄与しないと考える（図1a）．ガウス分布の電荷が連続的に並んだ結晶のポテンシャルを φ_a，考えている点での1個のガウス分布電荷のポテンシャルを φ_b とすると，φ_1 は以上の二つのポテンシャルの差，すなわち

$$\varphi_1 = \varphi_a - \varphi_b$$

として計算される．

　ポテンシャル φ_2 は点電荷にそれと逆符号のガウス分布の電荷を重ねた電荷のつくる格子のポテンシャルである（図1b）．

　問題のポテンシャルを φ_1 と φ_2 の二つの部分に分けることの要点は，各ガウス分布の幅を定めるパラメーターを適当に選ぶと，両方の部分を同時に非常によく収斂させることができるからである．φ_1 と φ_2 とを与える各電荷分布の和をとるときに，ガウス分布の部分が完全にゼロになるから，全ポテンシャル φ の値は幅を定めるパラメーターに無関係となり，収斂の速さだけがパラメーターの値の選び方に依存する．

　まず，連続的なガウス分布電荷のポテンシャル φ_a を計算する．φ_a と電荷密度 ρ をフーリエ級数に展開する．すなわち

$$\varphi_a = \sum_{\mathbf{G}} c_{\mathbf{G}} \exp(i\mathbf{G} \cdot \mathbf{r}), \tag{1}$$

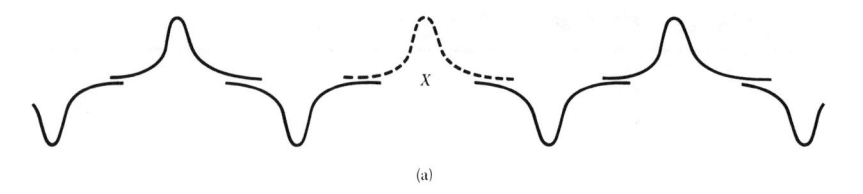

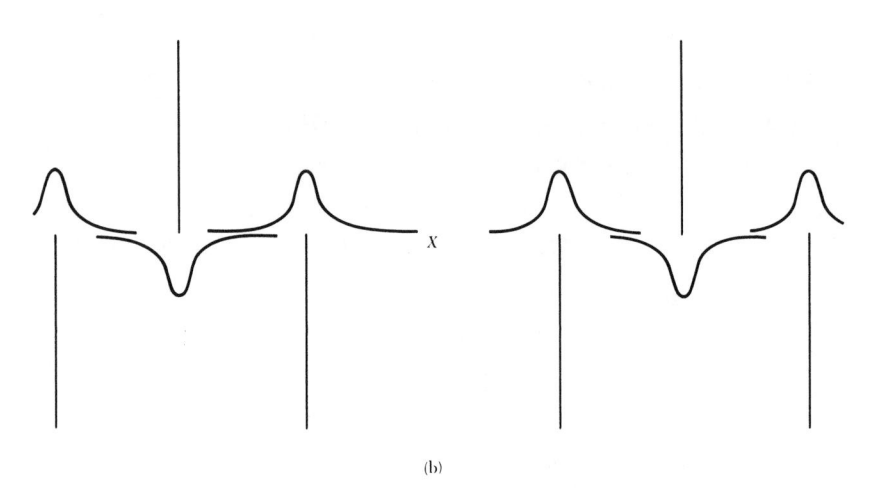

[付6]　　　付録B　格子和の計算に関するエバルトの方法

図1　(a) ポテンシャル φ_1 を計算するのに用いられる電荷分布．ポテンシャル φ_a は全体で計算されるが(考えている点での破線部分の電荷を含む)，φ_b は破線の電荷だけによるポテンシャルである．(b) ポテンシャル φ_2 に対する電荷分布．考えている点を X で示す．

$$\rho = \sum_G \rho_G \exp(i\mathbf{G}\cdot\mathbf{r}) \tag{2}$$

となる．ここに $\mathbf{G}$ は逆格子ベクトル[*]の 2π 倍である．ポアソン方程式は

$$\nabla^2 \varphi_a = -4\pi\rho,$$

すなわち

$$\Sigma\, G^2 c_G \exp(i\mathbf{G}\cdot\mathbf{r}) = 4\pi \Sigma \rho_G \exp(i\mathbf{G}\cdot\mathbf{r})$$

となるから

$$c_G = 4\pi \rho_G / G^2 \tag{3}$$

となる．

---

[*]　(訳者注)　ここでは結晶学で用いられる逆格子ベクトルをいう．2章の逆格子ベクトルはすでに 2π 倍されている．

付録B　格子和の計算に関するエバルトの方法　　　［付7］

ρ_G を求めるときに，ブラベ格子の各格子点に，その格子点に関して $\mathbf{r}_t$ の位置に電荷 q_t をもつイオンからできた単位構造 (basis) があると仮定する．それゆえ各イオンの位置は密度

$$\rho(\mathbf{r}) = q_t(\eta/\pi)^{3/2}\exp(-\eta r^2)$$

をもつガウス分布電荷の中心となる．ここで，指数関数の係数は，イオンのもつ全電荷が q_t であることから定まる．幅のパラメーター η は，最終結果である(6)の収斂を速くするように上手に選ぶ．(6) は η に無関係な値をもつ．

(2) の両辺に $\exp(-i\mathbf{G}\cdot\mathbf{r})$ をかけ，単位格子の体積 Δ にわたって積分すると，ρ_G が計算できるが，この場合電荷分布としては，単位格子内のイオンの位置にある電荷と，他のすべての単位格子にある電荷分布の裾とが考えられる．しかし，全電荷密度と $\exp(-i\mathbf{G}\cdot\mathbf{r})$ の積の一つの単位格子（one cell）内での積分は一つの単位格子にある電荷による電荷密度と $\exp(-i\mathbf{G}\cdot\mathbf{r})$ の積の全空間（all space）での積分に等しいことが簡単にわかる．

それゆえ，

$$\rho_G \int_{\substack{\text{one}\\\text{cell}}} \exp(i\mathbf{G}\cdot\mathbf{r})\exp(-i\mathbf{G}\cdot\mathbf{r})\,d\mathbf{r} = \rho_G\Delta$$

$$= \int_{\substack{\text{all}\\\text{space}}} \sum_t q_t(\eta/\pi)^{3/2}\exp[-\eta(r-r_t)^2]\exp(-i\mathbf{G}\cdot\mathbf{r})\,d\mathbf{r}$$

となる．この式は容易に計算できて，

$$\rho_G\Delta = \sum_t q_t \exp(-i\mathbf{G}\cdot\mathbf{r}_t)(\eta/\pi)^{3/2}\int_{\substack{\text{all}\\\text{space}}} \exp[-(i\mathbf{G}\cdot\boldsymbol{\xi}+\eta\xi^2)]\,d\boldsymbol{\xi}$$

$$= \left(\sum_t q_t \exp(-i\mathbf{G}\cdot\mathbf{r}_t)\right)\exp(-G^2/4\eta) = S(\mathbf{G})\exp(-G^2/4\eta).$$

ここに $S(\mathbf{G}) = \sum_t q_t \exp(-i\mathbf{G}\cdot\mathbf{r}_t)$ はちょうど適当な単位をとったときの構造因子（2章）である．(1)，(3) を用いて

$$\varphi_a = \frac{4\pi}{\Delta}\sum_G S(\mathbf{G})\,G^{-2}\exp(i\mathbf{G}\cdot\mathbf{r}-G^2/4\eta) \tag{4}$$

となる．原点 $\mathbf{r}=0$ では

$$\varphi_a = \frac{4\pi}{\Delta}\sum_G S(\mathbf{G})\,G^{-2}\exp(-G^2/4\eta)$$

である．

[付8]　　付録B　格子和の計算に関するエバルトの方法

考えているイオン i の位置での，ガウス分布電荷によるポテンシャル φ_b は

$$\varphi_b = \int_0^\infty (4\pi r^2 dr)(\rho/r) = 2q_i(\eta/\pi)^{1/2}$$

であるから

$$\varphi_1(i) = \frac{4\pi}{\Delta}\sum_{\mathbf{G}} S(\mathbf{G})\, G^{-2} \exp(-G^2/4\eta) - 2q_i(\eta/\pi)^{1/2}$$

となる．

ポテンシャル φ_2 は，考えている点での値を計算せねばならないが，ほかのイオンのもつガウス分布の電荷の裾が重なっているために，ゼロにならない．このポテンシャルには，各イオン位置から三つの寄与がある：

$$q_l\left[\frac{1}{r_l} - \frac{1}{r_l}\int_0^{r_l}\rho(\mathbf{r})\,d\mathbf{r} - \int_{r_l}^\infty \frac{\rho(\mathbf{r})}{r}d\mathbf{r}\right].$$

ここで，第1項は点電荷によるポテンシャル，第2項は第 l 番目のイオン位置にあるガウス分布の電荷のうち，半径 r_l の球の内部にある部分によるポテンシャル，第3項はその球の外部の電荷によるポテンシャルである．$\rho(\mathbf{r})$ に前ページの式を代入し，少し変形すると

$$\varphi_2 = \sum_l \frac{q_l}{r_l} F(\eta^{1/2} r_l) \tag{5}$$

が得られる．ここで

$$F(x) = (2/\pi^{1/2})\int_x^\infty \exp(-s^2)\,ds$$

である．最後に，注目しているイオン i に対する，結晶内の他のすべてのイオンの電場によるポテンシャルは

$$\varphi(i) = \frac{4\pi}{\Delta}\sum_{\mathbf{G}} S(\mathbf{G})\,G^{-2}\exp(-G^2/4\eta) - 2q_i(\eta/\pi)^{1/2} + \sum_l \frac{q_l}{r_l} F(\eta^{1/2} r_l) \tag{6}$$

となる．エバルトの方法を用いるときには，(6) の和が両方とも早く収束するように η を選ぶのがこつである．

規則正しく並んだ双極子の格子和についての
エバルト-コーンフェルトの方法

Kornfeld はエバルトの方法を，双極子あるいは四重極子が規則正しく並んだ場合に拡張した．いま格子をつくって規則正しく並んでいる双極子について，格子点でないところの電場を考えよう．(4) と (5) により，正の単位電荷のつくる格

子内の点 **r** でのポテンシャルは，点 **r** から格子点 l までの距離を r_l とすると

$$\varphi = (4\pi/\Delta)\sum_{\mathbf{G}} S(\mathbf{G}) G^{-2}\exp[i\mathbf{G}\cdot\mathbf{r} - G^2/4\eta] + \sum_{l} F(\sqrt{\eta}\,r_l)/r_l \tag{7}$$

となる．右辺の第 1 項は，各格子点にある電荷 $\rho = (\eta/\pi)^{3/2}\exp(-\eta r^2)$ によるポテンシャルである．静電場に関する有名な関係から，上述のポテンシャルの $-d/dz$ をとると，z 方向を向いた単位双極子のつくる格子のポテンシャルが得られる．議論の対象である第 1 項からは

$$-(4\pi i/\Delta)\sum_{\mathbf{G}} S(\mathbf{G})(G_z/G^2)\exp[i\mathbf{G}\cdot\mathbf{r} - G^2/4\eta]$$

が得られ，この項による電場の z 成分は $E_z = \partial^2\varphi/\partial z^2$ であって

$$-(4\pi/\Delta)\sum_{\mathbf{G}} S(\mathbf{G})(G_z^2/G^2)\exp[i\mathbf{G}\cdot\mathbf{r} - G^2/4\eta] \tag{8}$$

となる．

(7) の右辺の第 2 項を一度微分すると

$$-\sum_{l} z_l [(F(\sqrt{\eta}\,r_l)/r_l^3) + (2/r_l^2)(\eta/\pi)^{1/2}\exp(-\eta r_l^2)]$$

が得られ，電場のこの部分の z 成分は

$$\begin{aligned}\sum_{l}\{z_l^2[&(3F(\sqrt{\eta}\,r_l)/r_l^5) + (6/r_l^4)(\eta/\pi)^{1/2}\exp(-\eta r_l^2)\\&+ (4/r_l^2)(\eta^3/\pi)^{1/2}\exp(-\eta r_l^2)] - [(F(\sqrt{\eta}\,r_l)/r_l^3)\\&+ (2/r_l^2)(\eta/\pi)^{1/2}\exp(-\eta r_l^2)]\}\end{aligned} \tag{9}$$

となる．全 E_z は (8) と (9) との和である．格子の数がいくら多くてもそれぞれの効果をつけ加えていけばよい．

付録C 弾性波の量子化：フォノン

4章では，フォノンを量子化された弾性波として導入した．どのように弾性波を量子化するのだろうか？ 結晶中のフォノンの簡単なモデルとして，ばねで連結された粒子の一次元の格子を考える．粒子の運動は調和振動子または結合された調和振動子に対してと同じく厳密に量子化することができる．こうするために，粒子の座標をフォノンの座標に変換する．後者は進行波を表すので波動座標ともよばれる．

質量 M の N 個の粒子が力定数 C のばねで間隔 a で結ばれているとする．境界条件を確定するために，環状にする．粒子が環の平面から外に出るような横波の変位を考えよう．s 番目の粒子の座標と運動量を q_s と p_s とする．系のハミルトニアンは次式で表される．

$$H = \sum_{s=1}^{N} \left\{ \frac{1}{2M} p_s^2 + \frac{1}{2} C (q_{s+1} - q_s)^2 \right\} \tag{1}$$

調和振動子のハミルトニアンは

$$H = \frac{1}{2M} p^2 + \frac{1}{2} C x^2 \tag{2}$$

であって，エネルギー固有値は，$n = 0, 1, 2, 3, \cdots$ として

$$\epsilon_n = \left(n + \frac{1}{2} \right) \hbar \omega \tag{3}$$

となる．ハミルトニアン (1) をもつ鎖に対する固有値問題はまた厳密に解くことができる．

(1) を解くために，座標 p_s, q_s からフォノン座標といわれる P_k, Q_k へとフーリエ変換をする．

フォノン座標

粒子の座標 q_s からフォノン座標 Q_k への変換は，すべての周期格子問題に使われる．

付録C　弾性波の量子化：フォノン　　　　　　　　[付11]

$$q_s = N^{-1/2} \sum_k Q_k \exp(iksa) \tag{4}$$

とすると，これは逆変換

$$Q_k = N^{-1/2} \sum_s q_s \exp(-iksa) \tag{5}$$

と一致する．ここで，周期的境界条件 $q_s = q_{s+N}$ を満たす波動ベクトル k の N 個の値は

$$k = 2\pi n/Na\,; \; n = 0,\; \pm 1,\; \pm 2,\; \cdots,\; \pm\left(\frac{1}{2}N - 1\right),\; \frac{1}{2}N \tag{6}$$

で与えられる．

われわれは，粒子運動量 p_s から座標 Q_k とカノニカル共役である運動量 P_k への変換を必要とする．この変換は

$$p_s = N^{-1/2} \sum_k P_k \exp(-iksa)\,; \; P_k = N^{-1/2} \sum_s p_s \exp(iksa) \tag{7}$$

である．(4) および (5) に q の代りに単に p を代入し，また Q に P を代入するという仕方で得られる結果は正しくない．そのわけは，(4) と (7) では k と $-k$ とが取り換えられているからである．

ここで選んだ P_k と Q_k とが，正準変数に対する量子論的交換関係を満たすことを示そう．次の交換関係をつくる：

$$[Q_k, P_{k'}] = N^{-1}\left[\sum_r q_r \exp(-ikra), \sum_s p_s \exp(ik'sa)\right]$$
$$= N^{-1} \sum_r \sum_s [q_r, p_s] \exp[-i(kr - k's)a]. \tag{8}$$

演算子 q と p とは共役であるから，これらは次の交換関係を満たす：

$$[q_r, p_s] = i\hbar \delta(r, s). \tag{9}$$

ここに $\delta(r, s)$ はクロネッカーのデルタ記号である．

したがって，(8) は

$$[Q_k, P_{k'}] = N^{-1} i\hbar \sum_r \exp[-i(k - k')ra] = i\hbar \delta(k, k') \tag{10}$$

となるから，Q_k, P_k は共役な変数である．ここでは次の和

$$\sum_r \exp[-i(k - k')ra] = \sum_r \exp[-i2\pi(n - n')r/N]$$
$$= N\delta(n, n') = N\delta(k, k') \tag{11}$$

を実行し，そのさい (6) と有限数列 (11) に対する標準的結果を用いた．

ハミルトニアン (1) に変換 (7) と (4) を実行する．さらに和 (11) を用いる：

[付12]　　　付録C　弾性波の量子化：フォノン

$$\sum_s p_s^2 = N^{-1} \sum_s \sum_k \sum_{k'} P_k P_{k'} \exp[-i(k+k')sa] \\ = \sum_k \sum_{k'} P_k P_{k'} \delta(-k, k') = \sum_k P_k P_{-k}, \tag{12}$$

$$\sum_s (q_{s+1} - q_s)^2 = N^{-1} \sum_s \sum_k \sum_{k'} Q_k Q_{k'} \exp(iksa)[\exp(ika) - 1] \\ \times \exp(ik'sa)[\exp(ik'a) - 1] = 2\sum_k Q_k Q_{-k}(1 - \cos ka). \tag{13}$$

したがって，ハミルトニアン (1) はフォノン座標を用いて次のようになる：

$$H = \sum_k \left\{ \frac{1}{2M} P_k P_{-k} + C Q_k Q_{-k}(1 - \cos ka) \right\}. \tag{14}$$

ここで

$$\omega_k \equiv (2C/M)^{1/2}(1 - \cos ka)^{1/2} \tag{15}$$

で定義される記号 ω_k を導入すれば，フォノンハミルトニアンとして次式が得られる：

$$H = \sum_k \left\{ \frac{1}{2M} P_k P_{-k} + \frac{1}{2} M \omega_k^2 Q_k Q_{-k} \right\}. \tag{16}$$

フォノン座標演算子 Q_k の運動方程式は標準的な量子力学の処方に従って求めることができる：

$$i\hbar \dot{Q}_k = [Q_k, H] = i\hbar P_{-k}/M. \tag{17}$$

ここに H は (16) で与えられている．さらに (17) の交換関係を用い

$$i\hbar \ddot{Q}_k = [\dot{Q}_k, H] = M^{-1}[P_{-k}, H] = i\hbar \omega_k^2 Q_k \tag{18}$$

が得られるから

$$\ddot{Q}_k + \omega_k^2 Q_k = 0 \tag{19}$$

が成立する．これは周波数 ω_k の調和振動子の運動方程式である．

量子的調和振動子のエネルギー固有値は

$$\epsilon_k = \left(n_k + \frac{1}{2}\right) \hbar \omega_k \tag{20}$$

で，ここに $n_k = 0, 1, 2, \cdots$ である．すべてのフォノンの全系のエネルギーは

$$U = \sum_k \left(n_k + \frac{1}{2}\right) \hbar \omega_k \tag{21}$$

で，この結果は1次元格子における弾性波の量子化を示すものである．

付録C 弾性波の量子化：フォノン　　　[付13]

生成および消滅演算子

さらに進んだ研究では，フォノンハミルトニアン（16）を調和振動子の組の

$$H = \sum_k \hbar\omega_k\left(a_k^+ a_k + \frac{1}{2}\right) \tag{22}$$

に変換することが役に立つ．ここに a_k^+, a_k は調和振動子演算子で，また生成と消滅演算子ないしボソン演算子といわれる．変換は以下に導く．

"フォノンを生成する"ところのボソン生成演算子 a^+ は，次の性質

$$a^+|n\rangle = (n+1)^{1/2}|n+1\rangle \tag{23}$$

で定義される．ここで演算子は量子数 n の調和振動子の状態に作用する．"フォノンを消滅させる"ボソン消滅演算子 a は，次の性質で定義される：

$$a|n\rangle = n^{1/2}|n-1\rangle. \tag{24}$$

これから

$$a^+a|n\rangle = a^+n^{1/2}|n-1\rangle = n|n\rangle \tag{25}$$

となるから，$|n\rangle$ は演算子 a^+a の固有状態であり，整数の固有値を伴っている．ここに n は量子数または振動子の占有数とよばれる．フォノンモード k が n_k で指定される固有状態にあるとき，われわれはこのモードに n_k 個のフォノンがあるという．（22）の固有値は $U = \sum_k (n_k + \frac{1}{2})\hbar\omega_k$ であり，（21）と一致している．

$$aa^+|n\rangle = a(n+1)^{1/2}|n+1\rangle = (n+1)|n\rangle \tag{26}$$

であるので，ボソン波の演算子 a_k^+ と a_k との交換関係は次の関係を満足している：

$$[a, a^+] \equiv aa^+ - a^+a = 1. \tag{27}$$

われわれはさらに，ハミルトニアン（16）が（19）のように，フォノン演算子 a_k^+ と a_k で表現されることを示さなければならない．これは，以下の変換ですることができる：

$$a_k^+ = (2\hbar)^{-1/2}[(M\omega_k)^{1/2}Q_{-k} - i(M\omega_k)^{-1/2}P_k], \tag{28}$$

$$a_k = (2\hbar)^{-1/2}[(M\omega_k)^{1/2}Q_k + i(M\omega_k)^{-1/2}P_{-k}]. \tag{29}$$

この逆変換は

$$Q_k = (\hbar/2M\omega_k)^{1/2}(a_k + a_{-k}^+), \tag{30}$$

$$P_k = i(\hbar M\omega_k/2)^{1/2}(a_k^+ - a_{-k}). \tag{31}$$

（4），（5），（28）および（29）で粒子の位置演算子は

[付14] 付録C　弾性波の量子化：フォノン

$$q_s = \sum_k (\hbar/2NM\omega_k)^{1/2}[a_k \exp(iksa) + a_k^+ \exp(-iksa)] \tag{32}$$

となり，この式は粒子の変位の演算子を，フォノンの生成，消滅演算子と関係づけるものである*)．

(28) から (29) を得るには，次の性質

$$Q_{-k}^+ = Q_k, \qquad P_k^+ = P_{-k} \tag{33}$$

を用いる．これは量子力学的要請である q_s と p_s がエルミート演算子であること，すなわち

$$q_s = q_s^+, \qquad p_s = p_s^+ \tag{34}$$

を用いて (5) と (7) から導かれる．これらより，(28) は変換 (4)，(5) と (7) から得られる．また，交換関係が (28) と (29) で定義される演算子で満たされることを示すことができる．すなわち

$$[a_k, a_k^+] = (2\hbar)^{-1}(M\omega_k[Q_k, Q_{-k}] - i[Q_k, P_k]$$
$$+ i[P_{-k}, Q_{-k}] + [P_{-k}, P_k]/M\omega_k). \tag{35}$$

(10) の $[Q_k, P_{k'}] = i\hbar\delta(k, k')$ から，次式が得られる：

$$[a_k, a_{k'}^+] = \delta(k, k'). \tag{36}$$

(16) の表現が (22) のフォノンハミルトニアンと同等であることを示すことが残されている．(15) から $\omega_k = \omega_{-k}$ に注意し，次式をつくってみる：

$$\hbar\omega_k(a_k^+ a_k + a_{-k}^+ a_{-k}) = \frac{1}{2M}(P_k P_{-k} + P_{-k} P_k)$$
$$+ \frac{1}{2}M\omega_k^2(Q_k Q_{-k} + Q_{-k} Q_k) - \hbar\omega_k$$

これは H に対する二つの表現式 (16) と (22) の同等性を示している．われわれは，(15) の $\omega_k = (2C/M)^{1/2}(1-\cos ka)^{1/2}$ が波動ベクトル k の振動モードの古典的周波数と等しいことを知る．

---

*)（訳者注）付録 C では，格子間隔 a とボソン演算子 a が同じ記号になっているが，混同しないように注意．

付録 D　フェルミ-ディラックの分布関数

　フェルミ-ディラックの分布関数[1]を導くには，統計力学への新しいアプローチによるさまざまなやり方がある．ここではそれらを概観しよう．通常のエントロピー S を基本的エントロピー σ から $S=k_B\sigma$ で，また絶対温度 T を基本温度 τ と $\tau=k_BT$ で関係づける．ここに k_B はボルツマン定数で，その値は $1.38066\times 10^{-23}\,\mathrm{J\,K^{-1}}$ である．

　主要な物理量として，エントロピー，温度，ボルツマン因子，化学ポテンシャル，ギブス因子，分布関数がある．エントロピーは系のとりうる量子状態の数の尺度である．閉じた系では，これらのどの量子状態も同じ確率で実現されるものと（仮定）する．基本的仮定は次のように表現される．量子状態は系に対して許されるか，許されないかのどちらかで，かつ系がどれか一つの許される状態にある確からしさは他のどの許される状態にある確からしさとも等しい．g 個の許される状態があるとすると，系のエントロピーは $\sigma=\log g$ で定義される．このように定義されたエントロピーは系のエネルギー U，粒子数 N，体積 V の関数である．

　エネルギーの決まった二つの系が熱的に接触すると，互いにエネルギーを交換し，個々のエネルギーは拘束されないが，全エネルギーは一定に保たれる．一方へ，あるいは逆方向へのエネルギーの移行は，この複合系のとりうる状態の数を与える積 g_1g_2 を増加させうる．われわれが基本的仮定とよんでいるものでは，とりうる状態の数が極大になるように，全エネルギーの配分結果の方向付けをする．このことは，数が大きいほどより正確に，よりもっともらしい．この主張はエントロピーの増大の法則の核心的部分であり，熱力学の第 2 法則の一般的表現である．

　二つの系を熱的に接触させ，エネルギーが交換されるようにしよう．そうする

---

[1] この付録は，C. Kittel and H. Kroemer, *Thermal physics*, 2nd ed., Freeman（1980）（山下次郎，福地充訳，キッテル熱物理学，第 2 版，丸善，1983）に沿っている．

付録D　フェルミ-ディラックの分布関数

と，最も確からしい結果は何か？　一方の系がもう一つの系からエネルギーを受け取り，結果として二つの系全体のエントロピーは増大する．結局，与えられた全エネルギーに対しエントロピーは極大に達する．一方の系の $(\partial\sigma/\partial U)_{N,V}$ の値が他方の系のこの量の値と等しいときに，この極大が得られることを示すのは難しくない．二つの系の熱的接触におけるこの等値関係はわれわれが温度について期待するところのものである．このようにして基本的温度 τ を次の関係から定義することができる：

$$\frac{1}{\tau} \equiv \left(\frac{\partial\sigma}{\partial U}\right)_{N,V}. \tag{1}$$

$1/\tau$ を用いると，エネルギーが高い τ から低い τ に流れることを，他の複雑な関係を必要とせずに保証する．

ボルツマン因子の簡単な例を考えよう．一つがエネルギー 0，もう一つがエネルギー ϵ の二つの状態だけをもつ簡単な小さな系を考え，熱溜とよばれる大きな系と熱接触させる．合成系の全エネルギーは，U_0 である．したがって，小さな系がエネルギー 0 の状態にあるときは熱溜はエネルギー U_0 をもち，それがとりうる状態の数は $g(U_0)$ である．小さな系がエネルギー ϵ の状態にあるときは，熱溜は $U_0 - \epsilon$ のエネルギーをもち，とりうる状態の数は $g(U_0 - \epsilon)$ となる．基本的な仮定から，小さな系のエネルギーが ϵ となる確率と 0 になる確率との比は，以下のようになる：

$$\frac{P(\epsilon)}{P(0)} = \frac{g(U_0 - \epsilon)}{g(U_0)} = \frac{\exp[\sigma(U_0 - \epsilon)]}{\exp[\sigma(U_0)]}. \tag{2}$$

熱溜のエントロピー σ は，テイラー展開して温度の定義 (1) を利用すると

$$\sigma(U_0 - \epsilon) \simeq \sigma(U_0) - \epsilon(\partial\sigma/\partial U_0) = \sigma(U_0) - \epsilon/\tau \tag{3}$$

となる．展開式で高次の項は省略した．(3) を (2) に代入すると，分子と分母の $\exp[\sigma(U_0)]$ が打ち消し合い，次式が得られる：

$$P(\epsilon)/P(0) = \exp(-\epsilon/\tau). \tag{4}$$

これは，ボルツマンの結果である．この使い方を示すために，この 2 準位系が熱溜と温度 τ で熱接触しているときの平均エネルギー $\langle\epsilon\rangle$ を計算しよう．

$$\langle\epsilon\rangle = \sum_i \epsilon_i P(\epsilon_i) = 0\cdot P(0) + \epsilon P(\epsilon) = \frac{\epsilon\exp(-\epsilon/\tau)}{1 + \exp(-\epsilon/\tau)}, \tag{5}$$

ここで確率の和に対する規格化の条件

$$P(0) + P(\epsilon) = 1 \tag{6}$$

付録D　フェルミ-ディラックの分布関数　　　[付17]

を課した．この考察は，プランクの法則のときのように，温度 τ における調和振動子の平均エネルギーを求めるために直接一般化できる．

　この理論の最も重要な拡張は，エネルギーと同時に粒子自身を熱溜と交換できる系への拡張である．粒子も拡散できるような熱接触にある二つの系については，エネルギーの移動のみならず，粒子の移動に関してもエントロピーが極大となる．この二つの系では $(\partial\sigma/\partial U)_{N,V}$ ばかりでなく，$(\partial\sigma/\partial N)_{U,V}$ も等しい必要がある．ここに N は与えられた種類の粒子の数である．この新しい等値条件は

$$-\frac{\mu}{\tau} = \left(\frac{\partial\sigma}{\partial N}\right)_{U,V} \tag{7}$$

で定義されている化学ポテンシャル μ の導入[2]に導く．粒子も拡散できるように熱接触している二つの系では $\tau_1=\tau_2$ および $\mu_1=\mu_2$ である．(7)の符号は，熱平衡状態に近づくときに，粒子の流れが高い化学ポテンシャルから低いポテンシャルの方に流れるように選ばれている．

　ギブス因子はボルツマン因子(4)の拡張であり，粒子が行き交う系の取扱いを可能とする．簡単な例として，一つは粒子0個でエネルギー0，もう一つは粒子1個でエネルギー ϵ の二つの状態をもった系を考える．この系を温度 τ ならびに化学ポテンシャル μ の熱溜と接触させる．(3)をこの熱溜のエントロピーに拡張する：

$$\begin{aligned}\sigma(U_0-\epsilon\,;N_0-1) &= \sigma(U_0\,;N_0) - \epsilon(\partial\sigma/\partial U_0) - 1\cdot(\partial\sigma/\partial N_0)\\ &= \sigma(U_0\,;N_0) - \epsilon/\tau + \mu/\tau.\end{aligned} \tag{8}$$

(4)との類推から，ギブス因子として，次式が得られる：

$$P(1,\epsilon)/P(0,0) = \exp[(\mu-\epsilon)/\tau]. \tag{9}$$

これは，系がエネルギー ϵ の粒子1個で占められる確率と，粒子が存在せずエネルギーが0である確率との比である．この結果(9)は，規格化を行って

$$P(1,\epsilon) = \frac{1}{\exp[(\epsilon-\mu)/\tau]+1} \tag{10}$$

と書くことができる．これはフェルミ-ディラックの分布関数である．

---

[2]　TPの5章ではこの化学ポテンシャルを注意深く取り扱っている．

付録 E dk/dt 方程式の導出

次に示す簡単で,しかも厳密な導き出しかたは Kroemer によるものである.量子力学においては任意の演算子に対して関係

$$d\langle A\rangle/dt = (i/\hbar)\langle[H, A]\rangle \tag{1}$$

が成立する.ここで H はハミルトニアンである[*)].

A を次の式で定義される格子の並進演算子 T であるとしよう:

$$Tf(x) = f(x + a). \tag{2}$$

ここで a は格子の基本ベクトルである.ここでは1次元を取り扱う.ブロッホ関数に対しては

$$T\psi_k(x) = \exp(ika)\psi_k(x) \tag{3}$$

である.この結果はふつうは一つのバンドに対して書かれるが,ψ_k が任意の数のバンドのブロッホ関数の線形結合である場合にも,それらの波動ベクトルが還元ゾーン形式において同じ k をもつものであれば,この結果は成立する.

結晶のハミルトニアン H_0 は格子の並進演算子 T と可換であるから,$[H_0, T]=0$ である.もし一様な外力 F が加わると

$$H = H_0 - Fx \tag{4}$$

であり,

$$[H, T] = FaT \tag{5}$$

である.(1) と (5) とにより

$$d\langle T\rangle/dt = (i/\hbar)(Fa)\langle T\rangle. \tag{6}$$

(6) より

$$\langle T\rangle^* d\langle T\rangle/dt = (iFa/\hbar)|\langle T\rangle|^2,$$
$$\langle T\rangle d\langle T^*\rangle/dt = -(iFa/\hbar)|\langle T\rangle|^2$$

が得られる.この2式を加えると

[*)] C. L. Cook, Am. J. Phys. **55**, 953 (1987) 参照.

$$d|\langle T\rangle|^2/dt = 0 \tag{7}$$

となる.

これは複素平面上における円の方程式である．この平面の座標軸は，固有値 $\exp(ika)$ の実部と虚部である．もし $\langle T\rangle$ がはじめに単位円の上にあれば，それは単位円上にとどまっている．

周期的条件を満足する ψ_k に対しては，$\langle T\rangle$ は，ψ_k が単一のブロッホ関数であるか，または異なるいくつかのバンドに属するが同じ還元ベクトル k をもついくつかのブロッホ関数の重ね合わせであるときにのみ，単位円上にとどまっている．

$\langle T\rangle$ は単位円上を動いているから波動ベクトル k は ψ_k のすべてのバンドからの成分に対して正確に同じ割合で変化している．$\langle T\rangle = \exp(ika)$ に対して (6) から

$$ia\, dk/dt = iFa/\hbar \tag{8}$$

すなわち

$$dk/dt = F/\hbar. \tag{9}$$

これは正確な結果である.

これは (Zener のトンネル効果のような) バンド間の状態の混合が外部から加えられた電場の下で生じないという意味ではない．これは k は波束のすべての成分に対して同じ割合で変化するという意味である．この結果は容易に 3 次元に拡張される．

付録 F　ボルツマンの輸送方程式

　輸送過程の古典理論はボルツマンの輸送方程式に基礎をおく．直交座標 **r** と速度 **v** からなる 6 次元空間を用いよう．古典分布関数 $f(\mathbf{r}, \mathbf{v})$ は次の関係によって定義されている：

$$f(\mathbf{r}, \mathbf{v})\,d\mathbf{r}\,d\mathbf{v} = d\mathbf{r}\,d\mathbf{v}\text{ のなかの粒子の数}. \tag{1}$$

　ボルツマン方程式は次の議論によって導き出される．われわれは時間変移 dt が分布関数に及ぼす効果を考察する．古典力学のリウヴィルの定理（Liouville theorem）は，衝突がなければ，流れの線に沿って体積要素を追っていくとき，分布関数は保存されるということを教える．すなわち，

$$f(t + dt, \mathbf{r} + d\mathbf{r}, \mathbf{v} + d\mathbf{v}) = f(t, \mathbf{r}, \mathbf{v}). \tag{2}$$

衝突（collision）が存在すれば

$$f(t + dt, \mathbf{r} + d\mathbf{r}, \mathbf{v} + d\mathbf{v}) - f(t, \mathbf{r}, \mathbf{v}) = dt\,(\partial f/\partial t)_{\text{coll}} \tag{3}$$

である．したがって

$$dt\,(\partial f/\partial t) + d\mathbf{r}\cdot\text{grad}_r f + d\mathbf{v}\cdot\text{grad}_v f = dt\,(\partial f/\partial t)_{\text{coll}}. \tag{4}$$

加速度 $d\mathbf{v}/dt$ を a で表せば

$$\boxed{\partial f/\partial t + \mathbf{v}\cdot\text{grad}_r f + a\cdot\text{grad}_v f = (\partial f/\partial t)_{\text{coll}}} \tag{5}$$

となる．これは**ボルツマンの輸送方程式**（Boltzmann transport equation）である．

　多くの問題において，衝突項 $(\partial f/\partial t)_{\text{coll}}$ は次の式

$$(\partial f/\partial t)_{\text{coll}} = -(f - f_0)/\tau_c \tag{6}$$

によって定義される緩和時間（relaxation time）$\tau_c(\mathbf{r}, \mathbf{v})$ を導入することによって処理される．ここで f_0 は熱平衡にあるときの分布関数である．緩和時間 τ_c を温度に用いる τ と混合しないように．いま外力のために分布が熱平衡から外れているとし，突然この外力が切られたとしよう．分布が熱平衡に向かって落ちていく変化は (6) から (7) によって与えられることがわかる：

付録F　ボルツマンの輸送方程式　　　[付 21]

$$\frac{\partial (f - f_0)}{\partial t} = -\frac{f - f_0}{\tau_c}. \tag{7}$$

熱平衡分布の定義により，$\partial f_0/\partial t = 0$ であることに注意せよ．この方程式は解

$$(f - f_0)_t = (f - f_0)_{t=0} \exp(-t/\tau_c) \tag{8}$$

をもっている．τ_c が **r** や **v** の関数であってもかまわない．

(1) と (5) と (6) とを結びつけると，緩和時間近似におけるボルツマンの輸送方程式が得られる：

$$\boxed{\frac{\partial f}{\partial t} + \boldsymbol{\alpha} \cdot \mathrm{grad}_v f + \mathbf{v} \cdot \mathrm{grad}_r f = -\frac{f - f_0}{\tau_c}.} \tag{9}$$

定常状態では定義によって $\partial f/\partial t = 0$ である．

粒 子 の 拡 散

粒子の濃度に勾配のある等温の系を考察する．緩和時間近似での，定常状態を表すボルツマンの輸送方程式は

$$v_x df/dx = -(f - f_0)/\tau_c \tag{10}$$

となる．ここでは非平衡の関数 f は x 方向に沿って変化しているものとする．(10) を第1近似まで書くことにしよう：

$$f_1 \simeq f_0 - v_x \tau_c df_0/dx. \tag{11}$$

ここでは $\partial f/\partial x$ を $\partial f_0/\partial x$ でおき換えた．もし必要ならば逐次近似を行って高い近似の解を得ることもできる．第2近似の解は

$$f_2 = f_0 - v_x \tau_c df_1/dx = f_0 - v_x \tau_c df_0/dx + v_x^2 \tau_c^2 d^2 f_0/dx^2 \tag{12}$$

である．逐次近似は非線形効果の取扱いに用いられよう．

古 典 分 布

f_0 を古典極限における分布関数であるとしよう：

$$f_0 = \exp[(\mu - \epsilon)/\tau]. \tag{13}$$

輸送方程式は f と f_0 とに関して線形であるから，われわれは分布関数に対して最も便利なように規格化してよいという自由をもっている．それで規格化を (1) のようではなく，(13) のようにとることができる．すると

$$df_0/dx = (df_0/d\mu)(d\mu/dx) = (f_0/\tau)(d\mu/dx) \tag{14}$$

となり，非平衡分布関数に対する第1近似の解 (11) は

付録F　ボルツマンの輸送方程式

$$f = f_0 - (v_x \tau_c f_0 / \tau)(d\mu/dx) \tag{15}$$

となる．x 方向の粒子の流れの密度は

$$J_n^x = \int v_x f D(\epsilon) d\epsilon \tag{16}$$

となる．ここで $D(x)$ は 6 章の (20) のように，単位体積あたり，単位エネルギー領域あたりの電子状態の密度である：

$$D(\epsilon) = \frac{1}{2\pi^2}\left(\frac{2M}{\hbar^2}\right)^{3/2}\epsilon^{1/2}. \tag{17}$$

それゆえに，

$$J_n^x = \int v_x f_0 D(\epsilon) d\epsilon - (d\mu/dx)\int (v_x^2 \tau_c f_0/\tau) D(\epsilon) d\epsilon. \tag{18}$$

第1番目の積分はゼロとなる．v_x は奇関数であり，f_0 は v_x の偶関数であるからである．このことは，平衡分布 f_0 に対しては正味の粒子の流れがゼロとなることを保証する．第2の積分はゼロではない．

第2の積分を計算する前に，緩和時間 τ_c の速度依存性について何かを知っているとして，それを用いる機会をもつことにしよう．一つの例として，τ_c は速度によらず一定であると仮定しよう．すると τ_c は積分の外に出るから

$$J_n^x = -(d\mu/dx)(\tau_c/\tau)\int v_x^2 f_0 D(\epsilon) d\epsilon \tag{19}$$

となる．この式に含まれる積分は次のように書かれる：

$$\frac{1}{3}\int v^2 f_0 D(\epsilon) d\epsilon = \frac{2}{3M}\int \left(\frac{1}{2}Mv^2\right) f_0 D(\epsilon) d\epsilon = n\tau/M. \tag{20}$$

積分は正に粒子の運動エネルギーの密度 $\frac{3}{2}n\tau$ である．ただし，$\int f_0 D(\epsilon) d\epsilon = n$ は粒子の濃度である．粒子の流れの密度は

$$J_n^x = -(n\tau_c/M)(d\mu/dx) = -(\tau_c\tau/M)(dn/dx) \tag{21}$$

である．なぜならば μ は

$$\mu = \tau \log n + 定数 \tag{22}$$

で与えられるからである．結果 (21) は，拡散率

$$D_n = \tau_c \tau/M = \frac{1}{3}\langle v^2 \rangle \tau_c \tag{23}$$

をもつ拡散方程式の形をしている．

緩和時間に対するもう一つの可能な仮定は，$\tau_c = l/v$ のように，速度に逆比例するとすることである．ここで平均自由行程 l は一定である．(19) の代りに

付録F　ボルツマンの輸送方程式　　　　[付23]

$$J_n^x = -(dn/dx)(l/\tau)\int (v_x^2/v) f_0 D(\epsilon)\,d\epsilon \tag{24}$$

となるが，今度は積分は

$$\frac{1}{3}\int v f_0 D(\epsilon)\,d\epsilon = \frac{1}{3}n\bar{c} \tag{25}$$

と書ける．ここで $\bar{c}$ は平均の速さである．それゆえ

$$J_n^x = -\frac{1}{3}(l\bar{c}n/\tau)(d\mu/dx) = -\frac{1}{3}l\bar{c}(dn/dx) \tag{26}$$

となる．したがって拡散率は

$$D_n = \frac{1}{3}l\bar{c} \tag{27}$$

である．

フェルミ-ディラックの分布

分布関数は

$$f_0 = \frac{1}{\exp[(\epsilon - \mu)/\tau] + 1} \tag{28}$$

である．(14)のときのように df_0/dx をつくるために，微分係数 $df_0/d\mu$ が必要となる．以下において，$\tau \ll \mu$ のような低温では

$$df_0/d\mu \simeq \delta(\epsilon - \mu) \tag{29}$$

であることを示す．ここで δ は，ディラックのデルタ関数であって，一般の関数 $F(\epsilon)$ に対して次のような性質をもっている：

$$\int_{-\infty}^{\infty} F(\epsilon)\delta(\epsilon - \mu)\,d\epsilon = F(\mu). \tag{30}$$

さて，積分 $\int_0^\infty F(\epsilon)(df_0/d\mu)\,d\epsilon$ を考察しよう．低温においては ϵ の関数 $df_0/d\mu$ は $\epsilon \approx \mu$ に対して非常に大きい値をとるが，他のところでは小さい．$F(\epsilon)$ が μ の近くで非常に激しく変化しないかぎり，$F(\epsilon)$ を $F(\mu)$ とおいて，積分の外に取り出してもよい：

$$\int_0^\infty F(\epsilon)(df_0/d\mu)\,d\epsilon \simeq F(\mu)\int_0^\infty (df_0/d\mu)\,d\epsilon = -F(\mu)\int_0^\infty (df_0/d\epsilon)\,d\epsilon$$
$$= -F(\mu)[f_0(\epsilon)]_0^\infty = F(\mu)f_0(0). \tag{31}$$

ここで $df_0/d\mu = -df_0/d\epsilon$ という関係を用いた．また $\epsilon = \infty$ において $f_0 = 0$ という関係も用いた．低温においては $f_0(0) = 1$ である．それゆえ，(31)の右辺はちょう

ど $F(\mu)$ になって,デルタ関数の近似と一致する.それゆえ

$$df_0/dx = \delta(\epsilon - \mu)\, d\mu/dx \tag{32}$$

である.

粒子の流れの密度は(16)から

$$J_n^x = -(d\mu/dx)\,\tau_c \int v_x^2 \delta(\epsilon - \mu) D(\epsilon)\, d\epsilon \tag{33}$$

である.ここで τ_c はフェルミ球の表面 $\epsilon = \mu$ における緩和時間である.$D(\mu) = 3n/2\epsilon_F$ であり,フェルミ面上の速度 v_F は $\epsilon_F = \frac{1}{2}mv_F^2$ によって定義されるから,積分の値は

$$\frac{1}{3}v_F^2(3n/2\epsilon_F) = n/m \tag{34}$$

となる.それゆえ

$$J_n^x = -(n\tau_c/m)\, d\mu/dx. \tag{35}$$

絶対零度においては $\mu(0) = (\hbar^2/2m)(3\pi^2 n)^{2/3}$ であるから

$$\begin{aligned}
d\mu/dx &= \left\{\frac{2}{3}(\hbar^2/2m)(3\pi^2)^{2/3}/n^{1/3}\right\} dn/dx \\
&= \frac{2}{3}(\epsilon_F/n)\, dn/dx
\end{aligned} \tag{36}$$

であり,それゆえ(33)は

$$J_n^x = -(2\tau_c/3m)\,\epsilon_F\, dn/dx = -\frac{1}{3}v_F^2 \tau_c dn/dx \tag{37}$$

となる.拡散率は dn/dx の係数であるから

$$D_n = \frac{1}{3}v_F^2 \tau_c \tag{38}$$

となり,この式は速度の古典分布に対する結果(23)と非常によく似た形である.(38)においては,緩和時間はフェルミ・エネルギーのところで取らねばならない.

われわれは,金属のようにフェルミ-ディラックの分布を用いる場合でも,輸送問題を古典近似を用いる場合と同様にたやすく解くことができることを知る.

電 気 伝 導 率

等温電気伝導率 σ は,粒子の拡散率において,粒子の流れの密度に粒子の電荷 q をかけ,化学ポテンシャルの勾配 $d\mu/dx$ を外部ポテンシャルの勾配 $qd\varphi/$

$dx = -qE_x$ でおき換えれば，拡散率から導かれる．ここで E_x は電場の強さの x 成分である．電流密度は，緩和時間 τ_c をもつ古典気体に対しては

$$\mathbf{J}_q = (nq^2\tau_c/m)\mathbf{E}, \qquad \sigma = nq^2\tau_c/m \tag{39}$$

である．フェルミ-ディラックの分布に対しては (35) から

$$\mathbf{J}_q = (nq^2\tau_c/m)\mathbf{E}, \qquad \sigma = nq^2\tau_c/m \tag{40}$$

である．

付録 G　ベクトルポテンシャル，場の運動量，ゲージ変換

　磁気的ベクトルポテンシャル **A** を本文中のどこかで正確に論じても，他で必要な場合にそれを見つけるのは厄介だから，ここに収録しておく．この結果は超伝導のところでも必要である．磁場の中の1粒子のハミルトニアンが以下の(18)に導かれているように，次の形をもつことは不思議に見えるかもしれない：

$$H = \frac{1}{2M}\left(\mathbf{p} - \frac{Q}{c}\mathbf{A}\right)^2 + Q\varphi. \tag{1}$$

ここで Q は粒子の電荷，M は質量，**A** はベクトルポテンシャル，φ は静電ポテンシャルである．この表式は古典力学においても，また量子力学においても正しい．粒子の運動エネルギーは静磁場においては変化しないから，磁場のベクトルポテンシャルがハミルニトアンに入ってくるのはおそらく予想しなかったことであろう．後に学ぶように，この解答は，運動量 **p** が二つの部分，一つはよく知られた運動による運動量（kinetic momentum）

$$\mathbf{p}_{\text{kin}} = M\mathbf{v} \tag{2}$$

と，もう一つのポテンシャルによる運動量，あるいは場の運動量（field momentum）

$$\mathbf{p}_{\text{field}} = \frac{Q}{c}\mathbf{A} \tag{3}$$

との和であるという観察である．全運動量は

$$\boxed{\mathbf{p} = \mathbf{p}_{\text{kin}} + \mathbf{p}_{\text{field}} = M\mathbf{v} + \frac{Q}{c}\mathbf{A}} \tag{4}$$

であり，運動エネルギーは次式のようになる：

$$\frac{1}{2}Mv^2 = \frac{1}{2M}(Mv)^2 = \frac{1}{2M}\left(\mathbf{p} - \frac{Q}{c}\mathbf{A}\right)^2. \tag{5}$$

ベクトルポテンシャル[1]は磁場と次の関係で結ばれている：
$$\mathbf{B} = \operatorname{curl} \mathbf{A}. \tag{6}$$
われわれは磁性体ではない物質を問題にしているので，$\mathbf{H}$ と $\mathbf{B}$ とは同じように取り扱われると仮定する．

ラグランジュ運動方程式

ハミルトニアンを見いだすための古典力学の処法は明瞭である．最初にラグランジアンを見出さねばならない．一般座標を用いたラグランジアンは
$$L = \frac{1}{2} M \dot{q}^2 - Q\varphi(\mathbf{q}) + \frac{Q}{c} \dot{\mathbf{q}} \cdot \mathbf{A}(\mathbf{q}) \tag{7}$$
である．このラグランジアンが正しいことは，電場と磁場とが同時に作用しているとき，その中の電荷の運動方程式を正しく与えることからわかる．それを以下で示そう．

直交座標系においてラグランジュ方程式は
$$\frac{d}{dt}\frac{\partial L}{\partial \dot{x}} - \frac{\partial L}{\partial x} = 0 \tag{8}$$
である．y 方向，z 方向に対しても似た式が成立する．各項は (7) から次のように計算される：
$$\frac{\partial L}{\partial x} = -Q\frac{\partial \varphi}{\partial x} + \frac{Q}{c}\left(\dot{x}\frac{\partial A_x}{\partial x} + \dot{y}\frac{\partial A_y}{\partial x} + \dot{z}\frac{\partial A_z}{\partial x}\right), \tag{9}$$
$$\frac{\partial L}{\partial \dot{x}} = M\dot{x} + \frac{Q}{c}A_x, \tag{10}$$
$$\frac{d}{dt}\frac{\partial L}{\partial \dot{x}} = M\ddot{x} + \frac{Q}{c}\frac{dA_x}{dt} = M\ddot{x} + \frac{Q}{c}\left(\frac{\partial A_x}{\partial t} + \dot{x}\frac{\partial A_x}{\partial x} + \dot{y}\frac{\partial A_x}{\partial y} + \dot{z}\frac{\partial A_x}{\partial z}\right). \tag{11}$$

したがって (8) は次のようになる：
$$M\ddot{x} + Q\frac{\partial \varphi}{\partial x} + \frac{Q}{c}\left[\frac{\partial A_x}{\partial t} + \dot{y}\left(\frac{\partial A_x}{\partial y} - \frac{\partial A_y}{\partial x}\right) + \dot{z}\left(\frac{\partial A_x}{\partial z} - \frac{\partial A_z}{\partial x}\right)\right] = 0, \tag{12}$$

または

---

[1] ベクトルポテンシャルの初等的取扱いについては E. M. Purcell, *Elecricity and magnetism*, 2nd ed., McGraw-Hill, 1985 (飯田修一監訳，バークレー物理学コース 2, 電磁気（下），丸善，1988) を見よ．

[付 28]　　　　付録 G　ベクトルポテンシャル，場の運動量，ゲージ変換

$$M\frac{d^2x}{dt^2} = QE_x + \frac{Q}{c}[\mathbf{v}\times\mathbf{B}]_x. \tag{13}$$

ここで

$$E_x = -\frac{\partial\varphi}{\partial x} - \frac{1}{c}\frac{\partial A_x}{\partial t}, \tag{14}$$

$$\mathbf{B} = \mathrm{curl}\,\mathbf{A} \tag{15}$$

である．方程式 (13) はローレンツ力の式である．これで (7) が正しいことが確認された．(14) において，$\mathbf{E}$ は静電場 φ からの寄与とまた磁場のベクトルポテンシャル $\mathbf{A}$ の時間微分からの寄与をもつことに注意せよ．

ハミルトニアンの導出

運動量 $\mathbf{p}$ はラグランジアンを用いて定義される：

$$\mathbf{p} \equiv \frac{\partial L}{\partial \dot{\mathbf{q}}} = M\dot{\mathbf{q}} + \frac{Q}{c}\mathbf{A}. \tag{16}$$

これは (4) と一致している．ハミルトニアン $H(\mathbf{p},\mathbf{q})$ は次の式で定義される：

$$H(\mathbf{p},\mathbf{q}) \equiv \mathbf{p}\cdot\dot{\mathbf{q}} - L. \tag{17}$$

すなわち

$$H = M\dot{q}^2 + \frac{Q}{c}\dot{\mathbf{q}}\cdot\mathbf{A} - \frac{1}{2}M\dot{q}^2 + Q\varphi - \frac{Q}{c}\dot{\mathbf{q}}\cdot\mathbf{A} = \frac{1}{2M}\left(\mathbf{p} - \frac{Q}{c}\mathbf{A}\right)^2 + Q\varphi \tag{18}$$

となる．これは (1) に等しい．

場 の 運 動 量

磁場の中を運動する 1 粒子に伴う電磁場の運動量はポインティング・ベクトルの体積積分によって与えられる．すなわち

$$\mathbf{p}_{\mathrm{field}} = \frac{1}{4\pi c}\int dV\,\mathbf{E}\times\mathbf{B}. \tag{19}$$

われわれは $v \ll c$ と仮定して，非相対論的な近似を用いる．v は粒子の速度である．v/c が小さいときには，$\mathbf{B}$ は外部の源だけから生ずるとしてよいが，$\mathbf{E}$ は電荷が粒子に及ぼす作用から生ずる．$\mathbf{r}'$ にある電荷 Q は次の電場を生ずる：

$$\mathbf{E} = -\boldsymbol{\nabla}\varphi;\quad \nabla^2\varphi = -4\pi Q\delta(\mathbf{r}-\mathbf{r}'). \tag{20}$$

したがって

付録 G　ベクトルポテンシャル，場の運動量，ゲージ変換　　　　[付 29]

$$\mathbf{p}_f = -\frac{1}{4\pi c}\int dV\,\boldsymbol{\nabla}\varphi \times \operatorname{curl}\mathbf{A}. \tag{21}$$

標準的なベクトル演算の公式によって

$$\int dV\,\boldsymbol{\nabla}\varphi \times \operatorname{curl}\mathbf{A} = -\int dV[\mathbf{A} \times \operatorname{curl}(\boldsymbol{\nabla}\varphi) - \mathbf{A}\operatorname{div}\boldsymbol{\nabla}\varphi - (\boldsymbol{\nabla}\varphi)\operatorname{div}\mathbf{A}] \tag{22}$$

が成り立つ．ただし，$\operatorname{curl}(\boldsymbol{\nabla}\varphi)=0$ である．また，常に $\operatorname{div}\mathbf{A}=0$ のようにゲージを選ぶことができる．これは縦ゲージである．

こうして，次の式が得られる：

$$\mathbf{p}_f = -\frac{1}{4\pi c}\int dV\,\mathbf{A}\,\boldsymbol{\nabla}^2\varphi = \frac{1}{c}\int dV\,\mathbf{A}\,Q\,\delta(\mathbf{r}-\mathbf{r}') = \frac{Q}{c}\mathbf{A}. \tag{23}$$

これが全運動量 $\mathbf{p}=M\mathbf{v}+Q\mathbf{A}/c$ に対する場の寄与に関する解釈である．

ゲージ変換

ハミルトニアン H

$$H = \frac{1}{2M}\left(\mathbf{p}-\frac{Q}{c}\mathbf{A}\right)^2 \tag{24}$$

に対して，$H\psi = \epsilon\psi$ とする．ここで $\mathbf{A}$ から $\mathbf{A}'$ へとゲージ変換をしよう：

$$\mathbf{A}' = \mathbf{A} + \boldsymbol{\nabla}\chi. \tag{25}$$

ここで χ はスカラーである．$\operatorname{curl}(\boldsymbol{\nabla}\chi)=0$ であるから，$\mathbf{B}=\operatorname{curl}\mathbf{A}=\operatorname{curl}\mathbf{A}'$ である．シュレーディンガー方程式は

$$\frac{1}{2M}\left(\mathbf{p}-\frac{Q}{c}\mathbf{A}'+\frac{Q}{c}\boldsymbol{\nabla}\chi\right)^2\psi = \epsilon\psi \tag{26}$$

となる．(26) と同じ ϵ の値に対して

$$\frac{1}{2M}\left(\mathbf{p}-\frac{Q}{c}\mathbf{A}'\right)^2\psi' = \epsilon\psi' \tag{27}$$

を満足する ψ' は何であろうか？　方程式 (27) は次の式と同等である：

$$\frac{1}{2M}\left(\mathbf{p}-\frac{Q}{c}\mathbf{A}-\frac{Q}{c}\boldsymbol{\nabla}\chi\right)^2\psi' = \epsilon\psi' \tag{28}$$

そこで，ψ' として次のように仮定してみよう：

$$\psi' = \exp(iQ\chi/\hbar c)\,\psi \tag{29}$$

とすると

[付30]   付録G　ベクトルポテンシャル，場の運動量，ゲージ変換

$$\mathbf{p}\psi' = \exp(iQ\chi/\hbar c)\mathbf{p}\psi + \frac{Q}{c}(\boldsymbol{\nabla}\chi)\exp(iQ\chi/\hbar c)\psi$$

であるから

$$\left(\mathbf{p} - \frac{Q}{c}\boldsymbol{\nabla}\chi\right)\psi' = \exp(iQ\chi/\hbar c)\mathbf{p}\psi$$

となる．また，これを用いて

$$\frac{1}{2M}\left(\mathbf{p} - \frac{Q}{c}\mathbf{A} - \frac{Q}{c}\boldsymbol{\nabla}\chi\right)^2\psi' = \exp(iQ\chi/\hbar c)\frac{1}{2M}\left(\mathbf{p} - \frac{Q}{c}\mathbf{A}\right)^2\psi \tag{30}$$
$$= \exp(iQ\chi/\hbar c)\epsilon\psi$$

となる．

したがって，$\psi' = \exp(iQ\chi/\hbar c)\psi$ はゲージ変換 (25) を行った後のシュレーディンガー方程式を満足する．エネルギー ϵ は変換にさいして不変である．$\mathbf{A}$ に対するゲージ変換は波動関数の局所的な位相を変えるだけである．また

$$\psi'^*\psi' = \psi^*\psi \tag{31}$$

であるから，電荷密度はゲージ変換によって不変である．

ロンドン方程式におけるゲージ

電荷の流れにおいて連続方程式が成立するから，超伝導体の中において

$$\operatorname{div}\mathbf{j} = 0$$

であることが要請される．それゆえ，ロンドン方程式 $\mathbf{j} = -e\mathbf{A}/4\pi\lambda_L^2$ の中のベクトルポテンシャル $\mathbf{A}$ は

$$\operatorname{div}\mathbf{A} = 0 \tag{32}$$

を満足しなければならない．さらに，真空と超伝導体との境界面を通過する電流は存在しない．境界面を横切る電流の垂直成分はゼロでなければならない．$j_n = 0$，それゆえ，ロンドン方程式におけるベクトルポテンシャルは

$$A_n = 0 \tag{33}$$

を満足しなければならない．超伝導体に関するロンドン方程式の中のベクトルポテンシャルのゲージは (32) と (33) を満足するように選ばれねばならない．

付録 H　クーパー対

単位体積の立方体内の周期的境界条件を満足する 2 電子系の状態の完全系において，平面波の積

$$\varphi(\mathbf{k}_1, \mathbf{k}_2\,;\,\mathbf{r}_1, \mathbf{r}_2) = \exp[i(\mathbf{k}_1\cdot\mathbf{r}_1 + \mathbf{k}_2\cdot\mathbf{r}_2)] \tag{1}$$

を考える．電子のスピンは互いに逆向きとする．

重心および相対座標

$$\mathbf{R} = \frac{1}{2}(\mathbf{r}_1 + \mathbf{r}_2),\quad \mathbf{r} = \mathbf{r}_1 - \mathbf{r}_2, \tag{2}$$

$$\mathbf{K} = \mathbf{k}_1 + \mathbf{k}_2,\quad \mathbf{k} = \frac{1}{2}(\mathbf{k}_1 - \mathbf{k}_2) \tag{3}$$

を導入すると

$$\mathbf{k}_1\cdot\mathbf{r}_1 + \mathbf{k}_2\cdot\mathbf{r}_2 = \mathbf{K}\cdot\mathbf{R} + \mathbf{k}\cdot\mathbf{r}. \tag{4}$$

したがって (1) は

$$\varphi(\mathbf{K}, \mathbf{k}\,;\,\mathbf{R}, \mathbf{r}) = \exp(i\mathbf{K}\cdot\mathbf{R})\exp(i\mathbf{k}\cdot\mathbf{r}) \tag{5}$$

となり，2 電子系の運動エネルギーは

$$\epsilon_K + E_k = (\hbar^2/m)\left(\frac{1}{4}K^2 + k^2\right). \tag{6}$$

重心の波動ベクトル $\mathbf{K}=0$，すなわち，$\mathbf{k}_1 = -\mathbf{k}_2$ であるような積波動関数に特に注目する．二つの電子間の相互作用を H_1 として，展開

$$\chi(\mathbf{r}) = \sum_{\mathbf{k}} g_{\mathbf{k}} \exp(i\mathbf{k}\cdot\mathbf{r}) \tag{7}$$

を用いて固有値問題を表す．

シュレーディンガー方程式は

$$(H_0 + H_1 - \epsilon)\chi(\mathbf{r}) = 0 = \sum_{\mathbf{k}'}[(E_{\mathbf{k}'} - \epsilon)g_{\mathbf{k}'} + H_1 g_{\mathbf{k}'}]\exp(i\mathbf{k}'\cdot\mathbf{r}) \tag{8}$$

であり，ここで H_1 は二つの電子の相互作用エネルギー，ϵ は固有値である．

$\exp(i\mathbf{k}\cdot\mathbf{r})$ とのスカラー積をとることによって，永年方程式

$$(E_{\mathbf{k}} - \epsilon)g_{\mathbf{k}} + \sum_{\mathbf{k}'} g_{\mathbf{k}'}(\mathbf{k}|H_1|\mathbf{k}') = 0 \tag{9}$$

が得られる.

和を積分に書き換えて

$$(E - \epsilon)g(E) + \int dE' g(E') H_1(E, E') N(E') = 0 \tag{10}$$

ここで，$N(E')dE'$ は全運動量 **K**=0 で，運動エネルギー E' のところの幅 dE' の中にある 2 電子状態の数である.

ここで，行列要素 $H_1(E, E') = (\mathbf{k}|H_1|\mathbf{k}')$ を考えてみる. Bardeen の研究の示すところによれば，これは二つの電子がフェルミ面の近くの薄いエネルギー殻，具体的には，ϵ_F の上の厚さ $\hbar\omega_D$ の殻の中にあるとき重要になる. ここで，ω_D はデバイのフォノン遮断周波数である. それゆえ，われわれは E と E' がこのエネルギー殻の中にあるときは

$$H_1(E, E') = -V, \tag{11}$$

それ以外のときはゼロと仮定する. ここで V は正であるとする.

したがって (10) は

$$(E - \epsilon)g(E) = V \int_{2\epsilon_F}^{2\epsilon_m} dE' g(E') N(E') = C \tag{12}$$

となる. ただし，$\epsilon_m = \epsilon_F + \hbar\omega_D$ である. ここで C は E に依存しない定数である.

(12) から

$$g(E) = \frac{C}{E - \epsilon} \tag{13}$$

と

$$1 = V \int_{2\epsilon_F}^{2\epsilon_m} dE' \frac{N(E')}{E' - \epsilon} \tag{14}$$

が得られる. $2\epsilon_m$ と $2\epsilon_F$ の間の小さなエネルギー範囲では $N(E')$ は近似的に一定で N_F に等しいので，それを積分の外に出して次の式が得られる:

$$1 = N_F V \int_{2\epsilon_F}^{2\epsilon_m} dE' \frac{1}{E' - \epsilon} = N_F V \log \frac{2\epsilon_m - \epsilon}{2\epsilon_F - \epsilon}. \tag{15}$$

(15) で定まる固有値 ϵ を

$$\epsilon = 2\epsilon_F - \Delta \tag{16}$$

のように表す. これはフェルミ面のところの二つの自由電子を基準にした電子対の結合エネルギー Δ を定義する. (15) は

$$1 = N_F V \log \frac{2\epsilon_m - 2\epsilon_F + \Delta}{\Delta} = N_F V \log \frac{2\hbar\omega_D + \Delta}{\Delta}, \tag{17}$$

あるいは
$$1/N_F V = \log(1 + 2\hbar\omega_D/\Delta) \tag{18}$$
となる．

　クーパー対の結合エネルギーに対するこの結果は
$$\Delta = \frac{2\hbar\omega_D}{\exp(1/N_F V) - 1} \tag{19}$$
のようにも書ける．V が正（引力）のときは，系のエネルギーは電子対をフェルミ準位の上に励起することによって低くなる．したがって，フェルミ気体は重要な点で不安定である．結合エネルギー(19)は超伝導エネルギーギャップ E_g に密接に関係している．BCS の計算は金属の中ではクーパー対が高い濃度でつくられることを示す．

付録 I　ギンツブルク-ランダウ方程式

　超伝導状態とその秩序パラメーターの空間変化の現象論のすっきりした理論が Ginzburg と Landau によって与えられた（GL 理論）．この理論の Abrikosov による一つの拡張が，超伝導磁石に技術的に利用される渦糸状態の構造を説明してくれる．GL 理論の魅力は，コヒーレンスの長さと 12 章でジョセフソン効果の理論で使われた波動関数が自然に導入される点である．

　次の性質をもった**秩序パラメーター** $\psi(\mathbf{r})$ を導入する：

$$\psi^*(\mathbf{r})\psi(\mathbf{r}) = n_s(\mathbf{r}). \tag{1}$$

$n_s(\mathbf{r})$ は超伝導電子の局所的な濃度である．関数 $\psi(\mathbf{r})$ の定義の数学的な定式化は BCS 理論から出てくる．われわれはまず，超伝導体の中の秩序パラメーターの関数としての自由エネルギー密度 $F_s(\mathbf{r})$ に対する形を設定する．転移温度のある程度近くでは

$$F_s(\mathbf{r}) = F_N - \alpha|\psi|^2 + \frac{1}{2}\beta|\psi|^4 \\ + (1/2m)|(-i\hbar\nabla - q\mathbf{A}/c)\psi|^2 - \int_0^{B_a}\mathbf{M}\cdot d\mathbf{B}_a \tag{2}$$

とおけると仮定する．α，β および m は現象論的な正の定数で，これらについては後で言及する．ここで

1.　F_N は常伝導状態の自由エネルギー密度である．

2.　$-\alpha|\psi|^2 + \frac{1}{2}\beta|\psi|^4$ は 2 次相転移点で 0 になる秩序パラメーターで自由エネルギーを展開したときの典型的なランダウ形式である．この項は $-\alpha n_s + \frac{1}{2}\beta n_s^2$ とみなすことができ，これは $n_s(T) = \alpha/\beta$ のとき n に関して極小となる．

3.　$|\mathrm{grad}\,\psi|^2$ の項は秩序パラメーターの空間的変化によるエネルギーの増加を表す．これは量子力学における運動エネルギーと同じ形である[1]．運動量 $-i\hbar\nabla$

---

[1]　M を磁化としたときの $|\nabla \mathbf{M}|^2$ の形の寄与が強磁性体の交換エネルギー密度を表すために Landau と Lifshitz によって導入された．QTS の p. 65 を参照．

は自由エネルギーのゲージ不変性を保証するために，付録Gにおけると同様，場の運動量$-q\mathbf{A}/c$を伴っている．ここで，電子対に対しては$q=-2e$である．

4. 見せかけの磁化$\mathbf{M}=(\mathbf{B}-\mathbf{B}_a)/4\pi$による$-\int\mathbf{M}\cdot d\mathbf{B}_a$なる項は，超伝導体からの磁束の排除による超伝導状態の自由エネルギーの増加を表す．

(2)の各項が以下で具体的に説明される．最初にGL方程式(6)を導く．全自由エネルギー$\int dV F_s(\mathbf{r})$を関数$\psi(\mathbf{r})$の変化に対して最小にする．$F_s(\mathbf{r})$の変分は

$$\delta F_s(\mathbf{r}) = [-\alpha\psi + \beta|\psi|^2\psi \\ + (1/2m)(-i\hbar\nabla - q\mathbf{A}/c)\psi\cdot(i\hbar\nabla - q\mathbf{A}/c)]\delta\psi^* + \text{c.c.} \quad (3)$$

境界で$\delta\psi^*$が0とすると，部分積分により

$$\int dV(\nabla\psi)(\nabla\delta\psi^*) = -\int dV(\nabla^2\psi)\delta\psi^* \quad (4)$$

が得られるので

$$\delta\int dV F_s = \int dV \delta\psi^*[-\alpha\psi + \beta|\psi|^2\psi + (1/2m)(-i\hbar\nabla - q\mathbf{A}/c)^2\psi] + \text{c.c.} \quad (5)$$

この積分は，[ ]の中が0，すなわち

$$\boxed{[(1/2m)(-i\hbar\nabla - q\mathbf{A}/c)^2 - \alpha + \beta|\psi|^2]\psi = 0} \quad (6)$$

ならば0である．これがギンツブルク-ランダウ方程式(Ginzburg-Landau equation)で，ψに対するシュレーディンガー方程式に似ている．

(2)を$\delta\mathbf{A}$について最小にすることによって超伝導電流に対するゲージ不変な式

$$\mathbf{j}_s(\mathbf{r}) = -(iq\hbar/2m)(\psi^*\nabla\psi - \psi\nabla\psi^*) - (q^2/mc)\psi^*\psi\mathbf{A} \quad (7)$$

が得られる．試料の自由表面のところで超伝導体から真空に流れ出る電流が0になるように，すなわち$\hat{\mathbf{n}}\cdot\mathbf{j}_s=0$なる境界条件を満足するようにゲージを選ぶ必要がある．ここで$\hat{\mathbf{n}}$は表面に垂直である．

コヒーレンスの長さ 固有コヒーレンスの長さξは(6)から以下のように定義される．
$\mathbf{A}=0$とし，さらに$\beta|\psi|^2$はαに比して無視しうるとする．1次元ではGL方程式(6)は

付録I　ギンツブルク-ランダウ方程式

$$-\frac{\hbar^2}{2m}\frac{d^2\psi}{dx^2} = \alpha\psi \tag{8}$$

となる．これは $\exp(ix/\xi)$ の形の波動的な解をもつ．ここで ξ は

$$\xi \equiv (\hbar^2/2m\alpha)^{1/2} \tag{9}$$

で定義される．

(6)で非1次項 $\beta|\psi|^2$ を残すと，もっと面白い特解が得られる．$x=0$ で $\psi=0$, かつ $x\to\infty$ で $\psi\to\psi_0$ となるような解を求めてみよう．これは常伝導状態と超伝導状態の間の境界を表す．このような状態は常伝導領域に磁場 H_c が存在する場合に共存しうる．しばらくは超伝導領域への磁場の侵入を無視する．すなわち，磁場の侵入の深さ $\lambda \ll \xi$ とする．これは第I種超伝導体の極端な場合にあたる．

$$-\frac{\hbar^2}{2m}\frac{d^2\psi}{dx^2} - \alpha\psi + \beta|\psi|^2\psi = 0 \tag{10}$$

の解で，上記の境界条件を満足するものは

$$\psi(x) = (\alpha/\beta)^{1/2}\tanh(x/\sqrt{2}\,\xi) \tag{11}$$

である．これは直接代入することによって確かめられる．超伝導体の十分内部では $\psi_0 = (\alpha/\beta)^{1/2}$ となるが，これは自由エネルギーの $-\alpha|\psi|^2 + \frac{1}{2}\beta|\psi|^4$ の項を最小にすることによって得られるものと一致する．(11)から，ξ が常伝導領域への超伝導波動関数のコヒーレンスの広がりの程度を示していることがわかる．

超伝導体の十分内部では，自由エネルギーは $|\psi_0|^2 = \alpha/\beta$ のときに最小であることをすでに学んだ．したがって，超伝導状態の安定化自由エネルギー密度としての熱力学的臨界磁場 H_c の定義から

$$F_S = F_N - \alpha^2/2\beta = F_N - H_c^2/8\pi \tag{12}$$

となる．すなわち，臨界磁場は α，および β と

$$H_c = (4\pi\alpha^2/\beta)^{1/2} \tag{13}$$

で結びつけられている．

弱磁場 $(B \ll H_c)$ の超伝導体の中への侵入の深さを考える．超伝導体内の $|\psi|^2$ は磁場がないときの値 $|\psi_0|^2$ に等しいとする．すると，超伝導電流に対する式は

$$\mathbf{j}_S(\mathbf{r}) = -(q^2/mc)|\psi_0|^2\mathbf{A} \tag{14}$$

となり，これは正しく侵入の深さ

$$\lambda = \left(\frac{mc^2}{4\pi q^2|\psi_0|^2}\right)^{1/2} = \left(\frac{mc^2\beta}{4\pi q^2\alpha}\right)^{1/2} \tag{15}$$

をもったロンドン方程式 $\mathbf{j}_S(\mathbf{r}) = -(c/4\pi\lambda^2)\mathbf{A}$ である．

付録I　ギンツブルク-ランダウ方程式　　　　[付 37]

二つの特徴的な長さの無次元の比 $\kappa \equiv \lambda/\xi$ は超伝導の理論で重要なパラメーターである．(9) と (15) から

$$\kappa = \left(\frac{mc}{q\hbar}\right)\left(\frac{\beta}{2\pi}\right)^{1/2} \tag{16}$$

が得られる．値 $\kappa = 1/\sqrt{2}$ が第 I 種超伝導体 ($\kappa < 1/\sqrt{2}$) と第 II 種超伝導体 ($\kappa > 1/\sqrt{2}$) とを区別することを示そう．

上部臨界磁場の計算　　印加磁場が H_{c2} で表される値以下に減少すると常伝導体の中に超伝導領域の核が自発的につくられる．超伝導の始まりのところでは $|\psi|$ は小さいので，GL 方程式 (6) を線形化して

$$\frac{1}{2m}(-i\hbar\nabla - q\mathbf{A}/c)^2\psi = \alpha\psi \tag{17}$$

が得られる．

超伝導の始まるところでの超伝導領域の磁場はちょうど印加磁場であるから，$\mathbf{A} = B(0, x, 0)$ であり，(17) は

$$-\frac{\hbar}{2m}\left(\frac{\partial^2}{\partial x^2} + \frac{\partial^2}{\partial z^2}\right)\psi + \frac{1}{2m}\left(i\hbar\frac{\partial}{\partial y} + \frac{qB}{c}x\right)^2\psi = \alpha\psi \tag{18}$$

となる．これは磁場の中の自由荷電粒子のシュレーディンガー方程式と同じ形である．

$\exp[i(k_y y + k_z z)]\varphi(x)$ の形の解を求めると

$$(1/2m)[-\hbar^2 d^2/dx^2 + \hbar^2 k_z^2 + (\hbar k_y - qBx/c)^2]\varphi = \alpha\varphi \tag{19}$$

である．これは

$$(1/2m)[-\hbar^2 d^2/dx^2 + (q^2B^2/c^2)x^2 - (2\hbar k_y qB/c)x]\varphi = E\varphi \tag{20}$$

の固有値として $E = \alpha - (\hbar^2/2m)(k_y^2 + k_z^2)$ とおいたときの，調和振動子に対する式である．

x について 1 次の項は，原点を 0 から $x_0 = \hbar k_y c/qB$ に移すことによって消せるから，(20) は，$X = x - x_0$ を用いて

$$-\left[\frac{\hbar^2}{2m}\frac{d^2}{dX^2} + \frac{1}{2}m(qB/mc)^2 X^2\right]\varphi = (E + \hbar^2 k_y^2/2m)\varphi \tag{21}$$

となる．

(21) の解が存在しうる磁場 B の最大値は最低固有値，すなわち

$$\frac{1}{2}\hbar\omega = \hbar qB_{\max}/2mc = \alpha - \hbar^2 k_z^2/2m \tag{22}$$

付録I ギンツブルク-ランダウ方程式

で与えられる.ここで ω は振動子の周波数 qB/mc である. k_z を 0 とおいて,

$$B_{\max} \equiv H_{c2} = 2amc/q\hbar. \tag{23}$$

この結果は,熱力学的臨界磁場 H_c と GL パラメーター $\kappa \equiv \lambda/\xi$ を用いて,(13) と(16) とで表される.すなわち

$$H_{c2} = \frac{2amc}{q\hbar} \cdot \frac{H_c}{(4\pi a^2/\beta)^{1/2}} = \sqrt{2}\, \frac{mc}{\hbar q} \sqrt{\frac{\beta}{2}} H_c = \sqrt{2}\, \kappa H_c. \tag{24}$$

$\lambda/\xi > 1/\sqrt{2}$ のときは,超伝導体は $H_{c2} > H_c$ をもち,第II種とよばれる.

磁束量子 $\Phi_0 = 2\pi\hbar c/q$ と $\xi^2 = \hbar^2/2ma$ で H_{c2} を表すのが有益である.すなわち

$$H_{c2} = \frac{2mc\alpha}{q\hbar} \cdot \frac{q\Phi_0}{2\pi\hbar c} \cdot \frac{\hbar^2}{2ma\xi^2} = \frac{\Phi_0}{2\pi\xi^2}. \tag{25}$$

これは上部臨界場のところで試料の中の磁束密度 H_{c2} が面積 $2\pi\xi^2$ あたり1磁束量子に等しく,フラキソイド格子の ξ の程度の格子間隔と矛盾しないことを教えてくれる.

付録 J　電子とフォノンの衝突

　フォノンは結晶構造を局所的にひずませ，したがって，バンド構造を局所的にひずませる．伝導電子はこのひずみに敏感である．電子とフォノンとの相互作用の重要な効果は

- 電子は一つの状態 $\mathbf{k}$ から他の状態 $\mathbf{k}'$ へと散乱される．そのため電気抵抗が生ずる．
- フォノンはこの散乱で吸収されうる．そのために超音波の減衰が生ずる．
- 電子は結晶のひずみを伴いながら運動する．そのために電子の有効質量は増加する．
- 一つの電子によって引き起こされた結晶のひずみは第2の電子によって感知されうる．そのために超伝導の理論に現れる電子間の相互作用が生ずる．

　変形ポテンシャルの近似においては，電子のエネルギー $\epsilon(\mathbf{k})$ が，結晶の伸び $\Delta(\mathbf{r})$ すなわち体積変化の割合と次の関係で結ばれている：

$$\epsilon(\mathbf{k},\mathbf{r}) = \epsilon_0(\mathbf{k}) + C\Delta(\mathbf{r}). \tag{1}$$

ここで C は定数である．この近似は，フォノンの波長が長く，電子の濃度が低い場合に球形のバンドの端 $\epsilon_0(\mathbf{k})$ に対して有効である．伸び $\Delta(\mathbf{r})$ は，QTS の p. 23 に示したように，付録Cで与えたフォノン演算子 $a_\mathbf{q}$, $a_\mathbf{q}^+$ を用いて表される：

$$\Delta(\mathbf{r}) = i\sum_q (\hbar/2M\omega_\mathbf{q})^{1/2}|\mathbf{q}|[a_\mathbf{q}\exp(i\mathbf{q}\cdot\mathbf{r}) - a_\mathbf{q}^+\exp(-i\mathbf{q}\cdot\mathbf{r})]. \tag{2}$$

ここで M は結晶の質量である．結果(2)はまた $k\ll 1$ の極限で $q_s - q_{s-1}$ をつくることによって付録Cの (32) から導き出せる．

　散乱におけるボルン近似においては，われわれは $C\Delta(\mathbf{r})$ の，1電子状態 $|\mathbf{k}\rangle = \exp(i\mathbf{k}\cdot\mathbf{r})u_\mathbf{k}(\mathbf{r})$ と $|\mathbf{k}'\rangle$ との間の行列要素を取り扱う．波動場表現において行列要素は

$$H' = \int d^3x\,\psi^+(\mathbf{r})\,C\Delta(\mathbf{r})\,\psi(\mathbf{r}) = \sum_{\mathbf{k}\mathbf{k}'} c_{\mathbf{k}'}^+ c_\mathbf{k}\langle\mathbf{k}'|C\Delta|\mathbf{k}\rangle$$

付録J 電子とフォノンの衝突

$$= iC\sum_{\mathbf{k}\mathbf{k}'} c_{\mathbf{k}'}^+ c_{\mathbf{k}} \sum_{\mathbf{q}} (\hbar/2M\omega_{\mathbf{q}})^{1/2} |\mathbf{q}| (a_{\mathbf{q}} \int d^3 x u_{\mathbf{k}'}^* u_{\mathbf{k}} e^{i(\mathbf{k}-\mathbf{k}'+\mathbf{q})\cdot\mathbf{r}} \quad (3)$$
$$- a_{\mathbf{q}}^+ \int d^3 x u_{\mathbf{k}'}^* u_{\mathbf{k}} e^{i(\mathbf{k}-\mathbf{k}'-\mathbf{q})\cdot\mathbf{r}})$$

である．ここで

$$\psi(\mathbf{r}) = \sum_{\mathbf{k}} c_{\mathbf{k}} \varphi_{\mathbf{k}}(\mathbf{r}) = \sum_{\mathbf{k}} c_{\mathbf{k}} \exp(i\mathbf{k}\cdot\mathbf{r}) u_{\mathbf{k}}(\mathbf{r}) \quad (4)$$

である．$c_{\mathbf{k}}^+$ と $c_{\mathbf{k}}$ とは，フェルミ粒子の生成演算子と消滅演算子とである．積 $u_{\mathbf{k}'}^*(\mathbf{r}) u_{\mathbf{k}}(\mathbf{r})$ はブロッホ関数の周期的な部分だけを含んでいて，それ自身格子において周期的である．それゆえ，(3) の中の積分は

$$\mathbf{k} - \mathbf{k}' \pm \mathbf{q} = \begin{cases} 0 \\ \text{逆格子ベクトル} \end{cases}$$

でないかぎりゼロである．低温における半導体では，ゼロの可能性（N 過程）だけがエネルギー的に許される．

N 過程に限ることにして，また便宜上積分記号 $\int d^3 x u_{\mathbf{k}'} u_{\mathbf{k}}$ は 1 であると近似しよう．すると変形ポテンシャルの摂動は

$$H' = iC \sum_{\mathbf{k}\mathbf{q}} (\hbar/2M\omega_{\mathbf{q}})^{1/2} |\mathbf{q}| (a_{\mathbf{q}} c_{\mathbf{k}+\mathbf{q}}^+ c_{\mathbf{k}} - a_{\mathbf{q}}^+ c_{\mathbf{k}-\mathbf{q}}^+ c_{\mathbf{k}}) \quad (5)$$

となる．

緩和時間　電子-フォノン相互作用が存在すると，電子の波動ベクトル $\mathbf{k}$ だけでは運動の恒量にならないが，電子の波動ベクトルと仮想フォノン（virtual phonon）の波動ベクトルとの和で保存される．電子がはじめに状態 $|\mathbf{k}\rangle$ にあったとすると，どれだけの間それは同じ状態にとどまりうるであろうか．

最初に，$\mathbf{k}$ にある電子がフォノン $\mathbf{q}$ を放出する単位時間あたりの確率 w を計算しよう．$n_{\mathbf{q}}$ を状態 $\mathbf{q}$ に最初に存在したフォノンの数とすると，時間による摂動論によって w は次のようになる：

$$\begin{aligned} & w(\mathbf{k}-\mathbf{q}\,;\,n_{\mathbf{q}}+1\,|\,\mathbf{k}\,;\,n_{\mathbf{q}}) \\ & = (2\pi/\hbar)|\langle \mathbf{k}-\mathbf{q}\,;\,n_{\mathbf{q}}+1\,|H'|\,\mathbf{k}\,;\,n_{\mathbf{q}}\rangle|^2 \delta(\epsilon_{\mathbf{k}} - \hbar\omega_{\mathbf{q}} - \epsilon_{\mathbf{k}-\mathbf{q}}). \end{aligned} \quad (6)$$

ここで

$$|\langle \mathbf{k}-\mathbf{q}\,;\,n_{\mathbf{q}}+1\,|H'|\,\mathbf{k}\,;\,n_{\mathbf{q}}\rangle|^2 = (C^2 \hbar q/2Mc_s)(n_{\mathbf{q}}+1) \quad (7)$$

である．

状態 $|\mathbf{k}\rangle$ にある電子が絶対零度においてフォノン系と衝突する全衝突の確率 W は $n_{\mathbf{q}}=0$ であることを考慮して

付録 J　電子とフォノンの衝突　　　［付 41］

$$W = \frac{C^2}{4\pi\rho c_s}\int_{-1}^{1} d(\cos\theta_\mathbf{q})\int_0^{q_m} dq\, q^3 \delta(\epsilon_\mathbf{k} - \epsilon_{\mathbf{k}-\mathbf{q}} - \hbar\omega_\mathbf{q}). \tag{8}$$

ここで ρ は質量密度（mass density）である．

デルタ関数の変数は

$$\frac{\hbar^2}{2m^*}(2\mathbf{k}\cdot\mathbf{q} - q^2) - \hbar c_s q = \frac{\hbar^2}{2m^*}(2\mathbf{k}\cdot\mathbf{q} - q^2 - qq_c) \tag{9}$$

である．ここで c_s は音の速度，$q_c = 2m^* c_s/\hbar$ である．変数がゼロとなりうる k の値の最小値は $k_{\min} = \frac{1}{2}(q+q_c)$ である．これは $q=0$ に対しては $k_{\min} = \frac{1}{2}q_c = m^* c_s/\hbar$ になる．この k の値に対して，電子の群速度 $v_g = \hbar k_{\min}/m^*$ は音速に等しくなる．それゆえ，結晶内で電子によってフォノンが放出されるための限界（threshold）は，電子の群速度が音速を越えることである．この要請は高速電子によって結晶内でフォトンが放出されるためのチェレンコフ限界に似ている．この限界における電子のエネルギーは $\frac{1}{2}m^* c_s^2 \sim 10^{-27}\cdot 10^{11} \sim 10^{-16}\,\text{erg} \sim 1\,\text{K}$ である．この限界値より以下のエネルギーをもつ電子は，絶対零度の完全結晶内では減速されない．この結論は，フォノンに対して調和（振動子の）近似を用いるかぎりでは，電子-フォノン相互作用の高次の項を考慮しても変わらない．

$k \gg q_c$ の場合には，(9) の中の qq_c の項を無視してよい．(8) の積分は

$$\int_{-1}^{1} d\mu \int dq\, q^3 (2m^*/\hbar^2 q)\delta(2k\mu - q) = (8m^*/\hbar^2)\int_0^1 d\mu\, k^2\mu^2 = 8m^* k^2/3\hbar^2 \tag{10}$$

となり，フォノンが放出される確率は

$$W(\text{放出}) = \frac{2C^2 m^* k^2}{3\pi\rho c_s \hbar^2} \tag{11}$$

となって，電子のエネルギー $\epsilon_\mathbf{k}$ に直接比例する．フォノンが $\mathbf{k}$ に対して θ の角度の方向に放出されたとき，電子のもと来た方向に平行な波動ベクトルの成分の損失は $q\cos\theta$ で与えられる．k_z の減少の速さは，比率因子 $q\cos\theta/k = 2\cos^2\theta = 2\mu^2$ を (10) の被積分関数にかければ求められる．(10) の代りに，その値は

$$(2m^*/\hbar^2 k)\int_0^1 d\mu\, 8k^3\mu^4 = 16m^* k^2/5\hbar^2 \tag{12}$$

となる．ここで，いま考察していた電子の進行方向を z 軸にとることにすれば，$k = k_z$ であるから，k_z の減少する速さは

$$W(k_z) = 4C^2 m^* k^2/5\pi\rho c_s \hbar^2 \tag{13}$$

で与えられる．この量は電気抵抗の式に入ってくる．

上の結果は絶対零度の場合に対するものである．温度領域 $k_BT \gg \hbar c_s k$ の場合には，(11) において $\hbar c_s k$ を $k_B T$ でおき換えたものが W を与える．それで積分されたフォノンの放出割合は

$$W(\text{放出}) = \frac{C^2 m^* k k_B T}{\pi c_s^2 \rho \hbar^3} \tag{14}$$

である．あまり低温ではない温度で熱平衡にある電子の k の rms 値に対しては上に要求された不等式は容易に満足されている．$C=10^{-12}\,\text{erg}$, $m^*=10^{-27}\,\text{g}$, $k=10^7\,\text{cm}^{-1}$, $c_s=3\times10^5\,\text{cm}\,\text{s}^{-1}$, $\rho=5\,\text{g}\,\text{cm}^{-3}$ とすると，$W\simeq 10^{12}\,\text{s}^{-1}$ となる．絶対零度に対して同じパラメーターを用いると，(13) は $W\simeq 5\times 10^{10}\,\text{s}^{-1}$ を与える．

索引

あ行

RKKY相互作用　685
IQHE　534
アインシュタイン・モデル　124
アインシュタインの関係式　634
アクセプター状態　225
アクチナイド元素　323
アハロノフ-ボーム効果　584
アモルファス強磁性合金　619
アモルファス半導体　620
アルカリ金属　140
アルカリハライド　636, 638
アルベーン波　454

EHD　475
ESR　386
EPR　386
イオン半径　79
イオン分極率　495
1次の相転移　510
1電子トランジスター　593
イットリウム鉄ガーネット　406
移動度　221
色中心　636

ヴァン・ヴレック常磁性　333

ヴィーデマン-フランツの法則　167
ウィグナー-サイツ・セル　6, 38
ウィグナー-サイツの方法　251
渦糸状態　282, 304
ウムクラップ（U）過程　134
　超伝導体の――　285
ウムクラップ散乱　162
運動による先鋭化　395, 397

永久双極子モーメント　485
永久電流の持続　302
AFM　564
AFMR　386
液相曲線　679
液体構造因子　611
SEM　558
SET　593
SWR　386
STM　561
X線光電子分光法　478
NMR　386
NQR　386
エネルギーギャップ　171
　超半導体の――　286
　半導体の――　196, 199
エネルギーバンド　171
　――の計算　247
　単純立方格子の――　698

エバルト-コーンフェルトの方法　付8
エバルトの作図　37
エバルトの方法　付5
FMR　386
FQHE　538
fcc 結晶の定エネルギー面　251
fcc 構造　236
F 中心　400, 636
　　──の吸収エネルギー　637
MnO におけるスピンの配列　365
MFM　565
LED　548
LCAO 近似　249
塩化セシウム構造　17
塩化ナトリウム（NaCl）構造　15

オームの法則　158
重いフェルミ粒子　155
音響フォノンモード　120

か 行

カーボンナノチューブ　553
回折条件　35
回折線の幅　50
回転座標系　417
回転操作　7
化学ポテンシャル　145, 152, 付7
拡散係数　632, 633
拡散度　635
核磁気共鳴　386
核四重極共鳴　386, 403
核常磁性　320
核断熱消磁　337
　　──の最終温度　337

加工硬化　659
重なりのエネルギー　250
仮想的表面電荷密度　487
価電子　140
カノニカル共役　付11
下部臨界磁場　281
ガラス　616
還元ゾーン形式　235
間接吸収過程　199
緩和時間　付40

幾何学的構造因子　49
希ガス結晶　52
規準振動モード　116
規準モード数　116
基層　521
規則合金　666
規則-不規則変態　673
軌道角運動量の凍結　330
希土類イオン　329
ギブス因子　付7
擬ポテンシャル　256
　　──の U(0) 成分　433
擬ポテンシャル法　255
基本単位格子　5
基本単位構造　6
基本並進ベクトル　3
逆格子空間　31
逆格子点　31
逆格子ベクトル　33, 38, 134
逆スピネル　361
キャンセレーション定理　256
吸収線の幅　394
キュリー点　345, 499
キュリー-ワイスの法則　346

鏡映操作　7
強磁性共鳴　386, 404
　——における形状効果　405
強磁性結晶の飽和磁化　351, 359
凝集エネルギー　52, 64
強束縛の近似法　239, 248
共鳴トンネル　577
共融合金　679
強誘電性状態　499
強誘導的相転移　498
　秩序–無秩序型——　501
　変位型——　501
局所場　491
極値をもつ軌道　266
巨視的な電場　486
巨大磁気抵抗効果　385
金属　172, 192, 635
　——の凝集エネルギー　255
　——の磁気振動効果　262
　——の自由電子のフェルミ面　236
　——の電気抵抗率　158
　——の透過性　424
　——の熱伝導率　167
金属シフト　402
金属–絶縁体転移　433
金属ドット　588
金属ナノ粒子　553
ギンツブルク–ランダウ方程式　付34
金のフェルミ面　269
銀ハライド　630

空間格子　5
空格子点　628
　——の活性化エネルギー　635

クーパー対　付31
空乏層　542
クーロン・ブロッケイド　592
クーロン振動　593
クーロン閉塞　592
クラウジウス–モソッティ関係式　495
クラマース–クローニッヒの関係式　469
グリュナイゼン定数　139
クローニッヒ–ペニーモデル　178, 185
群速度　102, 119

経験的擬ポテンシャル法　258
ゲージ不変　262
$k \cdot p$ 摂動理論　252
結晶運動量　184
結晶格子　33
結晶軸　3
結晶成長　660
結晶中のラマン効果　475
結晶点群　7
結晶面　13
原子間ポテンシャル　129
原子間力顕微鏡　564
原子緩和　521
原子構造因子　44
原子再配列　521
原子散乱因子　47
原子の分極率　494

高温超伝導体　315
広角度散乱　162
光学フォノン　126
交換関係　付11

[索4] 索　　引

交換先鋭化　411
合金の強度　656
格子　3
　　──の不安定　113
格子間位置　629
格子抵抗率　160
格子定数　13
格子比熱　114
格子並進操作　6
格子和　付5
構造因子　44
構造相転移　498
構造多形　22
コーン異常　112
固相曲線　679
コヒーレンスの長さ　295, 付35
固有温度領域　196
固有領域のキャリヤー濃度　216
混合のエントロピー　677
コンダクタンスゆらぎ　583
コンダクタンス量子　573
コンダクタンス量子化　572
近藤効果　597, 684, 685
コンプライアンス　83

さ　行

サイクロトロン共鳴　211
サイクロトロン共鳴軌道　266
サイクロトロン共鳴周波数　321
サイクロトロン周波数　164
3準位メーザー　414
散乱振幅　34
散乱ベクトル　34
残留磁束密度　372

残留抵抗率　160

CESR　386
g因子　323
磁気回転比　323
磁気結晶エネルギー　372
磁気弾性結合　383
磁気抵抗　274, 532
磁気能率　325
磁気力顕微鏡　381
磁区　370
　　──の境界　374
自己拡散　635
仕事関数　528
自己捕獲　222
磁束の量子化　300
磁鉄鉱　381
磁場破壊　271
弱結合（モット-ワニエ）励起子　471
斜交格子　8
自由エネルギー　139
自由エネルギー密度　507
臭化銀　632
周期的境界条件　117, 145
周期的ゾーン形式　239
自由電子に近い電子モデル　173
自由電子フェルミ気体　141
充填率　11
縮退度　143
縮退半導体　435
準位の縮退度　264
準粒子　445
小傾角粒界　650
状態密度　116, 127, 149
焦電体　499

索　引　　[索5]

上部臨界磁場　282, 付37
消滅演算子　付13
常誘電性状態　499
ジョゼフソン超伝導トンネル効果
　　310
ショットキー欠陥　628, 640
シリコンとゲルマニウムのバンド構造
　　214
磁力顕微鏡　565
進行波の解　117
刃状転位　644
振動子強度　497
侵入の深さ　付36
　　ロンドンの——　294

水素結合　76
スティフネス　83
スティフネス定数　91
　　立方結晶——　91
STM　561
ストークス線　476
スピネル結晶構造　361
スピン-格子緩和時間　390
スピン波共鳴　386, 407
スピン波の分散関係　355
すべり　643
スレーター-ポーリング曲線　682
寸法効果　137
　　熱伝導の——　137

正4面体構造　23
静磁気伝導率テンソル　170
正常過程　135
正常スピネル　361
整数量子ホール効果　534

生成演算子　付13
生体磁気　386
静電的遮蔽　429
正方形格子　9, 237, 240
整流　540
積層不整　22
斥力エネルギー　71
斥力ポテンシャル　62
絶縁体　172, 192
絶縁体結晶の熱伝導率　138
絶対熱電能　229
絶対零度における飽和磁化　350
切断波動ベクトル　120
SEM　558

双極子間相互作用　61
双極子の格子和　付8
双極子分極率　495
双極子モーメント　484
走査電子顕微鏡　558
走査トンネル顕微鏡　22, 561
層状構造　139
双晶変形　644
相転移　498
ソフトモード　113, 499

た　行

第1原理の擬ポテンシャル計算　259
第1ブリルアン・ゾーン　39, 174, 235, 237
第Ⅰ種超伝導体　281
第Ⅱ種超伝導体　281, 303
体心立方格子　12, 40, 45
体積弾性率　56

索 引

ダイナモ理論　381
ダイヤモンド構造　19, 51
縦緩和時間　390
縦波の速度　94
縦プラズマ周波数　425
ダビドフ分裂　470
単位格子　6
単位構造　3, 45
単位胞　6
短距離規則度　673
短距離規則度パラメーター　678
ダングリングボンド　522
単磁区微粒子　379
単純単位格子　6
単純立方格子　40
　——のエネルギーバンド　239
　——のブリルアン・ゾーン　247
弾性エネルギー密度　84, 85
弾性波　89
弾性ひずみ　79

置換型合金　668
地磁気　380
チタン酸バリウム　502
中性原子の磁化率　322
長距離規則度　673
長距離規則度パラメーター　676
長距離秩序パラメーター　676
超格子　231
超格子線　674
超伝導体　276
　——のエネルギーギャップ　285
　——の同位体効果　289
　——の比熱　284
　——の臨海磁場　280

超伝導転移の熱力学　290
超伝導のBCS理論　297
超微細構造分裂　397
長方形格子　9
　——のブリルアン・ゾーン　272
調和振動子　付10
直接吸収過程　199

ツェナーのトンネル効果　232

定圧比熱　114
TEM　558
DNA　76
抵抗極小　685
抵抗比　161
定積比熱　114
低速電子線回折　522
鉄ガーネット　362
デバイ温度　121
デバイ近似　120
デバイの比熱　121
デバイ-ワーラー因子　付3
出払い層　542
デューロン-プティの値　124
転位　644
転移温度　276, 288, 298, 499
転位密度　654
点欠陥　628
電子化合物　670
電子気体の誘電関数　419
電子軌道　246
電子常磁性共鳴　386
電子線リソグラフィー　558
電子-電子衝突　445
電子とフォノンの衝突　付39

電子の運動方程式　201
電子の熱的有効質量　154
電磁波の分散式　422
電子比熱　151
電子分極率　495
電子-ホール液滴　472
電子密度　73
電子密度分布　66
点状欠陥　400
伝導電子　140
　　　——の常磁性　338
伝導電子スピン共鳴　386

同位体効果　137
　　　熱伝導の——　137
　　　超伝導の——　289
透過型顕微鏡　558
動径分布関数　611
動的磁気伝導率テンソル　169
銅のフェルミ面　268
ドーピング　222
トーマス-フェルミ近似　430
トーマス-フェルミの遮蔽距離　431
トーマス-フェルミの誘電関数　257
特殊格子型　8
ドナー状態　222
ド・ハース-ファン・アルフェン効果
　　　262, 322
飛び移り頻度　634
ドメイン　511
　　　強誘電体の——　511
朝永-ラッテンジャー液体　571
トンネル効果　308
　　　ツェナーの——　232

な 行

ナイト・シフト　402
ナノ構造　553

2次元の化学ポテンシャル　168
2次相転移　509
2準位系　622

ネール温度　365, 383
熱電効果　229
熱電子放出　529
熱伝導　133
熱伝導率　130
熱膨張　129

は 行

バーガース・ベクトル　648
ハーゲン-ルーベンスの関係式　483
パイエルス不安定　451
ハイゼンベルク・モデル　347
パウリの原理　74
パウリの排他原理　61, 143
発光ダイオード　548
波動ベクトル　116
反強磁性共鳴　386, 401
反強磁性体　365
反強誘電性　511
半金属　172, 230
反磁性の量子論　322
反射高速電子線回折　526
反転操作　7

[索 8]　　　索　　引

半導体　172
　　——のエネルギーギャップ　196, 199
半導体ナノ結晶　586
半導体ナノ粒子　553
半導体レーザー　546
バンド間遷移　463
バンドギャップ　171, 196
バンド構造　173
バンド有効質量　155
反分極因子　488
反分極場　488

p-n 接合　538
BCS 理論　297
ピエゾ電気ひずみ定数　515
光起電力効果　542
光反射　457
ひげ結晶　662
非調和相互作用　128
ビューティカー-ランダウアー公式　580
ヒューム-ロザリーの規則　669, 670
表面準位　529
表面抵抗の最大値　170
表面プラズモン共鳴　589
開いた軌道　245
微粒子の保磁力　384

ファン・デル・ワールス　57
ファン・ホーヴェの特異性　127, 567
フーリエ解析　30
フーリエ級数　30
フーリエ空間　30
フェリ磁性　360

フェルミ・エネルギー　143
フェルミ液体　445
フェルミ温度　154
フェルミ気体　168
フェルミ球　147, 157
フェルミ-ディラックの分布　144
フェルミ-ディラックの分布関数　付 17
フェルミ面　146, 235, 269
フォノン座標　付 10
フォノン散乱
　N 過程　134
　寸法効果　137
　U 過程　114, 162
フォノンの運動量　109
フォノンの分散関係　104
フォノンモード　114
不規則合金　666
不純物伝導　222
物質の硬度　662
フラキソイド　302
プラズマ光学　420
プラズマ周波数　421
プラズマ中の横光学モード　423
プラズモン　427
ブラッグの法則　28
ブラッグ反射　29
　——の強度の温度変化　付 11
ブラベ格子　8
プランクの分布関数　114
ブリルアン・ゾーン　37, 100, 174, 235
　単純立方格子の——　248
　長方形立方の——　273
　正方形格子の——　240

索　引　　［索 9］

ブリルアン関数　326
プレートテクトニクス　380
フレンケル欠陥　629, 630, 640
フレンケル励起子　468
ブロッホ関数　177
ブロッホ振動子　231
ブロッホの $T^{3/2}$ の法則　357
ブロッホの定理　177
ブロッホ壁　374
ブロッホ方程式　392
分極　484
分極崩壊　503
分極率　494
分散関係　119
分子性結晶　470
分数量子ホール効果　538
フントの規則　328

平均自由工程　131
平均 2 乗格子変位　138
並進操作　30
並進ベクトル　3
ヘテロ構造　543
ヘリコン波　454
　　──の共鳴　165
ペルティエ係数　229
ヘルムホルツの自由エネルギー　508
変調分光学　463

ポアソン比　94
ホイスカー　662
飽和磁気モーメント　344
飽和分極　502
ボーア磁子　324
ポーラロン　448

ホール　205
ホール軌道　246
ホール抵抗　165
ホール定数　164
ホール伝導率　170
ホールの運動方程式　208
補償　220
保磁力　372
ボソン演算子　付 13
ポラトリン　437
ボルツマン因子　114, 付 16
ボルツマンの分布関数　129
ボルツマンの輸送方程式　付 20
ボルツマン分布　145

ま 行

マーデルング・エネルギー　67
マイスナー効果　277, 280, 298
マクスウェル分布　145
マクスウェル方程式　484
マクスウェル-ワーグナーの機構　519
マグネシウムのフェルミ面　269
マグノン　353, 356, 383
マティーセンの規則　160
魔法数　588

メーザー　412
メスバウアー効果　付 4
メゾスコピック状況　583
面間隔　50
面指数　14
面心長方形格子　9
面心立方格子　12, 42, 46

索 引

MOSFET　531
モット-ワニエ励起子　471

や 行

ヤング率　94

有効質量　172, 208, 250
融点　55
誘電感受率　490
誘電感受率テンソル　494
誘電率　493
誘電率テンソル　494
誘導関数テンソル　169

溶解度ギャップ　678
横緩和効果　391
横緩和時間　391
横波の速度　95

ら 行

ラウエ方程式　36
らせん転位　647
ランジュバンの反磁性方程式　320
ランダウアー公式　572, 575
ランダウ-ギンツブルク方程式　289
ランダウ準位　263
ランタノイドコントラクション（収縮）　327
ランダム網目構造　614
ランダム過程　130

LEED　522

リディン-ザックス-テラー（LST）関係式　505
リチャードソン-ダッシュマンの式　529
立方空間格子　10
立方結晶のスティフネス定数　91
立方硫化亜鉛構造　20
量子細線　553
量子数　146
量子ドット　553, 585
臨界ずれ応力　642

励起子　464
レイリー減衰　626
レーザー　415
レナードジョーンズ・ポテンシャル　63
連続体の波動方程式　112

ローレンツ数　167
ローレンツの関係　493
ローレンツの空洞電場　491
六方空間格子　50
六方格子　9
六方最密格子構造　272
六方最密構造　18
六方晶系　13
ロンドンの侵入の深さ　394
ロンドン方程式　289, 293

わ 行

ワニエ関数　274

訳者の現職
宇 野 良 清　日本大学名誉教授　理学博士
津 屋　　昇　東北大学名誉教授　理学博士
新 関 駒 二 郎　東北大学名誉教授　理学博士
森 田　　章　東北大学名誉教授　理学博士
山 下 次 郎　東京大学名誉教授　理学博士

第8版
キッテル固体物理学入門（上）

平成17年12月30日　発　　　行
令和 6 年 7 月25日　第18刷発行

訳　者　　宇野良清　　津屋　昇　　新関駒二郎
　　　　　森田　章　　山下次郎

発行者　　池　田　和　博

発行所　　丸善出版株式会社
〒101-0051　東京都千代田区神田神保町二丁目17番
編集：電話（03）3512-3267／FAX（03）3512-3272
営業：電話（03）3512-3256／FAX（03）3512-3270
https://www.maruzen-publishing.co.jp

Ⓒ Ryosei Uno, Noboru Tsuya, Komajiro Niizeki,
　Akira Morita, Jiro Yamashita, 2005

組版印刷・中央印刷株式会社／製本・株式会社 松岳社

ISBN 978-4-621-07653-8 C3042　　Printed in Japan

本書の無断複写は著作権法上での例外を除き禁じられています。

SI 接頭語

倍数	接頭語	記号
10^{-15}	フェムト (femto)	f
10^{-12}	ピコ (pico)	p
10^{-9}	ナノ (nano)	n
10^{-6}	マイクロ (micro)	μ
10^{-3}	ミリ (milli)	m
10^{3}	キロ (kilo)	k
10^{6}	メガ (mega)	M
10^{9}	ギガ (giga)	G
10^{12}	テラ (tera)	T

物 理 定 数 表

量	記号	数 値	CGS	SI
光速度	c	2.997925	$10^{10}\,\mathrm{cm\,s^{-1}}$	$10^{8}\,\mathrm{m\,s^{-1}}$
陽子の電荷	e	1.60219	—	$10^{-19}\,\mathrm{C}$
		4.80325	$10^{-10}\,\mathrm{esu}$	—
プランク定数	h	6.62620	$10^{-27}\,\mathrm{erg\,s}$	$10^{-34}\,\mathrm{J\,s}$
	$\hbar = h/2\pi$	1.05459	$10^{-27}\,\mathrm{erg\,s}$	$10^{-34}\,\mathrm{J\,s}$
アボガドロ数	N	$6.02217 \times 10^{23}\,\mathrm{mol^{-1}}$	—	—
原子質量の単位	amu	1.66053	$10^{-24}\,\mathrm{g}$	$10^{-27}\,\mathrm{kg}$
電子の静止質量	m	9.10956	$10^{-28}\,\mathrm{g}$	$10^{-31}\,\mathrm{kg}$
陽子の静止質量	M_p	1.67261	$10^{-24}\,\mathrm{g}$	$10^{-27}\,\mathrm{kg}$
陽子質量/電子質量	M_p/m	1836.1	—	—
微細構造定数の逆数 $\hbar c/e^2$	$1/\alpha$	137.036	—	
電子半径 e^2/mc^2	r_e	2.81794	$10^{-13}\,\mathrm{cm}$	$10^{-15}\,\mathrm{m}$
電子のコンプトン波長 $\hbar/mc$	λ_e	3.86159	$10^{-11}\,\mathrm{cm}$	$10^{-13}\,\mathrm{m}$
ボーア半径 $\hbar^2/me^2$	r_0	5.29177	$10^{-9}\,\mathrm{cm}$	$10^{-11}\,\mathrm{m}$
ボーア磁子 $e\hbar/2mc$	μ_B	9.27410	$10^{-21}\,\mathrm{erg\,G^{-1}}$	$10^{-24}\,\mathrm{J\,T^{-1}}$
リュードベリ定数 $me^4/2\hbar^2$	R_∞ or Ry	2.17991	$10^{-11}\,\mathrm{erg}$	$10^{-18}\,\mathrm{J}$
		13.6058 eV		
1電子ボルト	eV	1.60219	$10^{-12}\,\mathrm{erg}$	$10^{-19}\,\mathrm{J}$
	eV/h	$2.41797 \times 10^{14}\,\mathrm{Hz}$	—	—
	eV/hc	8.06546	$10^{3}\,\mathrm{cm^{-1}}$	$10^{5}\,\mathrm{m^{-1}}$
	eV/k_B	$1.16048 \times 10^{4}\,\mathrm{K}$	—	—
ボルツマン定数	k_B	1.38062	$10^{-16}\,\mathrm{erg\,K^{-1}}$	$10^{-23}\,\mathrm{J\,K^{-1}}$
真空誘電率	ϵ_0	—	1	$10^{7}/4\pi c^2$
真空透磁率	μ_0	—	1	$4\pi \times 10^{-7}$

出典：B. N. Taylor, W. H. Parker, and D. N. Langenberg, Rev. Mod. Phys. **41** 375 (1969). また，E. R. Cohen and B. N. Taylor, Journal of Physical and Chemical Reference Data **2**(4), 663 (1973) を参照せよ．